高等学校土建类专业应用型本科“十四五”规划教材
高等学校土建类专业“互联网＋”创新教材

土木工程材料

（第5版）

主　编　苏　卿　刘兰君
副主编　黄　浩　黄小琴

武汉理工大学出版社
·武　汉·

内 容 简 介

本书根据最新国家标准和行业规范，结合实际教学经验编写而成。本书主要内容包括：土木工程材料的基本性质，气硬性胶凝材料、水泥、混凝土和建筑砂浆等常用土木工程材料的基本组成、生产工艺、技术性质、检验方法及应用，并引入了工程实例分析和延伸阅读。为配合教学、突出重点，各章附有预习要点、思考题和练习题。本书章节结构安排合理，内容注重理论联系实际和对学生技能的培养，教学环节丰富，便于教师教学和学生阅读。

本书可作为土木工程专业及相近专业教材，也可供土木工程施工单位的技术人员参考。

图书在版编目(CIP)数据

土木工程材料 / 苏卿，刘兰君主编. -- 5 版. 武汉 ：武汉理工大学出版社，2025. 7.
ISBN 978-7-5629-7424-6

Ⅰ. TU5

中国国家版本馆 CIP 数据核字第 202539D1N0 号

项目负责人：王利永(027-87290908)　　**责 任 编 辑**：王　思
责 任 校 对：王　威　　**版 面 设 计**：正风图文
出 版 发 行：武汉理工大学出版社
地　　址：武汉市洪山区珞狮路 122 号
邮　　编：430070
网　　址：http://www.wutp.com.cn
经 销 者：各地新华书店
印 刷 者：武汉市籍缘印刷厂
开　　本：787 mm×1092 mm　1/16
印　　张：18.25
字　　数：438 千字
版　　次：2009 年 6 月第 1 版　2012 年 6 月第 2 版　2016 年 8 月第 3 版
2020 年 8 月第 4 版　2025 年 7 月第 5 版
印　　次：2025 年 7 月第 1 次印刷　总第 21 次印刷
印　　数：59001～62000 册
定　　价：46.00 元

凡购本书，如有缺页、倒页、脱页等印装质量问题，请向出版社发行部调换。
本社购书热线电话：027-87391631　87523148　87664138

前　言
（第 5 版）

土木工程材料是研究建设行业运用材料的学科，是土木工程专业学习的基础和核心课程。本书自 2009 年 6 月第 1 版正式出版以来，已连续出版了 4 版，获得了广大师生的肯定和好评，此次改版是第 5 版。本书第 5 版在保留第 4 版原有体系和特色的基础上，按现行标准和规范进行修订，进一步融入了课程思政元素和学科前沿成果，提升精品化建设，体现了应用型普通高等学校教材编写的指导思想、原则和特色，符合高等教育的方向和社会对应用型人才的需求。

此次改版注重教学与研究、理论与实践的结合，涵盖了所有常用的土木工程材料。编者结合多年的教学经验、科研经历和项目实践，针对本科生的基础和学习特点，在叙述方面力图循序渐进、由浅入深。本书既有通俗易懂的意识性知识，又有需要理解的机理性知识，同时包含了工程实例，突出了理论与工程应用的结合，适合立体化教学的开展。

本版修订以落实“立德树人”为根本任务，融入课程思政元素；以“推动绿色发展，促进人与自然和谐共生”为指导，将工程中绿色环保材料应用作为实例写入本书，深挖大国工匠、家国情怀等思政元素并与知识点结合，培养学生精益求精的工匠精神与勇于创新的科学精神；紧扣行业现行标准和规范、土木工程材料新发展，注重知识机理向研究前沿和材料发展的扩展，结合相关标准和规范的更新，对第 4 版第 4 章混凝土和第 7 章金属材料的相关知识进行更新；结合现代工程建设新要求和材料研究新成果，阐述新型土木工程材料的发展，着重介绍自密实混凝土、高性能混凝土、超高性能混凝土等特种混凝土，从而激发学生的创新意识和强化工程思维的训练。

本书由武昌理工学院苏卿、商丘工学院刘兰君担任主编，湖北工程学院新技术学院黄浩、三亚学院黄小琴担任副主编，武昌理工学院周琴参与编写。具体编写分工如下：苏卿（绪论、第 1～3 章）、刘兰君（第 4、5 章）、黄小琴（第 6、7 章）、黄浩（第 8～10 章）、周琴（第 11 章）。全书由苏卿负责最终的统稿工作。

由于编者水平有限，加之土木工程材料千差万别，书中存在疏漏和不足之处在所难免，敬请广大读者批评指正。

编　者

2025 年 5 月

目　　录

0 绪　论

0.1 土木工程与材料

土木工程泛指建筑工程、道路桥梁工程、水利工程等建设性工程。土木工程中所使用的各种材料及制品，都统称为土木工程材料。材料是一切土木工程的物质基础，也是保证工程质量的基础。在材料的选择、生产、储运、保管、使用和检验评定等各个环节中，任何失误都有可能造成土木工程的质量缺陷，甚至是重大质量事故。国内外土木工程中的重大质量事故大多与材料的质量不合格有关。因此，一个合格的土木工程技术人员必须正确、熟练地掌握土木工程材料的有关知识。

一般来说，土木工程对材料的基本要求是：

① 须具备足够的强度，能够安全地承受设计荷载；

② 材料自重以轻为宜(即表观密度较小)，能减轻下部结构和地基的负荷；

③ 具有与使用环境相适应的耐久性，能减少维修费用；

④ 用于装饰的材料，应能美化建筑，产生一定的艺术效果；

⑤ 用于特殊部位的材料，应具有相应的特殊功能，例如屋面材料能隔热、防水，楼板和内墙材料能隔声等。

按照建筑物或构筑物对材料性能的要求及使用时的环境条件，正确合理地选用材料，做到“材尽其能，物尽其用”，对于保证建筑结构的安全、实用、美观、耐久及造价适度等方面有着重大的意义。

0.2 土木工程材料的分类

构成土木建筑的材料称为土木工程材料，是应用于土木工程建设中的无机材料、有机材料和复合材料的总称。它包括用于建筑的地基、基础、地面、墙体、梁、板、柱、屋顶和建筑装饰的所有材料。土木工程材料的种类繁多，性能各异，用途不一，为了便于区分和使用，通常根据材料的化学成分、使用功能加以分类。

0.2.1 按化学成分分类

根据材料的化学成分，可将土木工程材料分为无机材料、有机材料和复合材料三大类，如图 0.1 所示。

- 土木工程材料
  - 无机材料
    - 金属材料
      - 黑色金属(钢、铁、不锈钢等)
      - 有色金属(铜、铝、铝合金等)
    - 非金属材料
      - 胶凝材料及制品(石灰、石膏、水泥、水玻璃等)
      - 天然石料(大理石、花岗岩等)
      - 烧土制品(砖、瓦、玻璃及陶瓷等)
  - 有机材料
    - 植物材料(木材、竹材及其制品等)
    - 高分子材料(塑料、橡胶、涂料、胶合剂、密封材料等)
    - 沥青材料(石油沥青、煤沥青及其制品等)
  - 复合材料
    - 无机非金属与有机材料复合(沥青混凝土、树脂混凝土等)
    - 金属材料与无机非金属材料复合(钢筋混凝土、钢纤维混凝土等)
    - 金属材料与有机材料复合(金属夹心板、塑钢等)

图 0.1 土木工程材料按化学组成分类

0.2.2 按使用功能分类

土木工程材料按使用功能可分为结构材料、墙体材料和功能材料。

结构材料:主要是指构成结构物受力构件,用于承受荷载作用的材料,如构筑物的基础、柱、梁所用的材料。

墙体材料:是指建筑物内、外及分隔墙体所采用的材料,具体分为承重和非承重两类。

功能材料:是指具有某些特殊功能的材料,用于满足建筑物或构筑物的适用性,如围护结构材料、防水材料、装饰材料、保温隔热材料等。这类材料品种繁多,形式多样,功能各异,正越来越多地应用于各种建筑物或构筑物上。

0.3 土木工程材料在建筑工程中的地位和作用

土木工程材料的性能、质量和价格直接影响整个土木工程的质量和造价,在建设工程中起着举足轻重的作用。

(1) 土木工程材料是建筑工程的物质基础。各种建筑物与构筑物都是在合理设计的基础上,由各种材料建造而成的。建筑材料的品种、规格及质量都直接关系到建筑物的适用性、艺术性及耐久性。

(2) 建筑材料的质量直接影响着建设工程的质量。在土木建筑工程中,从材料的选择、生产、使用、检验评定,到材料的储运、保管等,任何环节的失误都可能造成工程质量的缺陷,甚至是重大质量事故。事实说明,国内外土木工程建设中的质量事故绝大部分是与材料的质量缺陷有关。

(3) 材料对土木工程造价有很大影响。一般在土木建筑工程的总造价中,与材料有关的费用占 50%以上,有的甚至达到 70%。在实际应用中,同一类型材料,由于来源、生产地的不同,其性能和价格都有很大差异。学习并研究各种建筑材料的性能和特点,就是为了使同学们在今后的工作中能正确地选用这些材料。

(4)建筑工程技术的突破依赖于材料性能的改进。随着材料科学的发展,新型多功能材料不断涌现,也促进了建筑设计、结构设计和施工技术的发展,使建筑物的适用性、艺术性、坚固性和耐久性等得到进一步的改善。

总之，土木工程材料在土木工程建设中的地位和作用是非常重要的。

0.4 土木工程材料的发展及趋势

0.4.1 土木工程材料的发展史

土木工程材料是随着人类社会生产力的发展和科学技术水平的提高而逐步发展起来的。远古时期，人类穴居巢处，进入能够制造简单工具的石器时代后，人类开始挖土凿石为洞，伐木搭竹为棚，利用木材、岩石、竹、黏土等天然材料建造简单的房屋。直到人类能够使用黏土烧制砖、瓦，用岩石烧制石灰、石膏后，土木工程材料才由天然材料进入人工生产阶段，为较大规模地建造房屋创造了基本条件。18 世纪后，工业革命促进了工商业和交通运输业的蓬勃发展，在其他科学技术进步的推动下，水泥（约瑟夫·阿斯谱丁，1824）和钢材（亨利·贝塞麦，1859）相继问世，极大地推动了钢结构和钢筋混凝土结构的迅速发展，结构物的跨度从砖、石结构及木结构的几十米发展到百米、几百米，直至现代的千米以上。进入 20 世纪后，社会生产力的高速发展及材料科学与工程的形成和发展，使土木工程材料在性能和质量上不断得到改善和提高，20 世纪 30 年代，出现了预应力混凝土结构，使土木工程的设计理论和施工技术进一步完善。到了 21 世纪，全球性的生存环境恶化问题日益显露：随着人口爆炸性地增长，资源日益匮乏、森林锐减、河流湖泊干涸、土地沙化、地球臭氧层破坏、气候异常等。人类意识到资源环境问题的严重性，使用轻质、高强、节能、高性能的绿色建材成为大势所趋。

0.4.2 土木工程材料的发展方向

土木工程材料行业对资源的利用和对环境的影响都占据着重要位置，在产值、能耗、环保等方面都是国民经济中的大户。为了保证源源不断地为工程建设提供质量可靠的材料，避免新型材料的生产和发展对环境造成损害，土木工程材料的发展必须遵循与工业“循环再生、协调共生、持续自然”的原则。因此，“绿色建材”的概念应运而生。“绿色建材”又称为生态建材、环保建材、健康建材等，是采用清洁的生产技术，少用天然资源，大量使用工业或城市固体废弃物和植物秸秆，所生产的无毒、无污染、无放射性、有利于环保和人体健康的土木工程材料。

发展“绿色建材”是一项长期的战略任务，符合可持续发展的战略方针，既满足现代人安居乐业、健康长寿的需要，又不损害后代人的利益。因此，土木工程材料将具有以下发展趋势：

(1) 高性能。随着现代化建筑向高层、大跨度、节能、美观、舒适的方向发展，迫切需要轻质、高强度、高耐久性、高保温性、高防水性等性能的材料，而多种功能的复合为一，是节约建设成本、减轻结构自重、改善施工现场作业环境的有效途径。

(2) 绿色环保。充分利用工业废料、废渣作为原材料，生产和使用过程不产生废水、废气、废渣、噪声，使用后的产品可再生循环和回收利用，因此研究开发和应用环保材料已成为趋势。

(3) 节能。采用低能耗、无环境污染的生产技术，优先开发、生产低能耗的材料，从而降低材料和建筑物的成本以及建筑使用能耗。

0.5 土木工程材料的技术标准

标准是对重复性事物和概念所做出的统一规定，是对某项技术或某种产品实行统一执行的要求。土木工程材料的品种繁多，材料的生产、使用、储存都须遵照有关的技术标准执行，对于常用的材料，有关部门制定并发布了相应的技术标准，对其质量、规格、检验方法和验收规范均作了详尽而明确的规定。目前，我国的技术标准分为国家标准、行业标准、地方标准、企业标准四级。

(1) 国家标准

由国家标准局发布的全国性指导技术文件，其代号 GB，如《通用硅酸盐水泥》(GB 175—2023)。其中，GB 为国家标准的代号，175 为标准编号，2023 为标准颁布年代号，通用硅酸盐水泥为该标准的技术名称。国家标准是强制性标准，任何技术(产品)的性能不得低于此标准规定的技术指标。

(2) 行业标准

由主管生产部门(或总局)发布，如《蒸压灰砂空心砖》(JC/T 637—2023)。其中，JC 为颁布此标准的行业标准代号，T 为推荐标准，它表示也可以执行其他标准，为非强制性标准。

其他还有：JGJ——建设行业标准；JC——建材行业标准；YB——冶金行业标准；JTJ——交通行业标准；SD——水电行业标准；JZ——中国建筑工程标准；CH——中国测绘行业标准；SH——中国石油化工行业标准。

(3) 地方标准(代号是 DB)和企业标准(代号是 QB)

标准的一般表示方法是由标准名称、标准代号、标准编号和颁布年份等组成。如辽宁省地方标准《装配式建筑信息模型应用技术规程》(DB 21/T 3177—2019)。

随着我国改革开放的不断深入，经常还涉及一些材料的国际标准或外国标准。具体内容如表 0.1 所示。

表 0.1 国际和国外标准代号

标准代号	英文名称	中文名称
ISO	International Standard Organization	国际标准化组织标准
ASTM	American Society for Testing Materials	美国材料与试验学会标准
JIS	Japanese Industrial Standard	日本工业标准
BS	British Standard	英国(工业)标准

0.6 课程学习内容和学习方法

本课程作为土木工程类的专业基础课，为学习房屋建筑学、混凝土结构设计原理及土木工程施工等后续课程提供材料方面的基本知识，并为学生今后从事设计、施工、工程管理和造价及材料检测等工作提供基本理论和基本技能。

课程任务是使学生获得有关土木工程材料的技术性质及应用的基础知识和必要的基本理论，并获得主要土木工程材料性能检测和试验方法的基本技能训练。

本课程所涉及的材料种类繁多，内容庞杂，且各种材料自成体系。在学习过程中，需了解材料在建筑物上所起的作用和相应的要求，了解常用材料的生产、成分和构造，掌握常用材料的技术性质，以及影响材料性质的主要因素及其相互关系，掌握常用材料的标准，熟悉其分类、等级和规格。

本课程具有很强的理论性和实践性，除了应抓住重点学好理论知识外，还应重视实践环节。为此，本课程开设了相应的实验课，旨在通过动手实践，加深和巩固学生对理论知识的理解，培养和训练学生对土木工程材料的检测技能，培养应用型人才。

1 土木工程材料的基本性质

本章提要

本章主要介绍材料的组成、结构与性质三方面的关系及材料的物理性质、力学性质和耐久性等内容。通过本章学习，应达到以下要求：

(1) 了解土木工程材料的基本组成、结构和构造及其与材料基本性质的关系；

(2) 熟练掌握土木工程材料的力学性质；

(3) 掌握土木工程材料的基本物理性质；

(4) 掌握土木工程材料的耐久性的基本概念，了解影响因素。

课前预习要点

本章概念较多，课前预习时应注意以下知识点：

(1) 材料的绝对密实体积(密度)、表观体积(表观密度)、毛体积(体积密度)和堆积体积(堆积密度)的定义及其计算方法；

(2) 材料与水有关的性质包括哪些内容，性能指标如何计算；

(3) 亲水性与憎水性、吸水性与吸湿性的区别；

(4) 材料的力学性能包括哪些内容，与组成结构之间存在怎样的关系；

(5) 引起材料耐久性劣化的因素。

课程思政

建筑材料是土木工程的物质基础，纵观建筑历史发展的长河，建筑材料发展的日新月异对建筑科学的发展起到了重要的推动作用。对于中国这样一个飞速发展中的国家，对建筑材料基本性质的深入了解、认识，不但能积极推动我国建筑工程及材料科学的不断发展、创新，同时通过新材料、新工艺的迅猛发展，推陈出新，更能有力证明党和国家对人民日益增长的需求和对未来美好生活向往的关心与关注，体现以人民为本的治国理念，具有重要的历史和现实意义。

1.1 材料的组成、结构和构造

不同的材料由于内部组成不同而呈现出不同的性质，相同组成的材料由于结构和构造的差异也会表现出不同的性质。因此，材料的组成、结构和构造决定材料的性质。要了解材料的性质，就要先研究材料的组成、结构和构造。

1.1.1 材料的组成

1.1.1.1 化学组成

化学组成是指材料的化学成分。无机非金属材料的化学组成常以其各氧化物含量表示，如石灰的化学成分是 CaO；金属材料则以化学元素的含量表示，如碳素钢以 Fe 元素含量来划分；有机材料以各化合物的含量表示，如聚乙烯的链接节(化合物分子结构间的连接部分)是 C_2H_4 等。

1.1.1.2 物相组成

物相是具有一定化学成分和结构特征的单质或化合物。许多无机非金属是由各种矿物组成的，通常用矿物成分表示；金属材料用金相组织来表示。材料的化学组成不同，则材料的矿物组成不同，而相同的化学组成可以有不同的矿物组成，且材料的性质也不同。例如，水泥中熟料矿物组成比例发生变化时，水泥的性质就不同。

1.1.2 材料的结构和构造

按材料的结构和构造的观察程度范围，可分为宏观结构、显微结构和微观结构，这是从三个层次来研究材料结构与性质之间的关系。

1.1.2.1 宏观结构

宏观结构是指用肉眼或放大镜能够分辨的毫米级以上的粗大组织结构，是材料宏观存在的状态，其尺寸在 10^{-3} m 级以上。

(1) 致密结构

材料内部基本无孔隙，这类材料强度高、耐腐蚀、自重大，如钢材、玻璃等。

(2) 多孔结构

材料内部有大量开口孔隙和闭口孔隙，大多是轻质材料，如加气混凝土、泡沫混凝土等，常作为保温吸声材料。

(3) 纤维结构

材料内部组织具有方向性，如木材、竹材、石棉纤维、玻璃纤维等。

(4) 聚集结构

材料呈松散颗粒状，如天然岩石、砂子、石子、膨胀珍珠岩等。

1.1.2.2 显微结构

显微结构是指用光学显微镜所看到的微米级($10^{-9}\sim10^{-3}$ m)的组织结构，又称亚微观结构。显微结构主要研究材料内部的晶粒、颗粒等的大小和形态，晶界或界面，孔隙与微裂纹的大小、形状及分布，如金属材料晶粒的粗细及金相组织；混凝土的粗细骨料、水泥石以及孔隙组织；木材的木纤维、导管、髓线等。

材料在显微结构层次上的差异对材料的性能有显著的影响。如混凝土中毛细孔的数量减少、孔径减小，将使混凝土的强度和抗渗性等性能提高。

1.1.2.3 微观结构

微观结构是指原子、分子层次的结构，可用电子显微镜和 X 射线来分析该层次的结构特征。在微观结构下，材料可分为晶体、玻璃体和胶体。

(1) 晶体

晶体是质点(离子、原子、分子)在空间上按特定的规律呈周期性排列而形成的结构。晶体具有以下特点:具有特定的几何外形、各向异性、固定的熔点和化学稳定性,结晶接触点和晶面是晶体结构的薄弱环节。根据晶体的质点及化学键的不同,晶体可分为:

① 原子晶体　中性原子以共价键结合,结合力大,原子晶体的强度、硬度、熔点都高,密度小,如金刚石、石英、刚玉等。

② 离子晶体　正负离子以离子键结合,离子晶体强度、硬度、熔点均高,但波动大,部分可溶于水,密度中等,如氯化钠、石膏、石灰岩等。

③ 分子晶体　以分子间的范德华力及分子键结合的晶体。分子晶体强度、硬度、熔点均较低,大部分可溶于水,密度小。

④ 金属晶体　自由电子与金属阳离子间以库仑引力相结合,金属晶体强度、硬度变化大,密度大。

(2) 非晶体

将具有一定化学成分的熔融物质迅速冷却,质点来不及按一定的规律排列而形成的内部质点无序排列的固体或固态液体称为非晶体,又称玻璃体。非晶体物质的特点:没有固定的熔点和几何形状,且各向同性。由于非晶体是急速冷却形成的,大量的化学能未能释放出来,所以非晶体材料具有化学不稳定性,当条件允许,可能会与其他物质发生化学反应。如:水泥成分中的活性矿物材料、粒化高炉矿渣、火山灰、粉煤灰等。

1.1.3　孔隙与材料性质的关系

按常压下水能否进入孔隙,将常压下可以进水的孔隙称为开口孔隙或连通孔隙;将常压下水不能进入的孔隙称为闭口孔隙或封闭孔隙。实际上开口孔隙和闭口孔隙没有明显的界限,当水压较高时,无论是开口孔还是闭口孔都有可能进水。

孔隙的形态和状态对材料的性质有不同程度的影响。如开口孔隙率较高,对材料的强度、抗渗性、抗冻性等有不利影响,而对吸声性、吸水性和吸湿性等有利。

天然材料由于生长或形成的原因,材料内部都会有一定数量的孔隙。人造材料在生产时不可避免地会卷入部分气泡(或气体)。对于无机非金属材料,如混凝土,其内部的孔隙与生产时所用的拌和用水量有关。按孔隙大小,孔隙可分为微细孔隙、细小孔隙、粗大孔隙等。对于无机非金属材料,孔径小于 20 nm 的微细孔隙,可视为无害孔隙。

1.2　材料的基本物理性质

1.2.1　材料的孔隙构造

【视频讲解】

多数材料内部都含有孔隙,由于孔的尺寸与构造不同,使得不同材料表现出不同的性质特点,也决定了它们在工程中的不同用途。

材料内部的孔隙构造包括孔隙尺寸、孔隙率等内容。与外界相通的孔称为开口孔;与外界不连通且外界介质无法侵入的孔称为闭口孔。材料内部的孔隙构造如图 1.1 所示。

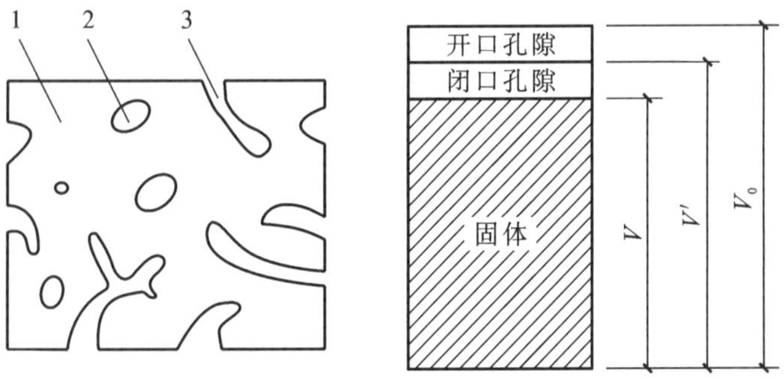

图 1.1　自然状态下的体积示意图

1—固体;2—闭口孔隙;3—开口孔隙

1.2.2　材料的密度、表观密度、体积密度与堆积密度

(1) 密度

密度是材料在绝对密实状态下单位体积的质量,按下式计算:

$$\rho=\frac{m}{V} \tag{1.1}$$

式中　ρ——密度(g/cm^3);

m——绝对干燥材料的质量(g);

V——材料在绝对密实状态下的体积(cm^3)。

材料在绝对密实状态下的体积,是指材料中不包括任何孔隙的固体材料物质的体积,亦称实体体积。大多数材料内部都有孔隙,绝对不含孔隙的材料是很少的,如钢材、玻璃等。测定密实材料的绝对密实体积可直接采用排液法;对于大多数含有孔隙的材料,测定绝对密实体积时,须将材料磨成细粉,干燥后用李氏瓶测得。材料磨得越细,测得的密度值越精确。

材料的密度 ρ 取决于材料的组成与微观结构。当材料的组成与微观结构一定时,材料的密度 ρ 为常数。

(2) 表观密度

表观密度是材料在包含内部闭口孔的条件下单位体积的质量,按下式计算:

$$\rho'=\frac{m}{V'} \tag{1.2}$$

式中　ρ'——表观密度(g/cm^3 或 kg/m^3);

m——干燥材料的质量(g 或 kg);

V'——只包括材料自身及闭口孔隙在内的体积(cm^3 或 m^3),即 $V'=V+V_B$,其中,V_B 为材料内部闭口孔隙的体积(cm^3 或 m^3)。

对于砂石材料,由于其内部孔隙率很小,通常无须经过磨细,直接用排液法即可测定其密度。由于此方法忽略了材料内部的孔隙体积,故又将此方法测定的密度称为表观密度,也称为视密度或视比重。

(3) 体积密度

体积密度是材料在自然状态下单位体积的质量,按下式计算:

$$\rho_0=\frac{m}{V_0} \tag{1.3}$$

式中 ρ_0——体积密度（g/cm^3 或 kg/m^3）；

m——干燥材料的质量（g 或 kg）；

V_0——材料在自然条件下的体积（cm^3 或 m^3），即包括材料自身及闭口孔隙和开口孔隙的总体积，$V_0=V+V_B+V_K$。

材料在自然状态下的体积测定：对于具有规则几何外形的材料，可以直接量取其外形尺寸，利用公式计算；对于外观形状不规则的材料，应事先用石蜡将材料表面密封后，采用排液法测定。

材料在自然状态下的体积包括开口孔隙、闭口孔隙和材料实体的体积。通常，常压下能进水的孔隙称为开口孔隙，常压下不能进水的孔隙称为闭口孔隙。当材料含有水分时，材料的质量增加，体积改变，使测得的体积密度随之发生变化。因此，测定体积密度要注明含水状态（气干状态、绝对干燥、吸水饱和），在没有注明的情况下，通常是指材料气干（长期在空气中干燥）状态下的体积密度。烘干至恒重状态下测得的体积密度称为干体积密度。

（4）堆积密度

堆积密度是指散粒材料或粉状材料在自然堆积状态下单位体积的质量，按下式计算：

$$\rho_0'=\frac{m}{V_0'} \tag{1.4}$$

式中 ρ_0'——材料的堆积密度（g/cm^3 或 kg/m^3）；

m——干燥材料的质量（g 或 kg）；

V_0'——材料的堆积体积，即包括材料自身及闭口孔隙和开口孔隙以及颗粒之间空隙的总体积（cm^3 或 m^3），$V_0'=V_0+V_P$，其中，V_P 为材料颗粒之间空隙所占有的体积。

测定散粒材料的堆积密度时，按一定方法将散粒材料装入容积一定的容器中，则堆积体积为容器的容积。土木建筑工程常见材料的密度如表 1.1 所示。

表 1.1 常用材料的密度、表观密度和堆积密度

材料名称	密度/(g/cm^3)	表观密度/(kg/m^3)	堆积密度/(kg/m^3)
钢材	7.85	7800～7850	—
石灰石（碎石）	2.48～2.76	2300～2700	1400～1700
砂	2.5～2.6	—	1500～1700
水泥	2.8～3.1	—	1600～1800
粉煤灰（气干）	1.95～2.40	1600～1900	550～800
烧结普通砖	2.6～2.7	2000～2800	—
普通水泥混凝土	—	约 2500	—
红松木	1.55～1.60	400～600	—
普通玻璃	2.45～2.55	2450～2550	—
铝合金	2.7～2.9	2700～2900	—

1.2.3 材料的基本结构参数

1.2.3.1 密实度和孔隙率

(1) 密实度

材料体积(自然状态)中被固体物质充实的程度,称为材料的密实度,用 D 表示,按下式计算:

$$D=\frac{V}{V_0}\times 100\%=\frac{\rho_0}{\rho}\times 100\% \tag{1.5}$$

式中 ρ——密度(g/cm^3 或 kg/m^3);

ρ_0——材料的体积密度(g/cm^3 或 kg/m^3)。

对于绝对密实材料,因 $\rho_0=\rho$,故密实度 $D=1$ 或 100%。对于大多数土木工程材料,因 $\rho_0<\rho$,故密实度 $D<1$ 或 $D<100\%$。密实度在量上反映了材料内部固体的含量,对于材料性质的影响正好与孔隙率的影响相反。

(2) 孔隙率

孔隙率是指材料体积内孔隙体积占总体积的百分率,用 P 表示,按下式计算:

$$P=\frac{V_0-V}{V_0}\times 100\%=(1-\frac{\rho_0}{\rho})\times 100\% \tag{1.6}$$

式中 V——材料的绝对密实体积(cm^3 或 m^3);

V_0——材料在自然条件下的体积(cm^3 或 m^3);

ρ_0——材料的体积密度(g/cm^3 或 kg/m^3);

ρ——材料的密度(g/cm^3 或 kg/m^3)。

密实度和孔隙率均反映了材料的致密程度。密实度与孔隙率的关系,可用下式来表示:

$$P+D=1$$

孔隙率反映了材料内部孔隙的多少,也从另一个侧面反映了材料的致密程度。孔隙率越大,则密实度越小。孔隙率的大小会直接影响材料的多种性质,如强度、吸水性、抗渗性、抗冻性、导热性及吸声性等。

一般来说,孔隙率分为开口孔隙率和闭口孔隙率。材料的孔隙率越小且开口孔隙越少,则材料强度越高,抗渗与抗冻性越好。开口孔隙仅对吸声性有利,而含有大量微孔的材料,其导热性较差,保温隔热性能好。

公式(1.6)计算的是材料的总孔隙率,有时还需计算开口孔隙率 P_K 和闭口孔隙率 P_B。

开口孔隙率(P_K)是指材料体积内开口孔隙的体积占总体积的百分率。当开口孔中充满水时,开口孔隙的体积等于吸入水的体积。计算公式如下:

$$P_K=\frac{V_K}{V_0}\times 100\%=\frac{m_b-m_g}{\rho_w V_0}\times 100\% \tag{1.7}$$

式中 P_K——材料的开口孔隙率(%);

V_K——材料内部开口孔隙的体积(cm^3 或 m^3);

V_0——材料在自然条件下的体积(cm^3或m^3)；

m_b——材料在吸水饱和状态下的质量(g)；

m_g——材料在绝对干燥状态下的质量(g)；

ρ_w——水的密度(g/cm^3或kg/m^3)。

闭口孔隙率(P_B)等于总孔隙率与开口孔隙率之差，计算公式如下：

$$P_B = P - P_K \tag{1.8}$$

式中　P_B——材料的闭口孔隙率(%)。

1.2.3.2　填充率和空隙率

(1) 填充率

填充率是指散粒材料在堆积体积中被其颗粒填充的程度，用D'来表示，按下式计算：

$$D' = \frac{V_0}{V_0'} \times 100\% = \frac{\rho_0'}{\rho_0} \times 100\% \tag{1.9}$$

(2) 空隙率

空隙率是指材料在堆积状态下，颗粒间的空隙体积占堆积体积的百分率，又称间隙率，按下式计算：

$$P' = \frac{V_0' - V_0}{V_0'} \times 100\% = (1 - \frac{V_0}{V_0'}) \times 100\% = (1 - \frac{\rho_0'}{\rho_0}) \times 100\% \tag{1.10}$$

式中　ρ_0——材料的体积密度(g/cm^3或kg/m^3)；

ρ_0'——材料的堆积密度(g/cm^3或kg/m^3)。

空隙率的大小反映了散粒材料颗粒之间填充的紧密程度。填充率与空隙率的关系是：

$$P' + D' = 1$$

【在线测试】

填充率和空隙率从不同侧面反映了散粒材料在堆积体积下颗粒之间的致密程度。在允许的条件下增大填充率，减小空隙率，可以改善混凝土骨料的级配，有利于节约胶凝材料。

1.3　材料与水相关的性质

【视频讲解】

土木工程材料在使用过程中，不可避免地要与水接触，如雨水、雪水、地下水、生活用水和大气中的水汽等。不同的固体材料表面与水之间发生的作用不同，对材料性质和工程设施的影响程度也不同。因此，有必要研究材料与水接触后的有关性质。

1.3.1　材料的亲水性与憎水性

材料在空气中与水接触，根据其能否被水润湿，可分为亲水性和憎水性两种。材料与水接触，若材料与水分子之间的亲和力大于水分子本身分子间的内聚力，材料是亲水的；反之，材料是憎水的。

当水与材料接触时，在材料、水和空气的三相交点处，沿水表面的切线与水和固体接触面所成的夹角 θ 称为润湿角(图 1.2)。θ 越小，润湿性越好。润湿角 $\theta \leqslant 90°$ 的材料是亲水性材料[图 1.2(a)]，如木材、砖、混凝土、石等；润湿角 $\theta > 90°$ 的材料是憎水性材料[图 1.2(b)]，如沥青、石蜡、塑料等。

(a)　　　　　　(b)

图 1.2　材料的润湿角

(a)亲水性材料；(b)憎水性材料

1.3.2　材料的吸水性与吸湿性

1.3.2.1　吸水性

材料在水中能吸收水分的性质称为吸水性。吸水性常用吸水率来表示。吸水率有质量吸水率和体积吸水率两种表示方法。

(1) 质量吸水率

质量吸水率是指材料吸水饱和时所吸收的水量与材料绝干质量的百分比，用如下公式表示：

$$W_m = \frac{m_b - m_g}{m_g} \times 100\% \tag{1.11}$$

式中　W_m——质量吸水率(%)；

m_b——材料在吸水饱和状态下的质量(g 或 kg)；

m_g——材料在绝对干燥状态下的质量(g 或 kg)。

(2) 体积吸水率

体积吸水率是指材料在吸水饱和时，所吸水的体积占材料自然体积的百分比，用如下公式表示：

$$W_v = \frac{m_b - m_g}{V_0} \cdot \frac{1}{\rho_w} \times 100\% \tag{1.12}$$

式中　m_b——材料在吸水饱和状态下的质量(g 或 kg)；

m_g——材料在干燥状态下的质量(g 或 kg)；

V_0——材料在自然状态下的体积(cm^3 或 m^3)；

ρ_w——水的密度(g/cm^3 或 kg/m^3)，常温下取 $\rho_w = 1.0\ g/cm^3$。

材料的质量吸水率与体积吸水率之间存在如下关系：

$$W_v = W_m \times \rho_{0干} \tag{1.13}$$

式中　$\rho_{0干}$——材料在绝对干燥状态下的体积密度(g/cm^3 或 kg/m^3)。

材料吸水率的大小不仅与材料的亲水性和憎水性有关，还与材料的孔隙率的大小及孔隙特征有关。一般孔隙率越大，材料的吸水率越大。

材料吸水率的大小主要取决于材料的孔隙率及孔隙特征：具有细微而连通孔隙且孔隙率大的材料吸水率较大；具有粗大孔隙的材料，虽然水分容易渗入，但仅能润湿孔壁表面而不易在孔内存留，因此吸水率不高；密实材料及仅有闭口孔隙的材料是不吸水的。

【例 1.1】 某材料的密度为 2.60 g/cm³，干燥体积密度为 1600 kg/m³，将质量为 954 g 的该材料浸入水中，吸水饱和时的质量为 1086 g。试求该材料的孔隙率、质量吸水率、开口孔隙率和闭口孔隙率。

【解】 孔隙率为：

$$P=\left(\frac{V_0-V}{V_0}\right)\times100\%=(1-\frac{\rho_0}{\rho})\times100\%=\left(1-\frac{1.6}{2.6}\right)\times100\%=38.5\%$$

质量吸水率为：

$$W_m=\frac{m_b-m_g}{m_g}\times100\%=\frac{1086-954}{954}\times100\%=13.8\%$$

开口孔隙率为：

$$P_K=W_v=W_m\rho_{0干}=13.8\%\times1.6=22.1\%$$

闭口孔隙率为：

$$P_B=P-P_K=38.5\%-22.1\%=16.4\%$$

1.3.2.2 吸湿性

材料的吸湿性是指材料吸收空气中水分的性质，用含水率表示。含水率是材料在吸湿状态下的质量与材料在干燥状态下的质量之比，按下式计算：

$$W_h=\frac{m_s-m_g}{m_g}\times100\% \tag{1.14}$$

式中 W_h——材料的含水率(%)；

m_s——材料在吸湿状态下的质量(g 或 kg)；

m_g——材料在干燥状态下的质量(g 或 kg)。

材料的含水率与质量吸水率既有区别又有联系。两者的计算公式形式相同，但吸水的前提不同。含水率是在潮湿空气中吸收水分，多数情况未达到饱和，且材料所含水分会随着周围环境的湿度变化而变化，数值往往小于质量吸水率；质量吸水率是材料浸在水中吸水，且已达到饱和状态，对于某一特定材料，质量吸水率是一个定值，也可以说是含水率的最大值。

材料的吸水性和吸湿性均会对材料的性能产生不利影响。材料在吸水或含水状态下，自重和导热性增大，强度和耐久性将产生不同程度的下降。

1.3.3 耐水性

材料长期在饱和水作用下，强度不显著降低的性质称为耐水性。材料的耐水性用软化系数表示，可按下式计算：

$$K_{软}=\frac{f_{饱}}{f_{干}} \tag{1.15}$$

式中　$K_{软}$——材料的软化系数；

$f_{饱}$——材料在吸水饱和状态下的抗压强度(MPa)；

$f_{干}$——材料在干燥状态下的抗压强度(MPa)。

软化系数的大小表明材料在浸水饱和后强度降低的程度。一般材料吸收水分后，其内部质点间的结合力被削弱。若材料中含有某些可溶性物质，则强度降低更为严重，如硅酸盐水泥中含有微溶于水的 $Ca(OH)_2$，在流水的长期冲蚀下，强度大幅下降。含溶解性较小或不溶性物质的材料，其软化系数较大，如金属材料，$K_{软}=1$；若材料含可溶于水的物质且具有较大的孔隙率，则其软化系数较小或很小，如石灰，$K_{软}=0$。

不同材料由于软化系数不同，使用的环境也会有差异，软化系数通常在 0～1 之间。工程中将 $K_{软}\geqslant 0.85$ 的材料，称为耐水材料。对于经常处在水中或受潮严重的重要结构物，必须选用 $K_{软}>0.85$ 的材料；用于受潮较轻或次要结构时，材料的 $K_{软}>0.75$；特殊情况下，$K_{软}$ 应更高。

1.3.4　抗渗性

抗渗性是材料在压力水作用下抵抗水渗透的性能。土木建筑工程中许多材料常含有孔隙、孔洞或其他缺陷，当材料两侧的水压差较高时，水可能从高压侧通过孔隙或其他缺陷渗透到低压侧。这种压力水的渗透，不仅会影响工程的使用，而且还会有腐蚀性介质侵入，或将材料内的某些成分带出，造成材料的破坏。

抗渗性用渗透系数表示，可通过下式计算：

$$K=\frac{Qd}{AtH} \tag{1.16}$$

式中　K——渗透系数(cm/h)；

Q——渗水量(cm^3)；

d——试件厚度(cm)；

A——渗水面积(cm^2)；

H——材料两侧的水压差(cm)；

t——渗水时间(h)。

渗透系数反映水在材料中流动的速度。K 越大，说明水在材料中流动速度越快，其抗渗性越差。材料的渗透系数越小，说明材料的抗渗性越强。

对于混凝土和砂浆，其抗渗性常用抗渗等级来表示。

混凝土抗渗等级是以 28 d 龄期的标准试件，按规定方法进行试验，测定其未渗透时的最大水压力来划定的。混凝土的抗渗等级分为 P4、P6、P8、P10 和 P12，表示材料能抵抗 0.4 MPa、0.6 MPa、0.8 MPa、1.0 MPa 及 1.2 MPa 的水压力而不渗透。

材料的抗渗性与其孔隙率和孔隙构造有关。孔隙率越小且多为闭口孔隙，则材料的抗渗性越好。材料内部存在缺陷、裂缝会降低抗渗性，对于地下建筑和水工构筑物或有防水要求的构件，要求其材料具有一定的抗渗性。

1.3.5 抗冻性

抗冻性是指材料抵抗冻融循环作用，保持其原有性质的能力。抗冻性用抗冻等级来表示。抗冻等级用材料在吸水饱和状态下经冻融循环作用，强度损失不超过25%，且质量损失不超过5%时所能抵抗的最大的冻融循环次数来表示。如，混凝土材料的抗冻等级分为F25、F50、F100、F150、F200、F250、F300等，分别表示材料在经受25、50、100、150、200、250、300次的冻融循环后仍可满足使用要求。

材料的冻融破坏是由于内部孔隙中的水结冰产生体积膨胀(大约9%)而造成的，结冰后的体积膨胀给孔壁带来很大的静水压力(可高达100 MPa)，使孔壁开裂。

【在线测试】

抗冻性好的材料，抵抗气温变化的能力较强。所以抗冻性是材料耐久性的一项重要指标。影响材料抗冻性的因素有材料的组成、结构、构造、孔隙率的大小和孔隙特征等。同时，抗冻性也受材料孔隙中充水程度、冻结温度、冻结速度的影响。

1.4 材料的力学性质

【视频讲解】

材料的力学性质是指材料在外力作用下，抵抗变形、破坏的能力与性质。

1.4.1 材料的强度及强度等级

1.4.1.1 材料的强度

强度是材料抵抗外力破坏的能力。当外力作用于材料时，材料内部会产生内应力，随着外力的增加，内应力增加，直到材料内部质点间的作用力不足以承受外力作用时，材料即破坏。此时的极限应力就是材料的强度。

工程实际中建筑物的受力破坏，通常被认为是材料的断裂，此时的极限应力即是强度；但是，有些工程的破坏并非材料的断裂。如，钢材受力致使内部质点间产生明显的滑移时，材料已呈现塑性变形，此时可认定建筑构件已失去使用功能，材料虽未断裂，但可认为已经破坏。这种破坏的强度并非极限强度，而是屈服强度。

根据外力作用的方式不同，材料强度有抗拉强度、抗压强度、抗弯强度、抗剪强度等，这些强度值是在承受静荷载作用下外力逐渐增加的条件下测得的强度。材料的受力状态如图1.3所示。

材料的抗压强度、抗拉强度和抗剪强度可按下式计算：

$$f=\frac{P}{A} \tag{1.17}$$

式中 f——材料的强度(MPa)；

P——试件破坏时的最大荷载(N)；

A——试件受力面积(mm^2)。

材料的抗弯强度与材料的受力状态、截面形状等有关。材料的抗弯强度，一般采用简支的

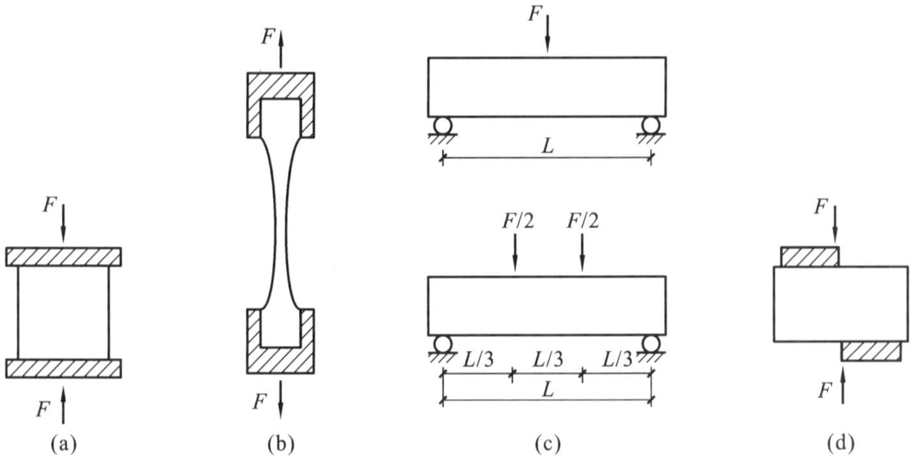

图 1.3 材料的受力状态

(a) 压力;(b) 拉力;(c) 弯曲;(d) 剪切

梁形试件做试验。当采用集中荷载时,抗弯强度的极限值按下式计算:

$$f_w = \frac{3F_{max}L}{2bh^2} \tag{1.18}$$

式中 f_w——材料的抗弯强度(MPa);

F_{max}——材料受弯破坏时的最大荷载(N);

L——两支点的间距(mm);

b,h——试件横截面的宽及高(mm)。

材料的强度受内部因素和外部因素影响。内部因素主要指材料的组成、结构和种类,如砖和混凝土由于组成材料不同、成形方法不同,产品的密实程度、孔隙率差异大,因而其强度相差很大。外部因素是指测定材料强度的测试条件,如取样方法、试件的形状与尺寸、加荷速度、环境温度和湿度等。为了使试验结果比较准确,国家规定了各种材料的标准试验方法,在测定材料强度时,必须严格按照规定的试验方法进行。

1.4.1.2 强度等级

为了生产和使用,结构材料均按强度值划分等级。脆性材料(如砖、混凝土、石材、水泥等)主要根据材料的抗压强度划分等级,如混凝土的强度等级按其抗压强度值可划分为 C20、C25、C30、C35、C40、C45、C50、C55、C60、C65、C70、C75、C80 这 13 个强度等级;弹性和韧性材料的强度等级,通常按材料的抗拉强度来划分等级,如钢筋按屈服强度值来划分等级。

1.4.1.3 比强度

比强度是衡量材料轻质高强性的一项技术指标,是指材料的抗压强度与表观密度的比值。比强度越大,材料的轻质高强性越好。如普通混凝土、低碳钢、松木的比强度分别是 0.012、0.053、0.069,说明低碳钢和松木的轻质高强性比混凝土的好。

1.4.2 变形性质

(1) 弹性变形

材料在外力作用下产生变形,当外力取消后,变形能完全恢复的性质称为材料的弹性,材料发生这样的变形就是弹性变形，其变形值大小与外力成正比。受力后材料的应力与应变的比值称为材料的弹性模量，即：

$$E=\frac{\sigma}{\varepsilon} \tag{1.19}$$

式中 σ——材料所受的应力(MPa)；

ε——在应力作用下的应变。

弹性模量 E 是土木建筑工程结构设计和变形验算所依据的主要参数之一。几种常见土木工程材料的弹性模量如表 1.2 所示。

表 1.2 几种常见土木工程材料的弹性模量 单位：$\times 10^4$ MPa

材料	低碳钢	普通混凝土	烧结普通砖	木材	花岗岩	石灰岩	玄武岩
弹性模量	21	1.45～3.60	0.3～0.5	0.6～1.2	200～600	600～1000	100～800

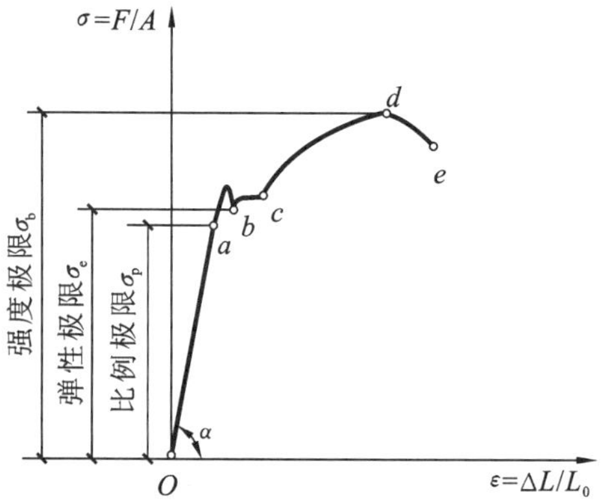

图 1.4 低碳钢的变形曲线

(2) 塑性变形

当外力除去后，材料仍保留一部分残余变形且不产生裂缝的性质称为塑性。这部分残余变形称为塑性变形或永久变形，属不可逆变形。实际上，完全发生弹性变形的材料是没有的。当材料所受外力在一定范围内，材料产生弹性变形；当外力超出一定限度后，便出现明显的塑性变形。如低碳钢，当应力值低于屈服强度时，材料发生弹性变形；当受力超过屈服强度，材料的变形便表现出明显的塑性变形。准确地讲，大多数材料都是弹塑性材料。低碳钢的变形曲线充分地说明了这一点，如图 1.4 所示。

(3) 徐变

材料在恒定应力作用下，其应变随时间而缓慢增长，这种现象称为材料的徐变或蠕变，如混凝土在长期荷载作用下发生的变形。徐变是塑性变形的特殊形式。

材料的徐变与应力成正比，即外力越大，徐变越大；外力过大，将使材料趋于破坏。受力初期，材料的徐变速度较快，后期逐步趋于稳定。晶体材料的徐变很小，而非晶体材料及合成高分子材料的徐变较大。

1.4.3 脆性与韧性

材料在冲击荷载作用下发生破坏的形式有两种，即脆性破坏和韧性破坏。

脆性是指材料在外力作用下发生无明显塑性变形的突然破坏的性质。脆性材料的特点是塑性变形很小，而抗压强度与抗拉强度的比值较大(5～50 倍)，它对承受振动和冲击作用极为不利。砖、石、陶瓷、玻璃、铸铁、混凝土都是脆性材料。

韧性是指材料在冲击或振动荷载作用下，材料能够吸收较大的能量，同时也能产生一定的变形而不破坏的性质。材料的韧性是用冲击试验来检验的，因而又称为冲击韧性，它用材料受荷载作用达到破坏时所吸收的能量来表示。低碳钢、木材等属于韧性材料，用于路面、桥梁、吊车梁以及有抗震要求的结构都要考虑材料的韧性。

1.4.4 硬度与耐磨性

硬度是指材料表面抵抗较硬物质刻划或压入的能力。金属材料等的硬度常用压入法测定，如布氏硬度法，是以单位压痕面积上所受的压力来表示。陶瓷等材料常用刻划法测定。一般情况下，硬度大的材料强度高、耐磨性较强，但不易加工。工程中有时用硬度来间接推算材料的强度，如回弹法用于测定混凝土表面强度，间接推算混凝土强度。

耐磨性是指材料表面抵抗磨损的能力。材料的耐磨性用磨损率来表示。材料的耐磨性与材料的组成结构及强度、硬度有关。在土木工程中，选择道路路面、工业地面等受磨损部位的材料时须考虑其耐磨性。选择在水流及泥沙的冲击作用下易遭受损失和破坏部位的材料时，也需要考虑材料的磨损率。

【工程实例分析】

测试强度与加载速度

【现象】 人们在测试混凝土等材料的强度时可以观察到，对于同一试件，加载速度过快，所测值偏高。

【原因分析】 材料的强度除与其组成结构有关外，还与其测试条件有关，包括加载速度、温度、试件大小和形状等。当加载速度过快时，荷载的增长速度大于材料裂缝扩展速度，测出的数值就会偏高。为此，在材料的强度测试中，一般都规定其加载速度范围。《混凝土物理力学性能试验方法标准》(GB/T 50081—2019)中：

当混凝土立方体抗压强度小于30 MPa时，加荷速度为0.3～0.5 MPa/s；

当混凝土立方体抗压强度为30～60 MPa时，加荷速度为0.5～0.8 MPa/s；

当混凝土立方体抗压强度不小于60 MPa时，加荷速度为0.8～1 MPa/s。

1.5 材料的热工性质

【视频讲解】

1.5.1 导热性

材料传导热量的能力称为导热性。当固体物质两侧表面存在温度差时，热量会从温度高的一侧传到温度低的一侧。传热量用下式表示：

$$\lambda = \frac{Qd}{FZ(T_2 - T_1)} \tag{1.20}$$

式中 λ——导热系数[W/(m·K)]；

Q——传导的热量(J)；

d——材料厚度(m)；

F——热传导面积(m^2)；

Z——热传导时间(s)；

T_2-T_1——材料两面温度差(K)。

在物理意义上,导热系数为单位厚度(1 m)的材料的两面温度差为 1 K 时,在单位时间(1 s)内通过单位面积(1 m^2)的热量。导热系数越小,表明材料越不易导热,通常将 $\lambda \leqslant 0.23$ 的材料称为绝热材料。

1.5.2 热容量和比热容

材料在受热时吸收热量,冷却时放出热量的性质称为材料的热容量。单位质量材料温度升高或降低 1 K 所吸收或放出的热量称为热容量系数或比热容。比热容的计算式如下所示:

$$c=\frac{Q}{m(T_2-T_1)} \tag{1.21}$$

式中 c——材料的比热容[J/(g·K)];

Q——材料吸收或放出的热量(热容量)(J);

m——材料质量(g);

T_2-T_1——材料受热或冷却前后的温差(K)。

1.5.3 热阻

热阻是材料层(墙体或其他围护结构)抵抗热流通过的能力,热阻的定义及计算式为:

$$R=d/\lambda \tag{1.22}$$

式中 R——材料层热阻[(m^2·K)/W];

d——材料层厚度(m);

λ——材料的导热系数[W/(m·K)]。

热阻的倒数 $1/R$ 称为材料层(墙体或其他围护结构)的传热系数。传热系数是指材料两面温度差为 1 K 时,在单位时间内通过单位面积的热量。

热阻反映热流通过材料层时遇到的阻力大小。热阻越大,通过材料层的热量越少,材料的保温隔热性能越好。因此,要想改善保温隔热性能,就必须增大材料层的热阻,可以加大材料层的厚度,或选用导热系数小的材料。

1.6 材料的耐久性

材料的耐久性是指材料在长期使用过程中,受各种内在或外来自然因素及有害介质的影响,能长久地保持原有使用性质的能力。

造成材料在使用中逐步变质失效的原因主要有内部和外部两种因素。材料本身组分和结构的不稳定、低密实度、各组分热膨胀不均匀、固相界面上的化学生成物膨胀等都是其内部因素。使用中所处的环境和条件(包括自然的和人为的),诸如日光曝晒、介质侵蚀、温湿度变化、机械摩擦等,都是外部因素。这些内、外部因素,都可归结为物理的、化学的、机械的和生物的作用,单独或复合地作用于材料,使之逐步变质而丧失其使用性能。

1.6.1 物理作用

物理作用包括环境的干湿变化、温度变化及冻融变化等。这些作用将使材料发生体积的干缩湿胀，或导致内部裂缝的扩展，以致会使材料最终破坏。在寒冷地区，冻融变化对材料的破坏作用尤其显著。在高温环境下使用的材料，经常处于高温状态的建筑物或构筑物，所选用的建筑材料要具有耐热性能。在民用和公共建筑中，考虑到安全防火的要求，须选用具有抗火性能的难燃或不燃的材料。

1.6.2 化学作用

化学作用包括大气、环境水以及其他使用环境中的含酸、碱、盐等的液体或有害气体对材料的侵蚀作用。

1.6.3 机械作用

机械作用包括交变荷载、持续荷载作用及撞击引起材料疲劳、冲击、磨损、侵蚀和磨耗等。如水工结构物常受到水流冲磨导致表面磨损而破坏；路面、地坪混凝土常因受到摩擦和冲击，逐渐形成空穴，最终层层磨耗而破坏。

1.6.4 生物作用

生物作用包括昆虫、菌类对材料的侵害作用，如木材因腐朽而破坏。

影响材料耐久性的因素如表1.3所示。

表 1.3 影响材料耐久性的因素

耐久性内容	破坏因素	具体原因	评定指标
抗渗性	物理作用	压力水	渗透系数、抗渗等级
抗冻性	物理作用	冻融作用	抗冻等级
抗化学侵蚀性	化学作用	酸碱盐作用	*
抗碳化性	化学作用	二氧化碳、水	碳化深度
碱-集料反应	物理、化学作用	活性集料、碱、吸水作用	膨胀率
抗老化性	化学作用	阳光、空气、水、温度	*
冲磨气蚀	物理作用	流水、泥沙、机械力	磨蚀率
锈蚀	物理、化学作用	氧气、水、氯离子	锈蚀率
虫蛀	生物作用	昆虫	*
耐热	物理、化学作用	冷热交替	*
腐朽	生物作用	氧气、水、菌类	*
耐火	物理、化学作用	高温、火焰	*

注：* 表示可参考强度变化率、开裂情况、变形情况等评定。

总之，耐久性反映的是材料的一个复杂的综合性能。随着国内外大量工程经验和教训的总结积累，材料的耐久性问题也日益受到重视，工程界和科研人员正在逐步进行深入的研究与实践，而这对延长结构物的使用寿命、减少维修维护费具有重要意义。

【思维导图与核心知识点】

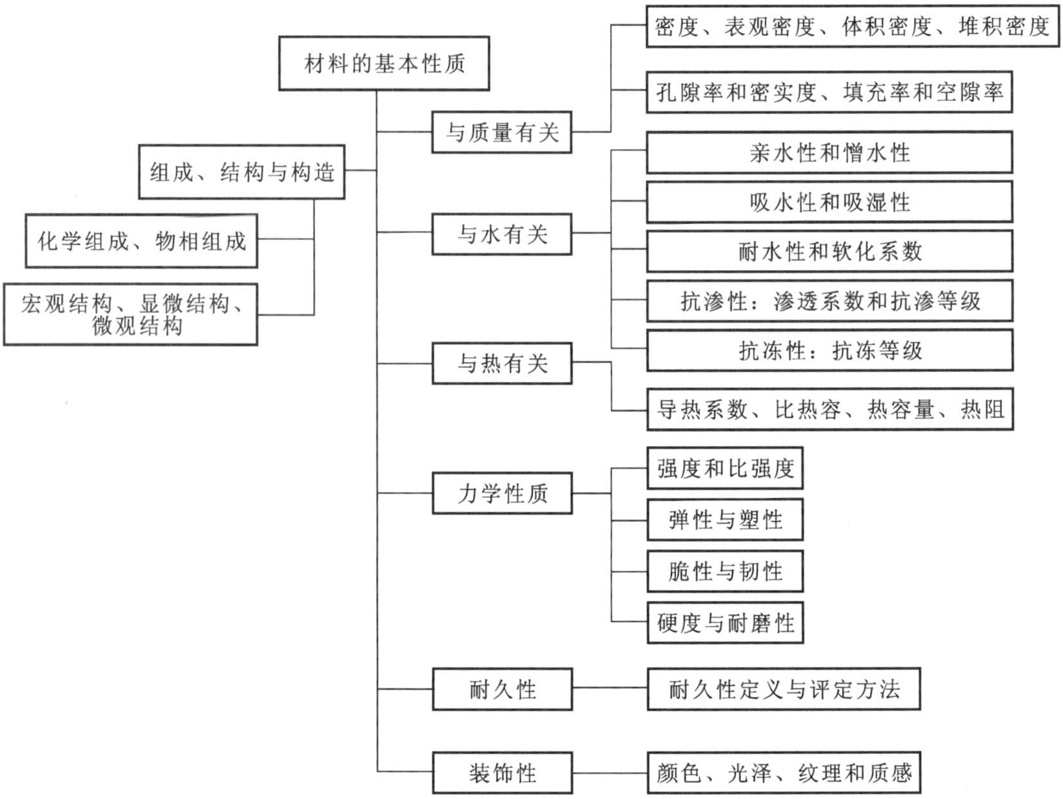

知识拓展

亲水性材料的含水状态，一般可分为四种基本状态：

（1）干燥状态——材料经过干燥处理后，孔隙中绝对不含水的状态，见图 1.5(a)。

（2）气干状态——材料在自然状态下吸收空气中水分子的含水状态，见图 1.5(b)。

（3）饱和面干状态——材料充分吸水，常压下开口孔均吸满水而材料表面无水的状态，见图 1.5(c)。

（4）表面湿润状态——材料不仅孔隙内吸水饱和，而且表面上被水湿润附有一层水膜的状态，见图 1.5(d)。

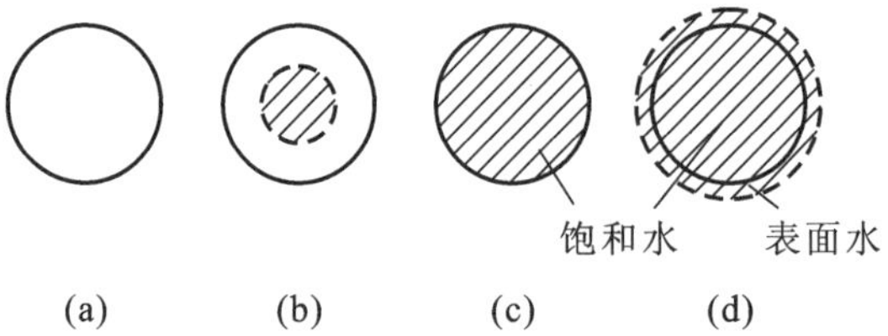

图 1.5　材料的含水状态

(a)干燥状态；(b)气干状态；(c)饱和面干状态；(d)表面湿润状态

复习题与思考题

(1) 什么是材料的密度、表观密度、体积密度和堆积密度？这些结构参数之间的区别及其与孔隙率的关系是怎样的？

(2) 材料的力学性能与组成结构之间存在怎样的关系？

(3) 材料与水有关的性质包括哪些内容？性能指标如何计算？

(4) 材料的耐久性包括哪些内容？引起材料耐久性破坏的因素有哪些？

练 习 题

(1) 材料的密度、表观密度、体积密度有何区别？如何测定？材料含水后对三者有什么影响？

(2) 某工地所用卵石材料的密度为 2.65 g/cm^3，体积密度为 2.61 g/cm^3，堆积密度为 1680 kg/m^3，试计算此石子的孔隙率与空隙率？

(3) 普通砖进行抗压强度试验，干燥状态时的破坏荷载为 207 kN，吸水饱和时的破坏荷载为 174.5 kN。若试验时砖的受力面积为 11.5 cm×12 cm，试判断此砖能否用于建筑物长期与水接触的部位？

(4) 500 g 河砂烘干至恒重时的质量为 486 g，求此河砂的含水率。

(5) 某立方体岩石试件，外形尺寸为 50 mm×50 mm×50 mm，测得其在绝干、自然状态及吸水饱和状态下的质量分别为 325 g，325.3 g，326.1 g，并测得该岩石的密度为2.68 g/cm^3。试求该岩石的体积吸水率、质量含水率、体积密度、孔隙率。

(6) 混凝土用石子的表观密度为 2.6 g/cm^3，堆积密度为 1600 kg/m^3，砂子的表观密度为 2.65 g/cm^3，堆积密度为 1500 kg/m^3。若在确定用砂量时，以砂的体积刚好填满石子空隙体积为原则，用容积为 10 L、质量为 6.20 kg 的标准容器，用规定的方法装入干燥砾石并刮平，称得总质量为 21.30 kg，向容器内注水至平满，砾石吸水饱和后，称其总质量为 26.70 kg，取出砾石擦干表面水分称得质量为 17.30 kg。试计算该砾石的：体积密度、堆积密度、空隙率和开口孔隙率。

2 气硬性胶凝材料

本章提要

本章主要介绍胶凝材料、气硬性胶凝材料、水硬性胶凝材料等重要概念，介绍石灰、石膏的生产原理、凝结硬化过程、技术性质要求、特性及应用。通过本章学习，应达到以下目标：

(1) 了解石灰、石膏、水玻璃和菱苦土这四种常用气硬性胶凝材料的原料和生产；

(2) 掌握石膏、石灰的水化(熟化)、凝结、硬化规律；

(3) 掌握石灰、石膏的技术性质和用途。

课前预习要点

本章课前预习时应注意以下知识点：

(1) 胶凝材料的定义，气硬性胶凝材料与水硬性胶凝材料的区别。

(2) 石灰的分类，石灰的水化、凝结硬化过程是怎样的？

(3) 建筑石膏的成分是什么？其凝结硬化机理是什么？

(4) 从建筑石膏凝结硬化形成的结构解释石膏为什么强度较低，耐水性和抗冻性差，而绝热性和吸声性较好？

(5) 石灰与石膏的工程应用现状。

课程思政

石灰吟

〔明〕于谦

千锤万击出深山，烈火焚烧若等闲。

粉骨碎身全不怕，要留清白在人间。

这首古诗通过对石灰焙烧过程的精彩、准确描述，不但记录了我国古代劳动人民对自然界的准确认识和对石灰生产过程的熟练掌握，同时也歌颂了中华文明源远流长、历久弥新的精髓。“千锤百炼出深山”，这句诗形象地描绘了经过无数次的锻造和磨炼，最终从深山之中走出来的过程。这个过程充满了艰辛与挑战，但正是这些经历，塑造了其坚韧不拔的品质和卓越的成就。无论是个人、团队还是国家，“千锤万击出深山”都是一个不断追求卓越、勇攀高峰的过程。它告诉我们，只有经历过风雨，才能见到彩虹；只有经历过磨砺，才能成就非凡。

历史回顾

金字塔所用的胶凝材料

古埃及人发现尼罗河流域盛产的石膏可以做成很好的黏结材料。他们发现，把开采出来的石膏碾碎磨细，再加上少量黏土一起煅烧，就会失去一部分结晶水成为熟料。熟料加水，调成糊状，过不了多久又会重新结硬，而且石膏糊黏性更好。由此，埃及人发明了与水泥相似的石膏黏结剂，还用它创造了世界建筑史上的奇迹——金字塔。

到目前为止，埃及尚存的金字塔中规模最大的一座距今已有4500多年历史，可见该石膏复合胶凝材料具有良好的耐久性。

在建筑上，把经过一系列物理、化学作用后，由液体或膏状体变为坚硬的固体，同时将砂、石、砖、砌块等散粒或块状材料胶结成整体并具有一定机械强度的材料，统称为胶凝材料。

胶凝材料品种繁多，按化学组成可分为有机胶凝材料和无机胶凝材料，按硬化条件又可分为气硬性胶凝材料和水硬性胶凝材料。气硬性胶凝材料只能在空气中硬化并保持或继续提高其强度，如石灰、石膏、水玻璃及镁质胶凝材料(如菱苦土)等；水硬性胶凝材料不仅能在空气中硬化，而且能更好地在水中硬化并保持或继续提高其强度，如硅酸盐水泥。

气硬性胶凝材料只适用于地上或干燥环境；水硬性胶凝材料既适用于地上，也可用于地下潮湿环境中。

2.1 石　　灰

【视频讲解】

石灰是在建筑上使用较早的矿物胶凝材料之一，由于其原料丰富，生产简单，成本低廉，胶结性能较好，至今仍广泛应用于建筑中。

2.1.1 石灰的生产

生产石灰的主要原料是石灰岩，其主要成分是碳酸钙和碳酸镁，还有黏土等杂质。此外，还可以利用化工副产品，如用碳化钙制取乙炔时产生的主要成分是氢氧化钙的电石渣等。

高温煅烧碳酸钙时分解和排出二氧化碳而主要得到氧化钙，反应为：

$$CaCO_3 \xrightarrow{900\sim1100\ ℃} CaO + CO_2\uparrow \tag{2.1}$$

在实际生产中，为了加快石灰石分解，煅烧温度一般高于900℃，常在1000～1200 ℃，若煅烧温度过低，$CaCO_3$ 尚未分解，表观密度大，就会产生不熟化的欠火石灰，这种石灰的产浆量较低，有效氧化钙和氧化镁含量低，使用时黏结力不足，质量较差。若煅烧温度过高、时间过长，分解出的CaO与原料中的 SiO_2 和 Al_2O_3 等杂质熔结，就会产生熟化很慢的过火石灰。过火石灰如用于工程上，其细小颗粒会从已经硬化的砂浆中吸收水分，发生水化反应从而体积膨胀，引起局部鼓泡或脱落，影响工程质量。品质好的石灰，煅烧均匀，与水作用速度快，灰膏产量高。所以掌握合适的煅烧温度和时间十分重要。

2.1.2 石灰的品种与技术要求

2.1.2.1 石灰的品种

(1) 建筑生石灰：由石灰石煅烧生成的白色疏松结构的块状物，主要成分为 CaO，如图 2.1(a)所示。

(2) 建筑生石灰粉：由块状生石灰磨细而成，主要成分为 CaO。

(3) 消石灰粉(也叫熟石灰)：将生石灰用适量的水经消化和干燥制成的粉末，主要成分为 $Ca(OH)_2$，如图 2.1(b)所示。

(a) (b) (c)

图 2.1 石灰品种

(a) 生石灰；(b) 消石灰；(c) 石灰膏

(4) 石灰膏：将块状生石灰用过量水(为生石灰体积的 3～4 倍)消化，或将消石灰粉与水拌和，所得具有一定稠度的膏状物，主要成分为 $Ca(OH)_2$ 和水，如图 2.1(c)所示。

(5) 石灰乳：由生石灰加大量水消化而成的一种乳状液体，主要成分为 $Ca(OH)_2$ 与 H_2O。

石灰石煅烧后首先得到块状生石灰。在实际使用中，通常要根据用途以及施工条件将块状生石灰加工成不同的物理形态，以便使用。

2.1.2.2 石灰的技术要求与技术标准

建筑生石灰根据有效氧化钙和有效氧化镁的含量、二氧化碳含量、产浆量以及细度不同划分为不同等级。各等级的技术要求如表 2.1 所示。

表 2.1 建筑生石灰的技术指标(JC/T 479—2013)

类别	代号	CaO+MgO 含量/%	CO_2 含量/%	产浆量/(dm^3/10 kg)	细度	
					0.2 mm 筛余量/%	0.09 mm 筛余量/%
钙质石灰	CL90-Q	≥90	≤4	≥26	—	—
	CL90-QP			—	≤2	≤7
	CL85-Q	≥85	≤7	≥26	—	—
	CL85-QP			—	≤2	≤7
	CL75-Q	≥75	≤12	≥26	—	—
	CL75-QP			—	≤2	≤7

续表2.1

类别	代号	CaO+MgO含量/%	CO_2 含量/%	产浆量/(dm^3/10 kg)	细度	
					0.2 mm 筛余量/%	0.09 mm 筛余量/%
镁质石灰	ML85-Q	≥85	≤7	—	—	—
	ML85-QP				≤2	≤7
	ML80-Q	≥80	≤7	—	—	—
	ML80-QP				≤7	≤2

注意:QP为粉状。

建筑消石灰根据有效氧化钙和有效氧化镁含量、体积安定性、游离水量及细度不同划分为不同等级。体积安定性不好,即石灰制品在硬化时易产生开裂、翘曲现象。各等级的技术要求如表2.2所示。

表2.2　建筑消石灰的技术指标(JC/T 481—2013)

项目		钙质消石灰粉			镁质消石灰粉	
		HCL90	HCL85	HCL75	HML85	HML80
CaO+MgO含量/%		≥90	≥85	≥75	≥85	≥80
安定性		合格				
游离水/%		≤ 2				
细度	0.09 mm 筛余量/%	≤7				
	0.2 mm 筛余量/%	≤2				

2.1.3　石灰的消化与硬化

石灰的消化(又称熟化或消解),是指生石灰与水反应生成 $Ca(OH)_2$ 的过程。工程上也称为“陈伏”,其反应式:

$$CaO + H_2O \longrightarrow Ca(OH)_2 + 64.9\ kJ/mol \tag{2.2}$$

生石灰在熟化过程中,体积膨胀1～2.5倍,并放出大量的热。过火石灰消化速度极慢,当石灰抹灰层中含有这种颗粒时,由于它吸收空气水分继续消化,体积膨胀,会引起墙面隆起、开裂,局部鼓泡或脱落,严重影响工程质量。为了消除这种危害,生石灰在使用前应提前洗灰,使灰浆在灰坑中储存两周以上,以使石灰得到充分消化,这一过程称为石灰的“陈伏”。陈伏期间,为防止石灰碳化,应在其表面保持一定厚度(2 cm以上)的水层,以使石灰与空气隔绝,如图2.2所示。

需特别指出的是,块状生石灰必须充分熟化后方可用于工程中。若使用将块状生石灰直接破碎且磨细制得的磨细生石灰粉,则可不预先陈伏而直接应用。原因是,磨细生石灰的细度高,其水化反应速度比块状生石灰高30～50倍,且水化时体积膨胀均匀。此外,使用磨细生石灰,克服了传统石灰硬化慢、强度低的缺点,不仅提高了功效,还节约了场地,改善了施工环境,但成本较高。

图 2.2 石灰陈伏

生石灰与水拌和形成石灰浆体，经过一定时间石灰浆体逐步硬化，产生强度并具有胶结能力。石灰浆体的硬化包含两个同时进行的过程：

(1) 干燥结晶硬化过程

石灰浆体在干燥过程中，游离水分蒸发，形成网状孔隙，这些滞留于孔隙中的自由水由于表面张力的作用而产生毛细管压力，使石灰粒子更紧密，获得一定强度，且由于水分蒸发，$Ca(OH)_2$逐渐从饱和溶液中结晶析出，但数目很少，产生的强度很低。

$$Ca(OH)_2 + nH_2O \longrightarrow Ca(OH)_2 \cdot nH_2O \tag{2.3}$$

(2) 碳化过程

石灰浆体与空气中的 CO_2 在有水的条件下反应生成 $CaCO_3$ 结晶，释放出水分并蒸发。

$$Ca(OH)_2 + CO_2 + nH_2O \longrightarrow CaCO_3 + (n+1)H_2O \tag{2.4}$$

产物中 $CaCO_3$ 强度高，碳化对于强度的提高和稳定是很有利的，但空气中的 CO_2 含量很低，碳化作用主要发生在与空气接触的表面，且碳化生成致密的碳酸钙后，阻止 CO_2 继续深入内部，同时阻碍了水分的蒸发，所以自然状态下碳化干燥是很缓慢的。

2.1.4 石灰的特性

(1) 保水性、可塑性好

由生石灰直接消化所得到的石灰浆体中，形成有颗粒极细的氢氧化钙，表面能吸附一层较厚的水膜，使颗粒间的摩擦力减小，具有良好的可塑性，叫作白灰膏。将白灰膏掺入水泥砂浆中，可配制成混合砂浆，能显著提高砂浆的保水性，适用于吸水性砌体材料的砌筑。

(2) 硬化慢，强度低

石灰浆体的硬化只能在空气中进行，由于空气中二氧化碳稀薄，不能提供足够的反应物，碳化甚为缓慢。而且石灰表面碳化后，形成紧密外壳，不利于碳化作用的深入，也不利于内部水分的蒸发，因此石灰是硬化缓慢的材料。石灰硬化后的强度也不高，1∶3 的石灰砂浆 28 d

抗压强度通常只有 0.2～0.5 MPa。

(3) 吸湿性强

块状生石灰在放置过程中，会缓慢吸收空气中的水分而自动熟化成消石灰粉，再与空气中的二氧化碳作用生成碳酸钙，从而失去胶结能力。

(4) 体积收缩大

游离水的大量蒸发，导致内部毛细管失水紧缩，引起体积收缩变形，使石灰硬化体产生裂纹。所以除调成石灰乳作薄层涂刷外，不宜单独使用。工程上常在石灰中掺入骨料、各种纤维材料等以减少收缩。

(5) 耐水性差

石灰硬化体的主要成分是氢氧化钙晶体，遇水或受潮时易溶解，使硬化体溃散，所以石灰不宜在潮湿的环境中使用，也不宜单独用于建筑物基础。

2.1.5 石灰的应用及储存

2.1.5.1 *石灰的应用*

(1) 室内粉刷

将消石灰粉或消石灰浆掺大量水拌和，调制成稠度合适的石灰乳，可用于建筑室内墙面和顶棚粉刷。

(2) 拌制建筑砂浆

石灰浆和消石灰粉可以单独或与水泥一起配制成砂浆，前者称石灰砂浆，后者称混合砂浆，可用作墙体砌块之间的胶结材料，或者作为墙体、地面的基层抹灰材料。

(3) 配制三合土和灰土

消石灰粉与黏土的拌合物，称为灰土，若再加入砂(或碎石、炉渣等)，即成三合土；用石灰与粉煤灰、黏性土可拌制成粉煤灰石灰土；用石灰与粉煤灰、砂、碎石可拌制成粉煤灰碎石土；等等。这些土大量应用于建筑物基础、地面、道路等的垫层，地基的换土处理等。为方便石灰与黏土等的拌和，宜用磨细的生石灰或消石灰粉。磨细的生石灰还可使灰土和三合土有较高的紧密度、较高的强度和耐水性。

(4) 制作碳化板

碳化板是指将磨细的生石灰、纤维状填料或轻质骨料(如矿渣)搅拌、成型，然后经人工碳化而成的一种轻质板材。为减轻自重，提高碳化效果，多制为薄壁或空心的。碳化板能锯、刨、钉，适合作非承重内墙板、天花板等。

2.1.5.2 *石灰的储存*

建筑生石灰粉、建筑消石灰粉一般采用袋装，保管时应分类、分等级存放在干燥的仓库内，不宜长期存储。运输过程中要采取防水措施。由于生石灰遇水会发生反应放出大量的热，所以生石灰不宜与易燃易爆物品共存、共运，以免酿成火灾。

存放时，可采用制成石灰膏密封或在上面覆盖砂土等方式与空气隔绝，防止硬化。

【工程实例分析 2.1】

石灰砂浆层拱起开裂

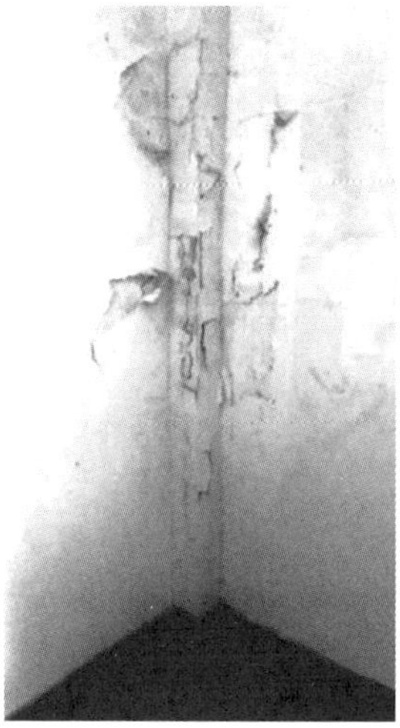

图 2.3　石灰墙面开裂

【现象】　某住宅使用石灰厂处理的下脚石灰做墙面粉刷，数月后粉刷层多处向外拱起，还能看见一些裂缝，如图 2.3 所示。

【原因分析】　石灰厂处理的下脚石灰往往含有过烧的 CaO 或过多的 MgO，其水化速度慢于正常的石灰。这些过烧的 CaO 或过多的 MgO 在已经水化硬化的石灰砂浆中缓慢水化，体积膨胀，就会导致砂浆层拱起和开裂。

【工程实例分析 2.2】

石灰的选用

【现象】　某工地急需配制石灰砂浆。当时有消石灰粉、生石灰粉及生石灰材料可供选用。因生石灰价格相对较便宜，便选择使用，并马上加水配制石灰膏，再配制石灰砂浆。使用数月后，石灰砂浆出现凸出的膨胀性裂缝。

【原因分析】　该石灰的陈伏时间不够。数日后部分过火石灰在已经硬化的石灰砂浆中熟化，体积膨胀，以致产生膨胀性裂纹。

因工期紧，若无现成合格的石灰膏时，可选用消石灰粉。消石灰粉在磨细过程中，把过火石灰磨成细粉，易于克服过火石灰在熟化时造成的体积安定性不良的危害。

2.2　石　　膏

石膏是一种历史悠久、应用广泛的气硬性无机胶凝材料，其主要化学成分为硫酸钙，其建筑性能优良，生产工艺简单，与石灰、水泥并列为三大胶凝材料。我国石膏资源丰富且分布较广，已探明的天然石膏(图 2.4)储量居世界之首。同时，化学石膏生产量巨大。近年来，石膏板、建筑饰面板等石膏制品发展迅速，石膏已成为极有发展前途的新型建筑材料之一。

图 2.4　天然石膏

2.2.1　石膏的制备与分类

生产石膏的原料主要为天然石膏(又称生石膏)或含硫酸钙的化工副产品和废渣(如磷石膏、硼石膏、氟石膏等)，其化学式为 $CaSO_4 \cdot 2H_2O$，也称二水石膏。石膏生产常用天然二水石膏。

石膏的生产工序主要是破碎、加热与磨细。二水石膏在不同温度、压力下煅烧，可得到不同品种的石膏。

【视频讲解】

(1) 建筑石膏

二水石膏在不同的压力、湿度和温度条件下脱水，会产生不同的脱水石膏或具有不同内部结构的石膏产品，其水化速度、硬化后强度、耐水性等性质有很大差别。例如，在常压、温度为107～170 ℃的条件下，天然二水石膏脱去部分水分即得β型半水石膏(也称熟石膏)，再经磨细成白色粉末，即为建筑石膏。其反应式如下：

$$CaSO_4 \cdot 2H_2O \xrightarrow{107\sim170\ ℃} CaSO_4 \cdot \frac{1}{2}H_2O + \frac{3}{2}H_2O \tag{2.5}$$

建筑石膏晶粒细小，将它调制成一定稠度的浆体时，需水量较大，因此其制品强度较低，多用于建筑抹灰、粉刷及各种石膏制品等。

(2) 高强石膏

将二水石膏置于具有0.13 MPa、124 ℃的密闭蒸压釜内脱水，即得α型半水石膏，再经磨细得到的白色粉末，即为高强石膏。与β型半水石膏相比，α型半水石膏晶粒粗大且微观结构紧密，水化反应速度很慢，拌和用水量少(是建筑石膏的一半左右)，硬化后结构密实，强度较高。由于生产成本较高，因此主要用于室内高级抹灰、装饰制品和石膏板等。如掺入防水剂，可制成高强度防水石膏；加入有机材料(如聚乙烯醇水溶液等)，可配成无收缩的黏结剂。

(3) 模型石膏

模型石膏也是β型半水石膏，但杂质少，色白，主要用于装饰浮雕。

2.2.2 建筑石膏的水化与硬化

(1) 建筑石膏的水化

建筑石膏是白色、粉末状材料，易溶于水，干燥状态下的密度为2.60～2.75 g/cm^3，堆积密度为800～1000 kg/m^3。将建筑石膏与适量的水拌和可得到具有可塑性的浆体，构成半水石膏-水体系，在该体系中半水石膏将与水发生化学反应生成二水石膏，该反应叫作石膏的水化反应，简称水化。其反应式如下：

$$CaSO_4 \cdot \frac{1}{2}H_2O + \frac{3}{2}H_2O \longrightarrow CaSO_4 \cdot 2H_2O \tag{2.6}$$

建筑石膏加水，首先是溶解于水，然后发生上述反应，生成二水石膏。由于二水石膏的溶解度较半水石膏的溶解度小，因此半水石膏的水化产物二水石膏在过饱和溶液中沉淀并析出，促使上述反应不断向右进行，直至全部转变为二水石膏为止。

(2) 建筑石膏的凝结与硬化

随着水化的不断进行，生成的二水石膏胶体微粒不断增多，这些微粒较原来的半水石膏更加细小，比表面积很大，能吸附更多水分；同时浆体中自由水分由于水化和蒸发而不断减少，浆体的稠度不断增大，胶体微粒间的黏结逐步增强，颗粒间产生的摩擦力和黏结力变大，使得浆体逐渐失去可塑性，即浆体逐渐凝结。随着水化的不断进行，二水石膏胶体微粒凝聚并转变为晶体，彼此互相联结，使石膏具有了强度，即浆体产生了硬化。

浆体的凝结硬化过程是一个连续进行的过程。浆体开始失去可塑性的状态称为初凝；从加水拌和到发生初凝所用的时间称为初凝时间；浆体完全失去可塑性并开始产生强度的状态称为终凝；从加水拌和到发生终凝所用的时间称为终凝时间。

2.2.3 建筑石膏的性质与技术要求

2.2.3.1 建筑石膏的性质

(1) 密度与堆积密度

建筑石膏的密度为 2600～2750 kg/m^3，堆积密度为 800～1000 kg/m^3，属轻质材料。

(2) 凝结硬化快

建筑石膏加水拌和后，初凝时间不小于 6 min，终凝时间不大于 30 min，一周左右完全硬化。施工时可根据需要作适当调整，加速凝固可掺入少量磨细的未经煅烧的石膏；缓凝可掺入硼砂、亚硫酸盐、酒精废液等。

(3) 硬化后体积微膨胀

石膏浆体凝结硬化时不像石灰和水泥那样出现体积收缩，反而略有膨胀(膨胀量约为0.1%)，这一特性使石膏制品在硬化过程中不会产生裂缝，造型棱角清晰饱满，适合制作建筑艺术配件及建筑装饰件等。

(4) 孔隙率大、强度较低

石膏硬化后由于多余水分蒸发，内部形成大量的毛细孔，石膏制品的孔隙率可达 50%～60%，表观密度小，导热性较小，强度较低。而保温、隔热、吸声性能较好，可做成轻质隔板。

(5) 具有一定的调湿性

石膏制品内部的大量毛细孔隙具有呼吸功能，可起到调节室内湿度、温度的作用，从而创造出舒适的工作和生活环境。

(6) 防火性能好，但耐火性差

建筑石膏制品的防火性能表现在以下三个方面：

① 在火灾时，二水石膏中的结晶水蒸发成水蒸气，吸收大量热；

② 石膏中结晶水蒸发后产生的水蒸气形成蒸汽幕，能延缓火势蔓延；

③ 脱水后的石膏制品隔热性能更好，能形成隔热层，并且无有害气体产生。

但是，石膏制品若长期靠近 65 ℃以上高温的部位，二水石膏就会脱水分解，强度降低，不再耐火。

(7) 耐水性和抗冻性差

由于建筑石膏硬化后孔隙率较大，二水石膏又微溶于水，具有很强的吸湿性和吸水性，如果处在潮湿环境中，晶体间的黏结力就会削弱，强度显著降低，遇水则晶体溶解而引起破坏，所以石膏及其制品的耐水性较差，不能用于潮湿环境中，但经过加工处理可做成耐水纸面石膏板。

2.2.3.2　建筑石膏的技术要求

根据《建筑石膏》(GB/T 9776—2022)规定，建筑石膏按 2 h 湿抗折强度分为 4.0、3.0 和 2.0 三个等级，具体力学性能见表 2.3。

表 2.3　建筑石膏的物理力学性能(GB/T 9776—2022)

等级		4.0	3.0	2.0
2 h 湿抗折强度/MPa		≥4.0	≥3.0	≥2.0
2 h 湿抗压强度/MPa		≥8.0	≥6.0	≥4.0
凝结时间/min	初凝	≥3		
	终凝	≤30		

2.2.4　建筑石膏的应用

建筑石膏常用于室内抹灰、粉刷、油漆打底，也可制作各种建筑装饰品和石膏板材等。

(1) 普通纸面石膏板

普通纸面石膏板是以建筑石膏为主要原料，掺入纤维和外加剂构成芯材，并与护面纸板牢固地结合在一起的建筑板材。护面纸板主要起提高板材抗弯、抗冲击的作用。

普通纸面石膏板具有质轻、保温、防火、吸声、抗冲击、能调节室内温度湿度等性能，可锯、可钉、可钻，并可用钉子、螺栓和以石膏为基材的胶黏剂黏结。

普通纸面石膏板主要适用于室内隔断和吊顶，而且要求环境干燥。不适用于厨房、卫生间以及空气相对湿度大于 70%的潮湿环境。

(2) 装饰石膏板

装饰石膏板是以建筑石膏为主要原料，掺入适量纤维增强材料和外加剂，经搅拌、浇筑、干燥而成的不带护面纸的板材。装饰石膏板无须作饰面处理，可用于宾馆、商场、音乐厅、会议室、幼儿园、住宅等建筑的墙面和吊顶装饰。

(3) 石膏空心条板

石膏空心条板以建筑石膏为主要原料，常加入纤维材料(如无碱玻璃纤维)和轻质填料以及外加剂，以提高板的抗折强度、减轻重量。这种板不用纸和黏结剂，也不用龙骨，施工方便，是一种具有发展前景的轻板，主要用作隔墙板，并且对室内温度和湿度能起一定的调节作用。

(4) 耐水、耐火纸面石膏板

耐水纸面石膏板是以建筑石膏为主要原料，掺入适量耐水外加剂构成芯材，并与耐水的护面纸牢固黏结在一起的轻质建筑板材。耐水纸面石膏板主要用于厨房、卫生间等潮湿环境的装饰，其表面需进行饰面处理。

耐火纸面石膏板是以建筑石膏为主，掺入适量无机耐火纤维增强材料构成芯材，并与护面纸牢固黏结在一起的耐火轻质建筑板材。耐火纸面石膏板主要用作防火等级要求高的建筑物的装饰材料，如影剧院、体育馆、幼儿园、商场、娱乐场所及其通道、楼梯间、电梯间等的吊顶、墙面、隔断等。

石膏板具有轻质、保温、隔热、吸声、不燃及热容量大、吸湿性强,可调节室内温湿度,施工方便等特点,是具有发展前途的新型墙体材料。但石膏板具有长期徐变的性质,在潮湿环境中更为严重,且建筑石膏自身强度低,因其呈微酸性,不能配加强钢筋,故不宜用于承重结构。

【工程实例分析 2.3】

石膏饰条粘贴失效

【现象】 某工程用石膏粉加水搅拌形成一桶石膏浆,用以在光滑的天花板上直接粘贴石膏饰条,前后半小时完工。几天后,最后粘贴的两条石膏饰条突然坠落。

【原因分析】 粘贴失效的原因有两个方面,可有针对性地解决:

(1) 建筑石膏拌水后一般于数分钟至半小时左右凝结,后来粘贴石膏饰条的石膏浆已初凝,黏结性能差。可掺入缓凝剂,延长凝结时间,或者分多次配制石膏浆,即配即用。

(2) 在光滑的天花板上直接粘贴石膏条,粘贴难以牢固,宜对表面予以打刮,以利粘贴;或在粘贴的石膏浆中掺入部分黏结性强的黏结剂。

2.3 水 玻 璃

水玻璃俗称"泡花碱",是一种水溶性硅酸盐,由碱金属氧化物和二氧化硅组成,其化学式为 $R_2O \cdot nSiO_2$,其中 n 为 SiO_2 与 R_2O 的摩尔数的比值,称为水玻璃的模数。水玻璃模数越大,越难溶于水,但容易分解硬化,黏结力强。建筑上常用的水玻璃是硅酸钠的水合物(简称钠水玻璃),其化学式为 $Na_2O \cdot nSiO_2$,为无色、青绿色或棕色的黏稠液体,模数 $n=2.6 \sim 2.8$。

2.3.1 水玻璃的生产原理

水玻璃的生产方法一般采用碳酸盐法,生产钠水玻璃的主要原料是石英砂、纯碱或含硫酸钠的原料。将原料磨细,按比例拌匀,在玻璃熔炉内熔融而生成硅酸钠,冷却后得固态水玻璃,然后在水中加热溶解而成液体水玻璃,其化学反应式为:

$$Na_2CO_3 + nSiO_2 \xrightarrow{1300 \sim 1400\ ℃} Na_2O \cdot nSiO_2 + CO_2 \uparrow \qquad (2.7)$$

2.3.2 水玻璃的硬化

液体水玻璃在空气中与二氧化碳作用,析出无定形的二氧化硅凝胶,凝胶因干燥而逐渐硬化,其反应式为:

$$Na_2O \cdot nSiO_2 + CO_2 + mH_2O \longrightarrow Na_2CO_3 + nSiO_2 \cdot mH_2O \qquad (2.8)$$

由于空气中二氧化碳含量低,上述硬化过程很慢,为加速硬化,可掺入适量的促硬剂,如氟硅酸钠(Na_2SiF_6),促使二氧化硅凝胶快速析出。氟硅酸钠的适当掺量为水玻璃重量的12%~15%。如果氟硅酸钠用量太少,不但使水玻璃硬化速度缓慢、强度低,而且未经反应的水玻璃易溶于水,因而硬化后的结构耐水性差。如果氟硅酸钠用量过多,则水玻璃凝结硬化速度过快,使施工困难,而且硬化后的结构渗透性大,强度也低。加入氟硅酸钠后,水玻璃的初凝时间可缩短到30~60 min,终凝时间可缩短到240~360 min,7 d基本达到最高强度。

2.3.3 水玻璃的性质与应用

水玻璃通常为青灰色或黄灰色黏稠液体,密度为1.38~1.45 kg/m^3。水玻璃具有黏结力高、耐热性好、耐酸性强的优点,但耐碱性和耐水性较差。

水玻璃在建筑工程中有以下几方面的用途:

(1) 涂刷建筑材料表面,提高材料的抗渗和抗风化能力

用水玻璃浸渍处理多孔材料,可使其密实度和强度提高,如处理黏土砖、硅酸盐制品、水泥混凝土等,均有良好的效果。但不能用以涂刷或浸渍石膏制品,因为硅酸钠与硫酸钙会发生化学反应生成硫酸钠,其在制品孔隙中结晶,体积显著膨胀,从而导致制品的破坏。

(2) 配制耐热砂浆、耐热混凝土或耐酸砂浆、耐酸混凝土

水玻璃有很高的耐热、耐酸性,以水玻璃为胶凝材料,氟硅酸钠做促硬剂,耐热或耐酸粗细集料按一定比例配制而成的制品可用于耐腐蚀工程,如水玻璃耐酸混凝土用于储酸槽、酸洗槽、耐酸地坪及耐酸器材等。

(3) 配制快凝防水剂

常见的为以水玻璃为基料,加入两种、三种或四种矾配制而成的二矾、三矾或四矾快凝防水剂。这种防水剂凝结速度非常快,一般不超过1 min,工程上利用它的速凝作用和黏附性,将其掺入水泥浆、砂浆或混凝土中,作修补、堵漏、抢修、表面处理用。

(4) 加固地基,提高地基的承载力和不透水性

将液体水玻璃和氯化钙溶液交替向土壤压入,反应生成的硅酸凝胶将土壤颗粒包裹并填实其空隙。硅酸胶体是一种吸水膨胀的冻状凝胶,因吸收地下水而经常处于膨胀状态,阻止水分的渗透而使土壤固结。

水玻璃应在密闭条件下存放,以免水玻璃和空气中的二氧化碳反应,并避免落进灰尘和杂质。长时间存放后,水玻璃会产生一定的沉淀,使用前应搅拌均匀。

2.4 菱苦土

菱苦土是典型的镁质胶凝材料,是以氧化镁为主要成分的气硬性无机胶凝材料。

2.4.1 菱苦土的生产

菱苦土(也叫苛性苦土)是一种白色或浅黄色的粉末状镁质胶凝材料,生产菱苦土的原材料有菱镁矿(主要成分为 $MgCO_3$)、天然白云石(主要成分为 $MgCO_3 \cdot CaCO_3$ 复盐)等矿物

质，经煅烧再磨细而得到。反应方程式如下：

$$MgCO_3 \xrightarrow{700\sim850\ ℃} MgO + CO_2 \uparrow \tag{2.9}$$

煅烧温度对镁质胶凝材料的质量有重要的影响。菱苦土的密度一般为 3.1～3.4 g/cm^3，堆积密度为 800～900 kg/m^3。

2.4.2 菱苦土的水化硬化

菱苦土与其他胶凝材料不同，须用一定浓度的氯化镁溶液或其他盐类溶液来调和。如果氧化镁单独与水拌和，水化生成的氢氧化镁很快以胶体状态析出，包裹在菱苦土表面，因而胶凝材料凝结硬化慢，且硬化后强度也很低，所以 MgO 不适合单独与水拌和。在实际使用中，通常采用氯化镁水溶液作为调和剂，氯化镁适宜掺量为菱苦土的 50%～60%。加入调和剂后主要水化产物是氯氧化镁和氢氧化镁，反应方程式如下：

$$xMgO + yMgCl_2 + zH_2O \longrightarrow xMgO \cdot yMgCl_2 \cdot zH_2O \tag{2.10}$$

氯氧化镁在水中的溶解度比氢氧化镁高，可降低溶液的过饱和度，促进水化反应不断进行；当反应不断进行、生成的氯氧化镁达到饱和时，水化产物不再溶解，而是直接以胶体状态析出形成凝胶体，通过再结晶逐渐长大成细小的晶粒，使浆体凝结硬化，产生强度。因此用氯化镁溶液调制的菱苦土胶凝材料，其凝结硬化速度很快，强度高。然而菱苦土的水化产物具有很强的吸湿性和较高的溶解度，所以菱苦土硬化体耐水性差，容易返潮和翘曲变形，仅适合于干燥部位使用，属于气硬性胶凝材料。

2.4.3 菱苦土的应用

菱苦土对植物纤维具有很好的黏结性，与硅酸盐类水泥、石灰等胶凝材料相比，本身碱性较弱，所以对有机材料纤维没有腐蚀作用。建筑工程中常用来制造菱苦土木屑地板、木屑板和木丝板等人造板材。但盐类溶液对钢材有强烈的腐蚀作用，因此在菱苦土制品中不能配置钢筋，可配置竹、苇等有机纤维。

菱苦土在空气中水的作用下会失去活性，在储藏和运输过程中应注意防潮。

【在线测试】

【思维导图与核心知识点】

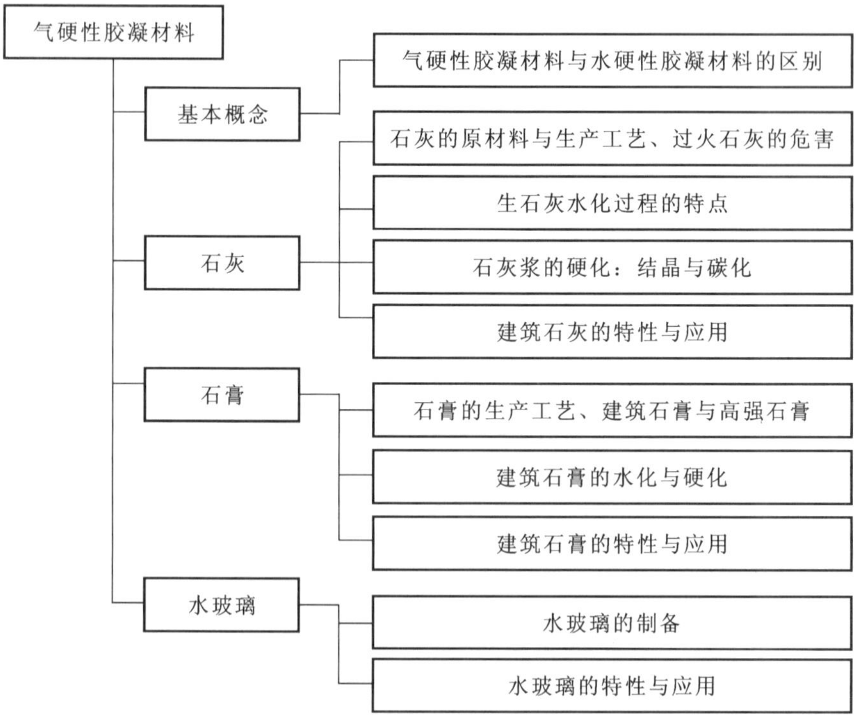

复习题与思考题

(1) 试区分胶凝材料、气硬性胶凝材料和水硬性胶凝材料的定义。

(2) 何谓石灰的“熟化”和“陈伏”？“陈伏”的目的是什么？

(3) 什么是生石灰、熟石灰、过火石灰和欠火石灰？

(4) 对石灰的运输和储存有哪些要求？为什么？

(5) 石灰和石膏是如何硬化的？有哪些用途？

练　习　题

(1) 何谓气硬性胶凝材料、水硬性胶凝材料？两者差异是什么？

(2) 根据石灰浆体的凝结硬化过程，试分析硬化石灰浆体有哪些特性？

(3) 生石灰在使用前为什么要先进行“陈伏”？磨细生石灰为什么可不经“陈伏”而直接应用？

(4) 为什么用不耐水的石灰拌制成的灰土、三合土具有一定的耐水性，并可用于基础的垫层、道路基层等潮湿部位？

(5) 某建筑的内墙使用石灰砂浆抹面，数月后墙面上出现了许多不规则的网状裂纹，同时个别部位还有一部分凸出的呈放射状的裂纹。试分析上述现象产生的原因。

(6) 建筑石膏及其制品为什么适用于室内，而不适用于室外？

3 水　　泥

本章提要

本章主要介绍了硅酸盐水泥和其他类水泥的生产工艺及技术性能。通过本章学习，应达到以下目标：

(1) 掌握硅酸盐水泥熟料的矿物组成及其特性；

(2) 掌握影响水泥凝结硬化及强度发展的因素；

(3) 熟悉掺混合材料的硅酸盐水泥的性能特点及与硅酸盐水泥的差异；

(4) 掌握硅酸盐水泥的特性和应用。

课前预习要点

本章内容繁杂，知识点较多，为了提高学习效果，可参考以下要点进行课前预习：

(1) 硅酸盐水泥的原材料和生产工艺。

(2) 硅酸盐水泥熟料的矿物成分有哪些？它们的水化特性如何？它们对水泥水化凝结硬化过程有何影响？

(3) 制造硅酸盐水泥时为什么必须掺入适量的石膏？石膏掺得太少或太多时，将产生什么情况？

(4) 硅酸盐水泥的技术指标及其测试方法。

(5) 水泥石凝结硬化过程中为什么会出现体积安定性不良？安定性不良有什么危害？

(6) 硅酸盐水泥石腐蚀的原因及防治措施。

(7) 掺混合材料硅酸盐水泥的技术指标。

(8) 掺入的混合材料对水泥水化有怎样的影响？

(9) 通用硅酸盐水泥的优缺点及应用范围。

课程思政

水泥是土木工程建设中最重要的基础材料之一，通过介绍硅酸盐水泥的发展历程，了解水泥的前世今生。在历史发展中了解掌握水泥的组成、生产工艺和工程特性等知识，认识到水泥是人类共同智慧的结晶。通过学习我国改革开放以来，在不同环境中建设了各类举世瞩目的世纪工程，如青藏铁路、三峡大坝、港珠澳大桥、深中通道、高速铁路等超级工程的建设过程，坚定树立民族自豪感。作为一名未来的工程建设者，要认识到正确合理的水泥选用在土木工程中具有重要的地位。

水泥是土木建筑工程中使用较为广泛的无机粉末状材料，与适量水拌和后能形成具有流动性、可塑性的浆体（称为水泥浆），随着时间的延长，水泥浆体由可塑性的浆体变成坚硬的固体，具有一定的强度，并能将块状或颗粒状材料胶结成为整体。水泥不仅能在空气中硬化，也能在水中硬化并保持和发展其强度，是典型的水硬性胶凝材料。

【视频讲解】

水泥是最主要的建筑材料之一，按其用途和性能不同，可分为通用水泥、专用水泥和特种水泥三类。用于一般土木建筑工程中的水泥称为通用水泥，主要包括硅酸盐水泥、普通硅酸盐水泥、矿渣硅酸盐水泥、火山灰质硅酸盐水泥、粉煤灰硅酸盐水泥和复合硅酸盐水泥六个品种；具有专门用途的水泥称为专用水泥，如油井水泥、大坝水泥、砌筑水泥、道路水泥等；特种水泥指某种性能比较突出的水泥，如快硬水泥、低热矿渣硅酸盐水泥、膨胀硫铝酸盐水泥等。此外，水泥按其矿物组成不同，又可分为硅酸盐类系列水泥、铝酸盐类系列水泥、硫铝酸盐类系列水泥、铁铝酸盐类系列水泥等。

水泥的种类、品种繁多，从生产量和工程实际使用量来看，硅酸盐类水泥是使用最普遍、产量最高的水泥品种。本章主要介绍硅酸盐系列水泥的技术特性和应用。

3.1　硅酸盐水泥

凡由硅酸盐水泥熟料，0～5%的石灰石或粒化高炉矿渣、适量石膏共同磨细制成的水硬性胶凝材料，称为硅酸盐水泥。按照《通用硅酸盐水泥》(GB 175—2023)的规定，硅酸盐水泥是指由主要含 CaO、SiO_2、Al_2O_3、Fe_2O_3 的原料，按适当比例磨成细粉，烧至部分熔融，得到的以硅酸钙为主要矿物成分的水硬性胶凝物质。其中，硅酸钙矿物含量（质量分数）不小于 66%，氧化钙和二氧化硅质量比不小于 2.0。硅酸盐水泥分为两种类型：不掺任何混合材料的为Ⅰ型硅酸盐水泥，代号为 P·Ⅰ；掺入不超过水泥质量 5%的石灰石或粒化高炉矿渣混合材料的为Ⅱ型硅酸盐水泥，代号为 P·Ⅱ。

【视频讲解】

3.1.1　硅酸盐水泥的生产工艺

生产硅酸盐系列水泥的原料主要是石灰石和黏土质原料两类，一般常配以校正原料。石灰质原料主要提供 CaO，常采用石灰石、白垩、石灰质凝灰岩等。黏土质原料主要提供 SiO_2、Al_2O_3 及 Fe_2O_3，常采用黏土、黏土质页岩、黄土等。为了弥补氧化铁和二氧化硅含量的不足，以及改善煅烧条件，常加入适量铁粉、萤石砂岩等作为校正原料。

生产水泥的基本工序可以概括为“两磨一烧”：先将原材料破碎并按其化学成分配料后，在球磨机中研磨成为生料。然后入窑煅烧至部分熔融，得到以硅酸钙为主要成分的水泥熟料，配以适量的石膏及混合材料在球磨机中研磨至一定细度，即得到硅酸盐水泥。其生产工艺流程如图 3.1 所示。

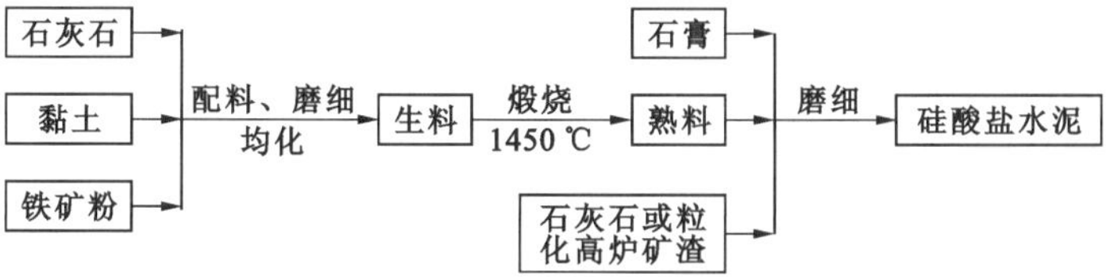

图 3.1　硅酸盐水泥生产工艺流程示意图

3.1.2 硅酸盐水泥的组分

硅酸盐水泥由水泥熟料、石膏调凝剂和混合材料三部分组成。

(1) 水泥熟料

硅酸盐水泥熟料主要由 4 种矿物组成，其名称、成分、分子式缩写及含量如表 3.1 所示。

表 3.1 硅酸盐水泥熟料的组成

矿物名称	化学成分	分子式缩写	含量
硅酸三钙	$3CaO \cdot SiO_2$	C_3S	36%～60%
硅酸二钙	$2CaO \cdot SiO_2$	C_2S	15%～36%
铝酸三钙	$3CaO \cdot Al_2O_3$	C_3A	7%～15%
铁铝酸四钙	$4CaO \cdot Al_2O_3 \cdot Fe_2O_3$	C_4AF	10%～18%

水泥熟料中除了含有上述熟料矿物外，还含有少量的游离氧化钙（f-CaO）、方镁石、碱性氧化物和玻璃体等。

(2)石膏

由于 C_3A 的剧烈水化会导致浆体迅速凝结，即凝结时间很短，不便使用。为了调节水泥凝结时间，在水泥生产时必须加入适量的石膏调凝剂，使水泥的凝结时间满足工程施工的要求。水泥中适量的石膏能与反应最快的 C_3A 的水化产物作用生成难溶的水化硫铝酸钙，覆盖于未水化的 C_3A 周围，阻止其继续快速水化，从而延长了水泥的凝结时间。但石膏掺量过多，会在后期造成体积安定性不良。一般生产水泥时，石膏掺量占水泥质量的 3%～5%，实际掺量通过试验确定。

(3) 混合材料

为了达到改善水泥性能、提高产量、降低成本及扩大应用范围等目的，在水泥生产过程中加入的矿物质材料，称为混合材料。按在水泥水化中所起的作用，混合材料可分为活性混合材料和非活性混合材料两大类。

活性混合材料是指具有火山灰性或潜在水硬性的混合材料，与石灰及石膏一起加水拌和后能形成水硬性的化合物。典型的活性混合材料如粒化高炉矿渣、火山灰质材料及粉煤灰等，如图 3.2 所示。

(a)

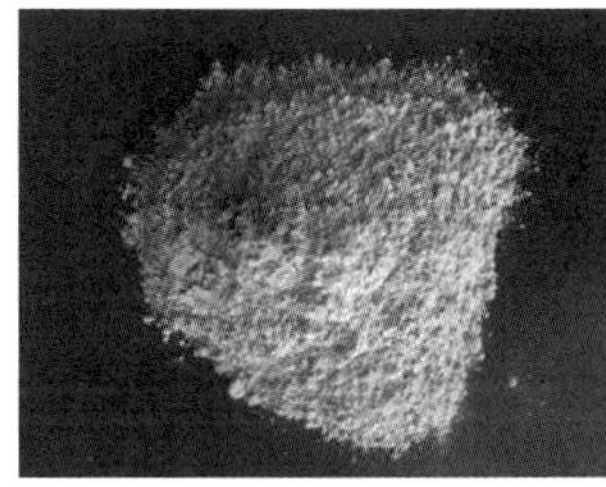

(b)

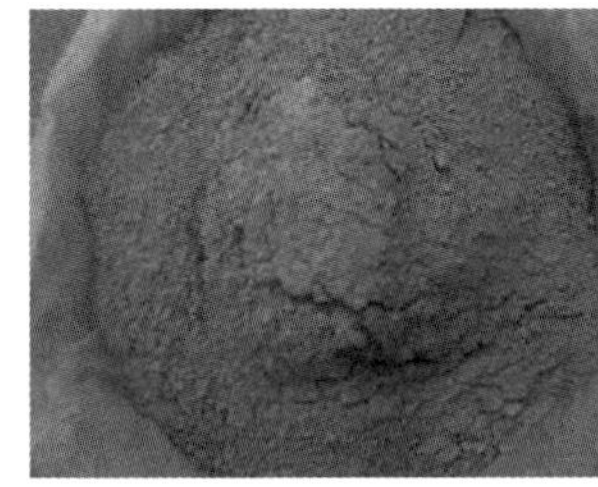

(c)

图 3.2 活性混合材料

(a) 火山灰；(b) 矿渣；(c) 粉煤灰

火山灰质混合材料是指天然或人工的以 Al_2O_3 和 SiO_2 为主要成分的矿物质原料，如图3.2(a)所示，磨细后与水拌和，本身不硬化，但与石灰混合后加水能起胶凝作用。

粒化高炉矿渣是冶炼生铁时的熔融渣，经急冷处理而成的多孔、粒状颗粒，如图3.2(b)所示，其主要成分有 CaO、Al_2O_3 及 SiO_2，含量一般在90%以上，具有潜在水硬性。

粉煤灰是火力发电厂以煤粉为燃料时，从煤粉炉烟道气体中收集的粉末，如图3.2(c)所示，其含有较多的 Al_2O_3、SiO_2，以及少量的 CaO，具有较高的活性。

非活性混合材料在水泥中主要起填充作用，本身不具有潜在水硬性或火山灰性，但可以调节水泥强度，增加水泥产量，降低水化热等。常用的非活性混合材料有磨细的石灰石、石灰岩、黏土、慢冷矿渣等。

【在线测试】

3.1.3 硅酸盐水泥的水化和凝结硬化

水泥熟料矿物与水的作用称为水泥的水化。硅酸盐水泥加水拌和后，最初形成具有可塑性的浆体(称为水泥净浆)，随着水泥水化反应的进行逐渐变稠失去塑性，这一过程称为凝结。此后，随着水化反应的继续，浆体强度逐渐增大并变成坚硬的石状物——水泥石，这一过程称为硬化。可见，水化是水泥产生凝结硬化的前提，而凝结硬化则是水泥水化的必然结果。

3.1.3.1 硅酸盐水泥的水化

硅酸盐水泥与水拌和后，四种熟料矿物立即与水发生水化反应，生成水化产物，并放出一定的热量。因此，要讨论硅酸盐水泥的水化，须先讨论水泥熟料单矿物的水化反应。

(1) 硅酸三钙

硅酸三钙在常温下的水化反应如下：

$$2(3CaO \cdot SiO_2)+6H_2O \longrightarrow 3CaO \cdot 2SiO_2 \cdot 3H_2O+3Ca(OH)_2 \tag{3.1}$$

硅酸三钙的反应速度较快，生成的水化硅酸钙(C-S-H凝胶)胶体几乎不溶于水，而以凝胶的形态析出，构成具有很高强度的空间网状结构，生成的氢氧化钙很快在溶液中达到饱和，呈六方板状晶体析出。硅酸三钙早期与后期强度均较高。

(2) 硅酸二钙

硅酸二钙的水化与硅酸三钙相似，只是水化速度较慢，其水化反应如下：

$$2(2CaO \cdot SiO_2)+4H_2O \longrightarrow 3CaO \cdot 2SiO_2 \cdot 3H_2O+Ca(OH)_2 \tag{3.2}$$

硅酸二钙的水化反应产物同硅酸三钙相同，不同的是氢氧化钙的生成量，且由于其反应速度较慢，早期生成的水化硅酸钙凝胶较少，因此早期强度低。但当有硅酸三钙存在时，可以提高硅酸二钙的水化反应速度，一般一年以后硅酸二钙的强度可以达到硅酸三钙28 d的强度。

(3) 铝酸三钙

铝酸三钙的水化反应如下：

$$3CaO \cdot Al_2O_3+6H_2O \longrightarrow 3CaO \cdot Al_2O_3 \cdot 6H_2O \tag{3.3}$$

铝酸三钙的水化反应速度极快，水化放热量最大，其部分水化产物——水化铝酸三钙晶体在氢氧化钙的饱和溶液中能与氢氧化钙进一步反应，生成水化铝酸钙晶体，二者的强度均较低。

由于铝酸三钙与水反应生成的水化铝酸三钙晶体，继续与水泥中加入的石膏反应，生成高硫型的水化硫铝酸钙($3CaO \cdot Al_2O_3 \cdot 3CaSO_4 \cdot 31H_2O$),又称钙钒石,用 AFt 表示;当进入反应的后期时,由于石膏耗尽,此时水化铝酸三钙又会与钙钒石反应生成单硫型的水化硫铝酸钙($3CaO \cdot Al_2O_3 \cdot CaSO_4 \cdot 12H_2O$),用 AFm 表示,其反应式如下:

$$3CaO \cdot Al_2O_3 \cdot 6H_2O + 3(CaSO_4 \cdot 2H_2O) + 19H_2O \longrightarrow 3CaO \cdot Al_2O_3 \cdot 3CaSO_4 \cdot 31H_2O \tag{3.4}$$

$$3CaO \cdot Al_2O_3 \cdot 6H_2O + CaSO_4 \cdot 12H_2O + 4H_2O \longrightarrow 3CaO \cdot Al_2O_3 \cdot CaSO_4 \cdot 12H_2O \tag{3.5}$$

钙钒石是难溶于水的针状晶体,它包裹在硅酸三钙的表面,阻止水分的进入,延缓了水泥的水化,起到了缓凝的作用。但石膏掺量不能过多,过多时不仅缓凝作用不大,还会引起硬化水泥石安定性不良。

(4) 铁铝酸四钙

$$4CaO \cdot Al_2O_3 \cdot Fe_2O_3 + 7H_2O \longrightarrow 3CaO \cdot Al_2O_3 \cdot 6H_2O + CaO \cdot Fe_2O_3 \cdot H_2O \tag{3.6}$$

铁铝酸四钙水化反应快,水化放热中等,生成的水化产物为水化铝酸三钙立方晶体与水化铁酸钙凝胶,强度较低。

硅酸盐水泥熟料中的矿物与水作用时所表现的特性如表 3.2 所示。

表 3.2 硅酸盐水泥熟料矿物特性

矿物名称		硅酸三钙	硅酸二钙	铝酸三钙	铁铝酸四钙
水化反应速率		快	慢	最快	快
水化放热量		大	小	最大	中
强度	早期强度	高	低	低	低
	后期强度	高	高	低	低
耐腐蚀性		差	好	最差	中

如果不考虑硅酸盐水泥水化后的一些少量生成物,那么硅酸盐水泥水化后的主要成分有:凝胶[水化硅酸钙 C-S-H、水化铝(铁)酸钙 C-A(F)-H]、晶体(氢氧化钙和水化硫铝酸钙)。在充分水化的水泥中,水化硅酸钙的含量约占 70%,氢氧化钙的含量约占 20%,钙钒石和单硫型水化硫铝酸钙约占 7%,其他约占 3%。

硅酸盐水泥熟料中的四种矿物在水化时所放出的热量是不同的:C_3A 的水化放热速度最快,其放热量也最大;其次是 C_3S,C_4AF 放热速度较慢;放热速度和放热量最小的是 C_2S。水泥四种单矿物的水化反应速度、干缩和耐腐蚀性的规律同水化放热量的规律基本是一致的。适当地调整四种矿物的含量,可以制得不同品种的水泥。当提高 C_3S 和 C_3A 的含量时,可以生产快硬硅酸盐水泥;提高 C_2S 和 C_4AF 的含量,降低 C_3S、C_3A 的含量就可以生产出低热大坝水泥。

3.1.3.2 *硅酸盐水泥的凝结和硬化*

硅酸盐水泥的水化和凝结硬化过程是一个连续复杂的过程(图 3.3)。硅酸盐水泥水化初期,水化产物的数量较少,水泥浆还具有良好的可塑性。随后水化产物的数量不断增加,自由水分不断减少,水化产物颗粒逐渐接近,部分颗粒黏结在一起形成了一定的网状结构,水泥浆体失去可塑性，产生凝结。石膏对硅酸盐水泥水化起缓凝作用。随着水化的进一步进行，水化产物不断生成并填充水泥颗粒的空隙。更多的水化产物颗粒间产生黏结作用，使所形成的网状结构更加密实，此时水泥浆体逐步产生强度进入硬化阶段。

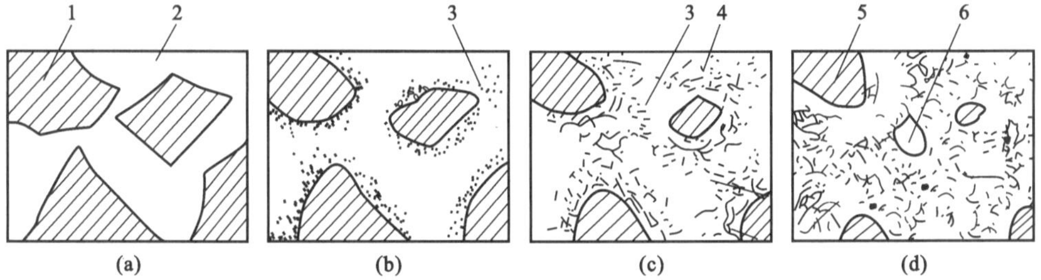

图 3.3　水泥凝结硬化过程

(a) 分散在水中未水化的水泥颗粒；(b) 在水泥颗粒表面形成水化产物膜层；
(c) 膜层长大并相互连接(凝结)；(d) 水化产物进一步发展，填充毛细孔(硬化)
1—水泥颗粒；2—水分；3—胶粒；4—晶体；5—水泥颗粒的未水化内核；6—毛细孔

水泥从加水开始拌和到失去流动性，即从可塑状态发展到固体状态分为初凝和终凝两个阶段。水泥从开始加水拌和起至水泥浆开始失去可塑性为水泥的初凝，所需时间为初凝时间。从水泥开始加水拌和起至水泥浆完全失去可塑性，并开始产生强度为水泥的终凝，所需的时间为终凝时间。此过程如图 3.4 所示。

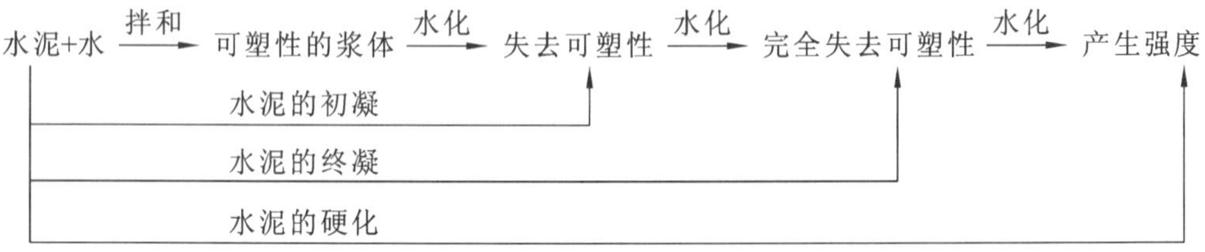

图 3.4　水泥凝结硬化过程示意图

水泥浆凝结硬化后成为坚硬的水泥石。实际上，较粗的水泥颗粒，其内部将长期不能完全水化。因此，硬化后的水泥石是由晶体、胶体、未完全水化的颗粒、游离水分及气孔等组成的非均质的结构体。而在硬化过程的各不同龄期，水泥石中晶体、胶体、未完全水化的颗粒等所占的比率，直接影响着水泥石的强度及其他性质。

3.1.3.3　影响水泥凝结、硬化的因素

(1) 水泥的熟料矿物组成及细度

水泥熟料中各种矿物的凝结硬化特点不同——当水泥中各个矿物的相对含量不同时，水泥的凝结硬化特点就不同。

水泥颗粒的粗细直接影响水泥的水化、凝结硬化、水化热、强度、干缩等性质。水泥颗粒越细，其与水接触越充分，水化反应速度越快，水化热越大，早期强度较高。但水泥颗粒太细，在相同的稀稠程度下，单位需水量增多，硬化后，水泥石中的毛细孔增多，干缩增大，反而会影响后期强度。另外，水泥颗粒太细，易与空气中的水分及二氧化碳反应，使水泥不易久存，而且磨制过细的水泥能耗大，成本高。通常水泥颗粒的粒径范围在 0.007～0.200 mm 即可。

(2) 水泥浆的水胶比(W/B)

水胶比是指拌和水泥浆时，水与水泥的质量比。W/B 越大，水泥浆越稀，水泥的初期水化反应得以充分进行；但是水泥颗粒间被水隔开的距离较远，颗粒间相互连接形成骨架结构所需的凝结时间长，所以水泥浆凝结硬化和强度发展较慢，且孔隙多，强度越低；W/B 过小，会影响施工性质（可塑性、保水性），造成施工困难。所以，只有在满足施工要求的前提下，水胶比越小，毛细孔越少，凝结硬化和强度发展越快，且强度越高。

(3) 环境温度和湿度

水泥水化反应的速度与环境的温度有关，只有处于适当温度下，水泥的水化、凝结和硬化才能进行。通常，温度较高时，水泥的水化、凝结和硬化速度较快。当环境温度低于 0 ℃时水泥水化趋于停止，就难以凝结硬化。因此，冬季施工时，需要采取保温措施，以保证凝结硬化的不断发展。

水泥水化是水泥与水之间的反应，只有保证水泥颗粒表面有足够的水分，水泥的水化、凝结硬化才能充分进行。保持水泥浆温度和湿度的措施统称为水泥的养护。

(4) 龄期(水化时间)

龄期是指水泥在正常养护条件下所经历的时间。水泥石强度的增长是随着龄期而发展的，一般在 28 d 以内较快，以后渐慢，三个月以后则更为缓慢。但此种强度的增长，只有在温暖与潮湿的环境中才能继续。若水泥石处于干燥的环境中，当水分蒸发完毕后，水化作用将无法继续，硬化即停止。

【在线测试】

3.1.4 硅酸盐水泥的技术要求

【视频讲解】

(1) 细度

细度是指水泥颗粒的粗细程度，它是影响水泥性能的重要指标，也是鉴定水泥品种的主要项目之一。一般情况下，水泥颗粒越细，与水接触的面积越大，水化反应速度就越快，凝结硬化也越快，早期强度就越高，但在生产中能耗大，成本高，且在空气中硬化时收缩幅度大，在储存和运输时易受潮降低活性。国家标准规定，硅酸盐水泥的比表面积不小于 300 m^2/kg，且不大于 400 m^2/kg。

(2) 凝结时间

水泥的凝结时间对施工有重大的意义。硅酸盐水泥的初凝不宜过早，以便在施工时有足够的时间完成混凝土或砂浆的搅拌、运输、浇捣和砌筑等操作；终凝时间也不宜太迟，这是为了使混凝土和砂浆尽快凝结硬化，以利于下一道工序的及早进行，以免拖延施工工期。

国家标准《通用硅酸盐水泥》(GB 175—2023)规定：硅酸盐水泥的初凝时间不小于 45 min，终凝时间不大于 390 min。凡是凝结时间不符合规定者为不合格品。

(3) 体积安定性

体积安定性是指水泥在凝结硬化过程中体积变化的均匀程度。若水泥硬化后体积变化均匀，则为安定性合格；若水泥硬化后发生了不稳定、不均匀的体积变化，即安定性不良，会导致水泥石膨胀开裂、翘曲。安定性不良的水泥会降低建筑物质量，甚至引起严重的工程质量事故。

引起水泥安定性不良的原因有三个：

① 水泥中含过多游离氧化镁。水泥中的氧化镁(MgO)在水泥凝结硬化后，会与水生成

$Mg(OH)_2$。该反应比过烧的氧化钙与水的反应更加缓慢，且体积膨胀，会在水泥硬化几个月后导致水泥石开裂。游离氧化镁的危害必须采用压蒸法才能检验出来。

② 石膏掺量过多。当石膏掺量过多时，水泥硬化后，在有水存在的情况下，它还会继续与固态的水化铝酸钙反应生成高硫型水化硫铝酸钙，体积增大约 1.5 倍，从而引起水泥石开裂。

③ 熟料中游离氧化钙过多。水泥熟料中含有游离氧化钙，其中部分过烧的氧化钙(CaO)在水泥凝结硬化后，会缓慢与水生成 $Ca(OH)_2$。该反应体积膨胀，使水泥石发生不均匀体积变化。国家标准《通用硅酸盐水泥》(GB 175—2023)中，明确限定了氧化镁和三氧化硫的含量，而游离氧化钙对安定性的影响不仅与其含量有关，还与水泥的煅烧温度有关，故难以定量。沸煮可加速氧化钙的熟化，故需用沸煮法检验水泥的安定性，测试方法有试饼法和雷氏夹法两种，有争议时以雷氏夹法为准。

(4) 强度与强度等级

强度是水泥的重要力学性能指标，是确定水泥强度等级的依据。它与水泥熟料的矿物组成、水泥颗粒的细度、水胶比，以及试件制作及养护的温度、湿度等有很密切的关系。

水泥的强度不仅反映硬化后水泥凝胶体自身的强度，而且还要反映胶结能力。所以检验水泥强度的试件不采用水泥净浆，而是将砂、水、水泥一起拌制成砂浆，制作胶砂试件。国家标准《水泥胶砂强度检验方法(ISO 法)》(GB/T 17671—2021)规定(ISO 法)，按水泥∶标准砂∶水＝1∶3.0∶0.5的比例，按规定方法制作尺寸为 40 mm×40 mm×160 mm 的标准试件，在标准养护条件下养护，测定其 3 d、28 d 的抗压强度和抗折强度，根据所测的强度值将硅酸盐水泥分为 42.5、42.5R、52.5、52.5R、62.5、62.5R 六个强度等级，其中 R 代表早强型。各龄期的强度值不得低于国家标准(GB 175—2023)的规定，如表 3.3 所示。

表 3.3　硅酸盐水泥各强度等级、各龄期的强度值

强度等级	抗压强度/MPa		抗折强度/MPa	
	3 d	28 d	3 d	28 d
42.5	≥17.0	≥42.5	≥4.0	≥6.5
42.5R	≥22.0		≥4.5	
52.5	≥22.0	≥52.5	≥4.5	≥7.0
52.5R	≥27.0		≥5.0	
62.5	≥27.0	≥62.5	≥5.0	≥8.0
62.5R	≥32.0		≥5.5	

(5) 水化热

水泥与水发生水化反应所放出的热量称为水化热。水泥的放热过程可以持续很长时间，但大部分热量集中在早期放出，3～7 d 以后逐步减少。水化热和放热速率与水泥细度及矿物组成有关。颗粒愈细，水化热愈大；矿物中 C_3S 和 C_3A 含量愈多，水化热愈大。

水化热在混凝土工程中，既有有利的影响，也有不利的影响。水化热大，对一般建筑工程的冬季施工是有利的，但在大体积混凝土工程中是非常不利的(如大坝、大型基础、桥墩等)。

这是由于水泥水化释放的热量积聚在混凝土内部且散发得非常缓慢，混凝土表面与内部因温差过大而导致温度应力，致使混凝土受拉而开裂破坏，因此在大体积混凝土工程中，应选择低水化热的水泥。

（6）碱含量

当水泥中的碱含量高，配制混凝土的集料里含有活性的 SiO_2 时，就会产生碱-集料反应，使混凝土产生不均匀的体积变化，甚至导致混凝土产生膨胀破坏。国家标准规定：水泥中的碱含量以 $w(Na_2O)+0.658w(K_2O)$ 的计算值表示，若用户要求提供低碱水泥时，由供需双方商定。

（7）化学指标

除了上述技术要求外，硅酸盐水泥中的不溶物、烧失量、三氧化硫、氧化镁、氯离子等的含量应符合表 3.4 要求。

【在线测试】

表 3.4 通用硅酸盐水泥的化学要求

<table>
<tr><th>品种</th><th>代号</th><th>不溶物（质量分数）/%</th><th>烧失量（质量分数）/%</th><th>三氧化硫（质量分数）/%</th><th>氧化镁（质量分数）/%</th><th>氯离子（质量分数）/%</th></tr>
<tr><td rowspan="2">硅酸盐水泥</td><td>P·Ⅰ</td><td>≤0.75</td><td>≤3.0</td><td rowspan="3">≤3.5</td><td rowspan="3">≤5.0[a]</td><td rowspan="8">≤0.06[c]</td></tr>
<tr><td>P·Ⅱ</td><td>≤1.50</td><td>≤3.5</td></tr>
<tr><td>普通硅酸盐水泥</td><td>P·O</td><td>—</td><td>≤5.0</td></tr>
<tr><td rowspan="2">矿渣硅酸盐水泥</td><td>P·S·A</td><td>—</td><td>—</td><td rowspan="2">≤4.0</td><td>≤6.0[b]</td></tr>
<tr><td>P·S·B</td><td>—</td><td>—</td><td>—</td></tr>
<tr><td>火山灰质硅酸盐水泥</td><td>P·P</td><td>—</td><td>—</td><td rowspan="3">≤3.5</td><td rowspan="3">≤6.0[b]</td></tr>
<tr><td>粉煤灰硅酸盐水泥</td><td>P·F</td><td>—</td><td>—</td></tr>
<tr><td>复合硅酸盐水泥</td><td>P·C</td><td>—</td><td>—</td></tr>
</table>

注：a.如果水泥压蒸安定性合格，则水泥中氧化镁的含量（质量分数）允许放宽至 6.0%。

b.如果水泥中氧化镁的含量（质量分数）大于 6.0%，需进行水泥压蒸安定性试验并合格。

c.当买方有更低要求时，买卖双方协商确定。

3.1.5 水泥石的腐蚀与防止

硅酸盐水泥硬化后形成的水泥石，在一般使用条件下是能够抵抗多种介质侵蚀的。但在腐蚀性液体或气体的长期作用下，水泥石仍会受到不同程度的腐蚀，严重时会使水泥石强度明显下降，甚至完全破坏。

3.1.5.1 *水泥石腐蚀的种类*

（1）软水侵蚀（溶出性侵蚀）

硅酸盐水泥作为水硬性胶凝材料的代表，有一定的抵抗腐蚀的能力。但是受到含重碳酸盐甚少的软水作用后水泥石会被腐蚀，如工业冷凝水、蒸馏水、天然的雨水、雪水及相当多的河水、江水、湖泊水等都属于软水。

硬化的水泥石中含有 20% 的氢氧化钙晶体，该晶体具有溶解性。如果水泥石长期处于流动的软水环境下，其中的氢氧化钙将逐渐溶出并被水流带走，并促使其他水化产物发生分解，所以软水侵蚀也称为溶出性侵蚀，会使水泥石出现孔洞，降低水泥石的密实度及其他性能。

在静水及无水压的水中，由于周围的水溶解 $Ca(OH)_2$ 达到饱和，使水泥石的溶出逐渐停止，在此情况下，软水侵蚀作用仅限于表面，影响不大。但是在流水或有水压的水中，溶出的 $Ca(OH)_2$ 不断被水冲走，则侵蚀作用不断深入内部，使水泥石孔隙增大，强度下降，以致全部溃裂。

当环境水中含有一定量重碳酸盐，即水的硬度较高时，重碳酸盐能与水泥石中的 $Ca(OH)_2$ 和 $Mg(OH)_2$ 进行化学反应，形成不溶于水的 $CaCO_3$、$MgCO_3$，生成物可积聚在水泥石的孔隙中，形成致密的保护层，阻止外界水的侵入和内部 $Ca(OH)_2$ 的扩散析出。因此，对需与软水接触的混凝土，事先在其表面形成一层 $CaCO_3$、$MgCO_3$ 外壳，可对溶出性侵蚀起到一定的防护作用。

(2) 一般酸的腐蚀

某些地下水或工业废水中常含有游离的酸类。这些酸类能与水泥石中的氢氧化钙起作用，生成化合物可能易溶于水，或可能在水泥石孔隙内形成结晶，体积膨胀，产生破坏作用。腐蚀作用最快的是无机酸中的盐酸、氢氟酸、硝酸、硫酸和有机酸中的醋酸、蚁酸和乳酸等。

(3) 碳酸的腐蚀

工业污水、地下水、雨水中常溶解有较多的 CO_2，水中的 CO_2 与水泥石中的 $Ca(OH)_2$ 会发生反应：

$$CO_2 + H_2O + Ca(OH)_2 \longrightarrow CaCO_3 + 2H_2O \tag{3.7}$$

当水中 CO_2 浓度较低时，$CaCO_3$ 积聚在水泥石的表面，形成密实的保护层使腐蚀停止；当浓度较高时，CO_2 会与 $CaCO_3$ 在水中继续反应，生成易溶于水的 $Ca(HCO_3)_2$，使水泥石进一步腐蚀，其反应如下：

$$CO_2 + H_2O + CaCO_3 \longrightarrow Ca(HCO_3)_2 \tag{3.8}$$

(4) 盐类的腐蚀

海水、湖水、地下水及工业污水常不同程度地含有一些盐类物质，这些盐对水泥石都有不同程度的腐蚀作用，比较严重的是硫酸盐和镁盐。

① 硫酸盐腐蚀

海水、地下水及盐沼水等矿物水常含有大量的硫酸盐类，如硫酸镁、硫酸钠及硫酸钙等，对水泥均有严重的破坏作用。硫酸盐腐蚀实质上是膨胀性化学腐蚀——当水泥石受到侵蚀性介质作用后生成新的化合物，由于新生成物的体积膨胀而使水泥石破坏。

硫酸盐类能与水泥石中的氢氧化钙起作用，生成硫酸钙。硫酸钙在水泥石孔隙中结晶时体积膨胀，使水泥石破坏。更严重的是，硫酸钙与水泥石中的固态水化铝酸钙作用将生成高硫型水化硫铝酸钙，体积增大 1.5 倍左右，由于生成的高硫型水化硫铝酸钙属于针状晶体，其危害作用很大，所以被称为“水泥杆菌”，其反应如下：

$$Na_2SO_4 + Ca(OH)_2 + 2H_2O \longrightarrow CaSO_4 \cdot 2H_2O + 2NaOH \tag{3.9}$$

$$3CaO \cdot Al_2O_3 \cdot 6H_2O + 3(CaSO_4 \cdot 2H_2O) + 19H_2O \longrightarrow 3CaO \cdot Al_2O_3 \cdot 3CaSO_4 \cdot 31H_2O \tag{3.10}$$

② 镁盐侵蚀

在海水及地下水中含有的镁盐，将与水泥石中的氢氧化钙发生复分解反应：

$$MgSO_4 + Ca(OH)_2 + 2H_2O \longrightarrow CaSO_4 \cdot 2H_2O + Mg(OH)_2 \tag{3.11}$$

$$MgCl_2 + Ca(OH)_2 \longrightarrow CaCl_2 + Mg(OH)_2 \tag{3.12}$$

生成的氢氧化镁松软、无胶结能力，氯化钙易溶于水，二水石膏还可能引起硫酸盐侵蚀作用。因此，镁盐对水泥石起着镁盐和硫酸盐的双重侵蚀作用。

(5) 强碱的腐蚀

碱类溶液如果浓度不高一般无害。但铝酸盐含量较高的硅酸盐水泥遇到强碱(如氢氧化钠)作用后也会被腐蚀破坏。氢氧化钠与水泥熟料中未水化的铝酸盐作用，生成易溶的铝酸钠，引起侵蚀，其反应如下：

$$3CaO \cdot Al_2O_3 + 6NaOH \longrightarrow 3Na_2O \cdot Al_2O_3 + 3Ca(OH)_2 \tag{3.13}$$

另外，当水泥石被氢氧化钠溶液浸透后，又在空气中干燥，会与空气中的二氧化碳反应生成碳酸钠，碳酸钠在水泥石毛细孔中结晶沉积，可使水泥石胀裂。

3.1.5.2 造成腐蚀的原因

由上述水泥石腐蚀的类型可以归纳出引起腐蚀的主要原因是：

(1) 水泥石中存在着易受腐蚀的成分，如 $Ca(OH)_2$ 和 $3CaO \cdot Al_2O_3 \cdot 6H_2O$；

(2) 水泥石的结构本身不密实而使侵蚀性介质易于进入其内部；

(3) 水泥石周围有以液相形式存在的侵蚀性介质，有适宜的环境温度、湿度、介质浓度等。

3.1.5.3 防止水泥石腐蚀的措施

根据以上腐蚀原因的分析，为了防止水泥石受到腐蚀，可以采取以下防范措施：

(1) 根据工程所处环境特点，合理选择水泥品种

采用水化产物中氢氧化钙、水化铝酸钙含量少的水泥品种，如采用氢氧化钙含量少的水泥，可提高工程对淡水、侵蚀性液体的抵抗能力；采用水化铝酸钙含量低的水泥，工程可抵抗硫酸盐的腐蚀；选择掺入混合材料的水泥，可提高工程抗腐蚀能力。

(2) 尽量提高水泥的密实度，降低孔隙率

在实际工作中，可通过降低水胶比、仔细选择集料、掺外加剂、改善施工方法等措施，提高水泥石的密实度，则可减轻环境水的侵蚀破坏作用，减慢侵蚀破坏的速度，从而提高水泥石的抗腐蚀性能。

(3) 必要时可在混凝土表面设置防护层

可用耐腐蚀的材料，如石料、沥青防水层、不透水的水泥喷浆层或塑料防水层等，隔断腐蚀介质与水泥石的接触，达到防腐的目的。

【在线测试】

3.1.6 硅酸盐水泥的特性、应用及储存

3.1.6.1 硅酸盐水泥的特性及应用

(1) 凝结硬化快，早期强度及后期强度高

硅酸盐水泥的凝结硬化速度快，强度高，尤其是早期强度增长率高，故适用于早强要求高的混凝土、高强混凝土、预应力混凝土和冬季施工混凝土。

(2) 抗冻性好

硅酸盐水泥采用合理的配合比和充分养护后，可获得较低孔隙率的水泥石，且强度高，所以具有良好的抗冻性，适用于冬季施工及处在严寒地区水位升降范围内遭受反复冻融的工程。

(3) 水化热大

硅酸盐水泥熟料中含有大量的 C_3S 及较多的 C_3A，在水泥水化时，放热速度快且放热量大，因而不宜用于大体积混凝土工程，但可用于低温季节或冬季施工。

(4) 耐腐蚀性差

硅酸盐水泥水化产物中有较多的氢氧化钙和水化铝酸钙，耐软水及耐化学腐蚀能力差，故硅酸盐水泥不宜用于与海水、矿物水、硫酸盐等化学侵蚀性介质接触的地方。

(5) 耐热性差

当水泥石处在温度高于 250 ℃的环境中时，水泥石中的水化硅酸钙开始脱水，体积收缩，强度下降。氢氧化钙在 600 ℃以上会分解成氧化钙和二氧化碳，高温后的水泥石受潮时，生成的氧化钙与水作用，体积膨胀，造成水泥石的破坏，因此，硅酸盐水泥不宜用于温度高于 250 ℃的混凝土工程，如工业窑炉和高温炉基础。

(6) 碱度高，抗碳化性好

碳化是指水泥石中的氢氧化钙与空气中的二氧化碳反应生成碳酸钙的过程。碳化会使水泥石内部碱度降低，从而使其中的钢筋发生锈蚀。而硅酸盐水泥水化后，形成较多的氢氧化钙，碳化时碱度降低不明显，所以特别适合于重要的钢筋混凝土结构以及二氧化碳浓度高的环境。

(7) 干缩性小，耐磨性好

硅酸盐水泥在硬化过程中，形成大量的水化硅酸钙凝胶体，使水泥石密实，游离水分少，不易产生干缩裂缝，可用于干燥环境混凝土工程。强度高、耐磨性好，可用于路面与地面工程。

3.1.6.2 硅酸盐水泥的运输与储存

水泥在运输和保管期间，不得受潮和混入杂质，不同品种、等级及出厂日期的水泥应分别储运，不得混杂，袋装水泥堆放高度一般不应超过 10 袋。存放期一般不应超过 3 个月，超过 6 个月的水泥必须经过试验按实际强度使用。

3.2 掺混合材料的硅酸盐水泥

3.2.1 混合材料

掺混合材料的硅酸盐水泥包括普通硅酸盐水泥、矿渣硅酸盐水泥、火山灰质硅酸盐水泥、粉煤灰硅酸盐水泥和复合硅酸盐水泥。

混合材料是在生产水泥时，为了改善水泥性能、调节水泥强度等级、降低成本而加入的人工或天然的矿物材料。按其性能和参与水泥水化的程度，混合材料可分为非活性混合材料和活性混合材料。

3.2.1.1 非活性混合材料

加入水泥中，不与或几乎不与水泥水化产物发生作用，仅仅是降低强度等级，提高产量，降低成本，调节水泥性能，减小水化热的这一类矿物料，称为非活性混合材料。非活性混合材料又称为填充性混合材料，无化学活性，只起填充作用。常见的非活性混合材料有磨细的石灰石粉、窑灰等。

3.2.1.2 活性混合材料

常温条件下，能在氢氧化钙溶液中，发生显著的水化反应，并生成相应的具有水硬性水化产物的混合材料，称为活性混合材料。常用的活性混合材料有如下几种：

(1) 粒化高炉矿渣

炼铁高炉的废渣在高温熔融状态下冲入水池，经急冷形成的质地疏松的颗粒状物料即为粒化高炉矿渣，简称矿渣。其主要化学成分是活性 CaO、SiO_2 和 Al_2O_3。由于在短时间内温度急剧下降，粒化高炉矿渣的内部形成玻璃体结构，储有大量的化学潜能。

(2) 火山灰质混合材料

用于水泥中的火山灰质混合材料，无论是天然的还是人工的，其主要成分均为二氧化硅(SiO_2)、三氧化二铝(Al_2O_3)。以氧化硅、氧化铝为主要成分的矿物质材料，本身磨细加水拌和并不硬化，但与气硬性的石灰混合后，再加水拌和，则不仅能在空气中硬化，而且能在水中继续硬化。

(3) 粉煤灰

粉煤灰是火力发电厂用收尘器从烟道中收集的灰粉，也称飞灰。粉煤灰为密实带釉状的玻璃体，主要化学成分是二氧化硅(SiO_2)和三氧化二铝(Al_2O_3)，它也是具有潜在水硬性的混合材料，其潜在的水硬性原理与火山灰质混合材料相同。国家标准《用于水泥和混凝土中的粉煤灰》(GB/T 1596—2017)规定：其理化性能应满足表 3.5 的要求。

表 3.5 水泥活性混合材料用粉煤灰理化性能要求

项目		理化性能要求
烧失量(Loss)/%	F 类粉煤灰	≤8.0
	C 类粉煤灰	
含水量/%	F 类粉煤灰	≤1.0
	C 类粉煤灰	
三氧化硫(SO_3)质量分数/%	F 类粉煤灰	≤3.5
	C 类粉煤灰	
游离氧化钙(f-CaO)质量分数/%	F 类粉煤灰	≤1.0
	C 类粉煤灰	≤4.0
二氧化硅(SiO_2)、三氧化二铝(Al_2O_3)和三氧化二铁(Fe_2O_3)总质量分数/%	F 类粉煤灰	≥70.0
	C 类粉煤灰	≥50.0
密度/(g/cm^3)	F 类粉煤灰	≤2.6
	C 类粉煤灰	
安定性(雷氏法)/mm	C 类粉煤灰	≤5.0
强度活性指数/%	F 类粉煤灰	≥70.0
	C 类粉煤灰	

(4) 活性混合材料的水化硬化

常用活性混合材料的主要成分均是活性 SiO_2 和 Al_2O_3，它们单独与水拌和不具备水硬性，但是磨细后与石灰、石膏或硅酸盐水泥等一起加水拌和，则具有化学活性，能生成水硬性胶凝性物质，典型的化学反应式如下：

$$xCa(OH)_2+SiO_2+(m-x)H_2O \longrightarrow xCaO \cdot SiO_2 \cdot mH_2O \tag{3.14}$$

$$yCa(OH)_2+Al_2O_3+(n-y)H_2O \longrightarrow yCaO \cdot Al_2O_3 \cdot nH_2O \tag{3.15}$$

此外，当体系中有石膏存在时，生成的水化铝酸钙还能与石膏进一步反应，生成水化硫铝酸钙。这些水化产物与硅酸盐水泥的水化产物类似，具有一定的强度和较高的水硬性。

由上述反应机理可以看出，$Ca(OH)_2$ 和石膏的存在使活性混合材料的潜在活性得以发挥，所以称 $Ca(OH)_2$ 为碱性激发剂，称石膏为硫酸盐激发剂。

3.2.2 普通硅酸盐水泥

由硅酸盐水泥熟料、6%～20%主要混合材料和适量石膏共同磨细，制成的水硬性胶凝材料，称为普通硅酸盐水泥(简称普通水泥)，代号为 P·O。各类水泥的组分要求见表 3.6。

表 3.6 普通硅酸盐水泥、矿渣硅酸盐水泥、粉煤灰硅酸盐水泥和火山灰质硅酸盐水泥的组分要求

品种	代号	组分(质量分数)/%				
		熟料+石膏	主要混合材料			替代混合材料
			粒化高炉矿渣/矿渣粉	粉煤灰	火山灰质混合材料	
普通硅酸盐水泥	P·O	80～94	6～20[a]			0～5[b]
矿渣硅酸盐水泥	P·S·A	50～79	21～50	—	—	0～8[c]
	P·S·B	30～49	51～70	—	—	
粉煤灰硅酸盐水泥	P·F	60～79	—	21～40	—	0～5[d]
火山灰质硅酸盐水泥	P·P	60～79	—	—	21～40	

注：a.主要混合材料由符合 GB 175—2023 规定的粒化高炉矿渣/矿渣粉、粉煤灰、火山灰质混合材料组成。

b.替代混合材料为符合 GB 175—2023 规定的石灰石。

c.替代混合材料为符合 GB 175—2023 规定的粉煤灰或火山灰质混合材料、石灰石中的一种。替代后 P·S·A 矿渣硅酸盐水泥中粒化高炉矿渣/矿渣粉含量(质量分数)不小于水泥质量的 21%，P·S·B 矿渣硅酸盐水泥中粒化高炉矿渣/矿渣粉含量(质量分数)不小于水泥质量的 51%。

d.替代混合材料为符合 GB 175—2023 规定的石灰石。替代后粉煤灰硅酸盐水泥中粉煤灰含量(质量分数)不小于水泥质量的 21%，火山灰质硅酸盐水泥中火山灰质混合材料含量(质量分数)不小于水泥质量的 21%。

3.2.2.1 普通硅酸盐水泥的技术指标

根据《通用硅酸盐水泥》(GB 175—2023)，普通硅酸盐水泥的技术指标与硅酸盐水泥有几点不同：

(1) 细度

以 45 μm 方孔筛筛余表示，应不低于 5%，当买家有特殊要求时，由买卖双方协商确定。

(2) 凝结时间

初凝不得早于 45 min，终凝不得迟于 600 min。

(3) 强度等级

根据 3 d 和 28 d 的抗折强度和抗压强度，将普通硅酸盐水泥划分为 42.5、42.5R、52.5、52.5R、62.5、62.5R 六个强度等级，按 3 d 的抗压强度分为早强型(R 表示)和普通型。各龄期强度不得低于表 3.3 中的数值。

普通硅酸盐水泥的其他技术要求同硅酸盐水泥。

3.2.2.2 普通硅酸盐水泥的主要性能及应用

普通硅酸盐水泥由于掺加的混合材料较少，因此它的性质同硅酸盐水泥的性质基本上相同。

在应用范围方面，与硅酸盐水泥基本相同，甚至在一些不能用硅酸盐水泥的地方也可采用普通水泥，使得普通水泥成为建筑行业应用面最广、使用量最大的水泥品种。

3.2.3 矿渣硅酸盐水泥

由硅酸盐水泥熟料、粒化高炉矿渣/矿渣粉和适量石膏磨细制成的水硬性胶凝材料称为矿渣硅酸盐水泥，简称矿渣水泥，其中矿渣掺加量为 21%～70%。水泥组分要求见表 3.6。

3.2.3.1 矿渣水泥的水化特点

矿渣水泥的水化反应和硅酸盐水泥的水化反应有所不同，存在二次水化。首先是水泥熟料的水化，生成同硅酸盐水泥水化完全相同的水化产物；然后是矿渣的水化，矿渣中的活性 SiO_2 和活性 Al_2O_3 与熟料矿物水化产物中的氢氧化钙作用，生成水化硅酸钙和水化铝酸钙，生成的水化铝酸钙与石膏反应生成水化硫铝酸钙。

3.2.3.2 技术指标

由于矿渣水泥在水化时，石膏既是缓凝剂，又是激发剂，因此可适当放宽 SO_3 的指标。按照国家标准规定，矿渣水泥中的 SO_3 的含量不得超过 4%，其他技术指标要求与普通硅酸盐水泥相同，详见表 3.4。矿渣水泥强度等级分为 32.5、32.5R、42.5、42.5R、52.5、52.5R 六个等级，各龄期强度应符合表 3.7 要求。

表 3.7 各龄期的强度值

强度等级	抗压强度/MPa		抗折强度/MPa	
	3 d	28 d	3 d	28 d
32.5	≥12.0	≥32.5	≥3.0	≥5.5
32.5R	≥17.0		≥4.0	
42.5	≥17.0	≥42.5	≥4.0	≥6.5
42.5R	≥22.0		≥4.5	
52.5	≥22.0	≥52.5	≥4.5	≥7.0
52.5R	≥27.0		≥5.0	

3.2.3.3 特性及应用

(1) 矿渣水泥凝结硬化速度慢，早期强度低，但后期强度高，甚至可以超过同强度等级的硅酸盐水泥。因此，这种水泥不能用于早期强度有要求的工程，如现浇混凝土楼板、梁、柱等。

(2) 矿渣水泥对温度湿热敏感性强。温度低时，凝结硬化慢，但在湿热条件下，温度 60～70 ℃以上时，凝结硬化速度加快，28 d 的强度可以提高 10%～20%。特别适用于蒸汽养护的混凝土预制构件。

(3) 耐腐蚀性好

由于二次水化消耗了大量的氢氧化钙，因此，水泥的抗软水和海水侵蚀能力较强，可用于海港工程和水工大坝的建设。

(4) 水化热小、耐热性好

水泥中掺加大量的矿渣，水泥熟料很少，因此其水化热小，可以用于大体积的混凝土工程，如大型基础和混凝土大坝等。

矿渣水泥中的矿渣有一定的耐高温性，因此，矿渣水泥具有较好的耐热性，可以用于轧钢、铸造等高温车间，高温窑炉基础工程及温度达到 300～400 ℃的热气体通道等耐热工程。

(5) 抗碳化能力差、保水性差、抗渗性差、抗冻性差

由于水泥石中氢氧化钙的含量少，因而其碱度低，在相同的二氧化碳的含量中，碳化进行得较快，碳化深度也较大，因此其抗碳化能力差，一般不能用于热处理车间的修建。

矿渣水泥水化后的泌水通道较多、干缩变形较大，使用中要严格控制用水量，加强早期养护。

矿渣水泥不宜用于冬季施工，特别是不能用于处在严寒地区水位升降范围的混凝土工程。

3.2.4 火山灰质硅酸盐水泥

凡是由硅酸盐水泥熟料和火山灰质混合材料，以及适量石膏磨细制成的水硬性胶凝材料，称为火山灰质硅酸盐水泥，简称火山灰质水泥，代号为 P·P，水泥组分要求见表 3.6。

3.2.4.1 技术指标

SO_3 的含量不得大于 3.5%，其他要求同矿渣水泥。

3.2.4.2 技术性质

火山灰质水泥保水性好，干缩变形特别大，在干燥、高温的环境中，与空气中的二氧化碳反应使水化硅酸钙分解成碳酸钙和二氧化硅，易产生“起粉”现象。抗冻性和耐磨性比矿渣水泥还要差，由于火山灰质水泥水化生成的水化硅酸钙凝胶较多，所以水泥石致密，火山灰质水泥的抗渗性较强。因此，火山灰质水泥适合用于有抗渗性要求的混凝土工程，特别适用于水中的混凝土工程，不宜用于干燥环境的工程，也不宜用于有抗冻和耐磨要求的混凝土工程。

火山灰质水泥的耐硫酸盐侵蚀性能与掺入的火山灰的品种有关。含有较多黏土质的混合材料，因含较多的 Al_2O_3，而活性的 SiO_2 含量少，在水化和硬化时，$Ca(OH)_2$ 与 Al_2O_3 反应生成较多的水化铝酸三钙，因此，掺入黏土质的火山灰质水泥不抗硫酸盐侵蚀。

3.2.4.3 工程应用

火山灰质硅酸盐水泥的主要适用范围如下：

(1) 最适宜用在地下或水中工程，尤其是需要抗渗、抗淡水及抗硫酸盐侵蚀的环境中。

(2) 可用于地面工程，但需使用软质混合材料的火山灰质水泥，由于干缩变形较大，不宜用于干燥环境或高温车间。

(3) 宜用于蒸汽养护生产混凝土预制构件。

(4) 由于水化热较低，宜用于大体积混凝土工程。

火山灰质硅酸盐水泥不适用于早期强度要求较高、耐磨性要求较高的混凝土工程；抗冻性较差，不宜用于受冻部位。

3.2.5 粉煤灰硅酸盐水泥

由硅酸盐水泥熟料、粉煤灰和适量石膏磨细制成的水硬性胶凝材料，称为粉煤灰硅酸盐水泥，简称粉煤灰水泥，代号为 P·F，水泥组分要求见表 3.6。

3.2.5.1 技术要求

粉煤灰水泥的技术要求同火山灰质水泥完全相同。

3.2.5.2 技术性质

粉煤灰水泥的水化硬化过程与火山灰质水泥基本相同，其性质也与火山灰质水泥差不多。粉煤灰水泥的最大特点是干缩变形较小，比同强度等级的硅酸盐水泥还小，这是因为粉煤灰颗粒多呈球形，且较为致密，吸水性小，能减小拌合物内摩擦力。因此，用粉煤灰水泥配制的混凝土和易性好，抗裂性好。但用粉煤灰水泥制备的混凝土初始泌水速度较快，易造成较多的连通孔隙，表面易产生收缩裂缝，不宜用于抗渗要求高的混凝土工程。

3.2.5.3 适用范围

(1) 除可用于地面工程外，还非常适用于大体积混凝土以及水中结构工程等。

(2) 由于泌水较快，易引起失水裂缝，在混凝土凝结期间宜适当增加抹面次数，在硬化期应加强养护。

3.2.6 复合硅酸盐水泥

由硅酸盐水泥熟料、两种或两种以上规定的混合材料、适量的石膏共同磨细所得的水硬性胶凝材料称为复合硅酸盐水泥，代号为 P·C，水泥组分要求见表 3.8。

表 3.8 复合硅酸盐水泥组分要求

品种	代号	组分(质量分数)/%					
		熟料+石膏	混合材料				
			粒化高炉矿渣/矿渣粉	粉煤灰	火山灰质混合材料	石灰石	砂岩
复合硅酸盐水泥	P·C	50～79	21～50[a]				

注：混合材料由符合 GB 175—2023 规定的粒化高炉矿渣/矿渣粉、粉煤灰、火山灰质混合材料、石灰石和砂岩中的三种(含)以上材料组成。其中，石灰石含量(质量分数)不大于水泥质量的 15%。

当用新的混合材料生产复合水泥时，必须经国家级水泥质量监督和检验机构鉴定。

3.2.6.1 技术指标

(1) 水泥中氧化镁的含量不大于6.0%。如水泥经压蒸试验合格后，水泥中三氧化硫的含量不得超过3.5%。安定性用沸煮法检验，必须合格。

(2) 细度

45 μm方孔筛筛余量，应不低于5%。

(3) 凝结时间

初凝时间不得早于45 min，终凝时间不得迟于10 h。

(4) 强度等级

复合硅酸盐水泥的强度等级分为42.5、42.5R、52.5、52.5R四个等级，各龄期强度符合表3.7的要求。

3.2.6.2 技术性质

复合水泥的综合性质较好，耐腐蚀性好，水化热小，抗渗性好。复合水泥由于使用了复合混合材料，改变了水泥石的微观结构，促进了水泥熟料的水化，因此，其早期强度大于同标号的矿渣水泥、粉煤灰水泥、火山灰质水泥，因而复合水泥的用途较硅酸盐水泥、矿渣水泥等更为广泛，是一种国家大力发展的新型水泥。

【在线测试】

通用硅酸盐水泥在土建工程中应用最广，用量最大。现将通用硅酸盐水泥的主要特性列于表3.9中，在混凝土结构工程中水泥的选用可参考表3.10。

表3.9 通用硅酸盐水泥的主要特性一览表

名称		硅酸盐水泥	普通硅酸盐水泥	矿渣硅酸盐水泥	火山灰质硅酸盐水泥	粉煤灰硅酸盐水泥	复合硅酸盐水泥
密度/(g/cm³)		3.00～3.15	3.00～3.15	2.80～3.10	2.80～3.10	2.80～3.10	2.80～3.10
强度等级		42.5、42.5R、52.5、52.5R、62.5、62.5R		32.5、32.5R、42.5、42.5R、52.5、52.5R			42.5、42.5R、52.5、52.5R
特性	硬化	快	较快	慢	慢	慢	慢
	早期强度	高	较高	低	低	低	低
	水化热	高	高	低	低	低	低
	抗冻性	好	较好	差	差	差	差
	耐热性	差	较差	好	较差	较差	好
	干缩性	较小	较小	较大	较大	较小	较大
	抗渗性	较好	较好	差	较好	较好	差
	耐腐蚀性	差	较差	较强	较强	较强	较强
	泌水性	较小	较小	明显	小	小	较大

表 3.10 通用硅酸盐水泥的选用

<table>
<tr><th colspan="2">混凝土工程特点或所处环境条件</th><th>优先选用</th><th>可以选用</th><th>不宜选用</th></tr>
<tr><td rowspan="4">普通混凝土</td><td>普通气候环境</td><td>普通硅酸盐水泥</td><td>矿渣硅酸盐水泥
火山灰质硅酸盐水泥
粉煤灰硅酸盐水泥
复合硅酸盐水泥</td><td>—</td></tr>
<tr><td>干燥环境</td><td>普通硅酸盐水泥</td><td>矿渣硅酸盐水泥</td><td>火山灰质硅酸盐水泥
粉煤灰硅酸盐水泥</td></tr>
<tr><td>高湿度环境或永久水下</td><td>矿渣硅酸盐水泥</td><td>普通硅酸盐水泥
火山灰质硅酸盐水泥
粉煤灰硅酸盐水泥
复合硅酸盐水泥</td><td>—</td></tr>
<tr><td>厚大体积混凝土</td><td>矿渣硅酸盐水泥
火山灰质硅酸盐水泥
粉煤灰硅酸盐水泥
复合硅酸盐水泥</td><td>—</td><td>硅酸盐水泥</td></tr>
<tr><td rowspan="6">有特殊要求的混凝土</td><td>要求快硬的混凝土</td><td>硅酸盐水泥</td><td>普通硅酸盐水泥</td><td>矿渣硅酸盐水泥
火山灰质硅酸盐水泥
粉煤灰硅酸盐水泥
复合硅酸盐水泥</td></tr>
<tr><td>高强(强度等级高于 C40)的混凝土</td><td>硅酸盐水泥</td><td>普通硅酸盐水泥
矿渣硅酸盐水泥</td><td>—</td></tr>
<tr><td>严寒地区的露天混凝土，寒冷地区处于水位升降范围内的混凝土</td><td>普通硅酸盐水泥</td><td>矿渣硅酸盐水泥</td><td>—</td></tr>
<tr><td>严寒地区处在水位升降范围内的混凝土</td><td>普通硅酸盐水泥</td><td>—</td><td>—</td></tr>
<tr><td>有抗渗要求的混凝土</td><td>普通硅酸盐水泥</td><td>—</td><td>—</td></tr>
<tr><td>有耐磨要求的混凝土</td><td>硅酸盐水泥
普通硅酸盐水泥</td><td>矿渣硅酸盐水泥</td><td>—</td></tr>
</table>

3.3 特性水泥和专用水泥

特性水泥品种很多，本节介绍土木工程中常用的几种特性水泥(铝酸盐水泥、快硬硅酸盐水泥、白色硅酸盐水泥、道路硅酸盐水泥)以及专用水泥(主要介绍砌筑水泥)。

3.3.1 铝酸盐水泥

以钙质和铝质材料为主要原料，按适当比例配制成生料，煅烧至完全或部分熔融，并经冷却得到以铝酸钙为主要矿物组成的产物，磨细该产物得到的水硬性胶凝材料即为铝酸盐水泥，代号为CA。

3.3.1.1 铝酸盐水泥的分类

按水泥中 Al_2O_3 含量(质量分数)分为四类：

类别	Al_2O_3 含量
CA-50	$50\% \leqslant w(Al_2O_3) < 60\%$
CA-60	$60\% \leqslant w(Al_2O_3) < 68\%$
CA-70	$68\% \leqslant w(Al_2O_3) < 77\%$
CA-80	$77\% \leqslant w(Al_2O_3)$

3.3.1.2 铝酸盐水泥的技术指标

(1) 细度、密度

细度：比表面积不小于 300 kg/m^3 或 0.045 mm 的筛余量不得大于 20%，由供需双方商定，若在无约定条件下发生争议以比表面积为准。

密度：与硅酸盐水泥相近，为 3.0～3.2 g/cm^3。

(2) 凝结时间

应符合表3.11的要求。

表 3.11 凝结时间

水泥种类		初凝时间/min	终凝时间/min
CA-50		≥30	≥360
CA-60	CA-60-Ⅰ	≥30	≥360
	CA-60-Ⅱ	≥60	≥1080
CA-70		≥30	≥360
CA-80		≥30	≥360

(3) 化学成分

应符合表3.12的要求。

表 3.12　化学成分

类型	成分(质量分数)					
	Al_2O_3 含量	SiO_2 含量	Fe_2O_3 含量	碱含量($Na_2O+0.658K_2O$)	S(全硫)含量	Cl^- 含量
CA-50	$50\% \leqslant w(Al_2O_3) < 60\%$	≤9.0%	≤3.0%	≤0.50%	≤0.2%	≤0.06%
CA-60	$60\% \leqslant w(Al_2O_3) < 68\%$	≤5.0%	≤2.0%	≤0.40%	≤0.1%	
CA-70	$68\% \leqslant w(Al_2O_3) < 77\%$	≤1.0%	≤0.7%			
CA-80	$77\% \leqslant w(Al_2O_3)$	≤0.5%	≤0.5%			

当 R_2O 指标达不到要求时为废品,其余达不到要求时为不合格品。

(4) 强度

铝酸盐水泥各龄期的强度值不得小于表 3.13 中的数据。

表 3.13　铝酸盐水泥各龄期胶砂强度值

水泥类型		抗压强度/MPa				抗折强度/MPa			
		6 h	1 d	3 d	28 d	6 h	1 d	3 d	28 d
CA-50	CA-50-Ⅰ	≥20*	≥40	≥50	—	≥3*	≥5.5	≥6.5	—
	CA-50-Ⅱ		≥50	≥60	—		≥6.5	≥7.5	—
	CA-50-Ⅲ		≥60	≥70	—		≥7.5	≥8.5	—
	CA-50-Ⅳ		≥70	≥80	—		≥8.5	≥9.5	—
CA-60	CA-60-Ⅰ	—	≥65	≥85	—	—	≥7.0	≥10.0	—
	CA-60-Ⅱ	—	≥20	≥45	≥85	—	≥2.5	≥5.0	≥10.0
CA-70		—	≥30	≥40	—	—	≥5.0	≥6.0	—
CA-80		—	≥25	≥30	—	—	≥4.0	≥5.0	—

注:* 当用户要求时,生产厂应提供试验结果。

3.3.1.3　铝酸盐水泥的特性及应用

(1) 铝酸盐水泥的特性

① 凝结速度快,早期强度高。1 d 强度可达最高强度的 80%以上,因此铝酸盐水泥主要注重 1 d 和 3 d 强度。

② 水化热大,且放热量集中。最初 1 d 内的放热量为总放热量的 80%以上,使混凝土内部温度上升较高,即使在 −10 ℃下施工,铝酸盐水泥也能很快凝结硬化。

③ 抗硫酸盐腐蚀性较强,其主要原因是水化产物中没有 $Ca(OH)_2$。

④ 耐热性好,能承受 1300～1400 ℃高温。

⑤ 长期强度有降低的趋势,相对于早期强度降低 40%～50%。

(2) 铝酸盐水泥的应用

铝酸盐水泥在土建工程中的主要用途如下：

① 配制耐热混凝土或不定形耐火材料，例如高温窑炉炉衬、耐火砖等。

② 配制膨胀水泥、自应力水泥、化学建材的添加料等。

③ 用于抢建、抢修和冬季施工的工程，例如军事筑路及桥梁、隧道的抢修堵洞等。

④ 用于硫酸盐侵蚀的部位，例如用于工业烟囱的内衬，能有效地防止侵蚀。以煤为燃料的大型蒸汽锅炉或热电厂的烟囱，由于烟囱通道较长，低温时，烟气冷凝，其中的二氧化硫则生成硫酸，对现浇的普通混凝土内壁有腐蚀作用。如果采用铝酸盐水泥砌筑耐火砖，或用加钢丝网的铝酸盐水泥砂浆覆面，做工业烟囱的衬料，则能有效地防止侵蚀。

(3) 注意事项

① 在施工过程中，为了防止凝结时间失控(即瞬间凝结，叫作“闪凝”)，一般不得将铝酸盐水泥与硅酸盐水泥、石灰等能析出氢氧化钙的胶凝物质混合，使用前必须将拌和设备冲洗干净。

② 不得用于接触碱性溶液的工程。

③ 铝酸盐水泥的水化热集中在早期释放，从硬化开始应立即浇水养护，不宜用于浇筑大体积混凝土。

④ 铝酸盐水泥混凝土后期强度下降较大，所以不适合用于长期承载的承重构件，受长期荷载作用时，应尽量采用低水胶比($W/B<0.4$)配制混凝土，并且按最低稳定强度设计。

⑤ 若用蒸汽养护加速混凝土硬化时，养护温度不得高于 50 ℃。

⑥ 用于钢筋混凝土时，钢筋保护层厚度不得小于 60 mm。

⑦ 未经试验，不得加入任何外加剂。

⑧ 不得与未硬化的硅酸盐水泥混凝土接触使用，可以与具有脱模强度的硅酸盐水泥混凝土接触使用，但接茬处不应长期处于潮湿状态。

3.3.2 白色硅酸盐水泥

由硅酸盐水泥熟料，适量石膏及混合材料共同磨细制成的水硬性胶凝材料称为白色硅酸盐水泥，简称白水泥，代号 P·W。其中水泥和石膏共 70%～100%，石灰岩、白云质石灰岩和石英砂等天然矿物共 0%～30%。

一般水泥的颜色呈灰色，主要是因水泥熟料中含有较多的氧化铁及其他杂质所致。因此，生产白水泥的关键是严格控制水泥原料的铁含量，在生产过程中严防混入铁质。除此之外，锰、铬等的氧化物也会导致水泥白度降低，故生产中也需严格控制。

3.3.2.1 生产白水泥的主要技术要求

白水泥的生产与硅酸盐水泥基本相同。首先要精选原材料，限制着色氧化物含量。如采用纯净的高岭土、石英砂、石灰石，选择洁白的雪花石膏或优质纤维石膏作缓凝剂；为了保证白度，尽量使用油或气体燃料；粉磨时为了避免在水泥中混入着色氧化物，在球磨机内壁要镶贴白色花岗岩或高强陶瓷衬板，并采用烧结刚玉、瓷球、卵石等作研磨体。

3.3.2.2 白水泥的技术性质

(1) 细度

白水泥的细度要求为 45 μm 方孔筛筛余不得大于 30.0%。

(2) 凝结时间

初凝时间不得早于 45 min，终凝时间不得迟于 10 h。

(3) 体积安定性及成分

用沸煮法检验，必须合格，同时熟料中氧化镁含量不得超过 5.0%，水泥中三氧化硫不得超过 3.5%。

(4) 强度

按 3 d、28 d 的强度值将白水泥划分为 32.5、42.5、52.5 三个等级，各等级、各龄期强度不得低于表 3.14 中的数值。

表 3.14　白色硅酸盐水泥各龄期强度要求(GB/T 2015—2017)

强度等级	抗压强度/MPa		抗折强度/MPa	
	3 d	28 d	3 d	28 d
32.5	≥12.0	≥32.5	≥3.0	≥6.0
42.5	≥17.0	≥42.5	≥3.5	≥6.5
52.5	≥22.0	≥52.5	≥4.0	≥7.0

(5) 白度

白度是白水泥的一项重要的技术性能指标。白水泥的白度分为 1 级、2 级两种。其中 1 级白度不小于 89，2 级白度不小于 87。

白水泥主要用于建筑内外的装饰，如地面、楼面、楼梯、墙柱、建筑立面的线条等。粉磨时加入碱性颜料，可制成彩色水泥。配以彩色的大理石、石英石砂作为集料可生产彩色砂浆和彩色混凝土，做成水磨石、水刷石、斩假石等饰面，用于彩色路面、建筑物外饰面或装饰性混凝土构件，起到艺术装饰效果。

3.3.3　道路硅酸盐水泥

随着我国经济建设的发展，高等级公路越来越多，水泥混凝土路面已成为主要路面之一。对专供公路、城市道路和机场跑道所用的道路水泥，我国已制定了相关的国家标准《道路硅酸盐水泥》(GB/T 13693—2017)。以适当的生料烧至部分熔融，所得的以硅酸钙为主要成分和较多的铁铝酸四钙的硅酸盐熟料，加入适量的石膏和混合材料共同磨细制成的水硬性胶凝材料，称为道路硅酸盐水泥，代号为 P·R。在道路硅酸盐水泥中，熟料的化学组成和硅酸盐水泥是完全相同的，只是水泥中的铝酸三钙的含量不应大于 5.0%，铁铝酸四钙的含量不应小于 15.0%。

3.3.3.1　技术指标

(1) 凝结时间

初凝时间不得早于 90 min，终凝时间不得迟于 720 min。

(2)干缩率

根据国家标准规定水泥的干缩性试验方法，28 d 的干缩率不得大于 0.10%。

(3) 耐磨性

利用水泥胶砂耐磨性试验进行检验，28 d 磨耗量不得大于 3.00 kg/m^2。

(4) 强度

按照 28 d 抗折强度分为 7.5 和 8.5 两个等级，水泥等级和各龄期的强度不得低于表 3.15 的规定。

表 3.15 道路硅酸盐水泥各龄期强度要求(GB/T 13693—2017)

强度等级	抗压强度/MPa		抗折强度/MPa	
	3 d	28 d	3 d	28 d
7.5	≥21.0	≥42.5	≥4.0	≥7.5
8.5	≥26.0	≥52.5	≥5.0	≥8.5

3.3.3.2 技术性质及应用

道路水泥是一种专用水泥，其主要特性是抗折强度高，耐磨性好，干缩变形小，抗冻性、抗冲击性、抗硫酸盐性能好，可减少混凝土路面的断板、温度裂缝和磨耗，减少路面维修费用，延长使用年限，适用于道路路面、机场跑道、城市人流较多的广场等工程的面层混凝土。

3.3.4 砌筑水泥

由硅酸盐水泥熟料，加入规定的混合材料和适量石膏，经磨细制成的保水性较好的水硬性胶凝材料，称为砌筑水泥，代号为 M。

水泥中混合材料掺加量按质量百分数计应大于 50%，允许掺入适量的石灰石或窑灰。

砌筑水泥的细度要求 0.08 mm 方孔筛筛余不得超过 10%；凝结时间要求初凝不得早于 60 min，终凝不得迟于 12 h；三氧化硫含量不得超过 3.5%；体积安定性采用沸煮法检验，必须合格；要有很好的流动性，在水胶比为 0.46 的条件下的流动度要求大于 125 mm；要求保水率不低于 80%。砌筑水泥强度等级分为 12.5、22.5、32.5 三个强度等级。不同龄期水泥强度不得低于表 3.16 的规定。

表 3.16 砌筑水泥各龄期强度数值(GB/T 3183—2017)

水泥等级	抗压强度/MPa			抗折强度/MPa		
	3 d	7 d	28 d	3 d	7 d	28 d
12.5	—	≥7.0	≥12.5	—	≥1.5	≥3.0
22.5	—	≥10.0	≥22.5	—	≥2.0	≥4.0
32.5	≥10.0	—	≥32.5	≥2.5	—	≥5.5

砌筑水泥的和易性很好，但强度低，主要用于拌制砌筑砂浆，作为砌筑墙体、块体材料之间的胶结材料。

【工程实例分析 3.1】

挡墙开裂与水泥的选用

【现象】 某大体积混凝土工程,浇筑两周后拆模,发现挡墙有多道贯穿型的纵向裂缝。该工程使用某立窑水泥厂生产 42.5Ⅱ型硅酸盐水泥,其熟料矿物组成如下:

C_2S	C_3S	C_3A	C_4AF
14%	61%	14%	11%

【原因分析】 该工程所使用的水泥中 C_3S、C_3A 含量高,导致该水泥的水化热高,且在浇筑混凝土中,混凝土的整体温度高,以后混凝土温度随环境温度下降,产生冷缩,造成混凝土贯穿型的纵向裂缝。

【工程实例分析 3.2】

港珠澳大桥是世界最长的跨海大桥,被评为"世界新七大奇迹"之一,如图 3.5 所示。位于珠三角伶仃洋与珠江流域交汇口的港珠澳大桥处在一个洋流、航道、海床、气候等自然条件极其复杂的海域,不仅需重度防腐,还需要满足 120 年的使用寿命,因此,对基础钢筋混凝土结构的耐久性有极高的要求。为满足工程建设的要求,港珠澳大桥项目内地段工程使用的是 P·Ⅱ42.5R、P·O42.5R、P·Ⅱ52.5R 等级的高性能硅酸盐水泥。高性能硅酸盐水泥具有以下性能特点:抗氯离子侵蚀能力强,是普通硅酸盐水泥的 2～3 倍;抗硫酸盐侵蚀能力强,明显优于普通硅酸盐水泥;水化放热低,可达到中热或低热硅酸盐水泥水平;后期强度高且能持续增长,可显著提高混凝土的耐久性。

图 3.5 港珠澳大桥

【思维导图与核心知识点】

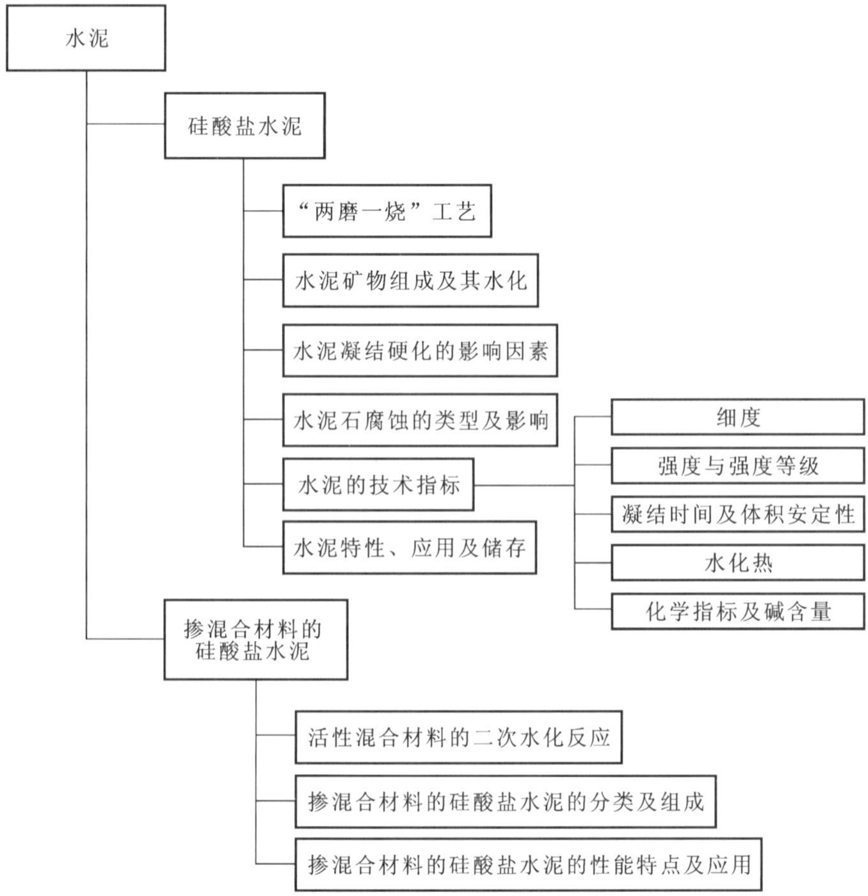

复习题与思考题

(1) 硅酸盐水泥的主要矿物成分是什么？这些矿物的特性如何？

(2) 硅酸盐水泥的水化产物有哪些？水泥石的结构是怎样的？影响水泥石强度的因素有哪些？

(3) 硅酸盐水泥的腐蚀有哪几种类型？腐蚀的原因是什么？为什么同是硅酸盐系列水泥，矿渣水泥耐腐蚀性好？

(4) 在生产硅酸盐水泥时掺入石膏起什么作用？硬化后多余的石膏会引起什么现象？

(5) 如何检验水泥的安定性？

(6) 什么叫活性混合材料？其硬化的条件是什么？

(7) 铝酸盐水泥的熟料与硅酸盐水泥的熟料有何区别？两种水泥的性质有何不同？

练 习 题

(1) 硅酸盐水泥的主要矿物成分有哪些？它们的水化特性如何？它们对水泥的性质有何影响？

(2) 制造硅酸盐水泥时为什么必须掺入适量的石膏？石膏掺得太少或太多时，将产生什么情况？

(3) 水泥石凝结硬化过程中为什么会出现体积安定性不良？安定性不良的水泥有什么危害？如何处理？

(4) 在国家标准中，为什么要限制水泥的细度、初凝时间和终凝时间必须在一定范围内？

(5) 在水泥中掺入活性混合材料后，对水泥性能有何影响？

(6) 矿渣水泥、火山灰质水泥和粉煤灰水泥这三种水泥在性能及应用方面有何异同？

(7) 某工地材料仓库存有白色胶凝材料 3 桶，原分别为磨细生石灰、建筑石膏和白水泥，后因保管不善，标签脱落，问可用什么简易方法来加以辨认？

(8) 现有甲、乙两厂生产的硅酸盐水泥熟料，其矿物组成如表 3.17 所示，试估计和比较这两厂生产的硅酸盐水泥的强度增长速度和水化热等性质上有何差异，并给出原因。

表 3.17　硅酸盐水泥矿物组成

生产厂	熟料矿物组成/%			
	C_3S	C_2S	C_3A	C_4AF
甲厂	52	21	10	17
乙厂	45	30	7	18

(9) 为下列混凝土工程选用合适的水泥品种，并说明选用的理由。

① 暴露在干燥环境下的混凝土

② 采用湿热养护的混凝土构件

③ 厚大体积的混凝土工程

④ 水下工程浇筑混凝土

⑤ 高强混凝土

⑥ 高温设备或热工窑炉的混凝土基础

⑦ 严寒地区水位变化范围内的混凝土工程

⑧ 经常与流动淡水接触的混凝土构件

⑨ 接触硫酸盐介质的混凝土工程

(10) 道路硅酸盐水泥的主要性能与硅酸盐水泥的有何不同？

4 混 凝 土

本章提要

本章是“土木工程材料”课程重点内容之一，主要介绍普通混凝土的组成材料，新拌混凝土的和易性，混凝土化学外加剂与矿物掺合料的作用原理和应用，硬化混凝土的变形性能、耐久性及其影响因素，普通混凝土的配合比设计方法和质量控制等。简要介绍其他品种混凝土的特性和用途。

通过本章学习，应达到以下目标：

(1) 了解普通混凝土的优缺点；

(2) 掌握普通混凝土的组成材料要求及选用；

(3) 掌握普通混凝土的技术性质及其影响因素和测定方法；

(4) 掌握混凝土的配合比设计方法；

(5) 熟悉混凝土的质量控制方法；

(6) 了解其他品种混凝土。

课前预习要点

本章内容繁杂，知识点较多，为了提高学习效果，可参考以下要点进行课前预习：

(1) 了解水泥混凝土的发展趋势；

(2) 水泥混凝土的组成及其技术要求；

(3) 骨料级配的定义及其对混凝土性能的影响；

(4) 混凝土拌合物的和易性及其测定方法；

(5) 影响混凝土和易性的因素，改善混凝土和易性的措施；

(6) 影响混凝土强度的因素及其改善措施；

(7) 混凝土的耐久性定义，如何提高混凝土的耐久性；

(8) 减水剂的作用机理及其对混凝土性能的影响；

(9) 常用混凝土矿物掺合料有哪些，作用是什么；

(10) 混凝土配合比设计的基本要求是什么；

(11) 混凝土的初步计算配合比、基准配合比、实验室配合比和施工配合比是如何计算的；

(12) 掺减水剂和矿物掺合料的混凝土配合比设计。

课程思政

三峡工程竣工以来，每到汛期，总库容达 393 亿立方米的三峡水库，防洪库容可达 221.5

亿立方米。在“大国重器”的强大防洪作用下，长江荆江河段的防洪标准由10年一遇提高至100年一遇。

三峡水利枢纽工程是开发和治理长江的关键性骨干工程，是中国也是世界最大的水利枢纽工程。三峡工程具有防洪、发电、航运等巨大的综合效益，建成后对我国社会经济的发展产生了巨大影响。三峡工程的混凝土工程量巨大，达到2800万立方米。为了确保混凝土工程质量和安全性，施工企业研发了多项创新，其中包括：

(1) 为了满足巨大的混凝土浇筑量需求和高强度的施工要求，三峡大坝采用了塔带机为主的浇筑手段，辅以大型门塔机和缆机，实现了年混凝土浇筑量超过400万立方米的记录。

(2) 为了解决混凝土在高温条件下的浇筑问题，三峡工程采用了二次风冷骨料技术，有效降低了混凝土的温度，保证了混凝土的质量。

(3) 混凝土配合比优化技术达到世界一流。混凝土原材料采用具有微膨胀性能的中热525＃硅酸盐水泥；选用品质优良的高效减水剂；在混凝土中将Ⅰ级粉煤灰作为功能材料掺用；采用缩小水胶比、加大粉煤灰掺量的技术路线；限制原材料的碱含量和混凝土总碱量，满足了三峡混凝土耐久性的特殊要求。其中用花岗岩作人工骨料的大坝四级配混凝土在以塔带机运输浇筑为主的情况下，用水量仅为90 kg/m^3左右，并能满足高性能大坝混凝土的要求。

(4) 混凝土质量检测中采用了超声波层析成像(CT)技术，有效检测了混凝土内部的缺陷。

三峡工程(图4.1)经过四十年规划、勘测、设计、科研以及近十年艰苦奋斗的施工建设实践，如今大坝雄姿初展，不禁令人感叹。曾有多少仁人志士为了三峡工程的顺利兴建而多方奔走呼吁，虽历经艰难而不言退却；有多少设计勘探人员殚精竭虑、跋山涉水，虽雪染双鬓仍初心不改；有多少建设者们舍家离子日夜奋战，虽栉风沐雨仍忘我工作。在他们用钢筋、混凝土构筑起巍巍大坝的同时，也用他们的意志品格铸就了三峡精神：科学民主，求实创新，团结协作，勇于担当，追求卓越。这也体现了中国人民自强不息、努力拼搏、精益求精、追求卓越的大国工匠精神。

图4.1　三峡水利枢纽工程

历史回顾

钢筋混凝土诞生漫谈

钢筋混凝土将钢筋的高韧性和混凝土的高强度结合在一起，性能优异，是目前应用最为广泛的土木工程材料。它是如何诞生的呢?

水泥刚发明时，人们用水泥、砂子和水配制成砂浆，凝固后成为人造石块，这种石块抗压强度很高，但抗拉强度只有抗压强度的十分之一，因此应用范围有限。

法国有一位叫蒙尼亚的园艺师，他在工作中需要经常搬动花盆，稍不留神就会打破泥瓦花盆。1867 年的一天，他突发奇想，在花盆外箍上几道铁丝作保护，然后在铁丝外抹上一层水泥砂浆，这样既可掩盖铁丝，又可防止铁丝生锈。蒙尼亚制作的花盆结实耐用，不易破碎，外观也不错，很受人们的欢迎，他还为此申报了专利，自己也由一个园艺师成为花盆制造商。

到了 19 世纪末，俄国建筑师别列柳布斯基研究高层建筑时，迫切需要质量小、强度高的新结构材料。他对蒙尼亚的发明作了仔细的考察，发现要应用于建筑领域，有两个问题必须解决：其一是水泥和砂子都太细小，耗材太多；其二是铁丝太细，容易被拉断，受力不能太大。针对这两个问题，别列柳布斯基采取了两个措施：一是在水泥浆料中加入一定数量的石块；二是用钢筋代替铁丝。他随即进行了试验，结果令人相当满意，钢筋混凝土正式诞生。

1904 年，俄国用钢筋混凝土结构代替岩石结构建造了一座高数十米的灯塔，具有自重轻、建造成本低、抗气候变化能力强的特点，得到了世界建筑界的广泛赞誉，从此以后世界建筑史进入了钢筋混凝土的新纪元。

4.1 概　　述

现代土木建筑工程中，工业与民用建筑、给水与排水工程、公路、水利与水电工程、地下工程及国防工程都广泛地使用混凝土。土木建筑行业的迅速发展，要求混凝土具有不同的性能，而混凝土科学研究的新成果，又促进了土木工程的不断革新。因此，混凝土已成为当代最重要的建筑材料之一，它是世界上用量最大的人工建筑材料。

【视频讲解】

混凝土是由胶凝材料和粗、细骨料按适当比例混合，加水拌制成拌合物，经成型硬化而成的复合人工石料。

4.1.1　混凝土的分类

4.1.1.1　按表观密度分

(1) 重混凝土

表观密度[试件在温度为(105±5) ℃的条件下干燥至恒重后测定]大于 2800 kg/m^3，采用重晶石、铁矿石或钢屑等作骨料制成，对 X 射线、γ 射线具有较强的屏蔽能力。

(2) 普通混凝土

干表观密度为 1950～2800 kg/m^3，一般采用天然砂、石作为骨料制成，在土建工程中广泛使用。

(3) 轻混凝土

表观密度小于 1950 kg/m^3，采用页岩、陶粒等轻质多孔骨料或掺加引气剂、泡沫剂形成多孔结构的混凝土。轻混凝土主要用在有保温绝热要求的部位，强度等级高的轻骨料混凝土也可用于承重结构。

4.1.1.2　按强度等级分

普通混凝土：强度等级为 C7.5～C60；

高强混凝土：强度等级为 C60～C100；

超高强混凝土：强度等级大于 C100。

4.1.1.3　按施工工艺分

混凝土按施工工艺可分为泵送混凝土、喷射混凝土、真空脱水混凝土、造壳混凝土、碾压混凝土、压力灌浆混凝土、热拌混凝土、自密实混凝土等。

4.1.1.4　按掺合料分

混凝土按掺合料分为粉煤灰混凝土、硅灰混凝土、磨细高炉矿渣混凝土、纤维混凝土等。

4.1.1.5　按使用部位、功能和特性分

混凝土按使用部位、功能和特性可分为结构混凝土、防水混凝土、道路混凝土、水工混凝土、耐热混凝土、耐酸混凝土、防辐射混凝土、补偿收缩混凝土、修补混凝土等。

4.1.2　普通混凝土的特点

水泥混凝土是当代最大宗、最重要的一种土木工程材料。我国混凝土年使用量已经超过5亿立方米，其技术与经济意义是其他建筑材料所无法比的。根本原因是混凝土材料具备一系列的优良性能：

(1) 原材料来源广泛

混凝土中约 70%以上的材料是砂石料，都属地方材料，可就地取材，价格便宜易得，能耗低，符合经济原则。

(2) 施工方便

混凝土拌合物具有良好的流动性和可塑性，可根据工程需要浇筑成各种形状尺寸的结构构件。可现场浇筑，也可预制成型。

(3) 性能可根据设计需要调整

通过调整各组成材料的品种和数量，特别是掺加不同外加剂和掺合料，可配制出不同和易性、强度、耐久性或有特殊性能要求的混凝土，满足工程上不同的需求。

(4) 配制成高强度的钢筋混凝土

混凝土的抗压强度一般为 7.5～60 MPa，高强度混凝土的抗压强度可高达100 MPa；且混凝土与钢筋的匹配性好，与钢筋有牢固的黏结力，热膨胀系数相近，二者可制成钢筋混凝土，应用于各种结构部位。

(5) 利于环保

混凝土可充分利用工业废料，如矿渣、粉煤灰等，降低环境污染。

但是，混凝土也存在以下缺点：

(1) 自重大

普通混凝土的容积密度约为 2450 kg/m^3，混凝土结构的自重较大，导致地基的负荷较大。

(2) 抗拉强度低、脆性大、易开裂、延展性不高

混凝土的抗拉强度一般是抗压强度的 1/20～1/10，脆性指数 4200～9350，单独使用混凝土的结构部位脆性大，变形能力差，只能承受少量的张力变形；混凝土抗冲击能力差，在冲击荷载作用下容易产生脆断。

(3) 体积变化不稳定

混凝土配制所用水泥体积安定性不良或配合比不当，尤其是水泥浆过多时，这一缺陷表现得更加突出，随着温湿度、环境介质的变化，容易引发体积变化、产生裂纹等内部缺陷，直接影响建筑的使用寿命。

现代混凝土技术科研也正着眼于解决这些问题，在工程使用时应注意扬长补短，克服混凝土性能上的缺点。

4.1.3 土木工程对混凝土质量的基本要求

(1) 具有与施工条件相适应的和易性；

(2) 具有符合设计要求的强度；

(3) 具有与工程环境相适应的耐久性；

(4) 材料组成经济合理，生产制作节约能源。

为达到上述四项基本要求，就需要了解原材料性能，分析可能影响到混凝土和易性及强度、耐久性等的因素；掌握配合比设计原理、混凝土质量波动规律及相关的检验评定标准等。这正是本章要学习的重点内容。

4.2 普通混凝土的组成材料

【视频讲解】

普通混凝土(以下简称混凝土)的基本组成材料是水泥、砂、石和水。为改善混凝土的某些性能，常加入适量的外加剂或掺合料。在混凝土中，砂、石起骨架作用，称为骨料；水泥和水形成水泥浆，包裹骨料并填充其空隙。水泥浆在硬化前起润滑作用，赋予混凝土拌合物良好的流动性，便于施工操作；硬化后，水泥浆将砂、石骨料胶结，形成坚硬的整体。砂石材料一般不参与水泥与水的化学反应，主要是起节约水泥，承受荷载，限制硬化水泥的收缩，骨架和填充作用。混凝土内部结构如图 4.2 所示。

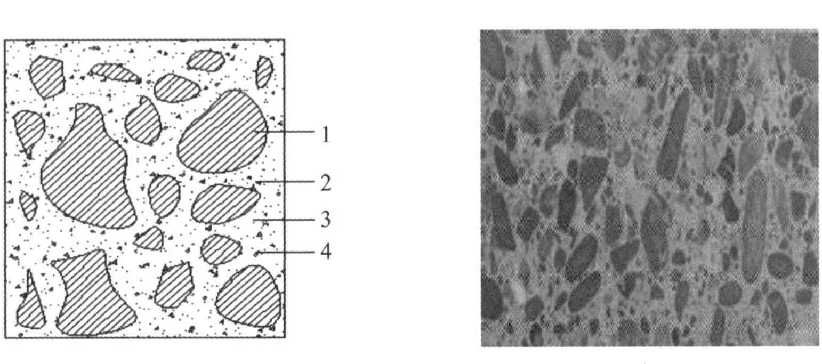

(a)　　　　(b)

图 4.2　混凝土结构示意图

(a)示意图；(b)实物图

1—石子；2—砂子；3—水泥浆；4—气孔

4.2.1 水泥

水泥是混凝土中很重要的组分，其技术性能已在第 3 章介绍。在制备混凝土时，应选用品种和强度等级合适的水泥。

(1) 水泥品种的选择

水泥品种应根据混凝土工程性质、部位、特点、所处的环境和施工条件等，按各品种水泥的特性合理选择。

(2) 水泥强度和用量

选择水泥时，应考虑充分发挥水泥强度的作用，强度等级低了不行，但过高既不经济也不合理。从工程实践中归纳可知，水泥强度等级的选择应与混凝土设计强度等级相适应。对于 C30 及其以下的混凝土，水泥强度等级一般为混凝土强度等级标准值的 1.5～2 倍；对于高强混凝土，水泥强度等级一般为混凝土强度等级的 1.0～1.5 倍。

水泥强度等级选择得是否合适，直接影响水泥的用量。如采用强度等级高的水泥配制低强度等级混凝土，会使水泥用量偏少，影响和易性和耐久性；采用强度等级低的水泥配制高强度等级混凝土，会使水泥用量过多，不经济，而且会造成水化热大、干缩变形大等技术问题。

4.2.2 拌和用水

《混凝土结构工程施工质量验收规范》(GB 50204—2015)规定：混凝土拌制用水应符合《混凝土用水标准》(JGJ 63—2006)的规定，各种杂质含量应符合表 4.1 的规定。

表 4.1 混凝土用水中的物质含量限值

项目	预应力混凝土	钢筋混凝土	素混凝土
pH 值	≥5.0	≥4.5	≥4.5
不溶物/(mg/L)	≤2000	≤2000	≤5000
可溶物/(mg/L)	≤2000	≤5000	≤10000
Cl^-/(mg/L)	≤500	≤1000	≤3500
SO_4^{2-}/(mg/L)	≤600	≤2000	≤2700
碱含量/(mg/L)	≤1500	≤1500	≤1500

注：碱含量按 $Na_2O+0.658K_2O$ 计算值来表示。采用非碱活性骨料时，可不检验碱含量。

由此，凡是饮用的自来水及清洁的天然水，都可用来拌制和养护混凝土。污水或工业废水不得拌制钢筋混凝土。

4.2.3 细骨料——砂

混凝土用骨料，按其粒径大小不同可分为细骨料和粗骨料。粒径大于 4.75 mm 的骨料称为粗骨料(俗称石)；粒径在 0.15～4.75 mm 的骨料称为细骨料(俗称砂)。

普通混凝土中所用细骨料有天然砂和人工砂。天然砂是自然生成的，经人工开采和筛分的粒径小于 4.75 mm 的岩石颗粒，包括河砂、湖砂、山砂、淡化海砂，但不包括软质、风化的岩石颗粒；人工砂是经除土处理，由机械破碎、筛分制成的，粒径小于 4.75 mm 的岩石、矿山尾矿或工业废渣颗粒，但不包括软质、风化的颗粒。

按产源不同，有河砂、海砂、山砂和淡化海砂四类。

《建筑用砂》(GB/T 14684—2022)规定，砂按技术要求分为Ⅰ、Ⅱ、Ⅲ类。Ⅰ类用于强度大于 C60 的混凝土，Ⅱ类宜用于 C30～C60 及有抗冻、抗渗或其他要求的混凝土，Ⅲ类宜用于强度等级小于 C30 的混凝土。

配制混凝土所采用的细骨料的质量要求有以下几个方面：

(1) 泥和泥块含量

骨料中粒径小于 0.075 mm 的颗粒的含量称为含泥量。砂中原粒径大于 1.18 mm，经水洗手捏后变成粒径小于 0.60 mm 的颗粒含量，称为泥块含量；对于粗骨料，泥块含量是指粒径大于 4.75 mm，经水洗手捏后变成粒径小于 2.36 mm 的颗粒含量。

骨料中的泥颗粒极细，会黏附在骨料的表面，削弱骨料与水泥之间的结合力，而泥块会在混凝土中形成薄弱部分，影响混凝土的强度。因此，对骨料中的泥和泥块含量必须严加限制，具体指标如表 4.2 所示。

表 4.2 砂中含泥量和泥块含量(GB/T 14684—2022)

类别	Ⅰ	Ⅱ	Ⅲ
含泥量(质量分数)/%	≤1.0	≤3.0	≤5.0
泥块含量(质量分数)/%	≤0.2	≤1.0	≤2.0

(2) 有害物质含量

用来制备混凝土的砂要求清洁不含杂质，以保证混凝土的质量。但实际上砂中常含有云母、黏土、淤泥、粉砂等有害杂质，这些杂质黏附在砂的表面，会妨碍水泥与砂的黏结，从而降低混凝土强度，同时还增加混凝土的用水量，加大混凝土的收缩，降低混凝土耐久性。《建设用砂》(GB/T 14684—2022)对有害物质含量的限值如表 4.3 所示。

表 4.3 砂中有害物质含量限值(GB/T 14684—2022)

类别	Ⅰ类	Ⅱ类	Ⅲ类
云母(质量分数)/%	≤1.0	≤2.0	
硫化物及硫酸盐(按 SO_3 质量计)/%	≤0.5		
轻物质(质量分数)①/%	≤1.0		
有机物	合格		
氯化物(以氯离子质量计)/%	≤0.01	≤0.02	≤0.06②
贝壳(质量分数)③/%	≤3.0	≤5.0	≤8.0

注：①天然砂中如含有浮石、火山渣等天然轻骨料时，经试验验证后，该指标可不做要求。

②对于钢筋混凝土用净化处理的海砂，其氯化物含量应小于或等于 0.02%。

③该指标仅适用于净化处理的海砂，其他砂种不做要求。

(3) 颗粒形状及表面特征

河砂、海砂颗粒多呈圆形，表面光滑，与水泥的黏结较差。而山砂颗粒多具有棱角，表面粗糙，与水泥黏结较好。因而在水泥用量和用水量相同的情况下，山砂拌制的混凝土流动性较差，但强度较高，而河砂和海砂则反之。

(4) 粗细程度与颗粒级配

砂的粗细程度是指不同粒径的砂粒混合在一起后的平均粗细程度。通常有粗砂、中砂、细砂和特细砂之分。在相同质量条件下，细砂的总表面积较大，而粗砂的总表面积较小。砂的总表面积越大，则在混凝土中需要包裹砂粒表面的水泥浆就越多。当混凝土拌合物的流动性要求一定时，用粗砂拌制的混凝土比用细砂的所需的水泥浆更省，但若砂过粗，虽能少用水泥，但拌出的拌合物黏聚性较差，容易分层离析。所以，用作拌制混凝土的砂不宜过粗，也不宜过细。

砂的骨料级配，是指骨料中不同粒径颗粒的搭配分布情况。在混凝土中，砂粒之间的空隙由水泥浆填充，为达到节约水泥和提高强度的目的，应尽量减小砂粒间的空隙。从图 4.3 可以看出：如果是同样粗细的砂，空隙最大[图 4.3(a)]；两种粒径的砂搭配起来，空隙就减小了[图 4.3(b)]；三种粒径的砂搭配，空隙就更小了[图 4.3(c)]。由此可见，要想减小砂粒间的空隙，就必须有大小不同的颗粒搭配。

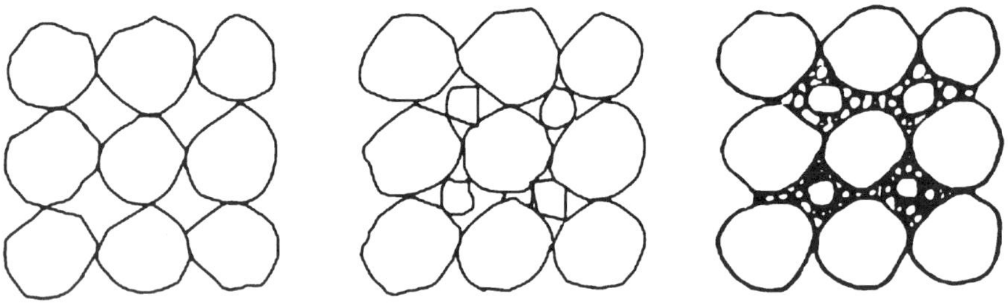

(a) (b) (c)

图 4.3 骨料颗粒级配

(a) 一种粒径砂；(b) 两种粒径砂；(c) 三种粒径砂

当使用海砂时，由于海砂含盐量较大，对钢筋有锈蚀作用，故对于位于水上和水位变化区，以及在潮湿或露天条件下使用的钢筋混凝土，所用海砂的含盐量(氯化钠的总量)不宜超过 0.1%。对预应力混凝土结构，更应从严要求。必要时应淋洗，也可在混凝土中掺入占水泥质量 0.6%～1.0%的亚硝酸钠(阻锈剂)，以抑制钢筋锈蚀。

因此，评定砂的质量应同时考虑砂的粗细程度和颗粒级配。当砂中含有较多的粗粒径砂，并以适当的中等粒径砂及少量细粒径砂填充其空隙，则可达到空隙率及总表面积均较小的目的，这样的砂不仅水泥浆用量较小，而且还可提高混凝土的密实性与强度。可见，控制砂的粗细程度和颗粒级配有很大的技术经济意义。

砂的粗细程度及颗粒级配，常采用筛分析方法进行测定。用细度模数判断砂的粗细，用级配区表示砂的颗粒级配。

筛分析法是用一套孔径(净孔)为 4.75 mm、2.36 mm、1.18 mm、0.60 mm、0.30 mm 及 0.15 mm的方孔标准筛，将抽样所得的 500 g 干砂由粗到细依次过筛，然后称得余留在各筛上的砂的质量(分计筛余量)，并计算出各筛上的分计筛余百分率(各筛上的分计筛余量占砂样总质量的百分率)及累计筛余百分率(各筛与比该筛粗的所有分计筛余百分率之和),计算关系如表 4.4 所示。细度模数的公式为:

$$M_x=\frac{(A_2+A_3+A_4+A_5+A_6)-5A_1}{100-A_1} \tag{4.1}$$

细度模数 M_x 数值越大,表示砂越粗。普通混凝土用砂的细度模数范围一般为 3.7～1.6,其中 M_x 在 3.7～3.1 之间的为粗砂,M_x 在 3.0～2.3 之间的为中砂,M_x 在 2.2～1.6 之间的为细砂。配制混凝土时,宜优先选用中砂,砂的细度模数小于 0.7 时,将增加较多的水泥用量,而且强度显著下降。

表 4.4　累计筛余和分计筛余的关系

筛孔尺寸/mm	分计筛余量 m_i/g	分计筛余 a_i/%	累计筛余/%
4.75	m_1	a_1	$A_1=a_1$
2.36	m_2	a_2	$A_2=a_1+a_2$
1.18	m_3	a_3	$A_3=a_1+a_2+a_3$
0.60	m_4	a_4	$A_4=a_1+a_2+a_3+a_4$
0.30	m_5	a_5	$A_5=a_1+a_2+a_3+a_4+a_5$
0.15	m_6	a_6	$A_6=a_1+a_2+a_3+a_4+a_5+a_6$

注:$a_i=m_i/500$。

砂的细度模数并不能反映级配优劣,细度模数相同的砂,其级配可能相差很大。因此,评定砂的质量应同时考虑砂的级配。《建设用砂》(GB/T 14684—2022)中规定,根据 0.60 mm 筛孔的累计筛余百分率将砂分成三个级配区,见表 4.5。混凝土用砂的颗粒级配除特细砂外,Ⅰ类砂的累计筛余应符合表 4.5 中 2 区的规定,分计筛余应符合表 4.6 的规定;Ⅱ类和Ⅲ类砂的累计筛余应符合表 4.5 的规定。砂的实际颗粒级配除 4.75 mm 和 0.60 mm 筛挡外,可以超出,但各级累计筛余超出总和不应大于 5%。为了更直观地反映砂的级配,可按表 4.5 的数据,以累计筛余百分率为纵坐标,筛孔尺寸为横坐标,绘出砂 1、2、3 级配区的筛分曲线,见图 4.4。

表 4.5　颗粒级配

砂的分类	天然砂			机制砂、混合砂		
级配区	1 区	2 区	3 区	1 区	2 区	3 区
方筛孔尺寸/mm	累计筛余/%					
4.75	10～0	10～0	10～0	5～0	5～0	5～0
2.36	35～5	25～0	15～0	35～5	25～0	15～0
1.18	65～35	50～10	25～0	65～35	50～10	25～0
0.60	85～71	70～41	40～16	85～71	70～41	40～16
0.30	95～80	92～70	85～55	95～80	92～70	85～55
0.15	100～90	100～90	100～90	97～85	94～80	94～75

表 4.6　分计筛余

方筛孔尺寸/mm	4.75①	2.36	1.18	0.60	0.30	0.15②	筛底③
分计筛余/%	0～10	10～15	10～25	20～31	20～30	5～15	0～20

注:①对于机制砂,4.75 mm 筛的分计筛余不应大于 5%。

②对于 MB(亚甲蓝值)>1.4 的机制砂,0.15 mm 筛和筛底的分计筛余之和不应大于 25%。

③对于天然砂,筛底的分计筛余不应大于 10%。

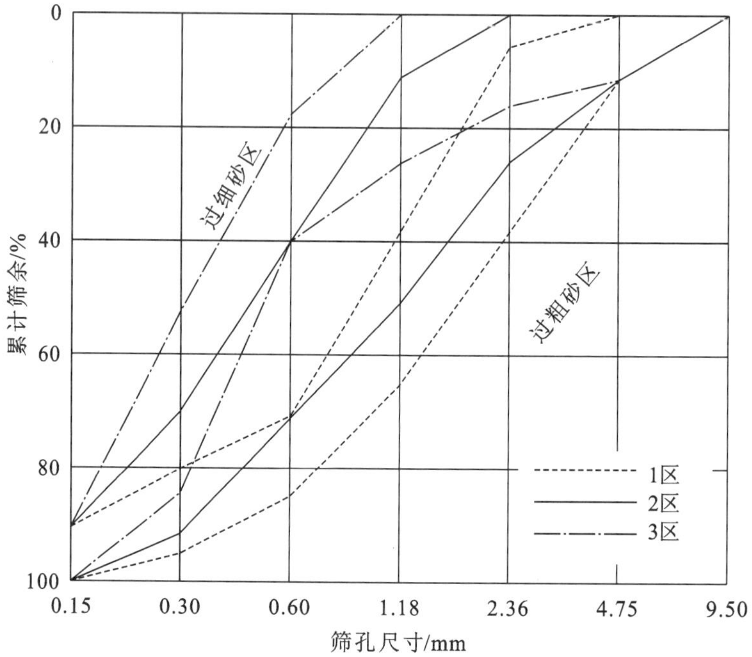

图 4.4　砂的级配曲线图

从图 4.4 可以看出:当筛分曲线偏向右下方时,表示砂较粗;筛分曲线偏向左上方时,表示砂较细。砂过粗(细度模数大于 3.7),配制的混凝土拌合物和易性不易控制,且内摩擦大,不易振捣成型;砂过细(细度模数小于 0.7),配制的混凝土拌合物既需要较多的水泥用量,干缩变形增大,而且强度也会显著降低。

因此,配制混凝土时宜优先选用 2 区砂。当采用 1 区砂时,应适当提高砂率,并保证足够的水泥用量,以满足混凝土的工作性;当采用 3 区砂时,宜适当降低砂率,以保证混凝土的强度。

在实际工程中,如果砂的级配不符合级配区的要求,可采用人工掺配的方法来改善,即将粗、细砂按适当比例进行试配,掺和使用;或将砂过筛,筛除过粗或过细的颗粒。

【例 4.1】 用 500 g 干砂做筛分试验,各筛筛余量如表 4.7 所示。试通过计算判定级配及粗细程度。

表 4.7　某砂筛分试验结果

筛孔尺寸/mm	9.50	4.75	2.36	1.18	0.60	0.30	0.15
筛余量/g	0	25	70	78	98	124	103

【解】 根据表 4.4,该砂的分计筛余和累积筛余计算结果如下表所示:

筛孔尺寸/mm	筛余量/g	分计筛余百分比	累计筛余百分比
9.50	0	$a_1=0$	0
4.75	25	$a_2=\frac{25}{500}\times100\%=5\%$	5%
2.36	70	$a_3=\frac{70}{500}\times100\%=14\%$	(5+14)%=19%
1.18	78	$a_4=\frac{78}{500}\times100\%=15.6\%$	(5+14+15.6)%=34.6%
0.60	98	$a_5=\frac{98}{500}\times100\%=19.6\%$	(5+14+15.6+19.6)%=54.2%
0.30	124	$a_6=\frac{124}{500}\times100\%=24.8\%$	(5+14+15.6+19.6+24.8)%=79%
0.15	103	$a_7=\frac{103}{500}\times100\%=20.6\%$	(5+14+15.6+19.6+24.8+20.6)%=99.6%

$$M_x=\frac{(A_2+A_3+A_4+A_5+A_6)-5A_1}{100-A_1}=\frac{(19+34.6+54.2+79+99.6)-5\times5}{100-5}=2.75$$

所以,该砂的细度模数是 2.75,为中砂。

4.2.4 粗骨料——石子

粒径大于 4.75 mm 的岩石颗粒称为粗骨料。混凝土工程中常用的有碎石和卵石两大类。碎石为天然岩石或卵石经机械破碎、筛分而得;卵石多为自然风化、水流搬运和分选、堆积而成。

制备混凝土选用碎石还是卵石,要做全面比较、权衡,根据工程性质、成本等条件尽可能就地取材。根据《建设用卵石、碎石》(GB/T 14685—2011),按卵石和碎石的技术要求分为Ⅰ类、Ⅱ类、Ⅲ类。Ⅰ类宜用于强度等级大于 C60 的高强度混凝土;Ⅱ类宜用于 C30～C60 及有抗冻、抗渗或其他要求的混凝土;Ⅲ类宜用于强度等级小于 C30 的混凝土。

4.2.4.1 泥和泥块含量

泥和泥块对粗骨料的影响与细骨料类似,都会形成薄弱部分,对混凝土的质量影响很大。因此,建筑用石中的泥和泥块含量应按表 4.8 严格控制。

表 4.8 建筑用石中的泥和泥块含量限制

类别	Ⅰ类	Ⅱ类	Ⅲ类
卵石含泥量(质量分数)/%	≤0.5	≤1.0	≤1.5
碎石含泥量(质量分数)/%	≤0.5	≤1.5	≤2.0
泥块含量(质量分数)/%	≤0.1	≤0.2	≤0.7

4.2.4.2 有害杂质

粗骨料中常含有黏土、淤泥、硫酸盐、硫化物和有机杂质等一些有害杂质。这些杂质的危害作用与细骨料中的类似,其他杂质含量一般应符合表 4.9 规定。当怀疑粗骨料中因含有无定形二氧化硅可能引起碱-骨料反应时,必须进行专门的检验,活性二氧化硅的矿物形式有蛋白石、玉髓和鳞石英等,含有活性氧化硅的岩石有流纹岩、安山岩和凝灰岩等。

表 4.9　碎石中有害杂质及针、片状颗粒含量限制值(GB/T 14685—2022)

项目	Ⅰ类	Ⅱ类	Ⅲ类
硫化物与硫酸盐含量(以 SO_3 质量计)/%	≤0.5	≤1.0	≤1.0
有机物含量	合格	合格	合格
针、片状颗粒含量(质量分数)/%	≤5	≤8	≤15

碱-骨料反应是指当水泥中含碱量(K_2O、Na_2O)较高,又使用了活性骨料(主要指活性SiO_2),水泥中的碱类便可能与骨料中的活性二氧化硅发生反应,在骨料表面生成复杂的碱-硅酸凝胶。这种凝胶体吸水时,体积会膨胀,从而改变了骨料与水泥浆原来的界面,所生成的凝胶是无限膨胀性的,会把水泥石胀裂。引起碱-骨料反应的必要条件:①水泥超过安全含碱量(以 Na_2O 计,为水泥质量的 0.6%);②使用了活性骨料;③水。

抑制碱-骨料反应可考虑以下措施:①根据工程条件,选择非活性骨料;②控制水泥含碱量不超过 0.6%;③在水泥中加入某些磨细的活性混合材料,使其在水泥硬化前就比较充分地和水泥中的碱成分发生反应,或者能促使反应产物在水泥浆中均匀分散阻止过分膨胀;④防止外界水分渗入混凝土,保持混凝土处于干燥状态,以减轻反应的危害程度。

4.2.4.3　最大粒径与石子的级配

(1) 最大粒径

石子中公称粒级的上限称为该粒级的最大粒径,例如,当使用 5～40 mm 的粗骨料时,最大粒径为 40 mm。粗骨料最大粒径增大时,其表面积减小,有利于节约水泥。因此,只要条件允许,拌制混凝土时应尽可能把石子选得大一些。但研究表明,粗骨料最大粒径超过 80 mm 时,水泥用量随最大粒径减小而增加;最大粒径大于 150 mm 时,节约水泥的效果已经很不明显了。同时,选用过大的石子,给运输、搅拌、振捣都带来困难,所以需要综合考虑确定石子的最大粒径。一般在水利、海港等大型工程中最大粒径通常采用 120 mm 或 150 mm,在房屋建筑工程中,一般采用 20 mm、31.5 mm 或 40 mm。

混凝土用粗骨料最大粒径不得超过结构截面最小尺寸的 1/4,同时不得超过钢筋间最小净距的 3/4。对混凝土实心板,骨料的最大粒径不宜超过板厚的 1/3,且不得超过 40 mm。对于泵送混凝土,骨料最大粒径与输送管内径之比应满足表 4.10 的要求。石子粒径过大,对运输和搅拌而言都不方便。

表 4.10　粗骨料的最大粒径与输送管径之比(JGJ 55—2011)

粗骨料品种	泵送高度/m	粗骨料的最大公称粒径与输送管径之比
碎石	<50	≤1∶3.0
	50～100	≤1∶4.0
	>100	≤1∶5.0
卵石	<50	≤1∶2.5
	50～100	≤1∶3.0
	>100	≤1∶4.0

厚大无筋或钢筋稀疏的混凝土,可以考虑填充最大粒径为 150 mm 的石块,但填充量不得超过结构体积的 1/4。

(2) 颗粒级配

石子的颗粒级配，是指石子各级粒径大小颗粒的分布情况。石子的级配有两种类型，即连续级配和间断级配。

连续级配由连续粒级组成，是表示石子的颗粒尺寸由大到小连续分级，每一级都占有适当比例；选用连续级配的石子拌制混凝土，其拌合物不易离析，和易性较好。当最大粒径超过40 mm时，开采、加工过程可能出现各级颗粒比例变动频繁，或在运输和堆放过程中发生离析引起级配不均匀、不稳定。为了保证粗骨料具有均匀而稳定的级配，工程中常按颗粒大小分级过筛，分别堆放，需要时再按要求的比例配合。对这种预先分级筛分的粗骨料称为单粒级，单粒级一般不单独使用，可组成间断级配。

间断级配是指人为剔除某些骨料的粒级颗粒，使粗骨料尺寸不连续。大粒径骨料之间的空隙，由小许多的小粒径颗粒填充，使空隙率达到最小，密实度增加，节约水泥，但因其不同粒级的颗粒粒径相差较大，拌合物容易产生分层离析，一般工程中较少采用。

石子的最大粒径和颗粒级配都需通过筛分析试验来确定。石子标准筛的孔径为2.36 mm、4.75 mm、9.50 mm、16.0 mm、19.0 mm、26.50 mm、31.50 mm、37.50 mm、53.0 mm、63.0 mm、75.0 mm、90 mm 共 12 个筛子，可按需选用筛号进行筛分。累计筛余和分计筛余的计算方法与砂的计算方法相同。碎石和卵石的颗粒级配应符合表 4.11 的规定。

表 4.11 卵石或碎石的颗粒级配范围(GB/T 14685—2022)

公称粒径/mm		累计筛余/%											
		方孔筛孔径/mm											
		2.36	4.75	9.50	16.0	19.0	26.5	31.5	37.5	53.0	63.0	75.0	90
连续粒级	5～16	95～100	85～100	30～60	0～10	0	—	—	—	—	—	—	—
	5～20	95～100	90～100	40～80	—	0～10	0	—	—	—	—	—	—
	5～25	95～100	90～100	—	30～70	—	0～5	0	—	—	—	—	—
	5～31.5	95～100	90～100	70～90	—	15～45	—	0～5	0	—	—	—	—
	5～40	—	95～100	70～90	—	30～65	—	—	0～5	0	—	—	
间断粒级	5～10	95～100	80～100	0～15	0	—	—	—	—	—	—	—	—
	10～16	—	95～100	80～100	0～15	0	—	—	—	—	—	—	—
	10～20	—	95～100	85～100	—	0～15	0	—	—	—	—	—	—
	16～25	—	—	95～100	55～70	25～40	0～10	0	—	—	—	—	—
	16～31.5	—	—	—	85～100	—	—	0～10	0	—	—	—	—
	20～40	—	—	95～100	—	80～100	—	—	0～10	0	—	—	—
	25～31.5	—	—	—	95～100	—	80～100	0～10	0	—	—	—	—
	40～80	—	—	—	—	95～100	—	—	70～100	—	30～60	0～10	0

4.2.4.4 颗粒形状及表面特征

石子的表面形状会直接影响石子与水泥浆的黏结能力。碎石呈不规则立方形，表面棱角突出，粗糙不平，与水泥浆牢固地咬合在一起，对提高混凝土强度十分有利，但孔隙率与总表面积较大，水泥用量较多，且配制的混凝土拌合物和易性也较差。卵石表面光滑，空隙率与表面积都较小，对混凝土拌合物和易性有利，水泥用量少，但不利于与水泥石的黏结，配制混凝土的强度低。石子还必须考虑针、片状颗粒的含量，针状颗粒是指颗粒长度大于该颗粒所属粒级的平均粒径的 2.4 倍；片状颗粒是指厚度小于平均粒径的 40%。针、片状颗粒本身容易折断，影响混凝土的强度，而且会增加骨料的空隙率，影响拌合物的和易性。根据标准《建设用卵石、碎石》(GB/T 14685—222)规定：针、片状颗粒的含量应符合表 4.9 的规定。

4.2.4.5 强度和坚固性

作为混凝土的骨架材料，为了保证混凝土的强度，骨料必须具有强度和坚固性。碎石或卵石的强度有两种方法测定：抗压强度测定和压碎指标值测定。

(1) 抗压强度测定

将岩石制作成 50 mm 的立方体(或直径与高均为 50 mm 的圆柱体)试件测定。碎石抗压强度一般在混凝土强度等级不小于 C60 时才试验，其他有必要时也可测定。通常，要求岩石抗压强度与混凝土强度等级之比不应小于 1.5，火成岩强度不宜低于 80 MPa，变质岩强度不宜低于 60 MPa，水成岩强度不宜低于 30 MPa。

(2) 压碎指标值测定

将一定量气干状态的 10～20 mm 石子装入标准筒(内径 152 mm 的圆筒)内，按规定的加荷速度，加荷至200 kN，稳定 5 s，卸载后称取试样质量 m_0，再用孔径 2.5 mm 的筛子筛除被压碎的细粒，称出留在筛上的试样质量 m_1，按下式计算压碎指标值 δ_a：

$$\delta_a=\frac{m_0-m_1}{m_0}\times 100\% \tag{4.2}$$

式中 δ_a——压碎指标值(%)；

m_0——试样质量(g)；

m_1——压碎试验后试样的筛余量(g)。

压碎指标值越小，骨料抵抗压碎的能力越强。骨料的压碎指标值不应超过表 4.12 的规定。C60 及 C60 以上的混凝土应进行岩石的抗压强度检验。

表 4.12 碎石及卵石的压碎指标(GB/T 14685—2022)

类别	Ⅰ类	Ⅱ类	Ⅲ类
碎石压碎指标/%	≤10	≤20	≤30
卵石压碎指标/%	≤12	≤14	≤16

(3) 坚固性

骨料的坚固性反映的是骨料在气候、外力或其他物理因素作用下抵抗破碎的能力。通常用硫酸钠溶液进行检验，试样经 5 次循环后，其质量损失应不超过表 4.13 的规定。

表 4.13 碎石或卵石的坚固性指标(GB/T 14685—2022)

类别	Ⅰ类	Ⅱ类	Ⅲ类
质量损失率/%	≤5	≤8	≤12

4.2.5 混凝土外加剂

混凝土外加剂是在拌制混凝土过程中掺入,用以改善混凝土性能的物质。外加剂掺量一般不大于水泥质量的5%(特殊情况除外)。外加剂掺量虽小,但其技术经济效果很显著,因此,外加剂已成为混凝土的重要组成部分,被称为混凝土的第五组分,越来越广泛地应用于混凝土中。混凝土外加剂按其功能分为四类:

① 改善混凝土拌合物流变性能的外加剂,包括各种减水剂、引气剂和泵送剂等。

② 调节混凝土凝结硬化性能的外加剂,包括缓凝剂、早强剂和速凝剂等。

③ 改善混凝土耐久性的外加剂,包括引气剂、防水剂和阻锈剂等。

④ 提供混凝土其他性能的外加剂,包括加气剂、膨胀剂、防冻剂、隔离剂等。

建筑工程上常用的外加剂有:减水剂、早强剂、缓凝剂、引气剂和复合型外加剂等。外加剂的掺入方法有三种:

① 先掺法,即先将外加剂与水泥混合,然后再与骨料和水一起搅拌。

② 后掺法,即在混凝土拌合物送到浇筑地点后,才加入外加剂并再次搅拌均匀。

③ 同掺法,即将外加剂先溶于水形成溶液后再加入拌合物中一起搅拌。

4.2.5.1 减水剂

减水剂是指在混凝土拌合物坍落度不变的条件下,具有减水增强作用的外加剂。根据减水率大小及功能,减水剂可分为普通减水剂和高效减水剂两大类。此外,尚有复合型减水剂如引气减水剂,既具有减水作用又能提高混凝土早期强度。

(1) 减水剂的主要作用

① 在混凝土拌合物和易性和水泥用量不变的条件下,可减少用水量,降低水胶比。

② 在不改变混凝土拌和用水量时,可大幅度提高新拌混凝土的流动性。

③ 在保持混凝土拌合物流动性和混凝土强度不变的条件下,可减少用水量,节约水泥。

④ 改善混凝土拌合物的综合性能,减少混凝土拌合物的分层、离析和泌水。

(2) 减水剂的作用机理

减水剂尽管种类繁多,但都属于表面活性剂,其减水作用机理相似。

减水剂能提高混凝土拌合物和易性的原因,可归纳为两方面:吸附—分散作用和润滑塑化作用。

① 吸附—分散作用

水泥加水拌和后,由于水泥颗粒间分子引力的作用,产生许多絮状物而形成絮凝结构,使10%~30%的拌和用水(游离水)被包裹在其中(图4.5),从而降低了混凝土拌合物的流动性。当加入适量减水剂后,减水剂分子定向吸附于水泥颗粒表面,亲水基指向水溶液。因亲水基团的电离作用,使水泥颗粒表面带上电性相同的电荷,产生静电斥力[图4.6(a)]。水泥颗粒相互分散,导致絮凝结构解体,释放出游离水,从而有效地增大了混凝土拌合物的流动性[图4.6(b)]。

② 润滑塑化作用

阴离子表面活性剂类减水剂,其亲水基团极性很强,易与水分子以氢键形式结合,在水泥颗粒表面形成一层稳定的溶剂化水膜[图4.6(b)],这层水膜是很好的润滑剂,有利于水泥颗粒的滑动,从而使混凝土流动性进一步提高。减水剂还能使水泥更好地被水湿润,也有利和易性的改善。

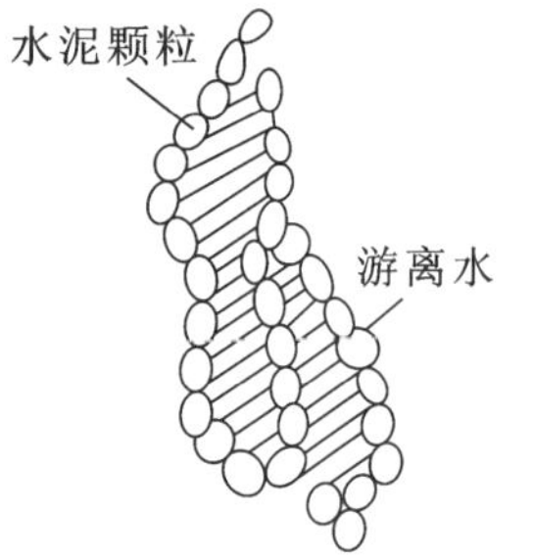

图 4.5　水泥絮凝结构示意图

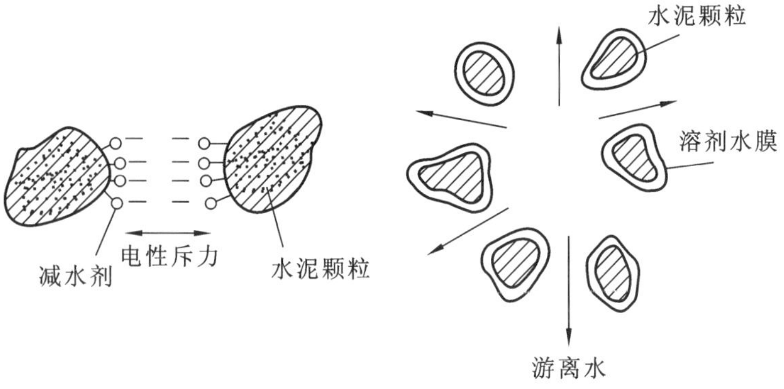

(a)　(b)

图 4.6　减水剂的作用简图

(3) 减水剂常见品种

常用减水剂的适宜掺量和效果见表 4.14。

表 4.14　常用减水剂的适宜掺量和效果

类别		普通减水剂		高效减水剂	
		木质素系	糖蜜系	萘系（多环芳香族磺酸盐系）	三聚氰胺
主要品种		木质素磺酸钙(木钙) 木质素磺酸钠(木钠) 木质素磺酸镁(木镁)	3FG、TF、ST	NNO、NF、FDN、UNF、JN、建Ⅰ型、SN-2	SM、CRS 等
主要成分		木质素磺酸钙 木质素磺酸钠 木质素磺酸镁	矿渣、废蜜经石灰中和处理而成	芳香族磺酸盐甲醛缩合物	三聚氰胺树脂磺酸钠(SM)、古玛隆-茚树脂磺酸钠(CRS)
适宜掺量(占水泥质量)/%		0.2～0.3	0.2～0.3	0.2～1.0	0.5～2.0
效果	减水率/%	10 左右	6～10	15～25	18～30
	早强	—	—	明显	显著
	缓凝	1～3 h	3 h 以上	—	—
	引气/%	1～2	—	一般为非引气或引气<2	<2

4.2.5.2　早强剂

早强剂是指加速混凝土早期强度发展的外加剂。早强剂可改变水泥的水化过程或速度，加快混凝土强度的发展。常用早强剂见表 4.15。

表 4.15 常用早强剂的适宜掺量和效果

类别	氯盐类	硫酸盐类	有机胺类	复合类
常用品种	氯化钙	硫酸钠	三乙醇胺	①三乙醇胺+氯化钠 ②三乙醇胺+亚硝酸钠+氯化钠 ③三乙醇胺+亚硝酸钠+二水石膏 ④硫酸盐复合早强剂(NC)
适宜掺量(占水泥质量)/%	0.5~1.0	0.5~2.0	0.02~0.05 一般不单独使用,常与其他早强剂配合使用	①(A)0.05+(B)0.5 ②(A)0.05+(B)0.5+(C)0.5 ③(A)0.05+(B)0.5+(C)2.0 ④(NC)2.0~4.0
早强效果	3 d强度可提50%~100%;7 d强度可提高20%~40%	显著,掺1.5%时达到混凝土设计强度70%的时间可缩短一半	显著,早期强度可提高50%左右;28 d强度不变或稍有提高	显著,2 d强度可提高70%;28 d强度可提高20%

氯盐类的早强作用主要是因为它能与 C_3A 和 $Ca(OH)_2$ 反应,生成不溶性复盐:水化氯铝酸钙和氧氯化钙,增加水泥浆体中固相比例,提高早期强度;液相中 $Ca(OH)_2$ 浓度降低,也使 C_3S、C_2S 加速水化,使早期强度提高。

硫酸盐类早强剂的作用机理:Na_2SO_4 掺入混凝土中能与水泥水化生成的 $Ca(OH)_2$ 发生反应,生成 $CaSO_4$ 均匀分布在混凝土中,并且与 C_3A 反应,迅速生成水化硫铝酸钙,此反应的发生又能加速 C_3S 的水化,极大加快硬化速度,提高早期强度。

有机胺类早强剂的作用机理:三乙醇胺是一种络合剂,在水泥水化的碱性溶液中,能与 Fe^{3+} 和 Al^{3+} 等离子形成较稳定的络合离子,进而与水泥的水化产物作用生成溶解度很小的络盐析出,有利于早期骨架的形成,从而使混凝土早期强度提高。

使用含有硫酸钠的粉末早强剂时,应将其加入水泥中,不能先与潮湿的砂石混合。含有粉煤灰等不溶物及溶解度较小的早强剂、早强减水剂应以粉末掺入,并要适当延长搅拌时间。

4.2.5.3 引气剂

引气剂是指在混凝土搅拌过程中能引入大量均匀分布、稳定而封闭的微小气泡,且能使气泡保留在硬化混凝土中的外加剂。引气剂可减少混凝土拌合物泌水离析、改善工作性,并能显著提高硬化混凝土抗冻耐久性。引气剂于20世纪30年代在美国问世,我国在20世纪50年代后在海港、水坝、桥梁等长期处于潮湿及严寒环境中的抗海水腐蚀要求较高的混凝土工程中应用引气剂,取得了很好的效果。引气剂是外加剂中重要的一类。引气剂的种类按化学组成可分为松香树脂类、烷基苯磺酸类、脂肪酸磺酸类等。其中,应用较为普遍的是松香树脂类中的松香热聚物和松香皂,其掺量极微,均为0.005%~0.015%。

引气剂也是一种憎水型表面活性剂,它与减水剂类表面活性剂的最大区别在于其活性作用不是发生在液-固界面上,而是发生在液-气界面上,掺入混凝土中后,在搅拌作用下能引入大量直径在200 μm以下的微小气泡,吸附在骨料表面或填充于水泥硬化过程中形成的泌水通道中，这些微小气泡从混凝土搅拌一直到硬化都会稳定存在于混凝土中。在混凝土拌合物中，骨料表面的这些气泡会起到滚珠轴承的作用，减小摩擦，增大混凝土拌合物的流动性，同时气泡对水的吸附作用也使混凝土黏聚性、保水性得到改善。在硬化混凝土中，气泡填充于泌水开口孔隙中，会阻碍外界水的渗入，而气泡的弹性，则有利于缓解水结冰时的体积膨胀，从而提高混凝土抗冻性、抗渗性等耐久性指标。

此外，掺入引气剂形成的气泡，使混凝土的有效承载面积减小，因此，会使混凝土的强度和弹性模量有所降低。

长期处于潮湿严寒环境中的混凝土，应掺用引气剂或引气减水剂。引气剂的掺量根据混凝土的含气量要求并经试验确定。最小含气量与骨料的最大粒径有关，详见表4.16，最大含气量不宜超过7%。

表4.16 长期处于潮湿严寒环境中混凝土的最小含气量(JGJ 55—2011)

粗骨料最大公称粒径/mm	最小含气量/%	
	潮湿或水位变动的寒冷和严寒环境	盐冻环境
40.0	4.5	5.0
25.0	5.0	5.5
20.0	5.5	6.0

注：含气量为气体占混凝土体积的百分比。

4.2.5.4 缓凝剂及缓凝减水剂

缓凝剂是指能延长混凝土凝结时间，而不影响混凝土后期强度的外加剂。常用的缓凝剂及缓凝减水剂有木钙和糖类；羟基羧酸及其盐类，如柠檬酸、酒石酸钾钠等。

(1) 木质素磺酸盐类缓凝剂

常用的是木钙，掺量一般是水泥质量的0.2%～0.3%，混凝土凝结时间可延长2～3 h。

(2) 糖蜜缓凝剂

糖蜜缓凝剂主要成分为己糖钙、蔗糖钙等。掺量一般为水泥质量的0.1%～0.3%，混凝土的凝结时间可延长2～4 h。

由于缓凝剂在水泥及其水化物表面上产生吸附作用，或与水泥反应生成不溶层而达到缓凝的效果，使用前必须进行检验。缓凝剂主要用于高温季节混凝土、大体积混凝土、泵送和滑模混凝土以及远距离运输的商品混凝土。

4.2.5.5 防冻剂

防冻剂能降低水泥混凝土拌合物的液相冰点，使水泥在负温下仍能继续水化，提高混凝土早期强度，以抵抗水结冰产生的膨胀压力，起到防冻作用。常用的外加剂有：氯盐类防冻剂、氯盐类阻锈防冻剂、无氯盐类防冻剂等。

防冻剂主要适用于冬季负温条件下的施工。需注意的是，防冻剂本身并不一定能提高硬化后的混凝土的抗冻性。

4.2.6 混凝土掺合料

制备混凝土时，为改善混凝土性能、节约水泥、调节混凝土强度等级而加入的天然或者人造的矿物材料，称为混凝土掺合料。掺合料能显著改善混凝土的和易性，提高混凝土的强度，特别是后期强度；降低单位体积混凝土内的水化热；减少混凝土的收缩，主要是减少干燥收缩变形；改善混凝土的耐久性。这里介绍的掺合料，被称为混凝土的第六种组分材料。

混凝土掺合料分活性和非活性两种，通常使用的为活性矿物掺合料。它们具有火山灰活性，主要成分为 SiO_2 及 Al_2O_3。这种掺合料本身不具有或具有极低的胶凝特性，但在有水的条件下，能与混凝土中的游离 $Ca(OH)_2$ 反应，生成胶凝性水化物，并能在空气或水中硬化。如粉煤灰、硅灰、磨细高炉矿渣，以及凝灰岩、硅藻土、沸石粉等天然火山灰质材料。

混凝土活性矿物掺合料有着悠久的应用历史。由于它能改善混凝土拌合物的和易性和抗离析性，且能提高硬化后混凝土的密实性、抗渗性、耐腐蚀性和强度，因而近十多年来在国内外应用得越来越广泛。特别是在应用日益广泛的商品混凝土、泵送高强混凝土中，应用粉煤灰等掺合料效果更好。

(1) 粉煤灰

粉煤灰是由燃烧煤粉的锅炉烟气中收集到的细粉末，其颗粒多呈球形，表面光滑。根据 CaO 含量，粉煤灰有高钙粉煤灰(CaO 含量高于 10%)和低钙粉煤灰(CaO 含量低于 10%)两种。我国绝大多数电厂的粉煤灰均属于低钙粉煤灰。掺入混凝土中不仅可节约水泥，还能改善混凝土拌合物的和易性、可泵性，降低水化热，提高混凝土的抗渗性、耐硫酸盐腐蚀性，抑制碱-骨料反应。

按国家标准《用于水泥和混凝土中的粉煤灰》(GB/T 1596—2017)，粉煤灰根据细度、需水量和烧失量分为三个等级，详见表 4.17。

表 4.17 粉煤灰质量指标与等级

质量指标	等级		
	Ⅰ级	Ⅱ级	Ⅲ级
细度(0.045 mm 方孔筛的筛余量)/%	≤12	≤30	≤45
需水量比/%	≤95	≤105	≤115
烧失量/%	≤5	≤8	≤10
含水率/%	≤1		
三氧化硫质量分数/%	≤3		

(2) 粒化高炉矿渣粉

用作混凝土掺合料的粒化高炉矿渣粉，是由粒化高炉矿渣经干燥并磨细到一定细度而成的粉体，含有活性 SiO_2 和 Al_2O_3，因而具有较高的活性，其掺量及效果均高于粉煤灰。按《用于水泥、砂浆和混凝土中的粒化高炉矿渣粉》(GB/T 18046—2017)规定，矿渣粉应符合表 4.18 所列的技术要求。

表 4.18 矿渣粉技术要求

项目		级别		
		S105	S95	S75
密度/(g/cm³)		≥2.8		
比表面积/(m²/kg)		≥500	≥400	≥300
活性指数/%	7 d	≥95	≥70	≥55
	28 d	≥105	≥95	≥75
流动度比/%		≥95		
初凝时间比/%		≤200		
含水量(质量分数)/%		≤1.0		
三氧化硫(质量分数)/%		≤4.0		
氯离子(质量分数)/%		≤0.06		
烧失量(质量分数)/%		≤1.0		
不溶物(质量分数)/%		≤3.0		
玻璃体含量(质量分数)/%		≥85		
放射性		$I_{Ra}\leqslant 1.0$ 且 $I_{\gamma}\leqslant 1.0$		

矿渣粉按其活性指数和流动度比两项指标分为 3 个等级:S105、S95 和 S75。活性指数是指以矿渣粉取代 50%水泥后的试验砂浆强度与对比的水泥砂浆强度值之比。流动度比则是这两种砂浆流动度的比值。

粒化高炉矿渣粉是混凝土优质掺合料,它不仅可等量取代混凝土中的水泥,而且能使混凝土的每项性能均获得显著改善,如降低水化热、提高抗渗性和抗化学腐蚀等耐久性、抑制碱-骨料反应,以及大幅度提高长期强度。

掺矿渣粉的混凝土与普通混凝土用途一样,可作为钢筋混凝土、预应力钢筋混凝土和素混凝土使用。大掺量矿渣粉混凝土更适用于大体积混凝土、地下工程和水下工程等。矿渣粉还适用于配制高强度混凝土、高性能混凝土。

(3) 硅灰

硅灰又称硅粉或硅烟灰,是从生产硅铁合金或硅钢等所排放的烟气中收集到的颗粒极细的烟尘,色呈浅灰到深灰。硅灰颗粒是极细的玻璃球体,平均粒径为 0.1~0.2 μm,是水泥颗粒粒径的 1/50~1/100,比表面积为 20000~25000 m²/kg。硅灰成分中 SiO_2 含量能达到 80%以上,具有很高的火山灰活性,可配制高强、超高强混凝土,其掺量一般为水泥用量的 5%~10%。在配制超高强度混凝土时,掺量可达 20%~30%。由于硅灰具有高比表面积,因而其需水量大,将其作为混凝土掺合料须配以减水剂才能保证混凝土的和易性。

硅灰取代水泥后,其作用与粉煤灰相似,可改善混凝土拌合物的和易性,降低水化热,提高混凝土抗侵蚀、抗冻、抗渗性,抑制碱-骨料反应,且效果要比粉煤灰好很多。硅灰中 SiO_2 在早

期即可与 $Ca(OH)_2$ 发生反应，生成水化硅酸钙。所以，用硅灰取代水泥可提高混凝土的早期强度。

【在线测试】

【工程实例分析 4.1】

使用受潮水泥

【现象】 广西百色某车间建造单层砖房屋，采用预制空心板及 12 m 跨现浇钢筋混凝土大梁，1983 年 10 月开工，使用进场已 3 个多月并存放在潮湿地方的水泥施工。1984 年，拆完大梁底模板和支撑后，1 月 4 日下午房屋全部倒塌。

【原因分析】 事故的主因是使用受潮水泥，且采用人工搅拌，无严格配合比，致使大梁混凝土在倒塌后用回弹仪测定平均抗压强度仅 5 MPa 左右，有些地方竟测不出回弹值。此外还存在振捣不密实、配筋不足等问题。

防治措施：

① 施工现场入库水泥应按品种、标号、出厂日期分别堆放，并建立标志。先到先用，防止混乱。

② 防止水泥受潮。如水泥不慎受潮，可分情况处理使用。

【工程实例分析 4.2】

骨料杂质多危害混凝土强度

【现象】 某中学一栋砖混结构教学楼，在结构完工后进行屋面施工时，屋面局部倒塌。审查设计方面未发现任何问题。对施工方面审查发现：所设计为 C20 的混凝土，施工时未留试块，事后鉴定其强度仅 C7.5 左右，在断口处可清楚看出砂石未洗净，骨料中混有鸽蛋大小的黏土块和树叶等杂质；此外梁主筋偏于一侧，受拉区 1/3 宽度内几乎无钢筋。

【原因分析】 骨料的杂质对混凝土强度有重大的影响，必须严格控制杂质含量。树叶等杂质固然会影响混凝土的强度，而泥块黏附在骨料表面，会妨碍水泥石与骨料的黏结，降低混凝土强度，还会增加拌和用水量，加大混凝土的干缩变形，降低混凝土抗渗性和抗冻性。泥块对混凝土性能影响严重。

【工程实例分析 4.3】

含糖分的水使混凝土 2 d 仍未凝结

【现象】 某糖厂建宿舍，以自来水拌制混凝土，浇筑后用曾装过食糖的麻袋覆盖于混凝土表面，再淋水养护。后来发现该水泥混凝土 2 d 仍未凝结，而水泥经检验无质量问题。

【原因分析】 由于养护水淋于曾装过食糖的麻袋，养护水已成糖水，而含糖的水对水泥的凝结有抑制作用，从而使混凝土凝结异常。

4.3 普通混凝土的主要性能

【视频讲解】

混凝土的主要性能包括混凝土拌合物的和易性,硬化混凝土的强度、变形及耐久性。

4.3.1 混凝土拌合物的和易性

混凝上的各组成材料按一定比例配合,经搅拌均匀后、未凝结硬化之前,称为混凝土拌合物。为保证施工顺利,混凝土拌合物在搅拌、浇筑、振捣、成型过程中应表现出良好的综合性能。混凝土拌合物的性能主要包括和易性和凝结时间等。

4.3.1.1 和易性的概念

和易性(又称工作性)是指混凝土拌合物易于施工操作(搅拌、运输、浇筑、振捣)并能获得质量均匀、成型密实的混凝土的性质。和易性是一项综合性质,包括流动性、黏聚性和保水性三方面的含义。

(1) 流动性

流动性是指新拌混凝土在自重或机械振捣作用下,能产生流动,并自动均匀地充满模板的性能。流动性好的混凝土操作方便,易于捣实成型。

(2) 黏聚性

黏聚性是指新拌混凝土在施工过程中,其组成材料之间具有一定黏聚力,不致发生分层和离析现象的性能。在外力作用下,混凝土拌合物各组成材料的沉降不同,如配合比例不当,黏聚性差,则施工中易发生分层(即混凝土拌合物各组分出现层状分离现象)、离析(即混凝土拌合物内某些组分分离、析出现象)等情况,致使混凝土硬化后出现“蜂窝”“麻面”等缺陷,影响混凝土的强度和耐久性。

(3) 保水性

保水性是指新拌混凝土在施工过程中,具有一定的保水能力,不致发生严重泌水现象(即混凝土拌合物中部分水从水泥浆中泌出的现象)的性能。产生严重泌水的混凝土内部容易形成透水通路、上下薄弱层和钢筋或石子下部水隙。这些都将影响混凝土的密实性,降低混凝土的强度和耐久性。

通过以上分析可以看出,混凝土拌合物的流动性、黏聚性和保水性有其各自的内涵,而它们之间既互相联系又存在矛盾。和易性则是这三方面性质在某种具体条件下的矛盾统一体。

若混凝土的黏聚性和保水性不好,混凝土易出现分层、离析的现象,如图 4.7 所示。

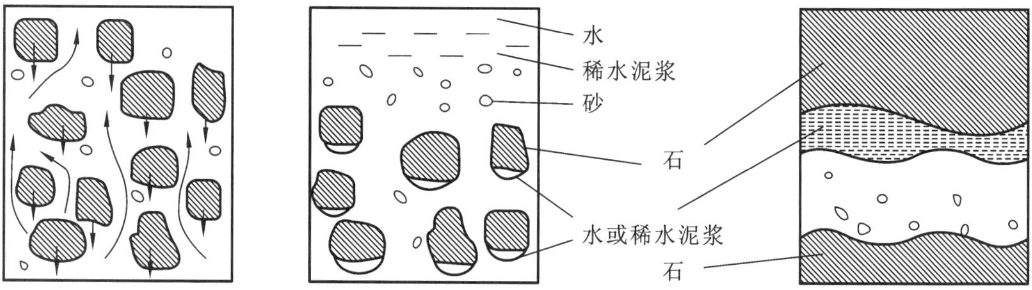

(a) (b) (c)

图 4.7 混凝土分层、离析现象示意图

(a) 分层开始;(b) 分层、离析后;(c) 局部放大

4.3.1.2 和易性的测定方法及评定

由于混凝土和易性是一项综合技术性质，很难用一种单一的试验方法全面反映混凝土拌合物的和易性。通常是以测定拌合物稠度（流动性）为主，辅以目测和经验评定黏聚性、保水性。国家标准《普通混凝土拌合物性能试验方法标准》(GB/T 50080—2016)规定，根据拌合物流动性不同，混凝土的稠度测定可采用坍落度试验和维勃稠度法。

（1）坍落度试验

该方法适用于粗骨料最大粒径不大于 40 mm、坍落度不小于 10 mm 的混凝土拌合物稠度测定。

坍落度试验的方法：将拌合物按规定方法装入标准圆锥坍落度筒内，并均匀插捣、装满刮平后，将筒平稳垂直向上提起，拌合物在重力作用下自动塌落，测量筒高与坍落后混凝土试件最高点之间的高度(mm)，即称为坍落度。坍落度愈大，表示混凝土拌合物的流动性愈大。图 4.8 为混凝土坍落度试验。

测定坍落度的同时应观察混凝土拌合物的黏聚性和保水性，以全面评定混凝土的和易性。

黏聚性的评定方法：用捣棒在坍落的混凝土锥体侧面轻轻敲打，若锥体逐渐下沉，则表明黏聚性良好；如果锥体倒塌、部分崩裂或出现离析现象，则表示黏聚性不好。

保水性是以混凝土拌合物中的稀水泥浆析出的程度来评定。坍落度筒提起后，如有较多稀水泥浆从底部析出，锥体部分混凝土拌合物也因失浆而骨料外露，则表明混凝土拌合物的保水性不好；如无稀水泥浆或仅有少量稀水泥浆自底部析出，则表示此混凝土拌合物保水性良好。根据坍落度不同，可将混凝土拌合物分为五级，见表 4.19。

表 4.19 混凝土拌合物流动性的级别

级别	坍落度/mm	级别	维勃稠度/s
S1	10～40	V0	≥31
S2	50～90	V1	30～21
S3	100～150	V2	20～11
S4	160～210	V3	10～6
S5	≥220	V4	5～3

注：在分级评定时，坍落度检验结果值取舍到临近 10 mm。

（2）维勃稠度法

坍落度小于 10 mm 的混凝土拌合物的流动性用维勃稠度表示。其测定方法：将混凝土拌合物按规定的方法装入坍落度筒内捣实，待装满刮平后，将坍落度筒垂直向上提起，把透明盘转到混凝土圆台体台顶，开启振动台，并同时用秒表计时，当透明圆盘的底面被水泥浆布满的瞬间停表计时，关闭振动台，所读秒数即为该混凝土的维勃稠度值（图 4.9）。该法适用于骨料最大粒径不超过 40 mm、维勃稠度在 5～30 s 之间的混凝土拌合物稠度测定。

根据维勃稠度的大小，混凝土拌合物也分为五级，见表 4.19。

（3）流动性（坍落度）的选择

选择混凝土拌合物的坍落度，要根据构件截面大小、钢筋疏密和捣实方法来确定。当构件

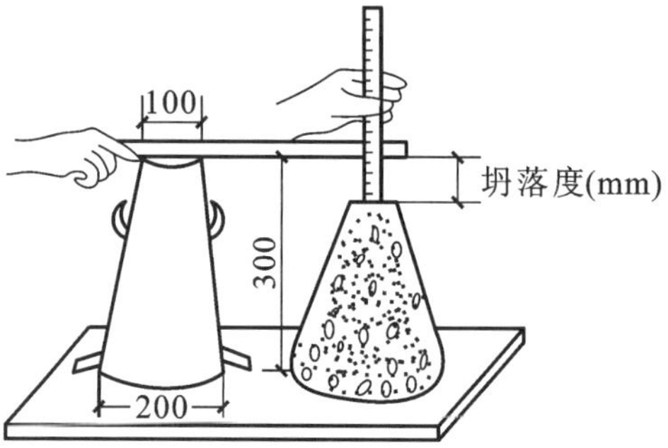

图 4.8 混凝土拌合物坍落度的测定

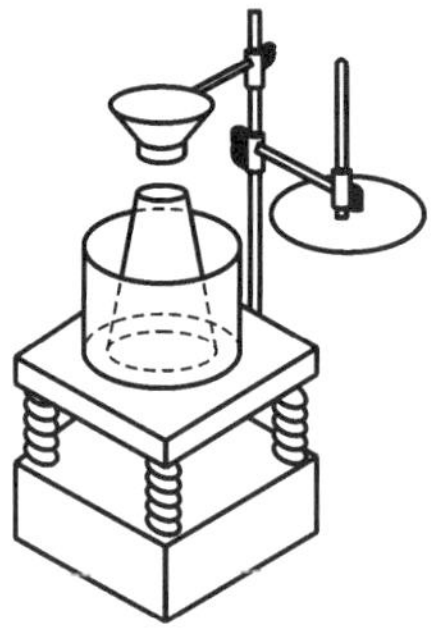

图 4.9 维勃稠度仪

截面尺寸较小或钢筋较密，或采用人工插捣时，坍落度可选择大些；反之，如构件截面尺寸较大，或钢筋较疏，或采用振捣器振捣时，坍落度可选择小些。按《混凝土结构工程施工质量验收规范》(GB 50204—2015)规定，混凝土灌注时的坍落度宜按表 4.20 选用。

表 4.20 混凝土浇筑时的坍落度

结构种类	坍落度/mm
基础或地面等的垫层、无配筋的大体积结构(挡土墙、基础等)或配筋稀疏的结构	10～30
板、梁及大型和中型截面的柱子等	30～50
配筋密列的结构(薄壁、斗仓、筒仓、细柱等)	50～70
配筋特密的结构	70～90

注：①本表系采用机械振捣混凝土时的坍落度，采用人工捣实时其值可适当增大；

②需配制泵送混凝土时，应掺外加剂，坍落度宜为 120～180 mm。

4.3.1.3 影响和易性的因素

影响混凝土拌合物和易性的主要因素有以下几方面：

(1) 水泥品种

不同品种水泥，其颗粒特征不同，需水量也不同。硅酸盐系常用水泥相比较，当水胶比相同时，硅酸盐水泥和普通水泥拌制的混凝土流动性较火山灰质水泥好；矿渣水泥拌制的混凝土保水性较差；用粉煤灰水泥拌制的混凝土流动性最好，保水性和黏聚性也较好。

水泥颗粒越细，拌合物黏聚性与保水性越好。当比表面积在 2800 cm^2/g 以下时，混凝土的泌水性大。

(2) 水泥浆量——浆骨比

浆骨比是指混凝土拌合物中水泥浆与骨料的质量比。水泥浆赋予混凝土拌合物一定的流动性。在水胶比不变的情况下，单位体积拌合物内增加水泥浆量，可增大拌合物流动性。如果水泥浆量过多，会产生流浆现象，容易发生离析；如果水泥浆量过少，则骨料间缺少黏结物质，黏聚性变差，易出现崩坍。因此，水泥浆的量和稠度对新拌混凝土的和易性有显著影响。

(3) 水泥浆的稠度——水胶比

水泥浆的稠度是由水胶比所决定的。水胶比是指混凝土拌合物中水与水泥的质量比。在水泥用量不变的情况下，水胶比越小，水泥浆越稠，混凝土拌合物的流动性越低。当水胶比过小时，水泥浆干稠，混凝土拌合物的流动性过低，将使施工困难，不能保证混凝土的密实性。水胶比增大会使流动性增强，但如果水胶比过大，又会造成混凝土拌合物的黏聚性和保水性不良，从而产生流浆、离析现象，并严重影响混凝土的强度。所以，水胶比不能过小或过大，一般应根据混凝土强度和耐久性要求合理选用。

实践证明，用水量是影响混凝土流动性最大的因素。当单位用水量不变，在一定范围内其他材料的量的波动对混凝土拌合物流动性影响并不显著，因此可以在单位用水量与拌合物流动性之间建立数量关系——恒定用水量法则：一定条件下要使混凝土获得一定值的坍落度，需要的单位用水量是一个定值。可以通过试验获得单位用水量与坍落度间的数量关系，如表4.21所示。由表4.21可知，用水量的多少还与骨料种类和最大粒径有关。当坍落度一定时，石子最大粒径增大，用水量减少；当石子最大粒径不变时，增加坍落度则用水量增加。利用此表可直接估计初步用水量，为混凝土配合比的设计提供方便。

表4.21　塑性混凝土用水量选用表

所需坍落度/mm	用水量/(kg/m³)							
	卵石最大粒径/mm				碎石最大粒径/mm			
	10	20	31.5	40	15	20	31.5	40
10～30	190	170	160	150	205	185	175	165
35～50	200	180	170	160	215	195	185	175
55～70	210	190	180	170	225	205	195	185
75～90	215	195	185	175	235	215	205	195

注：① 本表不宜用于水胶比小于0.40或大于0.80的混凝土；

② 本表用水量系采用中砂时的平均值，采用细砂时，每立方米混凝土用水量可增加5～10 kg，采用粗砂时则可减少5～10 kg；

③ 掺用各种外加剂或掺合料时，用水量应相应调整；

④ 当混凝土坍落度小于10 mm时，用水量按当地经验或通过试验取用。

(4) 砂率

砂率β_s是指混凝土中砂的质量占砂石总质量的百分率，按下式计算：

$$\beta_s=\frac{m_{s0}}{m_{s0}+m_{g0}} \tag{4.3}$$

式中　m_{g0}——每立方米混凝土的粗骨料用量(kg)；

m_{s0}——每立方米混凝土的细骨料用量(kg)；

β_s——砂率(%)。

砂率的变动会使骨料的空隙率和骨料的总表面积有显著改变，因而对混凝土拌合物的和易性产生显著影响。砂率过大时，骨料的总表面积及空隙率都会增大，若水泥浆量固定不变，相对地水泥浆就显得少了，减弱了水泥浆的润滑作用，从而使混凝土拌合物的流动性减小；砂率过小时，又不能保证在粗骨料之间有足够的砂浆层，也会降低混凝土拌合物的流动性，且黏聚性和保水性变差，则会造成离析、流浆现象。因此，砂率过大或过小都不好，这中间存在着一个合理砂率值(又称最优砂率)。合理砂率是指在用水量及水泥用量一定时，能使混凝土拌合物获得最大流动性，且黏聚性及保水性良好的砂率值，如图4.10所示。采用合理砂率，能在使混凝土拌合物获得所要求的流动性及良好的黏聚性与保水性的条件下，使水泥用量最小，如图4.11所示。

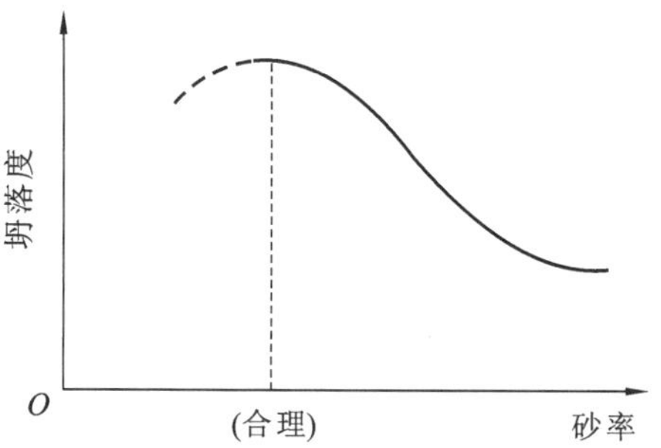

图 4.10　砂率与坍落度的关系曲线

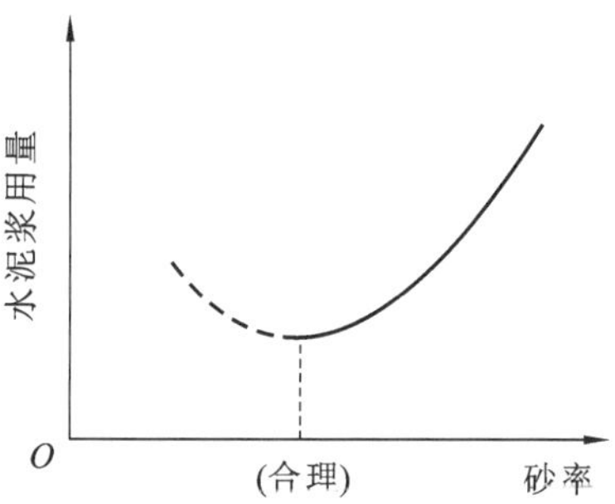

图 4.11　砂率与水泥浆用量的关系曲线

影响合理砂率大小的因素很多,可概括为:

① 石子最大粒径较大、级配较好、表面光滑时,由于粗骨料的空隙率较小,可采用较小砂率。

② 砂的细度模数较小时,由于砂中细颗粒多,混凝土的黏聚性容易得到保证,可采用较小砂率。

③ 水泥浆较稠(水胶比小)时,由于混凝土的黏聚性较易得到保证,可采用较小砂率。

④ 施工要求的流动性较大时,粗骨料常出现离析现象,所以为保证混凝土的黏聚性,需采用较大砂率;当掺用引气剂或减水剂等外加剂时,可适当减小砂率。

确定砂率的方法较多,可以根据本地区、本单位的经验积累数值选用;若无经验数据,可查表 4.22,也可通过计算确定。

表 4.22　混凝土用砂率选用表

水胶比(W/C)	卵石最大粒径/mm			碎石最大粒径/mm		
	10	20	40	15	20	40
0.40	26%～32%	25%～31%	24%～30%	30%～35%	29%～34%	27%～32%
0.50	30%～35%	29%～34%	28%～33%	33%～38%	32%～37%	30%～35%
0.60	33%～38%	32%～37%	31%～36%	36%～41%	35%～40%	33%～38%
0.70	36%～41%	35%～40%	34%～39%	39%～44%	38%～43%	36%～41%

注:① 本表适用于坍落度 10～60 mm 的混凝土,坍落度若大于 60 mm,应在上表的基础上,按坍落度每增大 20 mm、砂率增大 1%予以调整;

② 本表数值系中砂的选用砂率,对细(粗)砂,可相应地减少(增大)砂率;

③ 只用一个单粒级粗骨料配制混凝土时,砂率应适当增大;

④ 掺有外加材料时,合理砂率应通过试验或参考有关规定确定或选用。

(5) 外加剂

在拌制混凝土时,加入很少量的外加剂能使混凝土拌合物在不增加水泥用量的条件下,获得很好的和易性,增大流动性,改善黏聚性,降低泌水性,提高混凝土的耐久性。详细内容见本章 4.2.5 节内容。

(6) 时间和温度

混凝土拌合物拌制后,随着时间延长而逐渐变得干硬,流动性减小。水分损失原因:水泥水化消耗掉一部分水;骨料吸收一部分水;水分蒸发一部分。新拌混凝土流动性随时间的延长而减少的现象称为坍落度损失。由于拌合物流动性会随温度和时间而减少,浇筑时的和易性更具实际意义。因此，在施工中测定和易性的时间，应以搅拌后 15 min 为宜。

4.3.1.4　和易性的调整与改善

① 当混凝土流动性小于设计要求时，为了保证混凝土的强度和耐久性，不能单独加水，必须保持水胶比不变，增加水泥浆用量；

② 当坍落度大于设计要求时，可在保持砂率不变的前提下，增加砂石用量，减少水泥浆用量，选择合理的浆骨比；

③ 改善骨料级配，既可增加混凝土流动性，也能改善黏聚性和保水性；

④ 掺减水剂或引气剂，是改善混凝土和易性的有效措施；

⑤ 尽可能选用最优砂率，当黏聚性不足时可适当增大砂率。

【在线测试】

【工程实例分析 4.4】

骨料含水量波动对混凝土和易性的影响

【现象】 某混凝土搅拌站用的骨料含水量波动较大，其混凝土强度不仅离散程度较大，且有时会出现卸料及泵送困难，有时又易出现离析现象。

【原因分析】 由于骨料，特别是砂的含水量波动较大，使实际配合比中的加水量随之波动，以致加水量不足时混凝土坍落度不足，加水量过多时坍落度过大，混凝土强度的离散程度也就较大。当坍落度过大时，易出现离析现象。若振捣时间过长，坍落度过大，还会造成“过振”。

【工程实例分析 4.5】

碎石形状对混凝土和易性的影响

【现象】 某混凝土搅拌站原混凝土配比均可生产出性能良好的泵送混凝土。后因供应问题进了一批针、片状多的碎石，当班技术人员未引起重视，仍按原配比制备混凝土，后发觉混凝土坍落度明显下降，难以泵送，临时现场加水泵送。

【原因分析】 混凝土坍落度下降的原因：

① 针、片状碎石增多，表面积增大，在其他材料及配比不变的条件下，其坍落度必然下降；

② 当坍落度下降难以泵送时，在现场简单地加水虽可解决泵送问题，但对混凝土的强度及耐久性均有不利影响，且会引起泌水等问题。

4.3.2　混凝土的强度

混凝土的强度包括抗压、抗拉、抗弯、抗剪及握裹钢筋强度等，其中抗压强度最大，故工程上混凝土主要承受压力。混凝土的抗压强度与其他强度间有一定的相关性，可以根据抗压强度的大小来估计其他强度值，因此混凝土的抗压强度是最重要的一项性能指标。

4.3.2.1　混凝土的抗压强度与强度等级

(1) 混凝土标准立方体抗压强度

按照国家标准《混凝土物理力学性能试验方法标准》(GB/T 50081—2019)规定，将混凝土拌合物制作成边长为 150 mm 的立方体试件，在标准养护条件下[温度(20±2) ℃，相对湿度 95%以上]，养护到 28 d 龄期，测得的抗压强度值称为混凝土立方体试件抗压强度，以 f_{cu} 表示

(单位 N/mm^2，即 MPa)，简称立方体抗压强度。

测定混凝土抗压强度时，也可采用非标准尺寸的试件，然后将测定结果乘以换算系数，换算成相当于标准试件的强度值。对于边长为 100 mm 的立方体试件，应乘以强度换算系数 0.95；对于边长为 200 mm 的立方体试件，应乘以强度换算系数 1.05。

【例 4.2】 现场质量检测取一组边长为 100 mm 的混凝土立方体试件，在标准养护条件下养护至 28 d，测得混凝土试件的破坏荷载分别为 306 kN、286 kN、270 kN。试确定该组混凝土的标准立方体抗压强度。

【解】 边长为 100 mm 的混凝土立方体试件的平均强度为：

$$\bar{f}=\frac{(306+286+270)\times 10^3}{100\times 100\times 3}=28.7\ \text{MPa}$$

换算成标准立方体抗压强度为：

$$f_{150}=28.7\times 0.95=27.3\ \text{MPa}$$

即该组混凝土的标准立方体抗压强度为 27.3 MPa。

(2) 混凝土立方体抗压强度标准值与强度等级

按照国家标准《混凝土结构设计标准》(GB 50010—2010)(2024 年版)，混凝土抗压强度等级应按立方体抗压强度标准值确定。混凝土立方体抗压强度标准值是按标准试验方法测得的立方体抗压强度总体分布中的一个值，强度低于该值的百分率不超过 5%(即具有 95%以上的保证率)，以 $f_{cu,k}$ 表示。普通混凝土通常划分为 13 个等级，即 C20、C25、C30、C35、C40、C45、C50、C55、C60、C65、C70、C75 和 C80。

(3) 轴心抗压强度和轴心抗拉强度

在结构设计中，混凝土受压构件的计算常采用混凝土的轴心抗压强度。轴心抗压强度的测定采用 150 mm×150 mm×300 mm 棱柱体作为标准试件。试验表明：立方体抗压强度 f_{cu} 在 10～50 MPa 的范围内时，轴心抗压强度 f_c 与 f_{cu} 之比为 0.70～0.80。

4.3.2.2 混凝土的抗拉强度

混凝土是一种脆性材料，在受拉时有很小的变形就会开裂，故混凝土一般不用来直接承受拉力，但抗拉强度却是结构设计中确定混凝土抗裂度的重要指标，有时也用来衡量混凝土与钢筋的黏结强度。

混凝土的抗拉强度，有轴心抗拉强度和劈裂抗拉强度。

(1) 轴心抗拉强度

轴心抗拉强度常用“∞”形试件或棱柱体试件直接测定轴向抗拉强度，试验统计C10～C45 的混凝土，其轴心抗拉强度平均值与混凝土立方体抗压强度平均值的关系为：

$$f_t=0.26f_{cu}^{2/3}$$

式中 f_t，f_{cu}——轴心抗拉强度和立方体抗压强度的平均值(MPa)。

考虑试验误差和安全系数，乘以 0.88，按《混凝土结构设计标准》(GB 50010—2010)(2024 年版)规定：$f_t=0.23f_{cu}^{2/3}$。

这种测定方法试验难度较大，试验结果不准确，因而多用劈裂抗拉强度试验法间接地求出混凝土的抗拉强度。

(2) 劈裂抗拉强度

目前,我国采用 150 mm×150 mm×150 mm 的立方体试件作为混凝土的劈裂抗拉强度试验标准试件。试验装置如图 4.12所示。按《混凝土物理力学性能试验方法标准》(GB/T 50081—2019)规定,采用 150 mm×150 mm×150 mm 的标准试件,ϕ75 mm 的弧形垫块并加 3～4 mm 厚的胶合板垫条,按规定速度加载。在劈裂抗拉强度试验中,破坏时的拉伸应力可根据弹性力学理论计算得出。

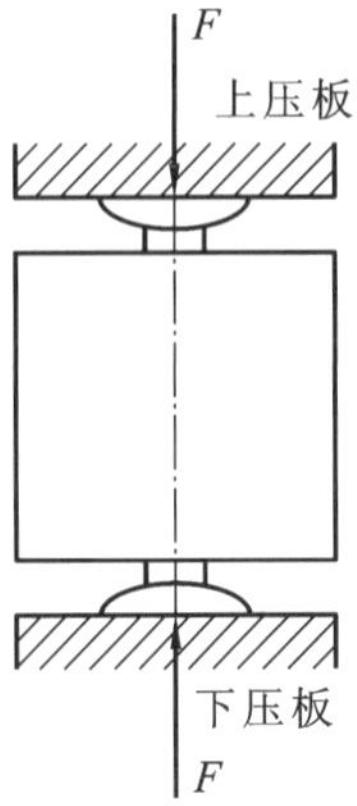

图 4.12 混凝土劈裂抗拉试验装置图

混凝土劈裂抗拉强度按下式计算:

$$f_{ts}=\frac{2F}{\pi A}=0.637\frac{F}{A}$$

式中 f_{ts}——混凝土劈裂抗拉强度(MPa);

F——破坏荷载(N);

A——试件劈裂面面积(mm^2)。

4.3.2.3 混凝土与钢筋的黏结强度

在钢筋混凝土结构中,混凝土用钢筋增强。为使钢筋混凝土这类复合材料能有效工作,混凝土与钢筋之间必须要有适当的黏结强度。这种黏结强度主要来源于混凝土与钢筋之间的摩擦力、钢筋与水泥之间的黏结力以及与钢筋表面的机械咬合力。黏结强度与混凝土质量有关,与混凝土抗压强度成正比。此外,黏结强度还受其他诸多因素影响,如钢筋尺寸及种类,钢筋在混凝土中的位置(水平或垂直),加载类型(受拉或受压)以及环境的干湿变化、温度变化等。

目前,美国材料试验学会(ASTMC234)提出了一种较标准的试验方法准确测定混凝土与钢筋的黏结强度。该试验方法:混凝土试件边长为 150 mm 的立方体,其中埋入 ϕ19 mm 的标准变形钢筋,试验时以不超过 34 MPa/min 的加荷速度对钢筋施加拉力,直到出现 3 种情况之一时分别记录荷载值 F_p:①钢筋发生屈服;②混凝土开裂;③加荷端钢筋滑移超过 2.5 mm,并用下式计算混凝土与钢筋的黏结强度:

$$f_N=\frac{F_p}{\pi dl} \tag{4.4}$$

式中 f_N——黏结强度(MPa);

d——钢筋直径(mm);

l——钢筋埋入混凝土中的长度(mm);

F_p——测定的荷载值(N)。

4.3.2.4 影响混凝土强度的因素

影响混凝土抗压强度的因素很多,可从原材料、生产工艺和试验三方面加以讨论。

(1) 原材料因素

① 水泥强度

水泥强度的大小直接影响混凝土强度。在配合比相同的条件下,所用的水泥强度等级越高，制成的混凝土强度也越高。试验证明，混凝土的强度与水泥强度成正比关系。

水泥的强度和水胶比是影响混凝土强度的最主要因素。混凝土的强度主要取决于水泥石强度及其与骨料间的黏结力，而水泥强度及其与骨料间的黏结力又取决于水泥的强度和水胶比的大小。当采用同一种水泥（品种和强度等级）时，混凝土强度取决于水胶比，水胶比越小，水泥石的强度越高，黏结强度越高，使混凝土强度也越高。反之，水胶比越大，水泥石中的空隙越多，使得混凝土的强度越低。

② 水胶比

当用同一种水泥（品种及强度等级相同）时，混凝土的强度主要取决于水胶比，因为水泥水化时所需的结合水，一般只占水泥质量的 23%左右。但在拌制混凝土拌合物时，为了获得必要的流动性，常加入较多的水（占水泥质量的 40%～70%），即水胶比较大。当混凝土硬化后，多余的水分或残留在混凝土中形成水泡，或蒸发后形成气孔，这些初始缺陷极大地减小了混凝土抵抗荷载的实际有效断面，而且可能在孔隙周围产生应力集中。因此，满足和易性要求的混凝土，在水泥强度等级相同的情况下，水胶比越小，水泥石的强度越高，与骨料黏结力也越大，混凝土的强度就越高。如果水胶比太小，拌合物过于干硬，在一定的捣实成型条件下，无法保证浇灌质量，混凝土中将出现较多的蜂窝、孔洞，强度也将下降。

试验证明：在材料相同的情况下，混凝土强度随水胶比的增大而降低的规律呈曲线关系，如图 4.13(a)所示；而混凝土强度与胶水比的关系，则呈直线关系，如图 4.13(b)所示。

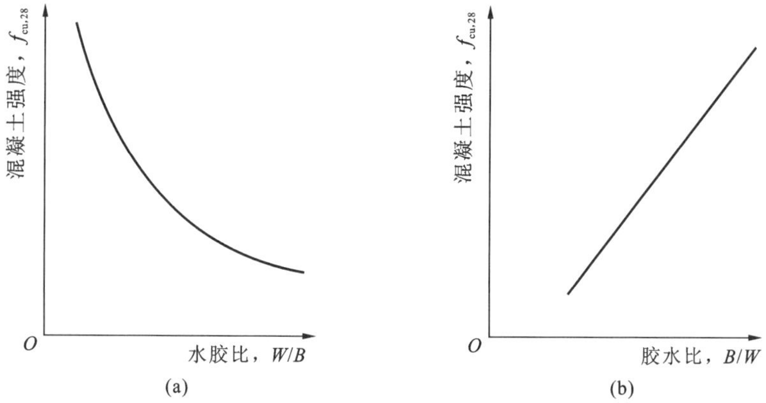

图 4.13　混凝土强度与水胶比及胶水比的关系

(a) 混凝土强度与水胶比的关系；(b) 混凝土强度与胶水比的关系

瑞士学者保罗米通过大量试验研究，应用数理统计提出混凝土强度关系式如下：

$$f_{cu,28}=Af_{ce}\left(\frac{C}{W}-B\right) \tag{4.5}$$

式中　$f_{cu,28}$——混凝土 28 d 龄期立方体抗压强度(MPa)；

f_{ce}——水泥实际强度(MPa)，可通过试验确定，当无法取得水泥实际强度值时，可采用式 $f_{ce}=\gamma_c f_{ce,g}$ 估算，γ_c 为水泥强度的富余系数，一般可取 1.13，$f_{ce,g}$ 为水泥强度值(MPa)；

C——每立方米混凝土中水泥用量(kg)；

W——每立方米混凝土中用水量(kg)；

A,B——经验系数，与骨料品种、水泥品种和施工方法有关：当原材料与工艺措施相同时，A、B 可视为常数，对碎石，取 $A=0.53$，$B=0.20$；对卵石，取 $A=0.49$，$B=0.13$。当材料的品种和质量不同时，应尽可能结合工程实际通过试验求得数据。

利用上述经验公式可以初步解决以下两个问题：①当所采用的水泥强度等级已定，欲配制某种强度的混凝土时，可以估计采用的水胶比值；②当已知所采用的水泥强度等级及水胶比值时，可以估计混凝土 28 d 可能达到的强度。

③ 骨料

骨料表面状况会影响水泥石与骨料的黏结，从而影响混凝土的强度。碎石表面粗糙，黏结力较大；卵石表面光滑，黏结力较小。因此，在相同水胶比条件下，碎石混凝土的强度比卵石的强度高。特别是在水胶比小于 0.4 时，差异较明显。骨料本身的强度比水泥石高，所以不直接影响混凝土的强度，但若骨料经风化等作用强度降低时，则会影响到混凝土的强度。

④ 外加剂和外掺料

从公式可看出，在水泥强度和水胶比确定的条件下，水胶比越小，混凝土强度越高，但是水胶比越小，混凝土的流动性越差。掺入外加剂可在较小的水胶比情况下获得较高的流动性。在混凝土中掺入掺合料，可提高水泥石的密实度，改善水泥石与骨料间的黏结能力，提高混凝土强度。因此，掺入外加剂和外掺料是配制高强度混凝土和高性能混凝土必需的技术途径。

(2) 生产工艺因素

这里所指的生产工艺因素，包括混凝土生产过程中涉及的施工(搅拌、捣实)、养护条件、养护时间等因素。如果这些因素控制不当，会对混凝土强度产生严重影响。

① 施工条件——搅拌与振捣

在施工过程中，必须将混凝土拌合物搅拌均匀，浇筑后必须捣固密实，才能使混凝土有达到预期强度的可能。

机械搅拌和捣实的力度比人力强，拌合物更均匀、更密实。强力的机械捣实可适用于更低水胶比的混凝土拌合物，获得更高的强度。改进施工工艺可提高混凝土强度，如采用分次投料搅拌工艺、高速搅拌工艺，采用高频或多频振捣器，采用二次振捣工艺等都会有效提高混凝土强度。

② 养护条件

混凝土的养护条件主要指混凝土所处的环境温度和湿度，它们通过影响水泥水化进程而影响混凝土强度。

养护环境温度高，水泥水化速度加快，混凝土早期强度高；反之则水化慢，早期强度低。若温度降到冰点以下，不但水泥水化停止，而且有可能因冰冻导致混凝土结构疏松，强度严重降低，尤其是早期混凝土应特别加强防冻措施。为加快水泥水化速度，可采用湿热养护的方法，即蒸汽养护或蒸压养护。

湿度通常指的是空气相对湿度。相对湿度低，混凝土中的水挥发快，混凝土因缺水而停止水化，强度发展受阻。另外，混凝土在强度较低时失水过快，极易引起干燥收缩，影响硬化混凝土的耐久性。一般在混凝土浇筑完成后 12 h 内应开始对其加以覆盖或浇水。对硅酸盐水泥、普通水泥和矿渣水泥制备的混凝土浇水养护不得少于 7 d；使用粉煤灰水泥和火山灰质水泥，或掺有缓凝剂、膨胀剂，或有防水抗渗要求的混凝土浇水养护不得少于 14 d。

③ 龄期

龄期是指混凝土在正常养护条件下所经历的时间。在正常的养护条件下，混凝土强度随着水泥水化而逐渐提高。最初的7～14 d，混凝土强度增长速度较快，28 d后强度增长较慢。

普通水泥制成的混凝土，在标准条件下养护，龄期不小于3 d的混凝土强度发展大致与其龄期的常用对数成正比关系。因此，在一定条件下养护的混凝土，可按下式根据某一龄期的强度推算另一龄期的强度：

$$f_n=\frac{f_{28}\cdot \lg n}{\lg 28} \tag{4.6}$$

式中 f_n——混凝土 n d($n\geqslant 3$)龄期立方体抗压强度(MPa)；

f_{28}——混凝土28 d立方体抗压强度(MPa)；

lg28，lg$n$——混凝土28 d龄期和 n d龄期的常用对数。

【例4.3】 尺寸为100 mm×100 mm×100 mm的某组混凝土试件，龄期7 d，测得破坏荷载分别为140 kN、135 kN和140 kN。试计算该组混凝土的28 d标准立方体抗压强度，并评估其强度等级。

【解】 7 d龄期时，边长为100 mm混凝土立方体的平均强度为：

$$\bar{f}=\frac{(140+135+140)\times 10^3}{100\times 100\times 3}=13.8\ \text{MPa}$$

换算为标准立方体抗压强度为：

$$f_7=13.8\times 0.95=13.1\ \text{MPa}$$

28 d龄期时，混凝土标准立方体抗压强度为：

$$f_{28}=\frac{\lg 28}{\lg 7}f_7=1.71\times 13.1=22.4\ \text{MPa}$$

因此，该混凝土28 d的标准立方体抗压强度为22.4 MPa。

(3) 试验因素

在进行混凝土强度试验时，试件尺寸、形状、表面状态、含水率以及试验加荷速度等都会影响测试结果。

① 试件的形状与尺寸

混凝土的强度是由立方体试件的抗压试验测得的，测定强度的试验方法及试件尺寸大小不同，测得的混凝土强度不同。同样是立方体试件，试件的尺寸越小，试验测得的强度越大。混凝土的强度与试件尺寸有关的现象称为尺寸效应。混凝土试件尺寸越大，内部缺陷出现的概率越大，易引起应力集中，导致强度降低。我国标准规定采用150 mm×150 mm×150 mm的立方体试件作为标准件。当采用非标准的其他尺寸试件时，测得的立方体抗压强度应乘以换算系数，如表4.23所示。

表4.23 混凝土抗压强度试块允许最小尺寸表

骨料最大粒径/mm	试件尺寸/mm	强度的尺寸换算系数
≤31.5	100×100×100	0.95
≤40	150×150×150	1.00
≤63	200×200×200	1.05

② 表面状态

试验时，试件的表面清洁和干燥状况对混凝土强度值的准确性有一定的影响。当混凝土试件受压面有油脂类润滑剂时，试件受压面与试验机的承压面之间的摩擦力被削弱，测得的强度值较低。规范规定，试件的承压面必须平整且与试件的轴线垂直。

③ 加荷速度

混凝土的抗压强度与加荷速度有关，加荷速度越快，测得的强度值越大。我国标准《混凝土物理力学性能试验方法标准》(GB/T 50081—2019)根据混凝土的强度等级，规定加荷速度为每秒 0.3～1.0 MPa，且应连续均匀加压。

综上所述，通过对混凝土强度影响因素的分析，提高混凝土强度的措施有：采用强度等级高的水泥，采用低水胶比；采用有害杂质少、级配良好、颗粒适当的骨料和合理的砂率；采用合理的机械搅拌、振捣工艺；保持合理的养护温度和一定的湿度，可能的情况下采用湿热养护；掺入合适的混凝土外加剂和掺合料。

【在线测试】

4.3.3 混凝土的变形性能

混凝土在硬化期间和使用过程中，因受物理、化学和力学因素的影响产生变形，这些变形是使混凝土产生裂缝的重要原因之一，从而影响混凝土的强度和耐久性。混凝土的变形通常有以下几种。

4.3.3.1 化学收缩

混凝土体积的化学收缩是指在没有干燥和其他外界影响下的收缩，其原因是水泥水化物的固体体积小于水化前反应物的总体积。化学收缩是不能恢复的，其收缩量随混凝土硬化龄期的延长而增加，大致与时间的对数成正比，一般在混凝土成型后 40 d 内增加较快，以后就渐趋稳定。

4.3.3.2 干湿变形——湿胀干缩

混凝土处于干燥环境中时，会产生体积收缩，称为干燥收缩，简称干缩。混凝土的干缩是由于其内部吸附水分蒸发而引起凝胶体失水产生紧缩，以及毛细管内游离水分蒸发而引起毛细管内负压增大，也使混凝土产生收缩。当干缩后的混凝土再次吸水变湿后，部分干缩变形是可以恢复的。混凝土吸水膨胀称为混凝土的湿胀。混凝土在水中硬化时甚至有轻微膨胀，这是由于凝胶体中胶体粒子的吸附水膜增厚，胶体粒子间距离增大所致。混凝土凝结硬化前应保持混凝土表面的湿润，如在表面覆盖塑料膜、喷洒养护剂等。

混凝土的湿胀变形量很小，一般无破坏作用。但干缩变形过大，对混凝土危害较大，一般条件下，混凝土的极限收缩为$(50\sim90)\times10^{-5}$ mm。收缩受到约束时，会引起混凝土的开裂，在设计和施工时应予以注意。混凝土的干缩与水泥品种和细度、水胶比、水泥用量、用水量等有关。

混凝土干缩变形主要是由混凝土中水泥石干缩引起的，骨料对干缩具有制约作用，故混凝土中水泥浆含量越多，混凝土的干缩率越大。塑性混凝土的干缩率较干硬性混凝土大得多。因此，混凝土单位用水量的大小，是影响干缩率大小的重要因素，平均用水量增加 1%，干缩率增加 2%～3%。当骨料最大粒径较大，级配较好时，由于能减少用水量，故混凝土干缩率较小。

混凝土中所用水泥的品种和细度对干缩率有很大影响。如火山灰质水泥的干缩率最大，粉煤灰水泥的干缩率较小。水泥的细度越大，干缩率也越大。

骨料的种类对干缩率也有影响。使用弹性模量较大的骨料，混凝土干缩率较小；使用吸水性大的骨料，其干缩率一般较大。当骨料中含泥量较多时，会增大混凝土的干缩率。

延长潮湿养护时间，可推迟干缩的发生和发展，但对混凝土的最终干缩率并无显著影响。采用湿热处理可减小混凝土的干缩率。

在工程设计中，混凝土的干缩率一般取$(1.5\sim2.0)\times10^{-4}$，即每米收缩0.15～0.20 mm。

4.3.3.3　温度变形

混凝土具有热胀冷缩的变形，称为温度变形。混凝土温度膨胀系数为1×10^{-5} m/(m·K)，即温度每升高或降低1 K，每米混凝土将产生0.01 mm的膨胀或收缩变形。

温度变形对大体积混凝土非常不利。在混凝土硬化初期，水泥水化放出较多的热量，混凝土是热的不良导体，散热缓慢，使混凝土内部温度较外部高很多，产生较大的内外温差，在外表混凝土中将产生很大的拉应力，严重时使混凝土产生裂缝。因此，对大体积混凝土工程，必须尽量设法减少混凝土发热量，如采用低热水泥、减少水泥用量、采取人工降温等措施。根据目前的工程实践，对工民建工程中的某些大体积构件，如筏式基础、转换大梁等，也采取减缓表面温度下降、保持构件内外温差不超过规范规定值的措施，以避免混凝土的温度变形裂缝产生。另外，一般对纵向较长的钢筋混凝土结构物，应采取每隔一段长度设置伸缩缝以及在结构物中设置温度钢筋等措施。

4.3.3.4　混凝土在荷载作用下的变形

(1) 短期荷载作用下的变形

混凝土是一种非均质的材料，它不是完全的弹性体而是弹塑性体。受力后既产生可以恢复的弹性变形，又产生不可恢复的塑性变形。应力与应变之间的关系不是直线而是曲线，如图4.14所示。

在应力-应变曲线上任一点的应力σ与其应变ε的比值，称为混凝土在该应力下的变形模量。从图4.14可以看出，混凝土的变形模量随应力的增加而减小。在混凝土结构或钢结构设计中，采用按标准方法测得的静力受压弹性模量E_c。

由于混凝土是一种弹塑性材料，其应力σ与应变ε的比值随着应力的增加而减小，并不完全遵循胡克定律，混凝土的弹性模量(应力与应变之比)有三种表示方法，如图4.15所示。

① 初始切线弹性模量　应力-应变曲线原点上切线的斜率，不易测准。

② 切线弹性模量　应力-应变曲线上任一点的切线斜率，只适用于很小的应力范围。

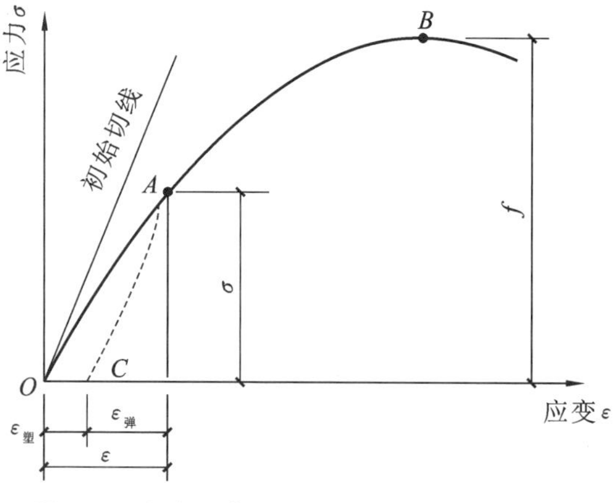

图4.14　混凝土在压力作用下的应力-应变曲线

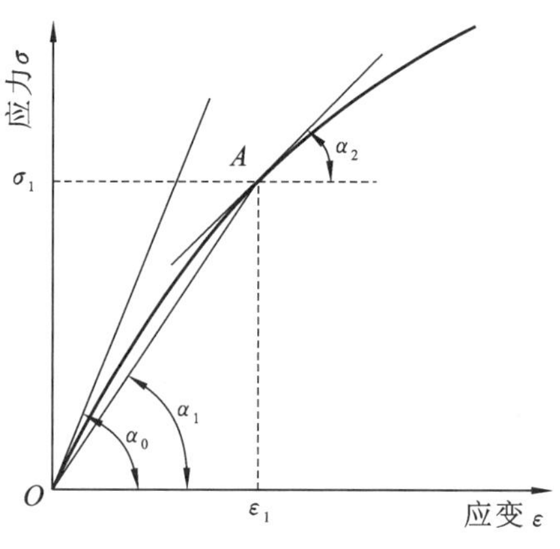

图4.15　混凝土弹性模量

③ 割线弹性模量　应力-应变曲线上任一点与原点连线的斜率。混凝土的割线模量测试较为简单，为工程实际常用。

我国目前规定混凝土弹性模量即割线模量，采用150 mm×150 mm×300 mm的棱柱体试件，取测定点的应力等于轴心抗压强度的40%，经三次以上反复加荷与卸荷，以基本消除塑性变形后测得的应力-应变之比值，即为混凝土弹性模量。

混凝土的弹性模量随混凝土中骨料与水泥石的弹性模量的变化而变化。由于水泥石的弹性模量一般低于骨料的弹性模量，故混凝土弹性模量一般略低于骨料的弹性模量。另外，在材料质量不变的条件下，混凝土的骨料含量较多、水胶比较小、养护较好及龄期较长时，混凝土的弹性模量就较大。蒸汽养护的混凝土弹性模量较标准养护的低。

(2) 长期荷载作用下的变形——徐变

混凝土承受长期荷载作用，其变形会随时间不断增大，即荷载不变而变形仍随时间增大，一般要延续2～3年才逐渐趋于稳定。这种在长期荷载作用下随时间的延长而增大的变形称为徐变。混凝土的变形与荷载作用时间关系如图4.16所示。

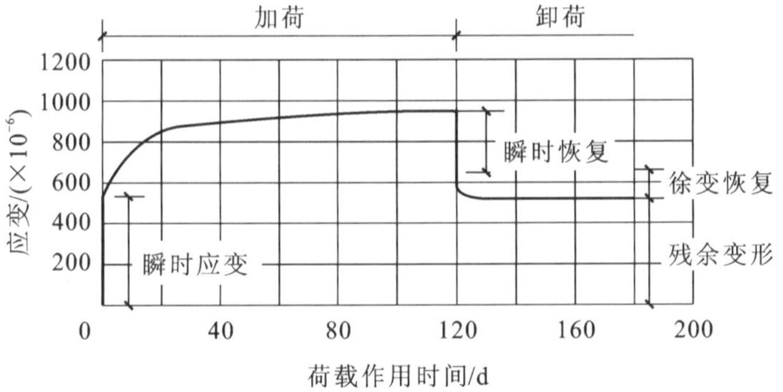

图4.16　混凝土的变形与荷载作用时间关系

混凝土受荷后立即产生瞬时变形，随着荷载持续作用时间的延长，又产生徐变变形。如果作用应力不超过一定值，徐变变形的增大在加荷初期较快，然后逐渐减慢。在荷载持续一定时间后，若卸除荷载，部分变形可瞬时恢复，也有少部分变形在若干天内逐渐恢复，称为徐变恢复，最后留下一部分不能恢复的变形称为残余变形。

混凝土徐变一般被认为是由于水泥石凝胶体在长期荷载作用下的黏性流动，并向毛细孔中移动的结果。从水泥凝结硬化过程可知，随着水泥的逐渐水化，新的凝胶体逐渐填充毛细孔，使毛细孔的相对体积逐渐减小。在荷载初期或硬化初期，由于未填满的毛细孔较多，凝胶体移动较为容易，故徐变增大较快。以后由于内部移动和水化的进展，毛细孔逐渐减小，因而徐变速度越来越慢。骨料能阻碍水泥石的变形，从而减小混凝土的徐变。混凝土中的孔隙及水泥石中的凝胶孔则与骨料相反，可促进混凝土的徐变。因此，混凝土中骨料含量较多者，徐变较小。结构越密实、强度越高的混凝土，徐变就越小。

由此可知，当混凝土在较早龄期加荷时，产生的徐变较大。水胶比较大时，徐变也较大。在水胶比相同时，水泥用量较多的混凝土徐变较大。骨料弹性模量较大，级配较好及最大粒径较大时，徐变较小。

混凝土不论是受压、受拉或受弯时，均有徐变现象。混凝土的徐变对结构物的影响有有利方面，也有不利方面。混凝土的徐变对钢筋混凝土构件来说，能消除钢筋混凝土内的应力集中，使应力较均匀地重新分布。对于大体积混凝土，则能消除由于温度变形所产生的破坏应力。但是，在预应力钢筋混凝土结构中，徐变会使钢筋的预加应力受到损失，从而降低结构的承载能力。

【在线测试】

4.3.4 混凝土的耐久性

混凝土的耐久性是指混凝土在使用条件下抵抗周围环境中各种因素长期作用而不破坏的能力。以往人们过于注重混凝土的强度，而在实际应用中，许多混凝土结构的破坏不是由于强度不足，而是在长期遭受了自然界的侵蚀后，出现了裂缝、碳化、风化、锈蚀等问题，需要修复、加固，甚至不得不废弃。因此，提高混凝土耐久性，对于延长结构寿命、减少修复工作量、提高经济效益有着重要的意义。

在工程上应用的混凝土除应具有适当的强度和能安全地承受设计荷载外，还应具有在所处的自然环境及使用条件下经久耐用的性能，如抗渗性、抗冻性、抗化学腐蚀性以及预防碱-骨料反应等。这些性能决定着混凝土经久耐用的程度，所以统称为耐久性。

4.3.4.1 抗渗性

混凝土的抗渗性是指混凝土抵抗压力液体（水、油、溶液等）渗透作用的能力。它直接影响混凝土的抗冻性和抗侵蚀性。

混凝土的抗渗性主要与其密实度及内部孔隙的大小和构造有关。混凝土内部互相连通的孔隙和毛细管通路，以及由于混凝土施工成型时，振捣不实产生的蜂窝、孔洞等都会造成混凝土渗水。影响混凝土抗渗性的因素如下：

(1) 水胶比

混凝土水胶比大小，对其抗渗性能起决定性作用。水胶比越大，抗渗性越差。成型密实的混凝土，水泥石自身的抗渗性对混凝土的抗渗性影响最大。

(2) 骨料的最大粒径

在水胶比相同时，混凝土骨料最大粒径越大，抗渗性越差。这是由于骨料和水泥浆的界面处易产生裂隙和较大骨料下方易形成孔穴。

(3) 养护方法

蒸汽养护的混凝土，其抗渗性较潮湿养护的混凝土差。在干燥条件下，混凝土早期失水过多，容易形成收缩裂隙，因而降低混凝土的抗渗性。混凝土养护龄期越长，随着水泥水化的进行，混凝土密实度逐渐增大，抗渗性越好。

(4) 掺合料

在混凝土中加入掺合料，如优质粉煤灰，可提高混凝土的密实度，细化孔隙，改善孔结构和骨料与水泥石界面的过渡区结构，提高混凝土的抗渗性。

混凝土的抗渗性以抗渗等级来表示。抗渗等级是按标准试验方法，以材料不渗水时所能承受的最大水压力（MPa）来表示，如 P2、P4、P6、P8、P12，分别表示能抵抗 0.2 MPa、0.4 MPa、0.6 MPa、0.8 MPa、1.2 MPa 的水压力而不渗透。

4.3.4.2 抗冻性

混凝土的抗冻性是指混凝土在使用环境中，经受多次冻融循环作用，能保持强度和外观完整性的能力。在寒冷地区，特别是在接触水又受冻的环境下，要求混凝土具有较高的抗冻性能。

混凝土的抗冻性主要取决于混凝土的密实度、内部孔隙的大小与构造以及含水程度。混凝土内部孔隙的水在负温下结冰，体积膨胀造成膨胀应力，当膨胀应力大于混凝土抗拉强度时，混凝土就会产生裂缝，反复冻融使裂缝不断扩展直至破坏。影响混凝土抗渗性的因素对混凝土抗冻性也有类似的影响。最有效的方法是掺入引气剂、减水剂和防冻剂。

混凝土抗冻性以抗冻等级表示。抗冻等级是采用龄期 28 d 的试块在吸水饱和状态下，经受反复冻融循环，以抗压强度下降不超过 25%，且质量损失不超过 5%时，所能承受的最大冻融循环次数确定。混凝土的抗冻等级分为 F10、F15、F25、F50、F150、F200、F250、F300 八个等级，分别表示混凝土能承受的反复冻融循环次数为 10、15、25、50、150、200、250 和 300 次。

4.3.4.3 抗侵蚀性

环境介质对混凝土的侵蚀主要是对水泥石的侵蚀。

当环境水具有侵蚀性时，混凝土必须具有抗侵蚀性。混凝土的抗侵蚀性与所用水泥的品种、混凝土的密实程度和孔隙特征有关。密实和孔隙封闭的混凝土，环境水不易侵入，故其抗侵蚀性较强。所以提高混凝土抗侵蚀性的主要措施包括合理选择水泥品种、提高混凝土密实度、改善孔结构等。混凝土所用水泥品种的选择可参照第 3 章有关内容。

4.3.4.4 混凝土的碳化

混凝土的碳化是空气中的二氧化碳在有水存在的条件下，与水泥石中的氢氧化钙发生如下反应，生成碳酸钙和水的过程，即

$$Ca(OH)_2+CO_2+H_2O = CaCO_3+2H_2O$$

碳化过程是随着二氧化碳不断向混凝土内部扩散，由表及里缓慢进行的。碳化作用最主要的危害是：碳化使混凝土碱度降低，减弱了混凝土对钢筋的防锈保护作用，使钢筋易于生锈；另外，碳化将显著增加混凝土的收缩率，使混凝土表面产生拉应力，可能产生微细裂缝，从而降低混凝土的抗拉和抗折强度。

碳化可使混凝土的抗压强度提高，因为碳化反应生成的水分有利于水泥继续水化，且反应形成的碳酸钙填充了水泥石内部的孔隙。

混凝土的碳化深度大体上与碳化时间的平方成正比。影响混凝土碳化的主要因素有水泥品种、水胶比、环境湿度、硬化条件等。其中，在相对湿度为 50%～75%的环境时，碳化最快。为防止钢筋锈蚀，必须设置足够的钢筋保护层。

提高混凝土抗碳化能力的措施主要有：优先选择硅酸盐水泥和普通硅酸盐水泥；采用较小的水胶比；提高混凝土密实度；改善混凝土内部的孔隙结构。

4.3.4.5 碱-骨料反应

碱-骨料反应是指混凝土内水泥石中的 Na_2O 和 K_2O 含量多时，它们水解后生成的氢氧化钠和氢氧化钾等，能与骨料中的活性二氧化硅反应，并在骨料表面形成一层复杂的碱-硅酸凝胶。这种凝胶遇水时明显膨胀，使骨料与水泥石界面胀裂。虽然混凝土内的碱-骨料反应速度很慢，但是对混凝土的耐久性十分不利。在潮湿环境中一旦采用了碱活性骨料和高碱水泥，这种破坏将无法避免。

普遍认为发生碱-骨料反应须同时具备下列三个必要条件：碱含量高；骨料中存在活性二氧化硅、环境潮湿；水分渗入混凝土。因此，预防或抑制碱-骨料反应的措施有：

(1) 使用含碱量小于 0.6%的水泥，以降低混凝土的总含碱量；

(2) 混凝土所使用的碎石或卵石应进行碱活性检验；

(3) 使混凝土致密或表面涂覆防护材料，防止水分渗入混凝土内部；

(4) 采用能抑制碱-骨料反应的掺合料，如粉煤灰(高钙高碱粉煤灰除外)、硅灰等。

4.3.4.6 提高混凝土耐久性的措施

影响混凝土耐久性的各项指标虽然不相同，但是，提高混凝土的密实度是提高混凝土耐久

性的一个重要环节。要提高混凝土的密实度，需要做好以下各项工作：

(1) 合理选择原材料

水泥品种的选择应与工程所处环境条件相适应；外加剂的品种应与水泥的品种相匹配。

(2) 控制水胶比和水泥用量

水胶比大小是决定混凝土密实度的重要因素，它影响混凝土的强度和耐久性，必须严格控制水胶比。《混凝土结构耐久性设计标准》(GB/T 50476—2019)对混凝土结构暴露的环境类别、混凝土材料的最大水胶比做了规定，见表 4.24。

表 4.24 一般工程环境中混凝土材料的最低强度等级和最大水胶比

环境作用等级		设计使用年限					
		100 年		50 年		30 年	
		最大水胶比	混凝土强度等级	最大水胶比	混凝土强度等级	最大水胶比	混凝土强度等级
板、墙等面形构件	Ⅰ-A	0.55	≥C30	0.60	≥C25	0.60	≥C25
	Ⅰ-B	0.50	C35	0.55	C30	0.60	C25
		0.45	≥C40	0.50	≥C35	0.55	≥C30
	Ⅰ-C	0.45	C40	0.50	C35	0.55	C30
		0.40	C45	0.45	C40	0.50	C35
		0.36	≥C50	0.40	≥C45	0.45	≥C40
梁、柱等条形构件	Ⅰ-A	0.55	C30	0.60	C25	0.60	≥C25
		0.50	≥C35	0.55	≥C30		
	Ⅰ-B	0.50	C35	0.55	C30	0.60	C25
		0.45	≥C40	0.50	≥C35	0.55	≥C30
	Ⅰ-C	0.45	C40	0.50	C35	0.55	C30
		0.40	C45	0.45	C40	0.50	C35
		0.36	≥C50	0.40	≥C45	0.45	≥C40

注：①环境作用等级与环境条件相关，环境条件是指混凝土表面的局部环境。

②环境作用等级中，Ⅰ代表一般环境，A代表室内干燥环境或长期浸泡水中环境，B代表干湿交替的结构内部潮湿环境或非干湿交替的露天环境或长期潮湿环境，C代表干湿交替环境(干湿交替是指混凝土表面经常交替接触大气和水的环境条件)。

【在线测试】

(3) 掺入引气剂或减水剂

掺入引气剂或减水剂对提高抗渗性、抗冻性等有良好的作用。

(4) 改进混凝土的施工操作方法

混凝土施工过程中，加强搅拌、浇筑和振捣等生产工艺，及时有效地养护，以保证混凝土的施工质量。

【工程实例分析 4.6】

低温施工导致结构倒塌

【现象】 2016 年 11 月 24 日 7 点左右，江西省宜春市丰城电厂三期在建项目冷却塔施工平桥吊倒塌，造成横板混凝土通道倒塌事故。事故造成 73 人死亡(其中 70 名筒壁作业人员，3 名设备操作人员)，2 人受伤，直接经济损失 10197.2 万元。

【原因分析】 根据丰城市气象局提供的气象资料，2016 年 11 月 21 日至 11 月 24 日，当地气温骤降，且为阴有小雨天气，这种气象条件延迟了混凝土硬化过程的强度发展。事故调查组委托检测单位进行了同条件混凝土性能模拟试验，采用第 50～52 节筒壁混凝土实际使用的材料，按照混凝土设计配合比的材料用量，模拟事发时当地的小时温湿度，拌制的混凝土入模温度为 8.7～14.9 ℃。试验结果表明，第 50 节模板拆除时，筒壁混凝土抗压强度仅为 0.89～2.35 MPa；第 51 节筒壁混凝土抗压强度小于 0.29 MPa；第 52 节筒壁混凝土无抗压强度。按照规定，拆除第 50 节模板时，第 51 节筒壁混凝土强度应达到 6 MPa 以上。对 7 号冷却塔拆模施工过程的受力计算分析表明，在未拆模前，第 50 节筒壁根部能够承担上部荷载作用，当第 50 节筒壁 5 个区段分别开始拆模后，随着拆除模板数量的增加，第 50 节筒壁混凝土所承受的弯矩迅速增大，直至超过混凝土与钢筋界面黏结破坏的临界值。

经调查认定，事故的直接原因是施工单位在 7 号冷却塔第 50 节筒壁混凝土强度不足的情况下，违规拆除第 50 节模板，致使第 50 节筒壁混凝土失去模板支护，不足以承受上部荷载，从底部最薄弱处开始坍塌，造成第 50 节以上筒壁混凝土和模架体系连续倾塌坠落。坠落物冲击与筒壁内侧连接的平桥附着拉索，导致平桥也整体倒塌。

【工程实例分析 4.7】

碎石混凝土质量差建筑倒塌

【现象】 某住宅一层砖混结构，1989 年 1 月 15 日浇筑混凝土，3 月 7 日拆模时突然梁断倒塌。施工队队长介绍，混凝土是根据当地经验制备的，水泥、砂、石的体积比为 1.5∶3.5∶6，即质量比为 1∶2∶33.4，水胶比为 0.68，使用 32.5 级普通水泥。现场未粉碎混凝土用回弹仪测试，读数极低，最高仅 13.5 MPa，最低为 0。

【原因分析】 混凝土质量低劣有几方面的原因：

所用水泥质量差；水胶比较大，即使采用 32.5 级普通水泥能保证质量，但按此水胶比配制的混凝土很难达到 C20 的强度等级。

【工程实例分析 4.8】

北京西直门旧立交桥混凝土开裂

【现象】 北京二环路西北角的西直门立交桥于 1978 年 12 月开工，1980 年 12 月完工。建成使用一段时间后，混凝土有不同程度开裂。1999 年 3 月因各种原因拆除部分改建。在改建过程中，有关科研部门对旧桥东南引桥桥面和桥基钻芯做 K_2O、Na_2O、Cl^- 含量测试。其中 Cl^- 浓度呈明显梯度分布，表面 Cl^- 浓度为 0.094%～0.15%。距表面 1 cm 处的 Cl^- 浓度骤增，为 0.18%～0.78%。在 1～2 cm 处 Cl^- 浓度达到最高值，其后随着距表面距离的增加，Cl^- 浓度逐渐减至 0.1%左右。

【原因分析】 北京市 20 世纪 80 年代每年化冰盐的用量为 400～600 t，主要用于长安街和城市立交桥。西直门立交桥混凝土中的氯离子主要来自化冰盐。混凝土表面氯离子含量低于距表面 1～2 cm 处，是因为表面受到雨水冲刷，部分氯离子溶解流失。氯离子超过最高极限值后，会破坏钢筋表面的钝化膜，诱发钢筋锈蚀。钢筋的锈蚀产物体积膨胀，导致混凝土出现顺筋开裂，进而导致混凝土保护层脱落。

4.4 混凝土质量控制与强度评定

为了保证混凝土的质量，除必须选择适宜的原材料及设计恰当的配合比外，在施工过程中还必须对混凝土原材料、混凝土拌合物及硬化混凝土进行质量检查与质量控制。

混凝土质量控制主要包括以下几方面内容：

① 混凝土生产前的事前控制，包括设备调试、原材料性能检验、配合比设计与调整等内容；

② 混凝土生产过程的事中控制，包括控制称量、搅拌、运输、浇筑、振捣及养护等内容；

③ 混凝土生产后的事后控制，包括试样的强度检验、确定合格率和验收界限等。

在混凝土正常连续生产中，可用数理统计方法来检验混凝土强度或其他技术指标是否达到质量要求。综合评定混凝土质量可用统计方法的几个参数进行，它们是算术平均值、标准差、变异系数和保证率等。下面以混凝土强度为例来说明统计方法的一些基本概念。

4.4.1 混凝土强度的波动规律——正态分布

在正常施工情况下，对于混凝土材料许多因素都是随机的。因此，混凝土强度的变化也是随机的，测定其强度时，若以混凝土强度为横坐标，以某一强度出现的概率为纵坐标，绘出的强度-概率分布曲线一般符合正态分布，如图 4.17 所示。该正态分布曲线高峰为混凝土平均强度 f_{cu}，以平均强度为对称轴，左右两边曲线是对称的，距对称轴越远，出现的概率就越小，并逐渐趋于零。曲线和横坐标之间的面积为概率的总和，等于 100%。

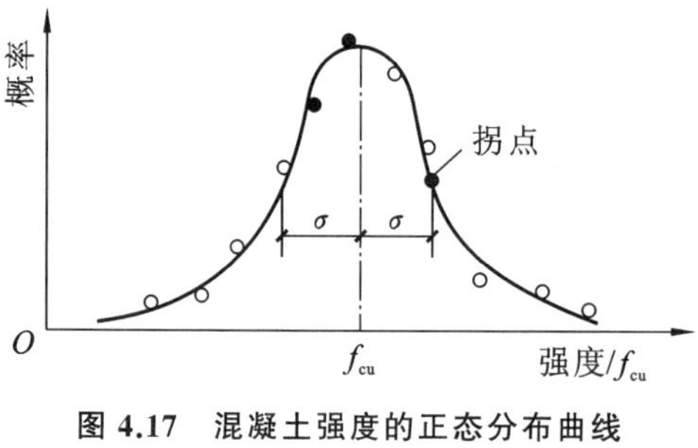

图 4.17 混凝土强度的正态分布曲线

正态分布曲线越矮而宽，表示强度数据的离散程度越大，说明施工控制水平越差；曲线窄而高，说明强度测定值比较集中，波动小，混凝土的均匀性好，施工水平较高。

4.4.2 混凝土强度平均值、标准差、变异系数

(1) 混凝土强度平均值

对同一批混凝土，在某一统计期内连续取样制作几组试件(每组3块)，测得各组试件的立方体抗压强度代表值分别为 $f_{cu,1}$、$f_{cu,2}$、$f_{cu,3}$、…、$f_{cu,n}$，求算术平均值，即得平均强度，按下式计算：

$$\overline{f}=\frac{1}{n}\sum_{i=1}^{n}f_{cu,i} \tag{4.7}$$

式中 n——混凝土强度试件组数；

$f_{cu,i}$——混凝土第 i 组的抗压强度值(MPa)。

混凝土强度平均值仅反映了混凝土总体强度的平均水平，混凝土强度的波动情况由强度标准差反映。

(2) 混凝土强度标准差 σ

标准差是强度分布曲线上拐点距离强度平均值间的距离，σ 值越大，则强度频率分布曲线越宽而矮，说明强度的离散程度较大，混凝土的质量越不均匀。

强度标准差按下式计算：

$$\sigma=\sqrt{\frac{\sum_{i=1}^{n}(f_{cu,i}-\overline{f})^2}{n-1}}=\sqrt{\frac{\sum_{i=1}^{n}f_{cu,i}^2-n\overline{f}^2}{n-1}} \tag{4.8}$$

式中 σ——混凝土强度标准差；

n——试验组数；

$f_{cu,i}$——第 i 组试件的抗压强度(MPa)；

$\overline{f}$——n 组抗压强度的算术平均值(MPa)。

(3) 变异系数 C_v

变异系数又称离差系数。C_v 值越小，说明混凝土质量越稳定，混凝土质量水平越高。变异系数按下式计算：

$$C_v=\frac{\sigma}{\overline{f}} \tag{4.9}$$

4.4.3 强度保证率

强度保证率是指混凝土强度总体中大于设计要求的强度等级标准值 $f_{cu,k}$ 的概率 P(%)。如图4.18所示，强度正态分布曲线下的面积为概率的总和，等于100%。

计算强度保证率 $P(t)$ 时，首先计算出概率度系数 t(又称保证率系数)，计算式如下：

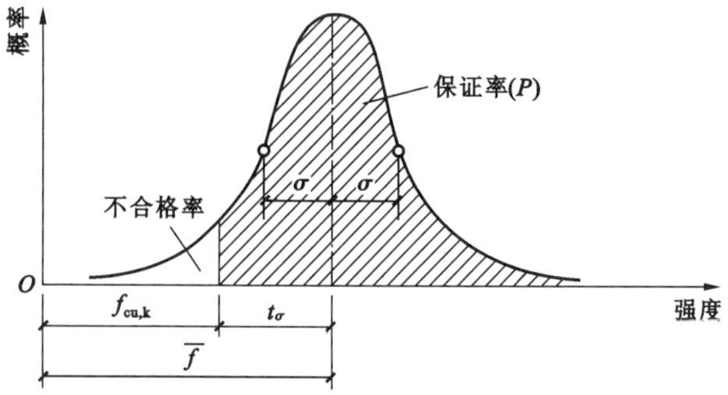

图 4.18　混凝土正态分布与保证率

$$t=\frac{\overline{f}_{cu}-f_{cu,k}}{\sigma}=\frac{\overline{f}_{cu}-f_{cu,k}}{C_v\cdot\overline{f}_{cu}} \tag{4.10}$$

混凝土强度保证率 P(%)可按下式计算：

$$P=\frac{1}{\sqrt{2\pi}}\int_t^{\infty}e^{-\frac{t^2}{2}}dt \tag{4.11}$$

实际应用中，当已知 t 时，可从数理统计书中查得 P，部分 t 值对应的 P 值如表 4.25 所示。

表 4.25　不同 t 值的保证率 P

$-t$	0.00	0.50	0.84	1.00	1.20	1.28	1.40	1.60	1.645	1.70	1.81	1.88	2.00	2.05	2.33	3.00
P/%	50.0	69.2	80.0	84.1	88.5	90.0	91.9	94.5	95.0	95.5	96.5	97.0	97.7	99.0	99.4	99.87

4.4.4　混凝土配制强度的确定

为保证混凝土强度具有《混凝土强度检验评定标准》(GB/T 50107—2010)所要求的 95% 保证率，混凝土配制强度必须高于设计要求的强度等级标准值。令 $f_{cu,0}=\overline{f}$，则有：

$$-t=\frac{\overline{f}-f_{cu,k}}{\sigma} \tag{4.12}$$

由此得混凝土配制强度为：

$$f_{cu,0}=f_{cu,k}-t\sigma \tag{4.13}$$

式中，σ 值可根据混凝土配制强度的历史统计资料得到。若无统计资料时，可参考表 4.26 数据取值。

表 4.26　普通混凝土工程混凝土的 σ 取值表

混凝土强度等级	低于 C20	C20～C50	C50～C55
标准差 σ/MPa	4.0	5.0	6.0

注：在采用本表时，施工单位可根据实际情况对 σ 作调整。

当保证率 $P=95\%$时，对应的概率系数 $t=-1.645$，因而上式可写为：

$$f_{cu,0}=f_{cu,k}+1.645\sigma \tag{4.14}$$

4.5 普通混凝土配合比设计

混凝土配合比设计是指混凝土中各组成材料数量之间的比例关系。混凝土配合比设计的目的，就是根据工程实际的技术要求及施工条件，合理选择混凝土组成材料。

4.5.1 混凝土配合比设计的基本要点

4.5.1.1 配合比设计的表示方法

混凝土配合比常用的表示方法有两种：一种是以 1 m^3 混凝土中各项材料的质量比表示。例如 1 m^3 混凝土：水泥 300 kg，水 180 kg，砂 720 kg，石子 1200 kg，1 m^3 混凝土总质量为 2400 kg。另一种是以各项材料间的质量比来表示（以水泥质量为 1）。例如，将上例换算成质量比为：水泥：砂：石＝1：2.4：4.0，水胶比＝0.60。

4.5.1.2 混凝土配合比设计的基本要求

（1）满足结构设计要求的混凝土强度等级。

（2）满足施工要求的混凝土拌合物的和易性。

（3）满足环境和使用要求的混凝土耐久性。

（4）在满足上述要求的前提下，考虑经济性。

4.5.1.3 混凝土配合比设计的任务

混凝土配合比设计是通过计算确定各种组成材料的用量，同时，确定水泥、水、砂、石等组成材料用量之间的三个比例关系。

（1）水胶比：水和水泥之间的比例关系。

（2）单位用水量：1 m^3 混凝土的用水量，它反映了水泥浆与骨料之间的比例关系。

（3）砂率：砂的质量占砂石总质量的百分率值。

混凝土配合比设计参数的确定原则如图 4.19 所示。

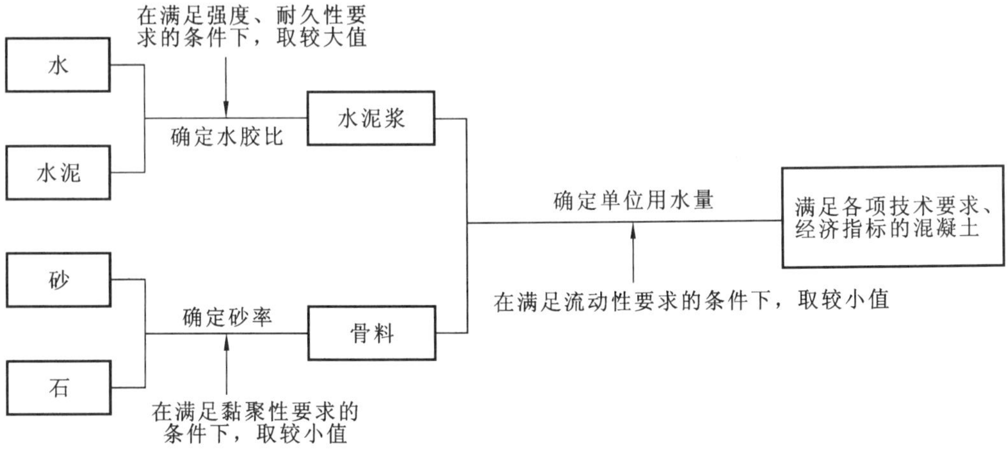

图 4.19 混凝土配合比设计参数的确定原则

4.5.2 混凝土配合比的设计步骤

一个完整的混凝土配合比设计应包括:初步配合比计算、试配和调整等步骤。

在进行混凝土配合比设计时,应先明确一些基本资料,如原材料的性质及技术指标,混凝土的各项技术要求,施工方法,施工管理质量水平,混凝土结构特征,混凝土所处的环境条件等。进行配合比设计时,先按原材料性能及对混凝土的技术要求进行初步计算,得出初步配合比;再经实验室试拌调整,得到满足和易性要求的基准配合比;然后经强度复核定出满足设计和施工要求且较经济合理的实验室配合比;最后根据现场砂、石的含水情况对配合比进行修正,得到施工配合比。现场材料的实际称量应按施工配合比进行。混凝土配合比设计步骤如图 4.20 所示。

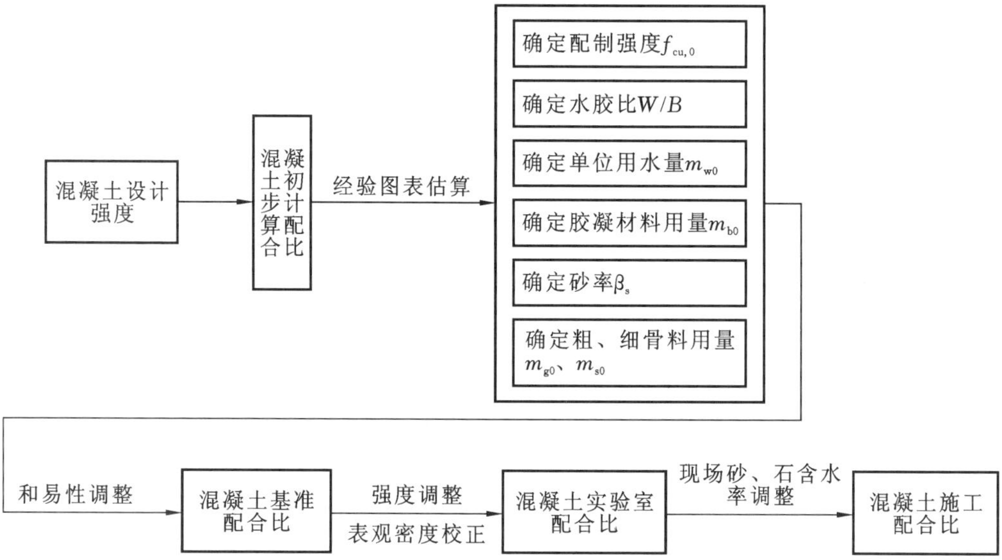

图 4.20 混凝土配合比设计步骤

4.5.2.1 *初步配合比计算*

(1) 配制强度的计算

在试验室配制强度能满足设计强度等级的混凝土,应考虑到实际施工条件与实验室条件的差别。在实际施工中,混凝土强度难免有波动。例如,施工中各项原材料的质量能否保持均匀一致,混凝土配合比能否控制准确,拌和、运输、浇灌、振捣及养护等工序是否正确等,这些因素的变化将造成混凝土质量的不稳定。为使混凝土的强度保证率能满足规定的要求,在设计混凝土配合比时,必须使混凝土的配制强度高于设计强度等级。故根据《普通混凝土配合比设计规程》(JGJ 55—2011),当混凝土的设计强度等级小于 C60 时,混凝土配制强度应按式(4.15)计算:

$$f_{cu,0}=f_{cu,k}+1.645\sigma \tag{4.15}$$

式中 $f_{cu,0}$——混凝土配制强度(MPa);

$f_{cu,k}$——混凝土立方体抗压强度标准值(MPa);

σ——混凝土施工标准差,可按表 4.26 取值。

当混凝土的设计强度等级不小于 C60 时,混凝土配制强度应按式(4.16)计算:

$$f_{cu,0} \geqslant 1.15 f_{cu,k} \tag{4.16}$$

(2) 初步确定水胶比

$$\frac{W}{B} = \frac{\alpha_a \times f_{ce}}{f_{cu,0} + \alpha_a \times \alpha_b \times f_{ce}} \tag{4.17}$$

式中 $f_{cu,0}$——混凝土试配强度(MPa)。

α_a,α_b——与骨料品种、水泥品种有关的回归系数,其数值可通过试验求得,《普通混凝土配合比设计规程》(JGJ 55—2011)提供的 α_a、α_b 经验值为:采用碎石时,$\alpha_a = 0.53$,$\alpha_b = 0.20$;采用卵石时,$\alpha_a = 0.49$,$\alpha_b = 0.13$。

f_{ce}——水泥 28 d 的实测强度(MPa)。

f_{ce}的试验方法应按《水泥胶砂强度检验方法(ISO 法)》(GB/T 17671—2021)执行。当无实测值时,可按下列规定确定:

① 当胶凝材料中无矿物掺合料时,$f_{ce} = \gamma_c f_{ce,g}$,$\gamma_c$为水泥强度富余系数,无统计资料可按表 4.27 取值;

表 4.27　水泥强度富余系数

强度等级	32.5	42.5	52.5
富余系数	1.12	1.16	1.10

② 当矿物掺合料为粉煤灰和粒化高炉矿渣粉时时,可按下式推算:

$$f_{ce} = \gamma_f \gamma_s f_{ce,g} \tag{4.18}$$

式中 $f_{ce,g}$——水泥 28 d 胶砂抗压实际强度(MPa);

γ_f、γ_s——粉煤灰影响系数和粒化高炉矿渣粉影响系数,可按表 4.28 取值;

表 4.28　粉煤灰影响系数和粒化高炉矿渣粉影响系数

种类掺量/%	粉煤灰影响系数 γ_f	粒化高炉矿渣粉影响系数 γ_s
0	1.00	1.00
10	0.85～0.95	1.00
20	0.75～0.85	0.95～1.00
30	0.65～0.75	0.90～1.00
40	0.55～0.65	0.80～0.90
50	—	0.70～0.85

注:①采用Ⅰ级或Ⅱ级粉煤灰宜取上限值;

②采用 S75 级粒化高炉矿渣粉宜取下限值,采用 S95 级粒化高炉矿渣粉宜取上限值,采用 S105 级粒化高炉矿渣粉可取上限值加 0.05;

③当超出表中的掺量时,粉煤灰和粒化高炉矿渣粉影响系数应经试验确定。

为了保证混凝土满足所要求的耐久性，一般工程环境中使用的混凝土的最低强度等级应符合表4.24的规定，水胶比不得大于表4.24中规定的最大水胶比值。如计算所得的水胶比大于规定的最大水胶比值时，应舍弃计算值，取规定的最大水胶比值。其他工程环境使用的混凝土的最大水胶比应符合《混凝土结构耐久性设计标准》(GB/T 50476—2019)的规定。

(3) 确定用水量和外加剂用量

为了满足混凝土拌合物的和易性要求，可参考表4.21，并根据混凝土坍落度要求和骨料最大粒径选取用水量。

掺用各种外加剂或掺合料时，用水量应相应调整。水胶比小于0.40的混凝土以及采用特殊成型工艺的混凝土用水量，应通过试验确定。流动性和大流动性混凝土的用水量宜以表4.21中的坍落度90 mm的用水量为基础，按坍落度每增大20 mm、用水量增加5 kg计算出未掺外加剂时的混凝土的用水量。

掺外加剂时，每立方米流动性或大流动性混凝土的用水量可按下式计算：

$$m'_{w0}=m_{w0}(1-\beta) \tag{4.19}$$

式中 m'_{w0}——计算配合比每立方米混凝土的用水量(kg/m^3)；

m_{w0}——未掺外加剂时推定的满足实际坍落度要求的每立方米混凝土用水量(kg/m^3)，以表4.21中的坍落度90 mm的用水量为基础，按坍落度每增大20 mm、用水量增加5 kg计算，当坍落度增大到180 mm以上时，随坍落度增加相应增加的用水量可减少；

β——外加剂的减水率(%)，应经混凝土试验确定。

每立方米混凝土中外加剂用量m_{a0}应按下式计算：

$$m_{a0}=m_{b0}\beta_a \tag{4.20}$$

式中 m_{a0}——计算配合比每立方米混凝土中外加剂用量(kg/m^3)；

m_{b0}——计算配合比每立方米混凝土中胶凝材料用量(kg/m^3)；

β_a——外加剂掺量(%)，应经混凝土试验确定。

(4) 胶凝材料、矿物掺合料和水泥用量

根据已选定的每立方米混凝土用水量和已确定的水胶比值，可由下式求出水泥用量：

$$m_{b0}=\frac{m_{w0}}{\frac{W}{B}} \tag{4.21}$$

式中 m_{b0}——计算配合比每立方米混凝土中胶凝材料用量(kg/m^3)；

m_{w0}——计算配合比每立方米混凝土的用水量(kg/m^3)；

$\frac{W}{B}$——混凝土水胶比。

每立方米混凝土的矿物掺合料用量(m_{f0})应按下式计算：

$$m_{f0}=m_{b0}\beta_f \tag{4.22}$$

式中　m_{f0}——计算配合比每立方米混凝土中矿物掺合料用量(kg/m^3)；

m_{b0}——计算配合比每立方米混凝土中胶凝材料用量(kg/m^3)；

β_f——矿物掺合料掺量(%)。

每立方米混凝土的水泥用量(m_{c0}),应按下式计算：

$$m_{c0}=m_{b0}-m_{f0} \tag{4.23}$$

式中　m_{c0}——计算配合比每立方米混凝土中水泥用量(kg/m^3)。

为了保证混凝土的耐久性要求,由上式计算得到的水泥用量还应满足表 4.29 中最小胶凝材料用量的要求。如算得的水泥用量小于规定的最小水泥用量,则应取规定的最小水泥用量值。

表 4.29　混凝土最小胶凝材料用量(kg/m^3)

最大水胶比	最小胶凝材料用量		
	素混凝土	钢筋混凝土	预应力混凝土
0.60	250	280	300
0.55	280	300	300
0.50	320		
≤0.45	330		

注：当使用活性掺合料取代部分水泥时,表中的最大水胶比和最小胶凝材料用量即替代前的水胶比和水泥用量。

(5) 确定砂率

合理的砂率值主要根据新拌混凝土的流动性、黏聚性及保水性等确定,一般应通过试验找出合理砂率。在无使用经验时,混凝土砂率的确定应符合下列规定：

① 对于坍落度为 10～60 mm 的混凝土,可根据骨料种类、规格及混凝土的水胶比,按表 4.22 选用；

② 坍落度大于 60 mm 的混凝土砂率,可经试验确定,也可在表 4.22 基础上,按坍落度每增大 20 mm、砂率增大 1%的幅度予以调整；

③ 坍落度小于 10 mm 的混凝土,其砂率应经试验确定,对于混凝土量大的工程也应通过试验找出合理砂率。

(6) 计算粗、细骨料的用量

粗、细骨料的用量可用质量法或体积法计算确定。

① 质量法

根据经验,如果原材料情况比较稳定,所配制的混凝土拌合物的表观密度将接近一个固定值,可先根据工程经验估计每立方米混凝土拌合物的质量(在 2350～2450 kg/m^3 范围内选取),按下列方程组计算粗、细骨料用量：

$$\left.\begin{aligned} m_{c0}+m_{g0}+m_{s0}+m_{w0}=m_{cp} \\ \beta_s=\frac{m_{s0}}{m_{g0}+m_{s0}}\times 100\% \end{aligned}\right\} \tag{4.24}$$

式中 m_{c0}——每立方米混凝土的水泥用量(kg)；

m_{g0}——每立方米混凝土的粗骨料用量(kg)；

m_{s0}——每立方米混凝土的细骨料用量(kg)；

m_{w0}——每立方米混凝土的用水量(kg)；

m_{cp}——每立方米混凝土拌合物的假定质量(kg)，其值可取 2350～2450 kg。

② 体积法

体积法是根据混凝土拌合物的体积等于各组成材料绝对体积和混凝土拌合物中空气体积的总和来计算。可按下列方程组计算出粗、细骨料的用量：

$$\left.\begin{aligned}\frac{m_{c0}}{\rho_c}+\frac{m_{s0}}{\rho_s}+\frac{m_{g0}}{\rho_g}+\frac{m_{w0}}{\rho_w}+\frac{m_{f0}}{\rho_f}+0.01\alpha=1\\ \beta_s=\frac{m_{s0}}{m_{g0}+m_{s0}}\times 100\%\end{aligned}\right\} \tag{4.25}$$

式中 ρ_c——水泥密度(kg/m^3)，可取 2900～3100 kg/m^3；

ρ_s——细骨料的表观密度(kg/m^3)；

ρ_g——粗骨料的表观密度(kg/m^3)；

ρ_w——水的密度(kg/m^3)，可取 1000 kg/m^3；

ρ_f——矿物掺合料密度(kg/m^3)；

α——混凝土的含气量百分数，在不使用引气型外加剂时，α 可取为 1。

通过以上步骤可将水、水泥、砂和石子的用量全部求出，得到初步配合比。

4.5.2.2 基准配合比的计算

初步配合比是利用经验公式或统计资料获得的，是否能够真正满足混凝土的和易性要求，含砂率是否合理等，都需要通过试拌来进行检验。如果试拌结果不符合所提出的要求，可按具体情况加以调整。经过试拌调整，就可在满足和易性要求的范围内，根据所用材料算出调整后的基准配合比。

和易性的调整方法是按初步计算配合比称取材料进行试拌。混凝土拌合物搅拌均匀后应测定坍落度，并检查其黏聚性和保水性能的好坏。如坍落度不满足要求，或黏聚性和保水性不好时，则应在保持水胶比不变的条件下相应地调整用水量或砂率。当坍落度低于设计要求时，可保持水胶比不变，适当增加水泥浆。如坍落度太大，可在保持砂率不变条件下增加骨料。如含砂不足，黏聚性和保水性不良时，可适当增大砂率；反之应减小砂率。每次调整后再试拌，直到和易性符合要求为止，此时所得的配合比为基准配合比。当试拌调整工作完成后，应测出混凝土拌合物的实际表观密度。

4.5.2.3 实验室配合比的确定

由基准配合比配制的混凝土已能满足混凝土拌合物的和易性要求，但是强度是否符合设计要求还不确定。虽然通过混凝土强度试验已计算出水胶比，但公式与实际的情况并不完全吻合。因此，以计算的水胶比作为基准水胶比，再将水胶比增加或减少 0.05，采用基准用水量，仅改变水泥用量，形成三组配合比，分别制作强度试件。每个配合比至少按标准方法制作一组试件，标准养护 28 d 后试压。

根据所测定的混凝土强度与相应的胶水比作图或计算（图 4.21），求出与混凝土配制强度对应的胶水比值，再按以下方法调整各材料用量：测得拌合物的实测表观密度 $\rho_{c,t}$，根据前面的材料用量确定混凝土的计算表观密度 $\rho_{c,c}$，计算出配合比校正系数：

$$\delta=\frac{\rho_{c,t}}{\rho_{c,c}} \tag{4.26}$$

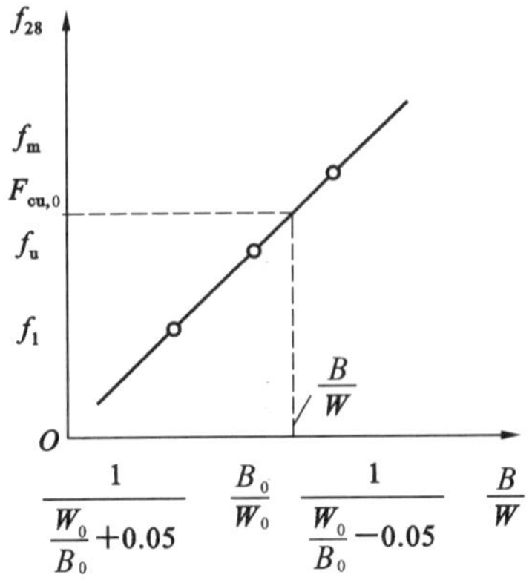

图 4.21　抗压强度与胶水比的关系

当混凝土表观密度实测值 $\rho_{c,t}$ 与计算值 $\rho_{c,c}$ 之差的绝对值不超过计算值的 2%时，前面确定的配合比即为确定的实验室配合比；反之，超过 2%时，应将配合比中每项材料用量均乘以校正系数 δ，即为确定的实验室配合比。

4.5.2.4　混凝土施工配合比

实验室得出的配合比是以绝对干燥的材料为基准的，而工地存放的砂、石都含有一定的水分。所以现场材料的实际称量应按工地砂、石的含水情况进行修正，这样才能得到施工配合比。

设施工配合比 1 m^3 混凝土中水泥、水、砂、石的用量分别为 m'_c、m'_w、m'_s、m'_g；并设工地砂子含水率为 a%，石子含水率为 b%。则施工配合比 1 m^3 混凝土中各材料用量为：

$$m'_c=m_c$$
$$m'_s=m_s(1+a\%)$$
$$m'_g=m_g(1+b\%)$$
$$m'_w=m_w-m_s\times a\%-m_g\times b\%$$

4.5.3　混凝土配合比设计实例

某工程的预制钢筋混凝土梁截面尺寸为 250 mm×250 mm（不受风雪影响），混凝土设计强度等级为 C25，施工要求坍落度为 30～50 mm（混凝土由机械搅拌、机械振捣），钢筋最小净间距为 50 mm。该施工单位无历史统计资料。所用材料如下：

普通水泥：强度等级 42.5（强度富余系数按统计资料取为 1.1），表观密度 $\rho_c=3.1\ g/cm^3$；

矿物掺合料：Ⅱ级 F 类粉煤灰，密度为 2.6 g/cm^3；

中砂：表观密度 $\rho_s=2.65\ g/cm^3$，堆积密度 $\rho'_s=1500\ kg/m^3$；

碎石：表观密度 $\rho_g=2.7\ g/cm^3$，堆积密度 $\rho'_g=1550\ kg/m^3$，最大粒径为 31.5 mm；

水：自来水。

设计要求：

(1) 确定混凝土的实验室配合比；

(2) 施工现场砂含水率 4%，碎石含水率 1%，求施工配合比。

【解】 根据《混凝土结构工程施工质量验收规范》的要求，粗骨料的最大粒径不大于结构截面最小尺寸的$\frac{1}{4}$，且不超过钢筋净间距的$\frac{3}{4}$，即：

$$D_{\max} \leqslant \frac{1}{4} \times 250\ \text{mm} = 62.5\ \text{mm},\ D_{\max} \leqslant \frac{1}{4} \times 50\ \text{mm} = 37.5\ \text{mm}$$

因此，现采用最大粒径为 31.5 mm 的碎石，符合规定。

(1) 计算初步配合比

① 计算配制强度

根据题意可知 $f_{cu,k}=25$ MPa，查表 4.26，取 $\sigma=5.0$ MPa，则：

$$f_{cu,0}=f_{cu,k}+1.645\sigma=25+1.645\times5.0=33.2\ \text{MPa}$$

② 确定混凝土水胶比 m_w/m_b

因为采用 42.5 级普通硅酸盐水泥，Ⅱ级 F 类粉煤灰，假设粉煤灰用量为 20%，查表 4.28 得 $\gamma_f=0.85$，$\gamma_s=1.0$，则：

$$f_{ce}=\gamma_f\gamma_s f_{ce,g}=0.85\times1.0\times1.1\times42.5=39.74\ \text{MPa}$$

粗骨料为碎石，回归系数 $\alpha_a=0.53$，$\alpha_b=0.20$，则：

$$\frac{m_w}{m_b}=\frac{\alpha_a\times f_{ce}}{f_{cu,0}+\alpha_a\times\alpha_b\times f_{ce}}=\frac{0.53\times39.74}{33.2+0.53\times0.2\times39.74}=0.56$$

查表 4.24，该环境中混凝土最大水胶比规定为 0.60，所以取水胶比 $m_w/m_b=0.56$。

③ 确定用水量 m_{w0}

该混凝土所用碎石最大粒径为 31.5 mm，坍落度要求为 30～50 mm，查表 4.21 取 $m_{w0}=185$ kg。

④ 计算胶凝材料用量 m_{b0}

$$m_{b0}=\frac{m_{w0}}{m_w/m_b}=\frac{185}{0.56}=330.4\ \text{kg}$$

查表 4.29，该环境中混凝土最小水泥用量规定为 260 kg，所以取 $m_{b0}=330.4$ kg。则每立方米混凝土的矿物掺合料用量(m_{f0})和水泥用量(m_{c0})分别为：

$$m_{f0}=330.4\times20\%=66.1\ \text{kg}$$

$$m_{c0}=330.4-66.1=264.3\ \text{kg}$$

⑤ 确定砂率 β_s

该混凝土所用碎石最大粒径为 31.5 mm，水胶比为 0.56，查表 4.22 取 $\beta_s=35\%$。

⑥ 计算砂、石子用量 m_{s0}、m_{g0}

采用体积法计算，取 $\alpha=1$，则有：

$$\begin{cases}\dfrac{364.3}{3100}+\dfrac{66.1}{2600}+\dfrac{m_{g0}}{2700}+\dfrac{m_{s0}}{2650}+\dfrac{185}{1000}+0.01\alpha=1\\[2mm]\dfrac{m_{s0}}{m_{s0}+m_{g0}}=0.35\end{cases}$$

解方程组，可得 $m_{s0}=659.1$ kg，$m_{g0}=1210.5$ kg。

按体积法求得的配合比为：

$$m_{c0}:m_{f0}:m_{s0}:m_{g0}=264.3:66.1:659.1:1210.5=1:0.25:2.49:4.58,\ m_w/m_b=0.56$$

采用质量法，假定混凝土拌合物的质量为 $m_{cp}=2400$ kg，将数据代入计算公式，得：

$$\begin{cases}330.4+185+m_{s0}+m_{g0}=2400\\[2mm]\dfrac{m_{s0}}{m_{s0}+m_{g0}}\times100\%=35\%\end{cases}$$

解方程组，可得 $m_{s0}=659.6\ kg$，$m_{g0}=1224.99\ kg$

按质量法求得的配合比为：

$$m_{c0}:m_{f0}:m_{s0}:m_{g0}=264.3:66.1:659.6:1224.99=1:0.25:2.50:4.63,m_w/m_b=0.56$$

(2) 配合比的试配、调整与确定

以体积法计算结果进行试配。

① 配合比的试配、调整

按初步配合比试拌 15 L，其材料用量：

水泥：0.015×264.3=3.96 kg

粉煤灰：0.015×66.1=0.99 kg

水：0.015×185=2.78 kg

砂：0.015×659.1=9.78 kg

石：0.015×1210.5=18.16 kg

搅拌均匀后，进行坍落度试验，测得坍落度为 25 mm，比要求的坍落度小，应适当增加水泥浆用量。当保持水胶比不变，增加水泥浆 5%后，重新测定坍落度为 42 mm，黏聚性和保水性良好，符合施工要求。调整和易性后，各材料用量分别为：水泥 4.16 kg，粉煤灰 1.04 kg，水 2.92 kg，砂 9.78 kg，石 18.16 kg。则经过和易性调整后的基准配合比为：

水泥： $m_c=\dfrac{4.16}{4.16+1.04+2.92+9.78+18.16}\times 2397\ kg/m^3=276.53\ kg/m^3$

粉煤灰：$m_f=\dfrac{1.04}{4.16+1.04+2.92+9.78+18.16}\times 2397\ kg/m^3=69.13\ kg/m^3$

水： $m_w=\dfrac{2.92}{4.16+1.04+2.92+9.78+18.16}\times 2397\ kg/m^3=194.10\ kg/m^3$

砂： $m_s=\dfrac{9.78}{4.16+1.04+2.92+9.78+18.16}\times 2397\ kg/m^3=650.10\ kg/m^3$

石子： $m_g=\dfrac{18.16}{4.16+1.04+2.92+9.78+18.16}\times 2397\ kg/m^3=1207.14\ kg/m^3$

② 实验室配合比的确定

配制三种不同水胶比的混凝土，制作三组试件，其中一组水胶比为基准配合比的水胶比，另外两组的水胶比在此基础上分别±5%，砂率分别±1%。制备 15 L 混凝土拌合物所需材料用量见表 4.30。试件经标准养护 28 d 后，进行抗压强度试验，得出各配合比混凝土试件强度见表 4.30，绘制强度与胶水比关系曲线如图 4.22 所示。

表 4.30　试配混凝土性能参数

水胶比	混凝土拌合物各材料用量/kg					坍落度/mm	强度/MPa
	水泥	粉煤灰	砂	石	水		
0.51	4.53	1.20	9.50	18.44	2.92	30	36.6
0.56	4.16	1.05	9.78	18.16		35	34.8
0.61	3.78	1.00	10.05	17.89		42	30.5

由图4.22可求出配制强度为33.2 MPa的混凝土所对应的胶水比为1.75，则水胶比约为0.57，以基准配合比的用水量194.10 kg/m³为依据，确定各材料用量：

胶凝材料用量：　　$194.10\ \mathrm{kg/m^3}\times\dfrac{1}{0.57}=340.53\ \mathrm{kg/m^3}$

粉煤灰用量：　　$340.53\ \mathrm{kg/m^3}\times 20\%=68.11\ \mathrm{kg/m^3}$

水泥用量：　　$340.53-68.11=272.42\ \mathrm{kg/m^3}$

砂子用量：　　$650.10\ \mathrm{kg/m^3}$

石子用量：　　$1207.14\ \mathrm{kg/m^3}$

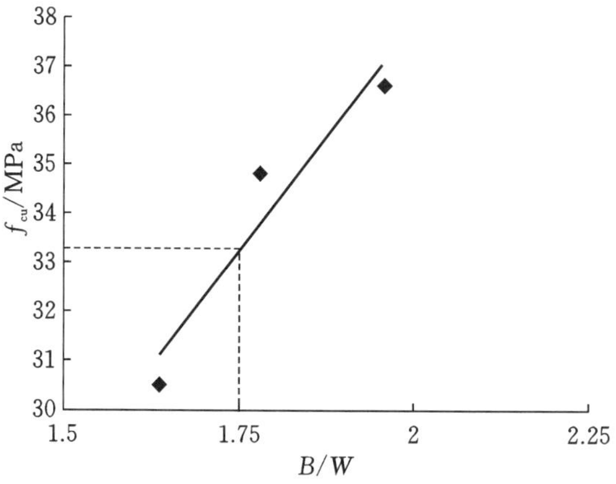

图4.22　实测强度与胶水比的关系

按上述计算配合比进行拌合混凝土，实测表观密度为2397 kg/m³，计算表观密度为：

$$\rho_{c,c}=340.53+194.10+650.10+1207.14=2391.87\ \mathrm{kg/m^3}$$

$$\left|\frac{2397-2391.87}{2391.87}\right|\times 100\%=0.21\%<2\%$$

由于混凝土表观密度的实测值与计算值之差不超过计算值的2%，所以前面的计算配合比即为确定的实验室配合比，即水泥用量272.42 kg/m³，粉煤灰用量68.11 kg/m³，用水量194.10 kg/m³，砂子用量650.10 kg/m³，石子用量1207.14 kg/m³。

(3) 施工配合比

将实验室配合比换算为施工配合比，用水量应扣除砂、石所含水量，而砂、石则应加入含水量。施工配合比计算如下：

水泥：$m_{c施}=m_{c0}=272.42\ \mathrm{kg}$

粉煤灰：$m_f=68.11\ \mathrm{kg}$

砂子：$m_{s施}=m_{s0}\times(1+4\%)=650.10\times(1+4\%)=676.10\ \mathrm{kg}$

石子：$m_{g施}=m_{g0}\times(1+1\%)=1207.14\times(1+1\%)=1219.21\ \mathrm{kg}$

水：$m_{w施}=m_{w0}-m_{s0}\times 4\%-m_{g0}\times 1\%=194.10-650.10\times 4\%-1207.14\times 1\%$
$=156.03\ \mathrm{kg}$

则施工配合比为：水泥272.42 kg，粉煤灰68.11 kg，砂子676.10 kg，石子1219.21 kg，水156.03 kg。

【在线测试】

4.6 其他品种混凝土

4.6.1 高性能混凝土

高性能混凝土是1990年在美国NIST和ACI召开的一次国际会议上首次被提出来的，并立即得到各国学者和工程技术人员的积极响应。尽管目前对于高性能混凝土还没有一个统一的定义，但其基本的含义是指具有良好的工作性，早期强度高而后期强度不减小，体积稳定性好，耐久性好，在恶劣的使用环境条件下寿命长和匀质性好的混凝土。

配制高性能混凝土的主要途径是：

① 改善原材料性能。如采用高品质水泥，选用致密坚硬、级配良好的骨料，掺用高效减水剂，掺加超细活性掺合料等。

② 优化配合比。应当注意，普通混凝土配合比设计的强度-水胶比关系式在这里不再适用，必须通过试配优化后确定。

③ 加强生产质量管理，严格控制每个生产环节。

为达到混凝土拌合物流动性要求，必须在混凝土拌合物中掺高效减水剂(或称超塑化剂、流化剂)。常用的高效减水剂有：三聚氰胺硫酸盐甲醛缩合物、萘磺酸盐甲醛缩合物和改性木质素磺酸盐等。高效减水剂的品种及掺量的选择，除与要求的减水率大小有关外，还与减水剂和胶凝材料的适应性有关。高效减水剂的选择及掺入技术是决定高性能混凝土各项性能的关键，需经试验研究确定。

高性能混凝土中也可以掺入某些纤维材料以提高其韧性。

高性能混凝土是水泥混凝土的发展方向之一。它将被广泛地用于桥梁工程、高层建筑工业厂房结构、港口及海洋工程、水工结构等工程中。

4.6.2 高强度混凝土

目前世界各国使用的混凝土，其平均强度和最高强度都在不断提高。西方发达国家使用的混凝土平均强度已超过30 MPa，高强度混凝土所定义的强度也在不断提高。在我国，高强混凝土是指强度等级在C60以上的混凝土。但一般来说，混凝土强度等级越高，脆性越大，混凝土结构的不安全因素越多。

高强度混凝土可通过采用高强度水泥、优质骨料、较低的水胶比、高效外加剂和矿物掺合料，以及强烈振动密实作用等方法获得。

配制高强度混凝土一般要求：水泥应采用强度不低于42.5的硅酸盐水泥或普通硅酸盐水泥；粗骨料的最大粒径不宜大于26.5 mm；掺入高效减水剂，C70以上的混凝土需掺入硅灰或其他掺合料；水胶比须小于0.32，砂率应为30%～35%。

高强度混凝土的密实度很高，因而高强混凝土的抗渗性、抗冻性、抗侵蚀性等耐久性均很高，高强混凝土的使用寿命超过一般混凝土。高强混凝土强度高，但脆性较大，拉压比较低，在应用中应格外注意。

高强度混凝土广泛应用于高层、大跨、重载、高耸等建筑的混凝土结构。

4.6.3 轻混凝土

轻混凝土是指表观密度小于 1950 kg/m^3 的混凝土。轻混凝土根据原材料和生产方法的不同可分为轻骨料混凝土、多孔混凝土和大孔混凝土。

(1) 轻骨料混凝土

凡是用轻粗骨料、轻细骨料、水泥和水配制而成的混凝土,表观密度不大于 1950 kg/m^3 者,称为轻骨料混凝土。

按细骨料不同,轻骨料混凝土又分为全轻混凝土(粗、细骨料均为轻骨料)和砂轻混凝土;按骨料种类可划分为工业废料混凝土(如粉煤灰混凝土)、天然轻骨料混凝土(如浮石混凝土)和人造轻骨料混凝土(如膨胀珍珠岩混凝土)。

影响轻骨料混凝土强度的主要因素有:骨料性质、水泥浆强度及施工质量等。与普通混凝土相比,轻骨料混凝土表观密度低、弹性模量低、抗震性好、热膨胀系数小、抗渗和抗冻性能好、耐久性良好、导热系数低、保温性能好。

轻骨料混凝土按立方体抗压强度标准值可分为 CL5.0、CL7.5、CL10、CL15、CL20、CL25、CL30、CL35、CL40、CL45、CL50 十一个强度等级。轻骨料混凝土可用于工业与民用建筑的保温、结构保温、结构承重等,如表 4.31 所示。

表 4.31 轻骨料混凝土的强度等级及适用工程环境

混凝土名称	强度等级合理范围	密度等级合理范围	用途
保温轻骨料混凝土	CL5.0	800 kg/m^3	主要用于保温的围护结构或热工构筑物
结构保温轻骨料混凝土	CL5.0～CL15	800～1400 kg/m^3	主要用于既承重又保温的围护结构
结构轻骨料混凝土	CL15～CL50	1400～1900 kg/m^3	主要用作承重构件或构筑物

轻骨料混凝土配合比设计应满足强度等级和密度等级的要求,满足施工和易性的要求,还应满足耐久性和经济性方面的要求,同时应考虑骨料吸水率的影响。

(2) 多孔混凝土

多孔混凝土是指内部分布着大量微小气泡的轻质混凝土。多孔混凝土的孔隙率高达60%以上。按形成气泡的方法不同,可分为加气混凝土和泡沫混凝土;按养护方法不同,可分为蒸压多孔混凝土和非蒸压多孔混凝土。多孔混凝土的表观密度不超过 1000 kg/m^3,通常为 300～800 kg/m^3,保温性能良好,一般为 0.09～0.17 W/(m·K)。

加气混凝土是以含钙材料(石灰、水泥)、含硅材料(石英砂、尾矿粉、粉煤灰、粒化高炉矿渣、页岩等)和适量加气剂(铝粉)为原材料,经过磨细、配料、搅拌、浇筑、切割和压蒸养护(在 0.8～1.5 MPa、175～203 ℃下养护 6～8 h)等工序生产而成。

泡沫混凝土是将由水泥等拌制的料浆与由泡沫剂搅拌造成的泡沫混合搅拌,经浇筑、养护、硬化而成的一种多孔混凝土。泡沫混凝土的性能和用途与加气混凝土基本相同,只是泡沫混凝土可现场浇筑。

由于多孔混凝土具有高透水性、高承载力、高散热性、装饰效果好及耐用性显著等特点,目前多用于道路透水性铺装、绿化型护坡铺装及吸音降噪铺装,如图 4.23 所示。

(a)

(b)

图 4.23 多孔混凝土的应用

(a)护坡铺装;(b)透水混凝土路面

(3) 大孔混凝土

大孔混凝土是指无细骨料的混凝土,可分为普通无砂大孔混凝土和轻骨料大孔混凝土。为提高混凝土的强度,也可加入少量细骨料,制成少砂大孔混凝土。

普通大孔混凝土的导热系数小、保温性好、抗冻性好,收缩率一般比普通混凝土小 30%~50%。可用于墙体小型空心砌块、砖和各种板材,也可用于现浇墙体。普通大孔混凝土还可制成滤水管、滤水板等,用于市政工程。

4.6.4 纤维混凝土

纤维混凝土是以普通混凝土为基体,外掺各种纤维材料而成。掺入纤维的目的是提高混凝土的抗拉强度,降低脆性。常用的纤维有钢纤维、玻璃纤维、碳纤维、矿棉和各种有机纤维等。

各类纤维中以钢纤维对抑制混凝土裂缝的形成、提高混凝土抗拉和抗弯强度、增加韧性效果最好。但为了节约钢材,目前国内外都在研制采用玻璃纤维、矿棉等配制而成的纤维混凝土。在纤维混凝土中,纤维的含量、几何形状、长径比、弹性模量等,对其性能具有重要影响。纤维混凝土在路面、桥面、机场道面、断面较薄的轻型结构和压力管道等方面均有应用。随着研究深入,纤维混凝土将在土木工程中得到更广泛的应用。

4.6.5 防水混凝土

防水混凝土是指抗渗等级不小于 P6 级的混凝土,又称抗渗混凝土。防水混凝土是采取多种措施,使普通混凝土中原先存在的渗水毛细管通路尽量减少或被堵塞,从而大幅减少混凝土的渗水,如图 4.24 所示。

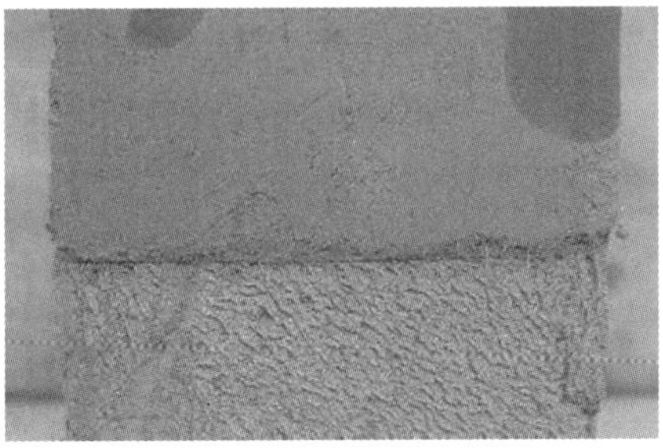

图 4.24 防水混凝土

防水混凝土按配制方法不同大体可分为三类：普通防水混凝土、外加剂防水混凝土、膨胀水泥防水混凝土。不论用哪种方法，都是为了增加混凝土内部密实度、阻塞毛细管通路、减少界面裂缝，以实现较高的抗渗性能。

配制防水混凝土，与配制普通混凝土不同，是需要调整配合比的，如：尽量减小水胶比，采用渗透性小的骨料，适当提高水泥用量、砂率。防水混凝土应符合下列规定：

(1) 抗渗混凝土的最大水胶比的限值见表4.32；

(2) 水泥强度等级不宜低于32.5，水泥用量不宜小于325 kg/m^3；

(3) 粗骨料最大粒径不宜大于40 mm；

(4) 砂率宜为35%～40%。

表4.32 抗渗混凝土最大水胶比限值

抗渗等级	最大水胶比	
	C20～C30混凝土	C30以上混凝土
P6	0.60	0.55
P8～P12	0.55	0.50
＞P12	0.50	0.45

4.6.6 泵送混凝土

泵送混凝土是指其拌合物坍落度大于100 mm，并适于用泵输送的混凝土。泵送混凝土应具有良好的流动性、黏聚性和保水性，在泵压力作用下不离析、不泌水，否则将会阻塞混凝土输送管道。

为保证混凝土的可泵性，混凝土的组成材料应符合泵送混凝土的要求：

(1) 泵送混凝土的用水量与胶凝材料(水泥和矿物掺合料的总量)之比不宜大于0.60；

(2) 水泥或胶凝材料总量不宜小于300 kg/m^3，砂率应在35%～45%；

(3) 所用碎石的最大粒径小于输送管道的1/3，卵石的最大粒径不大于输送管道内径的2/5，粗骨料宜采用连续级配，其针、片状颗粒含量不宜大于10%；

(4) 掺用引气型外加剂时，其混凝土含气量不宜大于4%。

4.6.7 大体积混凝土

混凝土结构实体最小尺寸等于或大于2 m，或一次浇筑量超过1000 m^3的混凝土称为大体积混凝土。

大体积混凝土的原材料应符合下列规定：

(1) 应选用水化热低和凝结时间长的水泥，如低热矿渣硅酸盐水泥、中热硅酸盐水泥、矿渣硅酸盐水泥、粉煤灰硅酸盐水泥、火山灰质硅酸盐水泥等；

(2) 当采用硅酸盐水泥或普通硅酸盐水泥时，应采取相应措施延缓水化热的释放；

(3) 粗骨料宜采用连续级配，细骨料宜采用中砂；

(4) 大体积混凝土应掺用缓凝剂、减水剂、低水化热的掺合料。

大体积混凝土在保证混凝土强度及坍落度要求的前提下，应提高掺合料及骨料的含量，以降低每立方米混凝土的水泥用量。大体积混凝土配合比的计算和试配步骤应按普通混凝土的规定进行，并宜在配合比确定后进行水化热的演算和测定。

4.6.8 超高性能混凝土

混凝土是建筑行业最重要的材料之一。在土木工程结构大型化、复杂化的发展趋势下，在高性能混凝土(HPC)应用发展的同时，人们并没有停止对混凝土向更高强度、更高性能发展的追求。超高性能混凝土(Ultra-High Performance Concrete，UHPC)应运而生。根据《超高性能混凝土试验方法标准》(T/CECS 864—2021)，UHPC 是由水泥、矿物掺合料、骨料、纤维、外加剂和水等原材料制成的具有超高力学性能、超高抗渗性能的高韧性水泥基复合材料。

4.6.8.1 UHPC 的性能等级及标记

根据《超高性能混凝土(UHPC)技术要求》(T/CECS 10107—2020)，UHPC 按产品用途可分为结构类超高性能混凝土(ST)和装饰类超高性能混凝土(NST)，按养护方法分为自然养护类超高性能混凝土(N)和热养护类超高性能混凝土(H)，其性能包括扩展度、抗压性能、抗拉性能等方面，各指标分级见表 4.33。

表 4.33 UHPC 性能等级

性能	分级	数值
抗压强度(f_{cu}/MPa)	UC1	$100 \leqslant f_{cu} < 120$
	UC2	$120 \leqslant f_{cu} < 150$
	UC3	$150 \leqslant f_{cu} < 180$
	UC4	$f_{cu} \geqslant 180$
抗拉强度(f_t/MPa)	UT1	≥5
	UT2	≥5
	UT3	≥7
	UT4	≥10
拓展度(S/mm)	UF1	S<650
	UF2	650≤S<750
	UF3	S≥750

UHPC 应按产品用途代号、养护方法代号、产品建成、拓展度等级、抗压强度等级、抗拉强度等级、标准编号顺序进行标记。例如：热养护的非结构类超高性能混凝土，拓展度等级为 UF1，抗压强度等级为 UC2，抗拉强度等级为 UT3，则标记为：

NST-H-UHPC UF1/UC2/UT3-T/CECS 10107-2020

4.6.8.2　UHPC的理论基础

(1) 高致密水泥基均匀体系

混凝土骨料粒径与其界面的微裂隙尺寸和扩展有直接关系，因而高强、高性能混凝土强调粗骨料的最大粒径趋小化。在超高性能混凝土中采用石英细砂(最大粒径 400～600 μm)作为骨料，剔除了粗骨料，并在混凝土中掺加活组分，采用较低的水胶比，从而提高了基体的匀质性和密实性。具体来讲，有以下两个方面：

① 微粉效应作用

在超高性能混凝土中，剔除了粗骨料，减小了过渡区的厚度与范围，并掺加了活性组分，使极细小的颗粒及反应生成的水化物填充沉积在水泥凝胶孔及微缝之中(称为“微粉效应”)，在极低的水胶比下，这不仅极大地降低了混凝土的基体缺陷，也极大地降低了混凝土中的孔隙率，并显著改善了混凝土的孔结构。

② 骨料对水泥石变形的约束作用

超高性能混凝土体系中由于消除了粗骨料对砂浆收缩的约束，整体上体系的匀质性得到了提高，应力减小，其各项性能得以改善。

(2) 微观增强

吴中伟院士提出的水泥基复合材料的中心质假说，把不同尺度的分散相称为中心质，把连续相称为介质。具体来说，水泥基复合材料中的骨料、钢筋、钢丝网、各种纤维和增强聚合物属于大中心质，未水化的水泥熟料颗粒为次中心质，水化产物——水泥凝胶等为次介质，毛细孔为负中心质。各级中心质和介质都存在相互效应，即围绕各中心质存在着吸附、黏结、机械咬合等作用，称为“中心质效应”。依据中心质假说，活性粉末混凝土的水胶比很低，各级中心质数量多，中心质之间的距离大幅减小，中心质效变得很强，从而使混凝土结构在很大程度上得到强化。

(3) 纤维增强

活性粉末混凝土一般采用高强度的钢纤维，当混凝土破坏时，钢纤维通常是被拔出而非被拉断。在活性粉末混凝土中，钢纤维对基体的作用同普通纤维混凝土的纤维的作用相同，概括起来主要有三种:阻裂、增强和增韧。纤维混凝土中纤维的主要作用是限制水泥基材料在外力作用下发生裂缝的扩展。若纤维的体积掺量超过某一临界值，整个复合材料可继续承受较高的荷载并产生较大的变形，直到纤维被拉断或纤维从基体中被拔出以致复合材料被破坏。

(4) 硅灰强化

矿物超细粉是指粒径小于 10 μm 的矿物粉体材料，是作为高性能混凝土的一个组分材料而被单独粉磨的。一般超细粉的比表面积＞6000 cm^2/g，而一般水泥的比表面积仅为 2800～3200 cm^2/g。由于超细粉具有表面能高、对水泥空隙有微观填充作用及化学活性很高等特性，这使超细粉在水泥浆体中具有过去一般掺合料没有的功能，并给混凝土带来许多新的特性。高性能混凝土超细粉的品种有硅灰、粉煤灰及超细矿渣等。超高性能混凝土中必不可少的一种矿物超细粉掺合料就是硅灰。硅灰的作用是降低泌水，减少水分在骨料颗粒下方的积聚，且硅灰与氢氧化钙反应生成水化硅酸钙，既降低了界面的厚度又提高了界面的密实度，极大地降低了界面区渗透性，从而使混凝土抵抗有害离子侵入的能力也大幅加强。

图 4.25、图 4.26 所示即为由超高性能混凝土构筑的建筑物。

图 4.25　法国马赛欧洲与地中海文明博物馆

图 4.26　吉恩博因球场

【思维导图与核心知识点】

- 混凝土
  - 混凝土的性能与特点
  - 混凝土的基本组成
    - 水泥的品种与强度等级选择
    - 骨料的质量要求
      - 骨料的有害物质
      - 细骨料的颗粒级配：细度模数、级配曲线
      - 粗骨料的颗粒级配、级配曲线
    - 外加剂
      - 减水剂的机理及作用
      - 引气剂的机理及作用
    - 矿物掺合料
  - 混凝土拌合物的和易性
    - 和易性的定义和测定方法
    - 和易性的影响因素、调整措施
  - 硬化混凝土的力学性能
    - 混凝土受压破坏过程及特征
    - 标准立方体抗压强度与立方体抗压强度标准值
    - 影响混凝土强度的因素
  - 混凝土的耐久性
    - 混凝土的抗渗性
    - 混凝土的抗冻性
    - 混凝土的碳化
    - 混凝土的抗腐蚀性
    - 提高耐久性的措施
  - 配合比设计方法与计算
    - 初步计算配合比
      - 配制强度的确定
      - 确定水胶比
      - 选择单位用水量
      - 确定胶凝材料用量
      - 选择砂率
      - 计算砂石用量
    - 配合比的调整
      - 和易性调整：基准配合比
      - 强度校核：实验室配合比
      - 含水率调整：施工配合比

复习题与思考题

(1) 普通混凝土的基本组成材料有哪些？它们各自在混凝土中起什么作用？

(2) 配制混凝土选择石子最大粒径应从哪几方面考虑？

(3) 试简述减水剂的作用机理。

(4) 混凝土和易性包括哪些内容？如何判断混凝土和易性？

(5) 影响混凝土和易性的主要因素有哪些？

(6) 混凝土强度和混凝土强度等级是一回事吗？为什么？

(7) 影响混凝土强度的主要因素有哪些？

(8) 为什么要控制混凝土的最大水胶比和最少水泥用量？

练 习 题

(1) 何谓骨料级配？骨料级配良好的标准是什么？

(2) 为什么要限制砂、石中活性二氧化硅的含量？它对混凝土的性质有什么不利作用？

(3) 什么是石子的最大粒径？工程上石子的最大粒径是如何确定的？

(4) 砂、石中的黏土、淤泥、细屑等粉状杂质及泥块对混凝土的性质有哪些影响？

(5) 普通混凝土中使用卵石或碎石，对混凝土性能的影响有何差异？

(6) 为什么不宜用高强度等级水泥配制低强度等级的混凝土？为什么不宜用低强度等级水泥配制高强度等级的混凝土？

(7) 现场浇灌混凝土时，严禁施工人员随意向混凝土拌合物中加水，试从理论上分析随意加水对混凝土质量的危害。

(8) 影响混凝土拌合料和易性的因素有哪些？

(9) 现场质量检测取一组边长为 100 mm 的混凝土立方体试件，将它们在标准养护条件下养护至 28 d，测得混凝土试件的破坏荷载分别为 310 kN、296 kN、285 kN。试确定该组混凝土的标准立方体抗压强度、立方体抗压强度标准值，并确定其强度等级(假定抗压强度的标准差为 3.0 MPa)。

(10) 配制混凝土时，制作 10 cm×10 cm×10 cm 立方体试件 3 块，在标准条件下养护 7 d 后，测得破坏荷载分别为 140 kN、135 kN、140 kN。试估算该混凝土 28 d 的标准立方体抗压强度。

(11) 某框架结构工程现浇钢筋混凝土梁，混凝土设计强度等级为 C35，施工要求混凝土坍落度为 30～50 mm。根据施工单位历史资料统计，混凝土强度标准差 $\sigma=5$ MPa。所用原材料情况如下：水泥为 42.5 级普通硅酸盐水泥，密度为 $\rho_c=3.10\ g/cm^3$，强度等级标准值的富余系数为 1.08；砂为中砂，级配合格，表观密度 $\rho_{0s}=2.59\ g/cm^3$；石为 5～30 mm 碎石，级配合格，表观密度 $\rho_{0g}=2.70\ g/cm^3$。

试求：①混凝土计算配合比；

②若经试配，混凝土的和易性和强度等均符合要求，无须作调整。又知现场砂子含水率为 3%，石子含水率为 1%，试计算混凝土施工配合比。

(12) 某混凝土拌合物经试拌调整满足和易性要求后，各组成材料用量为水泥 3.05 kg、水 1.89 kg、砂 6.24 kg、卵石 12.48 kg，实测混凝土拌合物表观密度为 2450 kg/m^3。试计算每立方米混凝土的各种材料用量。

知识拓展

三峡大坝混凝土中饱含高科技

长江三峡水利枢纽工程混凝土用量高达 2800 万 m^3，其中三峡大坝混凝土浇筑量达 1600 万 m^3，高峰期施工强度需要一年浇筑混凝土逾 500 万 m^3。如何在高强度混凝土施工中实现混凝土浇筑的高质量？中国长江三峡工程开发总公司组织参建各方和科研单位从混凝土原材料与配合比、混凝土浇筑方案与配套工艺、大体积混凝土温控防裂等方面进行综合攻关，采用了一系列最新技术。

(1) 新型的混凝土原材料与配合比。为充分利用工程本身开挖出的花岗岩基岩，三峡工程在国内率先将花岗岩破碎后用作混凝土人工骨料，首次利用性能优良的Ⅰ级粉煤灰作为混凝土掺合料，投入数百万元人民币研究混凝土配合比，包括进一步改进高性能的外加剂，使混凝土综合性能达到最优水平。

(2) 革命性的混凝土浇筑方案。混凝土浇筑方案和配套工艺是大坝混凝土施工的关键，三峡总公司引进了国外最先进的大坝浇筑专用设备——塔带机，相比间断式的汽车运输加起重机吊灌入仓的传统浇筑工艺，可以说这是一场大坝浇筑的工业革命。但是，塔带机是 20 世纪 80 年代才开发出来的新设备，国外并无多少成熟的施工经验可供参考，实际使用中，三峡工程不断创新，摸索总结出一整套保证质量的施工工艺。

(3) 创新性的混凝土温控抗裂技术。大体积混凝土温控防裂是大坝施工的重点与难点，由于皮带机运送预冷混凝土时温度回升较大，更增加了这一问题的难度。三峡工程在这个水电工程领域的老大难问题上取得了突破性进展：首创混凝土骨料二次风冷技术，盛夏时将拌和楼生产出的混凝土全部预冷到 7 ℃；采用保温性能优良的聚苯乙烯板进行大坝表面的永久保温；在管理上总结出“天气、温度控制、间歇期”三项预警制度，保证了混凝土温控各个环节的高质量。

智能混凝土

智能水泥基复合材料是在传统水泥基复合材料基础上复合智能型组分，如将传感器、驱动器和微处理器等置入水泥基复合材料中，使水泥基复合材料成为既能承受荷载又具有自感知和记忆、自适应、自修复等特定功能的多功能材料。

目前，可用于水泥基复合材料中的驱动器材料主要有形状记忆合金（SMA）和电流变体（ER）。这些材料可根据温度、电场的变化而改变其形状、尺寸、自然频率、阻力及其他一些力学特征，因而具有对环境的自适应功能。传感是水泥基复合材料中要求具备的另一个关键功能，无论是驱动控制还是智能处理都要求传感网络提供系统状态的准确信息。用作水泥基复合材料中传感材料的主要是光纤。

自 20 世纪 80 年代以来，国内外对水泥基复合材料在智能化方面作了一些有益的探讨，并取得了一些阶段性的成果，相继出现了损伤自诊断水泥基复合材料、温度自监控水泥基复合材料、具有反射电磁波功能的导航水泥基复合材料、调湿性水泥基复合材料以及仿生自愈合水泥基复合材料等。

(1) 损伤自诊断水泥基复合材料

自诊断混凝土具有压敏性和温敏性等自感应功能。普通的混凝土材料本身不具有自感应功能，但在混凝土基材中复合部分的其他材料组分使混凝土本身具备本征自感应功能。目前常用的材料组分有聚合类、碳类、金属类和光纤。其中最常用的是碳类、金属类和光纤。下面主要介绍两种当前研究比较热门的损伤自诊断混凝土。

① 碳纤维智能混凝土

碳纤维是一种高强度、高弹性且导电性能良好的材料。在水泥基材料中掺入适量碳纤维，不仅可以显著提高水泥基材料强度和韧性，而且其物理性能，尤其是电学性能也有明显的改善，可以作为传感器并以电信号输出的形式反映自身受力状况和内部的损伤程度。将一定形状、尺寸和掺量的短切碳纤维掺入混凝土材料中，可以使混凝土具有自感知内部应力、应变和操作程度的功能。通过观测，发现水泥基复合材料的电阻变化与其内部结构变化是相对应的。碳纤维水泥基材料在结构构件受力的弹性阶段，其电阻变化率随内部应力线性增加，当接近构件的极限荷载时，电阻逐渐增大，预示构件即将破坏。而基准水泥基材料的导电性几乎无变化，直到临近破坏时，电阻变化率剧烈增大，反映了混凝土内部的应力-应变关系。根据纤维混凝土的这一特性，通过测试碳纤维混凝土所处的工作状态，可以实现对结构工作状态的在线监测。在碳纤维的损伤自诊断混凝土中，碳纤维混凝土本身就是传感器，可对混凝土内部在拉、压、弯静荷载和动荷载等外因作用下的弹性变形和塑性变形以及损伤开裂进行监测。

碳纤维混凝土除具有压敏性外，还具有温敏性，即温度变化引起电阻变化(温阻性)，碳纤维混凝土内部的温度差会产生电位差的热电性(Seebeck 效应)。试验表明，在最高温度为 70 ℃、最大温差为 15 ℃的范围内，温差电动势(E)与温差(ΔT)之间具有良好稳定的线性关系。当碳纤维掺量达到一临界值时，其温差电动势率有极大值，且敏感性较高，因此可以利用这种材料实现对建筑物内部和周围环境变化的实时监控，也可以实现对大体积混凝土的温度自监控。

碳纤维混凝土除自感应功能外，还可应用于工业防静电构造，公路路面、机场跑道等处的化雪除冰，钢筋混凝土结构中的钢筋阴极保护，住宅及养殖场的电热结构等。

② 光纤传感智能混凝土

光纤传感智能混凝土，即在混凝土结构的关键部位埋入纤维传感器或其阵列，探测混凝土在碳化以及受载过程中内部应力、应变变化，并对由于外力、疲劳等产生的变形、裂纹及扩展等损伤进行实时监测。光在光纤内的传输过程中易受到外界环境因素的影响，如温度、压力、电场、磁场等的变化会引起光波量如光强度、相位、频率、偏振态的变化。因此人们发现，如果能测量出光波量的变化，就可以知道导致光波量变化的温度、压力、磁场等物理量的大小。于是，出现了光纤传感技术。到目前为止，光纤传感器已用于许多工程，典型的工程有加拿大的一座名为 Beddington Tail 的双跨公路桥，该桥使用光纤传感器监测其内部应变状态，美国的一座水电大坝，使用光纤传感器监测其振动状态；国内工程有重庆渝长高速公路上的红槽房大桥和安徽芜湖长江大桥，两座大桥均使用光纤传感器监测其内部应变状态。

(2) 温度自监控水泥基复合材料

碳纤维水泥基复合材料具有很好的温敏性。一方面，含有碳纤维的水泥基复合材料会产生热点效应，在最高温度为 70 ℃、最大温差为 15 ℃的范围内，温差电动势(E)与温差(ΔT)之间具有良好稳定的线性关系。当碳纤维掺量达到某一临界值时，其温差电动势率有极大值，如在普通硅酸盐水泥中加入碳纤维，其温差电动势率可达 18 μV/℃。因此，可以利用这一效应来实现对水泥基复合材料结构内部和建筑物周围环境的温度分布及变化进行监控。

另一方面，当对碳纤维水泥基复合材料施加电场时，在水泥基复合材料中会产生电热效应，引起所谓的热电效应。研究表明，热电效应和电热效应都是由于碳纤维水泥基复合材料存在孔穴导电所致。因此，可以利用电热效应，将碳纤维水泥基复合材料应用于机场跑道和桥梁路面等工程以实现自动融雪和除冰功能。在实际工程应用中，这一技术已取得了很好的效果。

根据温度自监控的原理不同，复合材料又可分为具有反射电磁波功能的导航水泥基复合材料、自调节水泥基复合材料和自修复水泥基复合材料。

需进一步了解可查阅以下网站：

http://wenku.baidu.com/view/355c28a9d1f34693daef3eb0.html

http://wenku.baidu.com/view/9e711fc608a1284ac85043ad.html

3D 打印建筑

3D 打印技术出现在 20 世纪 90 年代中期，实际上是利用光固化和纸层叠等技术的最新快速成型装置。它与普通打印机工作原理基本相同，打印机内装有液体或粉末等“打印材料”，与电脑连接后，通过电脑控制把“打印材料”一层层叠加起来，最终把计算机上的蓝图变成实物。3D 打印(3DP)即快速成型技术的一种，它是一种以数字模型文件为基础，运用粉末状金属或塑料等可黏合材料，通过逐层打印的方式来构造物体的技术。

3D 打印通常是采用数字技术材料打印机来实现的，常在模具制造、工业设计等领域被用于制造模型，后逐渐用于一些产品的直接制造，已经有使用这种技术打印而成的零部件。自该技术问世以来，在珠宝、鞋类、工业设计、建筑、工程和施工(AEC)、汽车、航空航天、牙科和医疗产业、教育、地理信息系统、土木工程、枪支等领域都有所应用。

2013 年，加州工作室史密阿伦完成了世界上第一个 3D 建筑架构，它是使用标准的 3D 打印机来完成的，整体尺寸为 10 英尺×10 英尺×8 英尺(1 英尺约为 0.3048 m)，由 585 个 A 型打印机打印组合出来，是一个半透明的围场，与自然地面的褐色和森林的绿色形成对比(图 4.27)。

该建筑从打印、制作组装都是设计师在现场完成的。通过使用 Rhino and Grasshopper 软件，设计师们能够精确地设计每个小块。此建筑由超过 500 个需要单独打印的部分组成，3D 打印机运行时间长达 10800 h。该结构通过一个镶板卡扣连接组装，各个组件合并成一个单片聚集。从破土动工到完成预制 3D 打印组件组装只用了 4 天。

Janjaap Ruijssenaars 是宇宙建筑(Universe Architecture)公司的一名工程师，他参加了一个欧洲的竞赛项目，选手为来自 15 个不同国家的建筑师，该项目要求建筑师在两年内建成一座符合要求的建筑(图 4.28)。Ruijssenaars 和意大利发明家、D-Shape 3D 打印机的设计者合作，使用砂和无机黏合剂将 54 个单独的建筑模块结合在一起，然后填入纤维混凝土。

图 4.27　世界第一个 3D 打印架构

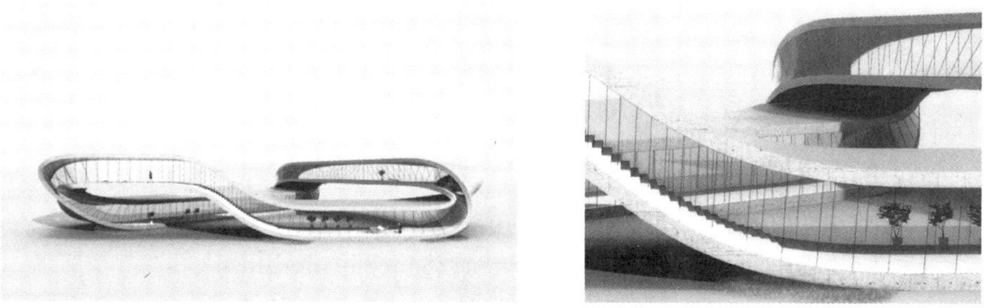

图 4.28　3D 打印“景观房”

2015 年 7 月，菲律宾刘易斯大酒店的老板 Lewis Yakich 就开始计划使用 3D 打印技术来扩大自己的酒店。2015 年 9 月 9 日，Yakich 宣称，他已经成功地用 3D 打印出了他的建筑(图 4.29)，这是一栋小别墅，占地面积为 10.5 m×12.5 m，高 3 m，大概有 130 m^2。这栋别墅有两间卧室、一间客厅以及一间带按摩浴缸的房间(按摩浴缸也是 3D 打印而成)，所有这些都将是刘易斯大酒店的一部分。据统计，完成所有结构的打印总共花了 100 h，但是打印过程并不是连续的。

图 4.29　菲律宾 3D 打印酒店

2014 年 4 月，10 幢 3D 打印建筑在上海张江高新青浦园区内揭开神秘面纱(图 4.30)。这些建筑的墙体是用建筑垃圾制成的特殊“油墨”，依据电脑设计的图纸和方案，经一台大型的 3D 打印机层层叠加喷绘而成。据介绍，10 幢小屋的建筑过程仅花费 24 h。

2015 年 1 月 18 日，在江苏省苏州工业园区，一家高科技企业宣布，通过 3D 打印技术打印出了一栋五层楼楼房和一套 1100 m^2 的精致别墅，其中前者为目前全球最高的 3D 打印建筑物。

图 4.30　上海张江高新青浦园区 3D 打印建筑

3D 打印的别墅和五层楼房的墙体(图 4.31)看上去就像用水泥建造出来的一样,一层层波浪形的层次非常分明,虽然手感粗糙,但是每层之间密不透风,看上去浑然一体。据介绍,3D 打印建筑物可比一般建筑物节约建筑材料 30%～60%,工期缩短 50%～70%。打印建筑的“油墨”原料主要是建筑垃圾、工业垃圾和矿山尾矿,另外的材料主要是水泥和钢筋,还有特殊的助剂。

图 4.31　苏州工业园区 3D 打印别墅

需进一步了解可查阅以下网站:
http://baike.haosou.com/doc/5337810-5573249.html

5 建筑砂浆

本章提要

本章主要介绍砌筑砂浆的组成材料及其要求、砂浆拌合物和硬化物的主要技术性质、砂浆配合比设计方法。通过本章学习，应达到以下目标：

（1）了解砌筑砂浆组成材料的要求；

（2）掌握砌筑砂浆拌合物和硬化物的主要技术性质；

（3）掌握砌筑砂浆配合比设计方法；

（4）了解抹面时间和其他特种砂浆的主要品种技术性能、配合方法及应用。

课前预习要点

本章课前预习时应注意以下知识点：

（1）砌筑砂浆对组成材料（胶凝材料、细集料、水、掺合料和外加剂）的要求；

（2）新拌砂浆的和易性、硬化砂浆强度的测定方法及影响因素；

（3）砌筑砂浆配合比设计方法；

（4）抹面砂浆的主要技术性能、配合比及应用；

（5）干拌砂浆的优点、技术性能与应用。

课程思政

通过介绍从传统的石灰砂浆到现代的水泥砂浆，再到高性能砂浆的发展历程，彰显科技进步推动建筑材料革新的重要作用，激发学生的创新意识和科技报国情怀；探讨优化建筑砂浆的生产和使用，通过技术创新减少粉尘、噪声污染的影响，引导学生积极思考在工程建设中如何实现环境保护和可持续发展；通过对建筑砂浆相关知识的掌握及有关工程质量事故的分析，强调遵守法规、保证工程质量的重要性，培养学生的职业道德和法律意识。

建筑砂浆是由胶凝材料、细集料、水、掺合料和外加剂按适当比例配合、拌制并经硬化而成的材料。砂浆在土木结构工程中不直接承受荷载，而是传递荷载，它可以将块体、散粒的材料黏结为整体，修建各种建筑物，如桥涵、堤坝和房屋的墙体等；或薄层涂抹在表面上，在装饰工程中，梁、柱、地面、墙面等在进行表面装饰之前要用砂浆找平抹面，来满足功能的需要，并保护结构的内部。在采用各种石材、面砖等贴面时，一般也用砂浆作黏结和嵌缝材料。

砂浆按用途可分为砌筑砂浆、抹面砂浆和特种砂浆。

砂浆按所用胶凝材料可分为水泥砂浆、水泥混合砂浆、石灰砂浆、石膏砂浆和聚合物砂浆等。

在建筑施工工程中，砌筑砂浆的用量大，但与混凝土相比，砂浆层较薄，基层的含水状态、清洁程度和砂浆的技术性能都会影响砌体或抹面的质量和使用功能。

5.1 砌筑砂浆

【视频讲解】

5.1.1 砌筑砂浆的组成材料

能将砖、石和砌块等黏结成为整个砌体的砂浆称为砌筑砂浆，如图 5.1 所示。砌体的承载能力和其他性能，不仅取决于块体的强度和性能，还与砂浆的强度和性能关系密切。

图 5.1 砌筑砂浆

胶凝材料、细集料、水、外加剂和掺合料均是建筑砂浆的重要组分。为确保建筑砂浆的质量，配制砂浆的各组成材料均应满足行业标准《砌筑砂浆配合比设计规程》(JGJ/T 98—2010)的相关要求。

5.1.1.1 胶凝材料

砂浆的胶凝材料主要指水泥，常用六大通用水泥来配制。

《砌筑砂浆配合比设计规程》(JGJ/T 98—2010)中规定，M15 及以下强度等级的砌筑砂浆宜选用 32.5 级通用硅酸盐水泥或砌筑水泥；M15 以上强度等级的砌筑砂浆宜选用 42.5 级通用硅酸盐水泥。

由于砂浆强度等级要求不高，所以一般选用中、低强度等级的水泥即能满足要求。若水泥强度等级过高，则可掺入适量的混合材料(粉煤灰等)，以达到节约水泥、改善性能及降低造价的目的。

水泥的强度等级应该根据设计要求进行选择。一般要求：用于水泥砂浆中的水泥不宜超过 32.5 级；用于水泥混合砂浆中的水泥不宜超过 42.5 级。水泥砂浆中水泥的用量不低于 200 kg/m^3，每立方米水泥混合砂浆中水泥与掺合料的总量为 300～350 kg。

5.1.1.2 细集料

建筑砂浆所用细集料，除了应符合混凝土用砂的要求外，还要求最大粒径不得超过砌筑砂浆厚度的 1/5～1/4。砖砌体应小于 2.5 mm，石砌体应小于 5 mm；表面抹灰及勾缝砂浆，宜选用细砂，其最大粒径不大于 1.2 mm。由于含泥量影响砂浆质量，如含泥量过大，会增加砂浆的水泥用量，并使砂浆的收缩增大、耐久性降低。因此，规定强度等级为 M2.5 以上的砌筑砂浆，砂的含泥量不应超过 5%；强度等级为 M2.5 的水泥混合砂浆，砂的含泥量不应超过 10%。

对于机制砂、山砂及特细砂等资源较多的山区，为降低工程成本，砂浆可合理利用这些资源，但应经试验能满足技术要求后方可使用。

5.1.1.3 水

砂浆拌和用水与混凝土拌和用水的要求相同，应选用不含有害杂质的洁净水。

5.1.1.4 外加剂

砂浆掺入外加剂是发展的方向。为了改善砂浆的和易性和节约水泥，可在拌制砂浆中掺入外加剂，最常用的是微沫剂，它是一种松香热聚物，掺量一般为水泥质量的 0.005%～0.010%，以通过试验的调配掺量为准。

5.1.1.5 掺合料

掺合料是指为改善砂浆和易性而加入的无机材料，如石灰膏、电石膏、黏土膏、粉煤灰等。掺合料对砂浆强度无直接贡献。

（1）石灰膏

为了保证砂浆质量，生石灰需熟化成石灰膏后，方可使用。生石灰熟化成石灰膏时，应用孔径不大于 3 mm×3 mm 的网过滤，熟化时间不得少于 7 d，磨细生石灰粉的熟化时间不得少于 2 d。

（2）黏土膏

黏土膏必须达到所需的细度，才能起到塑化作用。采用黏土或亚黏土制备黏土膏时，宜用搅拌机加水搅拌，并通过孔径不大于 3 mm×3 mm 的网过筛。

黏土中有机物含量过高会降低砂浆质量，因此，用比色法鉴定黏土中的有机物含量时应浅于标准色。

5.1.2 砌筑砂浆的技术性质

砌筑砂浆的主要技术性质包括：新拌砂浆的和易性、硬化后砂浆的强度及强度等级、砂浆的黏结力、砂浆的变形性、砂浆的凝结时间、砂浆的耐久性。

5.1.2.1 新拌砂浆的和易性

砂浆在硬化前应具有良好的和易性，即砂浆在搅拌、运输、摊铺时易于流动并不易失水的性质。和易性包括流动性和保水性两方面内容。

（1）流动性

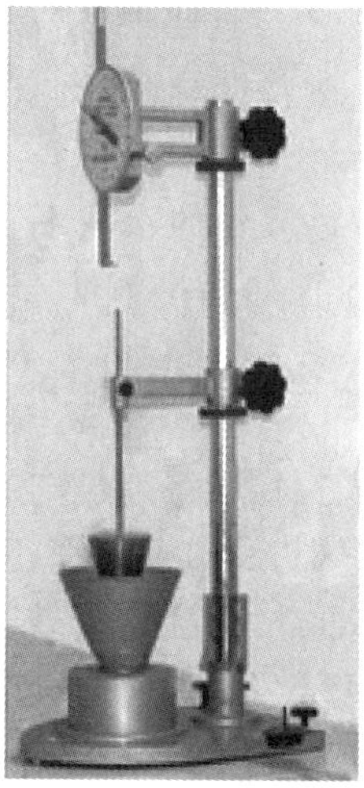

图 5.2 砂浆稠度测定仪

砂浆的流动性是指砂浆在重力或外力的作用下流动的性能，也称为“稠度”，可用砂浆稠度仪测定（图 5.2），用沉入度（mm）表示。沉入度是指以标准锥体在砂浆内自由沉入 10 s 时的深度。

沉入度越大，砂浆的流动性越好，但流动性过大，砂浆容易分层、析水；若流动性过小，则不便于施工操作，灰缝不易填充密实，将会降低砌体的强度。

影响砂浆沉入度的因素有：所用胶凝材料的种类和用量、用水量、掺加料的种类与用量、砂子的粗细程度及级配状态、搅拌时间、外加剂的种类与掺加量。其影响机理与混凝土流动性基本相同。

沉入度的选择，应根据砌体的种类、施工条件和气候条件，从表 5.1 中选择。流动性太大，不能保证砂浆层的厚度和黏结强度，同时砂浆层的收缩过大，出现收缩裂缝；但流动性太小，砂浆不容易铺抹开，同样不能保证砂浆层的厚度和强度。流动性选择合适，也有利于提高施工效率，减轻劳动强度。

表 5.1 建筑砂浆的流动性稠度选择

砌体种类	砂浆稠度/mm
烧结普通砖砌体	70～90
蒸压粉煤灰砖砌体	

续表5.1

砌体种类	砂浆稠度/mm
普通混凝土小型空心砌块砌体	50～70
蒸压灰砂砖砌体	
混凝土实心砖、混凝土多孔砖砌体	
烧结多孔砖、空心砖砌体	0～80
轻骨料小型空心砌块砌体	
蒸压加气混凝土砌块砌体	
石砌体	30～50

(2) 保水性

砂浆的保水性是指砂浆能够保持内部水分不易析出的能力，用“分层度”表示，可用分层度测定仪测定，如图5.3所示。

图5.3 分层度测定仪

砂浆的分层度越大，保水性越差，可操作性越差，即在运输、存放时，砂浆混合物容易分层而不均匀，上层变稀，下层变得干稠。砂浆的保水性太差，会造成砂浆中水分容易被砖、石等吸收，不能保证水泥水化所需的水分，影响水泥的正常水化，降低砂浆的本身强度和黏结强度。在拌制砂浆时，为了提高砂浆的流动性和保水性，常加入一定的掺合料(石灰膏、粉煤灰、石膏等)和外加剂，配成混合砂浆。但是分层度接近于零也不好，容易产生干燥收缩裂缝。普通砂浆的分层度宜为10～20 mm。

5.1.2.2 硬化后砂浆的强度及强度等级

砂浆在砌体中，主要是传递荷载，因此要求砂浆要有一定的抗压强度。砂浆的抗压强度是确定砂浆强度等级的重要依据。

砂浆的强度等级是以70.7 mm×70.7 mm×70.7 mm的立方体标准试件，在标准条件[温度为(20±3)℃，水泥砂浆相对湿度为90%，混合砂浆的相对湿度为60%～80%]下养护28 d，用标准试验方法测得的抗压强度来确定的。砌筑砂浆按抗压强度可分为M20、M15、M10、M7.5、M5.0、M2.5六个强度等级。符号M10即表示养护28 d后的立方体试件抗压强度平均值不低于10 MPa。

影响砂浆强度的因素比较多，除了砂浆的组成材料、配合比和施工工艺等因素外，还与基面材料的吸水率有关。

(1) 不吸水基面材料

用于不吸水基面材料(如密实石材)的砂浆强度，与普通混凝土基本相似，主要取决于水泥强度和水胶比，可用下式计算：

$$f_{m,0}=Af_{ce}\left(\frac{C}{W}-B\right) \tag{5.1}$$

式中 $f_{m,0}$——砂浆的试配强度(MPa)；

f_{ce}——水泥 28 d 时的实测强度值(MPa)，$f_{ce}=\gamma_c \cdot f_{ce,g}$；$\gamma_c$ 为水泥强度等级的富余系数，按统计资料确定；$f_{ce,g}$ 为水泥的强度等级值(MPa)；

A，B——经验系数，$A=0.29$，$B=0.4$，也可根据试验资料统计确定；

C/W——灰水比。

(2) 吸水基面材料

砌筑砖、多孔混凝土或其他一些多孔材料时，由于基层能吸水，砂浆中保留水分的多少取决于砂浆的保水性，与水胶比的关系不大，砂浆强度主要取决于水泥用量和水泥强度等级，可按下式计算：

$$f_{m,0}=\frac{\alpha \cdot f_{ce} \cdot m_c}{1000}+\beta \tag{5.2}$$

式中 m_c——每立方米砂浆的水泥用量(kg)；

f_{ce}——水泥 28 d 时的实测强度值(MPa)；

α，β——经验系数，按 $\alpha=3.03$、$\beta=-15.09$ 选取。

各地也可以使用本地区试验资料确定 α、β 值，统计用的试验组数不得少于 30 组。

砂浆的强度等级可根据工程类别、砌体部位、所处的环境等来选择，一般按如下原则选择：

① 办公楼、教学楼、多层商店等工程用 M5.0～M10；

② 平房、商店等工程用 M2.5～M5.0；

③ 食堂、仓库、地下室、工业厂房等用 M2.5～M10。

检查井、化粪池等用 M5.0 砂浆，特别重要的结构才用 M10 以上的砂浆。随着高层建筑的发展，砂浆在使用等级上也相应地提高了。

5.1.2.3 砂浆的黏结力

砂浆必须具有足够的黏结力，才能将砌筑材料黏结成一个整体。黏结力的大小，会影响整个砌体的强度、耐久性、稳定性和抗震性能。砂浆的黏结力由其本身的抗压强度决定。一般来说，砂浆的抗压强度越大，黏结力越大；另外，与基面的清洁程度、含水状态、表面状态、养护条件等有关。

5.1.2.4 砂浆的变形性

砂浆在承受荷载、温度或湿度变化时均会发生变形，如果变形量太大，会引起开裂而降低砌体质量。掺太多轻集料或混合材料(如粉煤灰、轻砂等)的砂浆，其收缩变形较大，应采取一些措施防止开裂，如在抹面砂浆中掺入一定量的麻刀、纸筋等。

5.1.2.5 砂浆的凝结时间

砂浆凝结时间，以贯入阻力达到 0.5 MPa 为评定的依据。水泥砂浆不宜超过 8 h，水泥混合砂浆不宜超过 10 h，掺入外加剂应满足工程设计和施工的要求。

5.1.2.6 砂浆的耐久性

修建水工建筑物和道路建筑物的砂浆，经常与水接触并处于外部环境中，故应考虑砂浆的抗渗、抗侵蚀、抗冻性。砂浆的耐久性的影响因素和混凝土的基本相同，只是强度等级为 M2.5 及 M2.5 以下的砂浆不抗冻。根据《砌筑砂浆配合比设计规程》(JGJ/T 98—2010)的规定，稠度、分层度和抗压强度这三项技术指标是砌筑砂浆的必检项目，三项都满足规程要求者，称为合格砂浆。

5.1.3 砌筑砂浆及其配合比设计

砌筑砂浆配合比设计的基本要求是:满足砂浆设计的强度等级;满足施工所要求的和易性;此外还应具有较高的黏结强度和较小的变形。

5.1.3.1 *砌筑砂浆的配合比设计*

砂浆配合比用每立方米砂浆中各种材料的用量来表示,可以从砂浆配合比速查手册查得,也可以按《砌筑砂浆配合比设计规程》(JGJ/T 98—2010)中的设计方法进行计算,但都必须用试验验证其技术性能,应达到设计要求。

(1) 计算砂浆的试配强度 $f_{m,0}$

$$f_{m,0}=f_{m,k}+0.645\sigma \tag{5.3}$$

式中 $f_{m,k}$——砂浆的强度等级(MPa);

σ——砂浆现场强度标准差(MPa),与施工水平有关。

当有统计资料时,砂浆现场强度标准差按统计方法计算,无统计资料时可按表 5.2 选取。

表 5.2 砂浆强度标准差 σ 及 k 值

施工水平	砂浆强度等级							k 值
	M5.0	M7.5	M10	M15	M20	M25	M30	
	σ 值							
优良	1.00 MPa	1.50 MPa	2.00 MPa	3.00 MPa	4.00 MPa	5.00 MPa	6.00 MPa	1.15
一般	1.25 MPa	1.88 MPa	2.50 MPa	3.75 MPa	5.00 MPa	6.25 MPa	7.50 MPa	1.20
较差	1.50 MPa	2.25 MPa	3.00 MPa	4.50 MPa	6.00 MPa	7.50 MPa	9.00 MPa	1.25

(2) 计算 1 m^3 砂浆中水泥的用量

$$Q_c=\frac{1000(f_{m,0}-\beta)}{\alpha\cdot f_{ce}} \tag{5.4}$$

式中 Q_c——每立方米砂浆的水泥用量(kg),精确到 1 kg;

$f_{m,0}$——砂浆的试配强度(MPa),精确到 0.1 MPa;

f_{ce}——水泥 28 d 时的实测强度值(MPa),精确到 0.1 MPa;

α,β——经验系数,按 $\alpha=3.03$、$\beta=-15.09$ 选取。

当无法获得水泥的实测强度值时,可按下式计算 f_{ce}:

$$f_{ce}=\gamma_c\cdot f_{ce,g} \tag{5.5}$$

式中 f_{ce}——水泥 28 d 时的实测强度值(MPa),$f_{ce}=\gamma_c\cdot f_{ce,g}$;

γ_c——水泥强度等级的富余系数,按统计资料确定,无统计资料,可取 1.0;

$f_{ce,g}$——水泥的强度等级值(MPa)。

当计算的用量不足 200 kg/m^3 时,应取 200 kg/m^3。

(3) 计算 1 m^3 砂浆中掺加料的用量

$$Q_d=Q_a-Q_c \tag{5.6}$$

式中　Q_d——1 m^3砂浆中掺合料用量，精确到 1 kg；

Q_a——经验数据，1 m^3砂浆中水泥和掺合料用量，精确到 1 kg，一般为 300～350 kg/m^3。

粉煤灰以干质量计算，对于石灰膏、黏土膏应以稠度为(120±5) mm 计算，对于不同稠度的石灰膏，可按表 5.3 进行换算。

表 5.3　不同稠度的石灰膏换算因数

石灰膏稠度/mm	130	120	110	100	90	80	70	60	50
换算因数	1.05	1.00	0.99	0.97	0.95	0.93	0.92	0.90	0.88

(4) 确定 1 m^3砂浆中用砂量

每立方米砂浆中砂子的用量，应以干燥状态(含水量小于 0.5%)的堆积密度值作为计算值(kg)。当砂子含水率为 W_a 时，按下式计算：

$$Q_s=\rho_{0g}(1+W_a) \tag{5.7}$$

式中　Q_s——每立方米砂浆的砂子用量(kg)，精确到 1 kg；

ρ_{0g}——砂子干燥状态时的堆积密度(kg/m^3)，精确到 1 kg/m^3；

W_a——砂子的含水率(%)。

(5) 用水量

砂浆的用水量根据砂浆的稠度及施工现场的气候条件确定。1 m^3砂浆的用水量可查表 5.4 或根据经验选定。

表 5.4　砂浆用水量选用表

砂浆类别	混合砂浆	水泥砂浆
用水量/ kg	250～300	280～333

当砂浆的初配确定以后，应进行砂浆的试配，试配时以满足和易性和强度要求为准，进行必要的调整，再将所确定的各种材料用量换算成以水泥为 1 的质量比或体积比，即得到最后的配合比。

5.1.3.2　配合比试配、调整和确定

(1) 采用与工程实际相同的材料和搅拌方法试拌砂浆：选用基准配合比及基准配合比中水泥用量分别增减 10%共三个配合比，分别试拌。

(2) 按砂浆性能实验方法测定砂浆的沉入度和分层度。当不能满足要求时应使和易性满足要求。

(3) 分别制作强度试件(每组六个试件)，标准养护到 28 d，测定砂浆的抗压强度，选用符合设计强度要求且水泥用量最少的砂浆配合比作为砂浆配合比。

(4) 根据拌合物的密度，校正材料的用量，保证每立方米砂浆中的各材料用量准确。

5.1.3.3　配合比设计实例

【例 5.1】　某砌筑工程用水泥石灰混合砂浆，要求砂浆的设计强度等级为 M10，流动性为 70～100 mm。采用 32.5 级的矿渣水泥，28 d 实测强度值为 37 MPa；中砂，含水率为 3%，堆积密度为 1360 kg/m^3；施工水平一般，σ 取 2.5。

【解】 设计步骤如下：

(1) 计算砂浆的试配强度

$$f_{m,0}=f_k+0.645\sigma=10+0.645\times2.5=11.61\ \text{MPa}$$

(2) 计算 1 m^3 砂浆中水泥的用量

$$Q_c=\frac{1000(f_{m,0}-\beta)}{\alpha\cdot f_{ce}}=\frac{1000\times(11.61+15.09)}{3.03\times37}\approx238\ \text{kg}$$

(3) 计算 1 m^3 砂浆中石灰膏的用量

$$Q_d=Q_a-Q_c=350-238=112\ \text{kg}$$

(4) 确定 1 m^3 砂浆中用砂量

$$Q_s=\rho_{0g}V=1360\times(1+3\%)\approx1401\ \text{kg}$$

(5) 得到初步配合比

水泥：石灰膏：砂＝1：0.47：5.89

(6) 试验

此配合比符合设计要求时不需调整。根据稠度选取合适用水量。

5.2 抹面砂浆

抹面砂浆一般用于建筑物或构件的表面，抹面砂浆有保护基层、增加美观度的功能。抹面砂浆对强度要求不高，但要求保水性好，与基底的黏结力好。抹面砂浆可分为普通抹面砂浆、防水砂浆、装饰砂浆和具有特殊功能的抹面砂浆等。

对抹面砂浆的要求：具有良好的工作性即易于抹成均匀平整的薄层，便于施工；具有足够的黏结力，能与基层材料黏结牢固和长期使用不致开裂或脱落等性能。

5.2.1 抹面砂浆的组成材料

抹面砂浆的组成材料的要求同砌筑砂浆基本相同。只是由于抹面砂浆的主要技术指标不是强度，而是和易性和黏结力，因此，抹面砂浆较砌筑砂浆所用的胶凝材料多，并可在其中加入有机聚合物，如常在水泥砂浆中加入占水泥质量 10% 的聚乙烯醇缩甲醛胶(107 胶)，以提高砂浆和基层的黏结力，增加砂浆的柔韧性，减少开裂，使砂浆不易脱落，便于涂抹。由于抹面砂浆的面积较大，干缩的影响较大，常在砂浆中加入一些纤维材料，增加抗拉强度，增加抹灰层的弹性和耐久性，同时减少干缩和开裂。

5.2.2 抹面砂浆的分类

抹面砂浆根据胶凝材料可分为水泥砂浆、水泥混合砂浆、石灰砂浆、石膏砂浆、麻刀石灰砂浆、纸筋石灰砂浆等。抹面砂浆在施工时又可分为三层：第一层为底层，作用是使砂浆与基面牢固地黏结，要求砂浆有较高的黏结力和良好的和易性；第二层为中层，主要起找平作用，一般采用混合砂浆或石灰砂浆，找平层的稠度要适宜，厚度以表面抹平为宜，也可省去不用；第三层为面层，是为了使表面平整光洁。砖墙、混凝土(梁、板、柱)结构的底层一般用混合砂浆，中层一般用混合砂浆或石灰砂浆，面层多用混合砂浆、纸筋混合砂浆和麻刀石灰混合砂浆。水泥砂浆不得抹在石灰砂浆层上。

在硅酸盐砌块墙面上作砂浆的抹面层或粘贴重型饰面材料时，由于日久易脱落，因此，最好在砂浆层内夹一层固定好的钢丝网。

普通抹面砂浆用于室外、易撞击或用于潮湿的环境中，如外墙、水池、墙裙等，一般应采用水泥砂浆。其体积配合比为水泥∶砂＝1∶(2～3)。

一般砖石砌体用的水泥砂浆的体积配合比为(1∶1)～(1∶6)，石灰水泥混合砂浆为(1∶0.5∶4.5)～(1∶1∶6.0)。普通抹面砂浆的配合比，如表5.5所示。

表5.5　抹面砂浆配合比及应用范围

材料	体积配合比	应用范围
石灰∶砂	1∶3	用于干燥环境中的砖石墙面打底或找平
石灰∶黏土∶砂	1∶1∶6	干燥环境墙面
石灰∶石膏∶砂	1∶0.6∶3	不潮湿的墙及天花板
石灰∶石膏∶砂	1∶2∶3	不潮湿的线脚及装饰
石灰∶水泥∶砂	1∶0.5∶4.5	勒脚、女儿墙及较潮湿的部位
水泥∶砂	1∶2.5	用于潮湿的房间墙裙、地面基层
水泥∶砂	1∶1.5	地面、墙面、天棚
水泥∶砂	1∶1	混凝土地面压光
水泥∶石膏∶砂∶锯末	1∶1∶3∶5	吸声粉刷
水泥∶白石子	1∶1.5	水磨石
石灰膏∶麻刀	1∶2.5	木板条顶棚底层
石灰膏∶纸筋	1 m^3 石灰膏掺3.6 kg纸筋	较高级的墙面及顶棚
石灰膏∶纸筋	100∶3.8(质量比)	木板条顶棚面层
石灰膏∶麻刀	1∶1.4(质量比)	木板条顶棚面层

5.3　特种砂浆

5.3.1　防水砂浆

防水砂浆是一种制作防水层用的抗渗性高的砂浆，具有显著的防水、防潮性能。一般依靠特定的施工工艺或在普通水泥砂浆中加入防水剂、膨胀剂、聚合物等配制而成。适用于不受振动或埋置深度不大、具有一定刚度的防水工程；不适用于易受振动或发生不均匀沉降的部位。

多采用多层施工，而且在涂抹前在湿润的基层表面刮树脂水泥浆，同时加强养护防止干裂，以保证防水层的完整，达到良好的防水效果。

5.3.2　装饰砂浆

装饰砂浆是一种涂抹在建筑物内外墙表面，具有特殊美观装饰效果的抹面砂浆。底层和中层的做法与普通抹面基本相同，面层通常采用不同的施工工艺，选用特殊的材料，使表面呈现出不同的质感、颜色、花纹和图案效果。常用胶凝材料有石膏、彩色水泥、白水泥或普通水泥，骨料有大理石、花岗岩等带颜色的碎石渣或玻璃、陶瓷碎粒等，常见的装饰砂浆的工艺做法有拉毛、拉条、甩毛、水刷石、干粘石、斩假石、弹涂、喷涂等。

5.3.3　绝热砂浆

采用石灰、水泥、石膏等胶凝材料与膨胀珍珠岩、膨胀蛭石、人造陶粒、陶砂等轻质多孔集料，按一定比例配合的砂浆，称为绝热砂浆。绝热砂浆具有轻质和绝热性能的特点，可用于屋面、墙壁或工业窑炉管道的绝热层等。

5.3.4　干拌砂浆

干拌砂浆又称为干混砂浆、干粉砂浆，是由专业生产厂生产、经干燥筛分处理的细集料与无机胶凝材料、矿物掺合料及其他外加剂按一定比例混合成的一种粉状或颗粒状混合物，在施工现场按使用说明加水搅拌即成的砂浆拌合物。干拌砂浆产品的包装形式可分为散装货袋装，如图 5.4 所示。它是近几年在我国发展起来的新型建筑材料，具有施工速度快、质量容易保证、施工环保、功能多的特点，利于建筑新技术和现代化施工技术的推广。

图 5.4　干拌砂浆

【工程实例分析】

【现象】　某工程采用混合砂浆进行多孔砖内墙饰面抹灰。将石灰粉、水泥和砂三种材料同时拌制成抹面砂浆后，直接抹在砖墙上。过了几周，发现砂浆面出现空鼓剥落现象，试分析原因。

【原因分析】　多孔砖为吸水性基面，进行混合砂浆抹面前，应预先洒水润湿，否则，多孔砖将从混合砂浆中吸收水分，导致砂浆水化程度不足，进而影响砂浆强度发展，最终导致因强度不足而出现空鼓剥落。

【拓展】 预拌砂浆是由专门化厂家生产的，用于建设工程中的各种砂浆拌合物，是我国发展起来的一种新型建筑材料，用途广泛。试思考，生产预拌砂浆需要注意什么问题？

【思维导图与核心知识点】

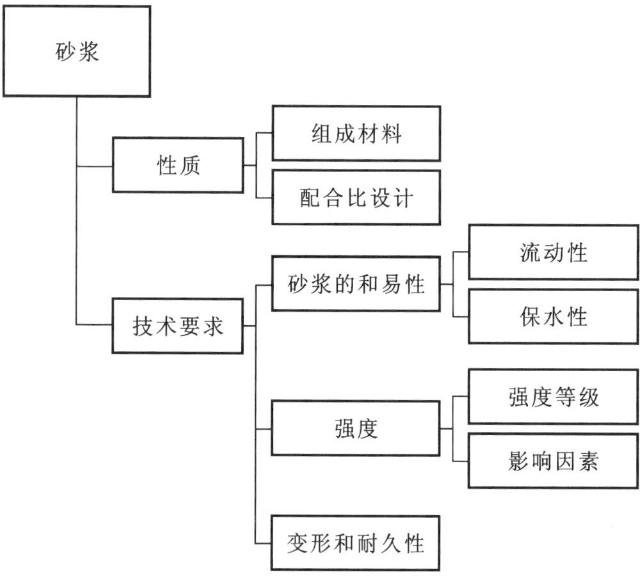

复习题与思考题

(1) 新拌砂浆的和易性包括哪两方面含义？如何测定？

(2) 影响砂浆抗压强度的主要因素有哪些？

(3) 普通抹面砂浆的主要性能要求是什么？不同部位应采用何种抹面砂浆？

(4) 何谓防水砂浆？如何配制防水砂浆？

练　习　题

(1) 砂浆混合物的流动性如何表示和测定？保水性不良对砂浆质量有何影响？如何提高砂浆的保水性？

(2) 某工程用砌砖砂浆，设计强度等级为 M10，要求稠度为 80～100 mm，现有砌筑水泥的强度为 32.5 MPa，细集料堆积密度为 1450 kg/m^3 的中砂，含水率为 2%，已有石灰膏的稠度为 100 mm；施工水平一般。试计算此砂浆的配合比。

【在线测试】

6 墙体材料和屋面材料

本章提要

本章主要介绍常用墙体材料的技术性质及应用。通过学习，需要达到以下要求：

(1) 掌握各种砌墙砖的质量等级、技术要求及质量检测方法和应用；

(2) 掌握常用砌块的技术性质及要求；

(3) 了解墙用板材的特性及应用；

(4) 了解屋面材料的特性及应用。

课前预习要点

本章介绍的墙体材料种类较多，课前预习时应注意以下知识点：

(1) 烧结砌墙砖、非烧结砖的技术要求与应用；

(2) 砌块的技术性质及应用；

(3) 墙用板材的特性及应用；

(4) 屋面材料的特性及应用。

课程思政

秦砖汉瓦是中国古代建筑艺术的瑰宝，通过学习秦砖汉瓦的历史和文化，让学生深刻理解中华民族的悠久历史和灿烂文化，增强民族自豪感和文化自信；以秦砖汉瓦的传统工艺与现代科技的结合为契机，拓展新型环保砖瓦的研发，展示了传统与现代的融合，培养学生在传承中创新，探索传统材料的新用途，提升学生的创新意识和实践能力。

墙体材料和屋面材料在建筑工程中用量较大，是构成建筑物的最重要的材料之一。传统的墙体材料和屋面材料是烧结黏土砖和黏土瓦，但生产烧结黏土砖、瓦，要破坏大量的农田，不利于生态环境的保护，同时黏土砖、瓦体积小，自重大，施工中劳动强度大，生产效率低，影响建筑业的机械化施工。国内已有部分城市规定：在框架结构的工程中，用黏土砖砌筑的墙体，不能通过验收。当前，墙体、屋面类材料的改革趋势是利用工业废料和地方资源，生产出轻质、高强、大块、多功能的墙体材料和屋面材料。

在我国，传统的墙体材料主要是烧结黏土砖，应用历史长，有“秦砖汉瓦”之说。随着我国墙体材料改革的深入，为适应现代建筑轻质高强、多功能的需要，实现建筑节能及资源节约化和环境友好化的需要，相继出现了许多新型材料，如空心砖、多孔砖、粉煤灰砖和灰砂砖等砖类；普通混凝土小型砌块、轻质混凝土小型砌块、混凝土小型砌块和蒸压加气混凝土等；GRC石膏板、各种纤维增强墙板及复合墙板等。这些新材料的应用，既节约了黏土资源，又利用了工业废渣，有利于环境保护，实现了可持续发展。

6.1 墙体材料

【视频讲解】

目前所用的墙体材料有砖、砌块、板材三类。按生产所用原料分，砖类可分为黏土砖、页岩砖、灰砂砖、煤矸石砖、粉煤灰砖和炉渣砖等；砌块类可分为混凝土砌块、硅酸盐砌块、加气混凝土砌块等；板材类可分为混凝土大板、石膏板、加气混凝土板、玻纤水泥板、植物纤维板和各种复合板等。

6.1.1 烧结砖

砌墙砖是砌筑用的小型块材，按原材料可分为黏土砖、粉煤灰砖、页岩砖、煤矸石砖等，按生产工艺可分为烧结砖和非烧结砖，按孔的数量可分为实心砖、多孔砖、空心砖和花格砖。制砖的工艺有两类：一类是通过烧结工艺获得的，为烧结砖；另一类是通过蒸养（压）方法制得，为蒸养砖。

6.1.1.1 烧结普通砖

烧结普通砖根据原料分为烧结黏土砖、烧结页岩砖、烧结煤矸石砖、粉煤灰砖。

（1）原材料及生产工艺

生产烧结砖的主要原料有黏土、页岩、煤矸石、粉煤灰等（主要化学成分为 SiO_2、Al_2O_3、Fe_2O_3）。生产工艺为采土→原料调制→制坯→干燥→焙烧→制品。

黏土焙烧后能成为石质材料，这是黏土极为重要的特性。在焙烧过程中，黏土发生一系列的变化，具体过程也因黏土种类不同而有很大差别。一般的物理、化学变化如下：在 100～110 ℃时，黏土砖中的游离水蒸发，在坯体中留下许多孔隙；400～800 ℃时黏土中的结晶水脱水，化学矿物开始分解，孔隙率进一步增大，此时强度较低；当温度升高到 900～1100 ℃时，已分解的矿物开始烧结熔化，流入孔隙中，使砖的孔隙率下降，体积收缩；当温度再升高，熔融物较多，砖不能保持原来的形状，发生变形，因此在焙烧砖时一定要控制好温度。

在温度低于 900 ℃以下烧成的砖，称为欠火砖。此时砖的孔隙率最大，欠火砖的色浅、声哑、强度低。当温度高于 1200 ℃以上时生产出的砖，称为过火砖，过火砖的色深、声脆、强度高、尺寸不规则。上述两种砖均不符合国家标准对砖的质量要求。若要生产黏土砖，将砖坯放在氧化环境中焙烧即可。如果砖坯先在氧化环境中焙烧，然后再浇水闷窑，使窑内形成还原气氛，会使砖内的红色高价的三氧化铁还原为低价的一氧化铁，制得青砖。从性能来说，青砖的强度比红砖高，耐久性比红砖强，但价格较贵，一般在小型的土窑内生产。

(2) 技术性质

① 形状、尺寸及允许偏差

根据国家标准《烧结普通砖》(GB/T 5101—2017)的规定：烧结砖为矩形，尺寸为 240 mm×115 mm×53 mm。加上砌筑灰缝 10 mm，1 m^3 砖砌体需要 512 块砖。砖的尺寸允许偏差和外观按现行标准《砌墙砖试验方法》(GB/T 2542—2012)执行，并应符合表 6.1 的规定(样本数为 20 块)。

表 6.1 烧结普通砖尺寸允许偏差

单位：mm

公称尺寸	指标	
	样本平均偏差	样本极差
240	±2.0	≤6.0
115	±1.5	≤5.0
53	±1.5	≤4.0

② 外观质量

烧结普通砖的优等品颜色应基本相同，合格品无颜色要求。其外观质量按现行标准《烧结普通砖》(GB/T 5101—2017)执行，并应符合表 6.2 的规定。

表 6.2 烧结普通砖的外观质量标准

单位：mm

项目		指标
两条面高度差		≤2
弯曲		≤2
杂质凸出高度		≤2
缺棱掉角的三个破坏尺寸不得同时大于		5
裂纹长度	①大面上宽度方向及其延伸至条面的长度	≤30
	②大面上长度方向及其延伸至顶面的长度或条、顶面上水平裂纹的长度	≤50
完整面不得少于		一条面和一顶面

注：为砌筑挂浆而施加的凹凸纹、槽、压花等不算作缺陷。

凡有下列缺陷之一者，不得称为完整面：

① 缺损在条面或顶面上造成的破坏面尺寸同时大于 10 mm×10 mm；

② 条面或顶面上裂纹宽度大于 1 mm，其长度超过 30 mm；

③ 压陷、粘底、焦花在条面或顶面上的凹陷或凸出超过 2 mm，区域尺寸同时大于 10 mm×10 mm。

③ 强度等级

取 10 块砖测定其抗压强度。根据抗压强度平均值和标准值或单块最小抗压强度值，分为 5 个强度等级，如表 6.3 所示。

表 6.3 烧结普通砖强度等级 单位:MPa

强度等级	抗压强度平均值 $\overline{f}$	强度标准值 f_k
MU30	≥30.0	≥22.0
MU25	≥25.0	≥18.0
MU20	≥20.0	≥14.0
MU15	≥15.0	≥10.0
MU10	≥10.0	≥6.5

烧结普通黏土砖的抗压强度的标准差和抗压强度标准值按下列方法计算:

$$S=\sqrt{\frac{1}{9}\sum_{i=1}^{10}(f_i-\overline{f})^2} \tag{6.1}$$

$$\delta=\frac{S}{\overline{f}} \tag{6.2}$$

式中 δ——砖强度变异系数;

$\overline{f}$——10 块砖的抗压强度平均值(MPa);

S——10 块砖的抗压强度标准值(MPa);

f_i——单块砖的抗压强度测定值(MPa)。

变异系数 $\delta \leqslant 0.21$ 时,按表 6.3 中抗压强度平均值、强度标准值指标评定砖的强度等级。样本量 $n=10$ 时的强度标准值按下式计算:

$$f_k=\overline{f}-1.8S \tag{6.3}$$

式中 f_k——烧结普通砖抗压强度标准值(MPa)。

④ 耐久性

为了确定砖的耐久性,需进行以下试验:

a. 抗冻试验

吸水饱和砖在−15 ℃下经过 15 次冻融循环,质量损失和裂缝长度不超过规定,即认为抗冻性合格。在温暖地区(计算温度在−10 ℃以上)可以不考虑砖的抗冻性。

b. 泛霜试验

泛霜也称起霜,是指砖在使用过程中的一种盐析现象。砖内过量的可溶性盐受潮吸水溶解,随水分蒸发而沉积于砖的表面,形成白色粉状附着物,在砖的表面形成絮团状斑点,影响建筑的美观。如果溶盐为硫酸盐,当水分蒸发呈晶体析出时,产生膨胀,使砖面剥落。烧结普通砖优等品不允许出现泛霜;一等品不允许出现中等泛霜;合格品不应出现严重泛霜。

c. 石灰爆裂试验

石灰爆裂是指砖的坯体中夹杂有石灰块,有时也由掺入的内燃料(煤渣)带入,砖吸水后,由于石灰逐渐熟化而膨胀所产生的爆裂现象。经试验后砖面上出现的爆裂点不应超过规定值。

d. 吸水率试验

砖的吸水率的大小可以侧面说明孔隙率的大小，也可反映砖的导热性、抗冻性和强度的大小。

通过上述试验后，按照国家标准《烧结普通砖》(GB/T 5101—2017)的规定，对砖的耐久性做出评定。

⑤ 烧结普通砖的应用

烧结普通砖具有一定的强度、较好的耐久性，又因为有一定的孔隙，因此，具有较好的隔热保温性能、透气性和热稳定性。

烧结普通砖是传统的墙体材料，主要用于砌筑建筑的内外墙、柱、拱、烟囱和窑炉。烧结普通砖在应用时，应充分发挥其强度、耐久性和隔热性能均较高的特点。用于砌筑承重墙体和烟囱能有效发挥这些特点，而用于砌筑非承重的填充墙体和基础，上述特点就得不到发挥。

在应用时，必须认识到砖砌体(如砖墙、砖柱)的强度不仅取决于砖的强度，而且受砂浆性质的影响。砖的吸水率大，一般为15%～20%，在砌筑时吸收砂浆中的水分。如果砂浆保持水分的能力差，砂浆就不能正常凝结硬化，导致砌体强度下降。为此，在砌筑时除了要合理配制砂浆外，还要将砖提前湿润。

用小块的烧结普通砖作为墙体材料，施工效率低，墙体自重大，亟待改革。墙体改革的技术方向，主要是发展轻质、高强、空心、大块的墙体材料，力求减轻建筑物自重和节约能源，并为实现施工技术现代化和提高劳动生产率创造条件。

6.1.1.2　烧结多孔砖

烧结多孔砖是指内孔径不大于22 mm(非圆孔内切圆直径不大于15 mm)，孔洞率不小于15%，孔的尺寸小而数量多的烧结砖。按主要原材料可分为黏土砖(N)、页岩砖(Y)、煤矸石砖(M)和粉煤灰砖(F)。

烧结多孔砖的外形尺寸，分为190 mm×190 mm×90 mm(M型)和240 mm×115 mm×90 mm(P型)两种规格，如图6.1所示。手抓孔的尺寸为(30～40 mm)×(75～85 mm)。

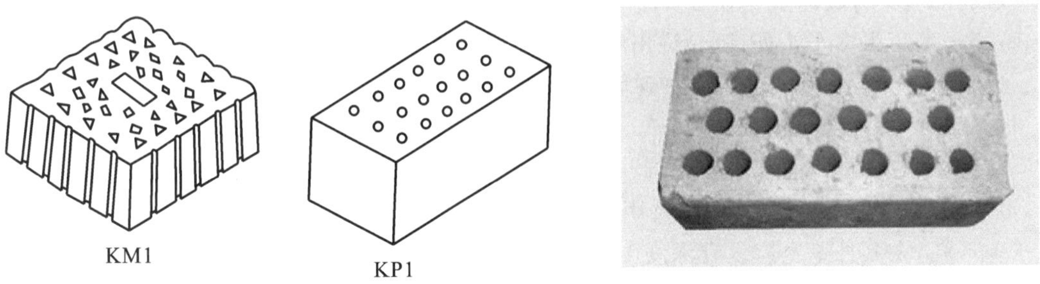

图6.1　烧结多孔砖

(1) 尺寸偏差和外观质量

按《烧结多孔砖和多孔砌块》(GB 13544—2011)的规定，烧结多孔砖的尺寸偏差和外观质量应符合表6.4的要求。

表 6.4　烧结多孔砖和砌块的尺寸允许偏差和外观质量　单位:mm

项目		指标	
		样本平均偏差	样本极差
尺寸偏差	>400	±3.0	≤10.0
	300～400	±2.5	≤9.0
	200～300	±2.5	≤8.0
	100～200	±2.0	≤7.0
	<100	±1.5	≤6.0
外观质量	(1)完整面	不得少于一条面和一顶面	
	(2)缺棱掉角的三个破坏尺寸	不得同时大于 30	
	(3)裂纹长度	①大面(有孔面)上深入孔壁 15 mm 以上宽度方向及其延伸到条面的长度	≤80
		②大面(有孔面)上深入孔壁 15 mm 以上长度方向及其延伸到顶面的长度	≤100
		③条、顶面上的水平裂纹	≤100
	(4)杂质在砖或砌块面上造成的凸出高度	≤5	

注:凡有以下缺陷之一者,不得称为完整面:

① 缺损在条面或顶面上造成的破坏面尺寸同时大于 20 mm×30 mm;

② 条面或顶面上裂纹宽度大于 1 mm,其长度超过 70 mm;

③ 压陷、焦花、粘底在条面或顶面上的凹陷或凸出超过 2 mm,区域最大投影尺寸同时大于 20 mm×30 mm。

(2) 强度等级

强度等级同烧结普通砖。

(3) 耐久性指标

① 泛霜:每块砖或砌块不允许出现严重泛霜。

② 石灰爆裂:破坏尺寸在 2～15 mm 的爆裂区域,每组砖和砌块不得多于 15 处,其中大于 10 mm 的不得多于 7 处;不允许出现破坏尺寸大于 15 mm 的爆裂区域。

③ 成品砖中不允许有欠火砖(砌块)、酥砖(砌块)。

6.1.1.3　烧结空心砖

烧结空心砖是以黏土、页岩、煤矸石、粉煤灰及其他废料为原料,经焙烧而成的空心块体材料,其孔洞率一般不小于 35%,主要用于砌筑非承重的墙体结构。空心砖多为直角六面体的水平空心孔,在其外壁上应设有深度 1 mm 以上的凹槽以增加与砌筑胶结材料的黏合力,砖的壁厚应大于 10 mm,肋厚应大于 7 mm。其外形及尺寸如图 6.2 所示。

(1) 技术要求

常用空心砖的长度为 290 mm、240 mm,宽度为 240 mm、190 mm、180 mm、140 mm 及 115 mm,高度为 115 mm、90 mm。其他规格可由供需双方协商确定,砖的壁厚应不大于 110 mm,肋厚应不大于 7 mm。

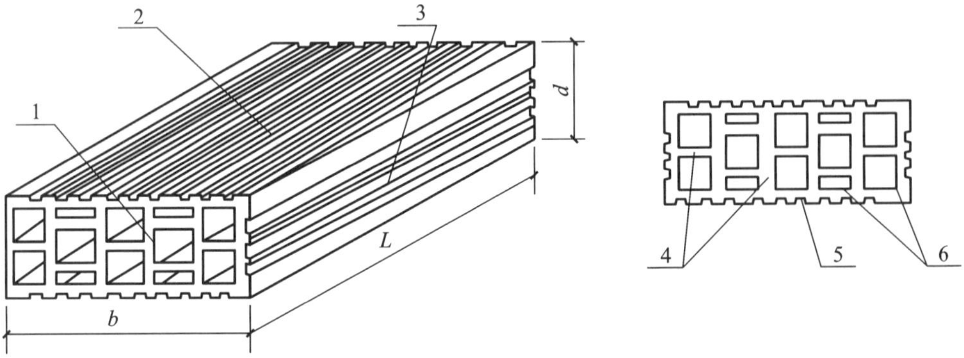

图 6.2 烧结空心砖

1—顶面;2—大面;3—条面;4—肋;5—凹线槽;6—外壁;L—长度;b—宽度;d—高度

① 尺寸偏差和外观质量

在空心砖的烧结过程中,由于材料不均匀、砖坯变形尺寸过大、干燥工艺不合理、焙烧不当或装运码放不当等原因,造成砖体的各种外观缺陷或尺寸偏差。国家标准对烧结空心砖的质量指标的具体要求如表 6.5 和表 6.6 所示。

表 6.5 烧结空心砖尺寸允许偏差(GB/T 13545—2014)　　单位:mm

尺寸	样本平均偏差	样本极差
>300	±3.0	≤7.0
>200～300	±2.5	≤6.0
100～200	±2.0	≤5.0
<100	±1.7	≤4.0

表 6.6 烧结空心砖与空心砌块的外观质量要求(GB/T 13545—2014)　　单位:mm

项目		指标
(1)弯曲不大于		4
(2)缺棱掉角的三个破坏尺寸不得同时大于		30
(3)垂直度差不大于		4
(4)未贯穿裂纹长度	① 大面上宽度方向及其延伸至条面的长度不大于	100
	② 大面上长度方向或条面上水平面方向的长度不大于	120
(5)贯穿裂纹长度	① 大面上宽度方向及其延伸至条面的长度不大于	40
	② 壁、肋沿长度方向、宽度方向及其水平方向的长度不大于	40
(6)肋、壁内残缺长度不大于		40
(7)完整面不少于		一条面或一大面

注:凡有以下缺陷之一者,不得称为完整面:

①缺损在大面、条面上造成的破坏面尺寸同时大于 20 mm×30 mm;

②大面、条面上裂纹宽度大于 1 mm,其长度超过 70 mm;

③压陷、粘底、焦花在大面、条面上的凹陷或凸出超过 2 mm,区域尺寸同时大于 20 mm×30 mm。

② 强度等级和密度级别

根据国家标准的规定，烧结空心砖可划分为 MU10.0、MU7.5、MU5.0、MU3.5 四个强度等级和 800 级、900 级、1000 级和 1100 级四个密度等级。强度等级的大小是根据每批砖中所取具有代表性的样品 10 块，分别对 5 块大面抗压和 5 块条面抗压试验所测得的强度值进行评定。砖的密度级别是根据抽取 5 块样品所测得的表观密度平均值来确定的。

③ 质量缺陷与耐久性

烧结空心砖的耐久性常以其抗冻性、吸水率等指标来表示，一般要求应有足够的抗冻性。在质量上对于泛霜、石灰爆裂等也有相应的指标约束。

(2) 烧结空心砖的特点与应用

烧结空心砖的原料及生产工艺与烧结普通砖基本相同，但对原料的可塑性要求较高。

大面有孔洞的烧结空心砖，孔多而小，表观密度为 1400 kg/m^3 左右，强度较高。使用时孔洞垂直于承压面，主要用于砌筑六层以下承重墙。顶面有孔的空心砖，孔大而少，表观密度为 800～1100 kg/m^3，强度低，使用时孔洞平行于受力面，用于砌筑非承重墙。

与烧结普通砖相比，生产空心砖可节约黏土 20%～30%，节约燃料 10%～20%，且砖坯焙烧均匀，烧成率高。采用空心砖砌筑墙体，可减轻自重 30%左右，提高功效 40%，同时能有效改善墙体热工性能和降低建筑物使用能耗。因此，推广应用空心砖是加快我国墙体材料改革的重要举措之一。

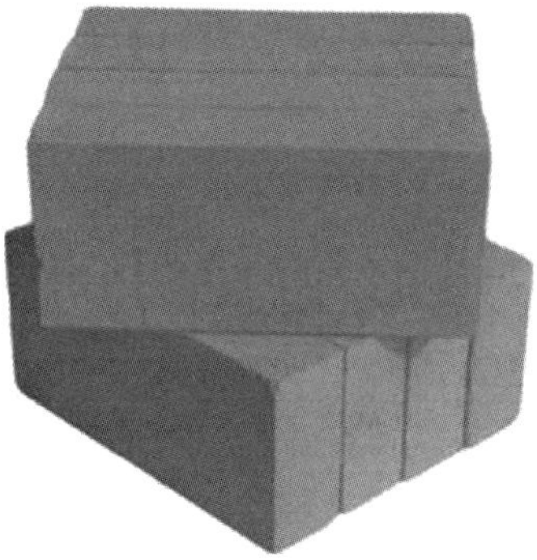

图 6.3　蒸压灰砂砖

6.1.2　非烧结砖

非烧结砖又称为蒸压(养)砖，是以石灰和砂子、粉煤灰、煤矸石、炉渣及页岩等含硅材料加水拌和，经成型、蒸养或蒸压而得的砖。生产这类砖，可大量利用工业废料，减少环境污染，不需占用农田，且可常年稳定生产，不受季节和环境气候影响，因而是我国墙体材料的发展方向之一。

6.1.2.1　*蒸压(养)灰砂砖*

蒸压灰砂砖是以砂和石灰为原料，经配料、拌和、压制成型和蒸压养护(175～191 ℃，0.8～1.2 MPa 的饱和蒸汽)而制成的砖，如图 6.3 所示。加入碱性矿物颜料可制成彩色砖。灰砂砖的工程尺寸与烧结普通砖相同。按国标《蒸压灰砂实心砖和实心砌块》(GB/T 11945—2019)的规定，灰砂砖根据抗压强度和抗折强度分为 MU30、MU25、MU20、MU15、MU10 五级，如表 6.7 所示。

表 6.7　蒸压灰砂砖的强度等级

强度等级	抗压强度/MPa	
	平均值	单个最小值
MU30	≥30.0	≥25.5
MU25	≥25.0	≥21.2
MU20	≥20.0	≥17.0

续表6.7

强度等级	抗压强度/MPa	
	平均值	单个最小值
MU15	≥15.0	≥12.8
MU10	≥10.0	≥8.5

灰砂实心砖和实心砌块有彩色(C)和本色(N)两类。产品按代号、颜色、强度等级、规格尺寸和标准编号的顺序标记。灰砂实心砖和实心砌块不得用于长期受热(200 ℃)以上、受急冷急热和有酸性介质侵蚀的建筑部位。

6.1.2.2 蒸压(养)粉煤灰砖

以粉煤灰、生石灰粉或消石灰粉为主要原料,加入石膏和一些集料经制坯、高压或常压养护所得的实心砖为粉煤灰砖,如图 6.4 所示。

(1) 技术要求

粉煤灰砖的外形尺寸与普通砖完全相同,呈矩形。颜色为灰色或深灰色,表观密度为 1500 kg/m^3。《蒸压粉煤灰砖》(JC/T 239—2014)中规定了蒸压粉煤灰砖强度等级(表 6.8)。

图 6.4 蒸压(养)粉煤灰砖

表 6.8 蒸压粉煤灰砖强度等级

强度等级	抗压强度/MPa		抗折强度/MPa	
	平均值	单块最小值	平均值	单块最小值
MU10	≥10.0	≥8.0	≥2.5	≥2.0
MU15	≥15.0	≥12.0	≥3.7	≥3.0
MU20	≥20.0	≥16.0	≥4.0	≥3.2
MU25	≥25.0	≥20.0	≥4.5	≥3.6
MU30	≥30.0	≥24.0	≥4.8	≥3.8

粉煤灰砖的抗冻性要求见表 6.9。

表 6.9 粉煤灰砖的抗冻指标

使用地区	抗冻指标	质量损失率	抗压强度损失率
夏热冬暖地区	D15	≤5%	≤25%
夏热冬冷地区	D25		
寒冷地区	D35		
严寒地区	D50		

(2) 应用

粉煤灰砖不得长期用于受热200 ℃以上、受急冷或急热作用的部位，或有酸性介质侵蚀的建筑部位。在施工中为了减少收缩裂缝，可适当地增设圈梁及伸缩缝。

粉煤灰砖是一种有潜在活性的水硬性材料，在潮湿环境中，水化反应能继续进行而使其内部结构更为密实，有利于砖强度的提高。大量工程现场调查发现，用于建筑勒脚、基础和排水沟等潮湿部位的蒸压粉煤灰砖，虽经一二十年的冻融和干湿交替作用，有的已经完全碳化，但强度并未降低，且均有提高。相对于其他种类的砌体材料，这是粉煤灰砖的优势之一。粉煤灰砖属节土、利废的新型轻质墙体材料之一。

6.1.3 砌块

砌块是用于砌筑的人造块材。砌块适应性强，在施工时比较灵活，既可干法操作，也可湿法施工，砌筑方便，适用面广，工效高，周期短，还可以改善墙体的功能。生产砌块可充分利用炉渣、粉煤灰、煤矸石等工业废渣，节省大量土地资源和能源，是替代黏土砖的理想砌筑材料，因而成为我国建筑墙体材料改革的重要途径。

砌块外形多为六面直角体，也有多种异形体。砌块按尺寸规格可分为大型砌块(高度大于980 mm)、中型砌块(高度为380～980 mm)和小型砌块(高度为115～380 mm)。目前，我国以中小型砌块使用较多。砌块按用途分为承重砌块与非承重砌块，按原材料分为蒸压加气混凝土砌块、轻集料混凝土小型空心砌块和泡沫混凝土小型砌块等。

6.1.3.1 混凝土砌块

(1) 混凝土小型空心砌块

以水泥、砂、石、水经拌和、振动加压而成的空心砌块为混凝土小型空心砌块，有承重和非承重两种，空心率不小于25%，其主要规格尺寸为390 mm×190 mm×190 mm。砌块外壁厚应小于30 mm，最小肋厚应不小于20 mm，空洞率应不小于25%，如图6.5所示。砌块的孔洞一般竖向设置，多为单排孔，也有双排孔和三排孔。孔洞有全贯通、半封顶和全封顶3种。

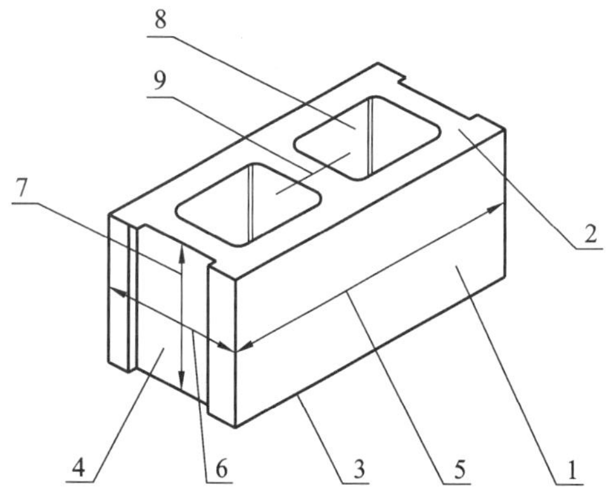

图6.5 混凝土小型砌块示意图及其各部位名称

1—条面；2—坐浆面(肋厚较大的面)；3—铺浆面(肋厚较小的面)；4—顶面；5—长度；6—宽度；7—高度；8—壁；9—肋

根据《普通混凝土小型砌块》(GB/T 8239—2014)的规定，按抗压强度将砌块分为MU5.0、MU7.5、MU10、MU15、MU20、MU25、MU30、MU35、MU40九个强度等级。

普通混凝土小型空心砌块的强度等级应符合表6.10的规定；用于清水墙的砌块，其吸水率和线性干燥收缩值应满足表6.11的规定；抗冻性应符合表6.12的规定。

表 6.10 混凝土小型空心砌块强度等级

强度等级	砌块抗压强度/MPa	
	平均值≥	单块最小值≥
MU5.0	5.0	4.0
MU7.5	7.5	6.0
MU10	10.0	8.0
MU15	15.0	12.0
MU20	20.0	16.0
MU25	25.0	20.0
MU30	30.0	24.0
MU35	35.0	28.0
MU40	40.0	32.0

表 6.11 砌块吸水率和线性干燥收缩值

砌块	吸水率/%	线性干燥收缩值/(mm/m)
L 类砌块	≤10	≤0.45
N 类砌块	≤14	≤0.65

表 6.12 混凝土小型空心砌块抗冻性

使用条件	抗冻指标	质量损失率	强度损失率
夏热冬暖地区	D15	平均值≤5% 单块最大值≤10%	平均值≤20% 单块最大值≤30%
夏热冬冷地区	D25		
寒冷地区	D35		
严寒地区	D50		

注:使用条件应符合 GB 50176—2016 的规定。

普通混凝土小型空心砌块具有强度较高、自重较轻、耐久性好、外表尺寸规整等优点,部分类型的混凝土小型空心砌块还具有美观的饰面以及良好的保温隔热性能,适用于各种居住、公共、工业、教育、国防和安全性质的建筑,包括高层与大跨度的建筑,以及围墙、挡土墙、桥梁、花坛等市政设施,应用范围十分广泛。混凝土砌块施工方法与普通烧结砖相近,在产品方面还具有原材料来源广泛、不毁坏良田、能利用部分工业废渣、生产能耗较低、对环境的污染程度较小及产品质量容易控制等优点。

(2) 轻集料混凝土小型空心砌块

轻集料混凝土小型空心砌块是以硅酸盐系列水泥为胶凝材料、普通砂或轻砂为细集料、天然轻粗集料或陶粒为粗集料制成的砌块，空心率不大于25%。

根据砌块的干表观密度变动范围的上限，可将砌块分为700、800、900、1000、1100、1200、1300、1400(kg/m^3)八个密度等级级别。砌块的强度等级、密度等级和抗压强度应满足表6.13的要求。

表6.13 轻集料混凝土小型空心砌块强度等级

强度等级	抗压强度/MPa		密度等级范围/(kg/m^3)
	平均值	最小值	
MU2.5	≥2.5	≥2.0	≤800
MU3.5	≥3.5	≥2.8	≤1000
MU5.0	≥5.0	≥4.0	≤1200
MU7.5	≥7.5	≥6.0	≤1200[a] ≤1300[b]
MU10.0	≥10.0	≥8.0	≤1200[a] ≤1400[b]

注：当砌块的抗压强度同时满足2个强度等级或2个以上强度等级要求时，应以满足要求的最高强度等级为准。

a.除自然煤矸石掺量不小于砌块质量35%以外的其他砌块；

b.自然煤矸石掺量不小于砌块质量35%的砌块。

轻集料混凝土小型空心砌块可用于工业与民用建筑的承重和非承重墙体，还可以用于既承重又保温或专门保温的墙体，特别适合于高层建筑的填充墙和内隔墙。

6.1.3.2 蒸压加气混凝土砌块

蒸压加气混凝土砌块是以水泥、矿渣、砂或者水泥、石灰、煤粉灰为基本原料，以铝粉为发气剂，经过搅拌、发气、切割、蒸压养护等工艺加工而成，具有轻质、保温、防火、可锯、可刨加工等特点，可制成建筑砌块，适用于做工业与民用建筑物的内外墙体材料和保温材料，如图6.6所示。

图6.6 蒸压加气混凝土砌块

(1) 技术要求

根据《蒸压加气混凝土砌块》(GB 11968—2020)的规定，蒸压加气混凝土砌块按抗压强度可分为A5.0、A3.5、A2.5、A2.0、A1.0五个等级；按干表观密度分为B03、B04、B05、B06、B07五个等级。强度等级及物理性能应符合表6.14的规定。掺用工业废渣原料时，所含反射性物质，应符合《建筑材料放射性核素限量》(GB 6566—2010)的规定。

表 6.14 蒸压加气混凝土砌块强度等级及物理性能

强度级别	抗压强度/MPa		干密度级别	平均干密度/(kg/m³)	抗冻性		导热系数(干态)/[W/(m·K)]
	平均值	最小值			冻后质量平均值损失/%	冻后强度平均值损失/%	
A1.5	≥1.5	≥1.2	B03	≤350	—	—	≤0.10
A2.0	≥2.0	≥1.7	B04	≤450	—	—	≤0.12
A2.5	≥2.5	≥2.1	B04	≤450	≤5.0	≤20	≤0.12
			B05	≤550			≤0.14
A3.5	≥3.5	≥3.0	B04	≤450	≤5.0	≤20	≤0.12
			B05	≤550			≤0.14
			B06	≤650			≤0.16
A5.0	≥5.0	≥4.2	B05	≤550	≤5.0	≤20	≤0.14
			B06	≤650			≤0.16
			B07	≤750			≤0.18

蒸压加气混凝土砌块的尺寸(mm)如下:长度为 600,宽度为 100、120、125、150、180、200、240、250 和 300,高度为 200、240、250 和 300。

(2) 特点

① 轻质

蒸压加气混凝土砌块的孔隙率一般在 70%～80%之间,大部分气孔孔径为 0.5～2 mm,平均孔径在 1 mm 左右。由于这些气孔的存在,体积密度通常在 380～850 kg/m³ 之间,比普通混凝土轻 2/3～7/8。

② 具有结构材料必要的强度

蒸压加气混凝土砌块与其他材料一样,强度与体积密度呈正比。如干密度为 500～700 kg/m³ 的制品,强度一般为 2.5～7.5 MPa,具备作为结构材料的必要强度。

③ 弹性模量和徐变较普通混凝土小

蒸压加气混凝土砌块的弹性模量[$(0.147\sim0.245)\times10^4$ MPa]只有普通混凝土弹性模量(1.96×10^4 MPa)的 1/10 左右,因此在同样的荷载作用下,其变形比普通混凝土的大。它的徐变系数(0.8～1.2)也比普通混凝土(1～4)的小,所以在同样受力的状态下,其徐变比普通混凝土的小。

④ 耐火性好

蒸压加气混凝土砌块是不燃材料,在受热 80～100 ℃时,会出现收缩和裂缝,但在 700 ℃以前不会损失强度,并且不散发有害气体,耐火性能好。

⑤ 保温隔热性能好

蒸压加气混凝土砌块具有优良的保温隔热性能，其导热率普遍小于 0.18 W/(m·K)，只有黏土砖的 1/5 左右。

⑥ 吸声性能好

蒸压加气混凝土砌块的吸声能力(吸声系数为 0.2～0.3)比普通混凝土的好，但隔声能力较差。这是受“质量定律”支配，即隔声效果与质量呈正比，所以蒸压加气混凝土砌块隔声效果要比普通混凝土的差。

⑦ 吸水导湿缓慢

由于蒸压加气混凝土砌块的气孔只有少部分是水分蒸发形成的毛细孔，而大部分是引气剂形成的“肚口大小”结构的气孔，毛细作用差，导致砌块吸水导湿缓慢。蒸压加气混凝土砌块的体积吸水率和黏土砖的相近，在抹灰前如果采用与黏土砖同样的方式往墙上浇水，黏土砖容易吸足水量，因此砖墙壁上的抹灰层可以保持湿润，但蒸压加气混凝土砌块墙抹灰层因砌块继续吸水而容易开裂。

⑧ 干燥收缩大

与其他多孔材料类似，蒸压加气混凝土砌块干燥收缩、吸湿膨胀大。为避免砌体墙出现裂缝，严格控制制品上墙的含水率是极其重要的，含水率最好控制在 20%以下。通常含砂的加气混凝土比粉煤灰加气混凝土收缩小。蒸压加气混凝土砌块应用于外墙时，应进行饰面处理或者憎水处理。

(3) 应用

蒸压加气混凝土砌块在建筑工程中应用非常广泛，主要用于低层建筑的承重墙、多层建筑的间隔墙和高层框架结构的填充墙，也可用于一般工业建筑的围护墙，是一种集间隔、保温隔热和吸声于一体的多用建筑材料。

蒸压加气混凝土砌块的主要缺点是收缩大、弹性模量低且怕冻害，因此在建筑物的以下部位不得使用加气混凝土墙体：建筑物±0.000 以下(地下室的非承重内隔墙除外)；长期浸水或经常干湿交替的部位；受化学腐蚀的环境，如强酸、强碱或高浓度二氧化碳等；砌块表面经常处于 80 ℃以上的高温环境及屋面女儿墙体。

6.1.3.3 泡沫混凝土小型砌块

泡沫混凝土小型砌块通常是用物理机械方法将泡沫剂水溶液制备成泡沫，再将泡沫加到由凝胶材料(如水泥和石灰)、集料(石子、砂、炉渣、陶粒和膨胀珍珠岩等)、掺合料(粉煤灰、炉渣和硅灰)、各种外加剂和水等制成的料浆中，经均匀混合、浇筑成型、养护而成的新型墙体和保温隔热材料，如图 6.7 所示。

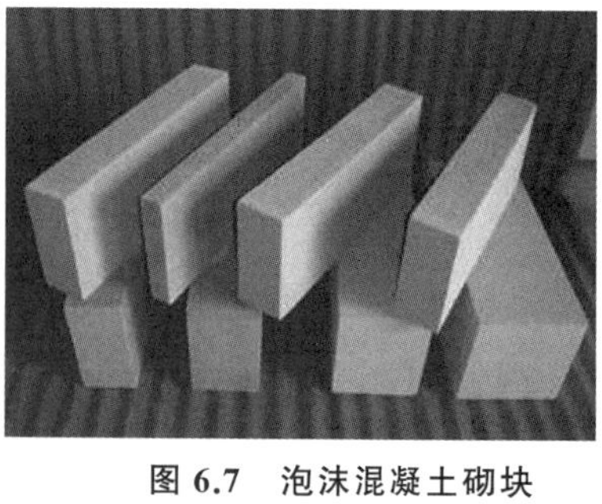

图 6.7 泡沫混凝土砌块

泡沫混凝土小型砌块与蒸压加气混凝土小型砌块均属于多孔混凝土制品，主要物理力学性能相似，但有各自的特点，目前尚没有相应的行业标准或国家标准。泡沫混凝土小型砌块可制成空心结构，也可制成实心结构。实心砌块可以是单一材料，也可是复合结构(夹芯)；空心砌块又可制成单排孔、双排孔和多排孔结构。

泡沫混凝土是一种多孔混凝土，其结构中含有大量均匀分布的封闭孔隙，因而体现出良好的物理力学性能，即轻质、保温、隔热、防潮、防火、吸声及隔声等功能。

6.1.3.4 企口空心混凝土砌块

企口空心混凝土砌块是采用最大粒径为 6 mm 的小石子配制成的干硬性混合料，经振动加压成型、自然养护而成，要求形状规整、企口尺寸准确，便于不用砂浆进行干砌。适用于 5 层或 5 层以下的承重墙、5 层以上的非承重墙；做承重墙体时可浇筑混凝土角柱或圈梁，以提高抗震抗风能力，砌块空模中可填充保温材料，以提高墙壁体的热工性能。该类材料便于手工操作，组装灵活，是一种有发展前景的砌体材料。

6.1.4 墙用板材

墙用板材是框架结构建筑的组成部分。在现代框架结构中，一般是采用强度高的钢筋混凝土材料制成柱、梁、板，组成建筑物的承重框架结构，通过各种措施将墙用板材支承在框架上，墙板起围护和分隔的作用。墙用板材一般分内外两种。内墙板材大多为各种石膏板材、石棉水泥板材及加气混凝土板材等，这些板材具有质量轻，保温效果好，隔声、防火以及较好的装饰效果等优点。外墙板大多用加气混凝土板、复合板及各种玻璃钢板等。

我国目前可用于墙体的板材品种很多，如水泥类墙用板材、石膏类墙用板材及植物纤维类墙用板材和复合墙板等。以下介绍几种有代表性的板材。

6.1.4.1 水泥类墙板

(1) GRC 空心轻质隔墙板(GRC 板)

GRC 空心轻质隔墙板包括单板和复合墙板两大类。前者主要为 GRC 平板、GRC 轻质多孔条板，复合墙板则主要包括 GRC 复合外墙板、GRC 外墙内保温板、P-GRC 外墙内保温板等，如图 6.8 所示。

GRC 空心轻质隔墙板是以低碱度的水泥为胶结材料，抗碱玻璃纤维为增强抗拉的材料，并配以发泡剂和防水剂，经搅拌、成型、脱水、养护制成的一种轻质墙板。其规格尺寸：长度 3000 mm，宽度 600 mm，厚度 60 mm、90 mm、120 mm 三种。

GRC 空心板质量轻、强度高、保温性好，导热系数为 0.20 W/(m·K)，隔声指数大于 30 dB，不燃(耐火极限 1.3～3 h)，施工方便，可用于一般的工业和民用建筑物的内隔墙。

(2) SP 预应力空心墙板

SP 预应力空心墙板是以高强度的预应力钢绞线用先张法制成的预应力混凝土墙板。其形状如图 6.9 所示。其规格尺寸：长度 1000～1900 mm；宽度 600～1200 mm；厚度 200～480 mm。在 SP 预应力空心墙板上可以作各种装饰效果的表面层(如彩色水刷石、剁斧石、喷砂、粘贴釉面砖等)，取消了湿法作业。SP 预应力空心墙板可用于承重或非承重的内外墙板、楼板、屋面板、阳台板和雨篷等，并可根据需要增设保温层和防水层。

图 6.8　GRC 轻质隔墙板

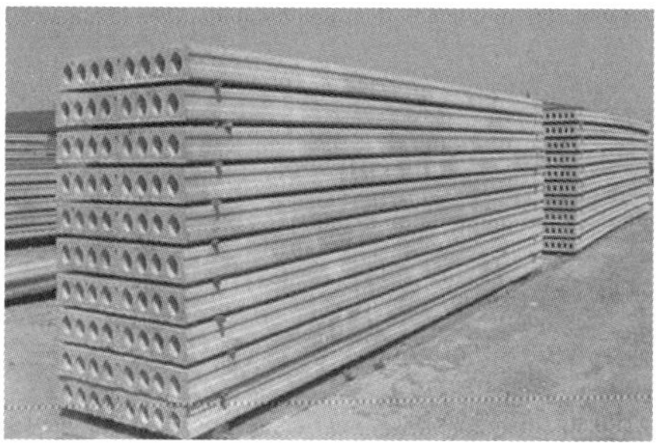

图 6.9　预应力混凝土空心墙板

6.1.4.2　石膏类墙板

由于石膏制品具有防火、质轻、隔声、抗震性好等特点，石膏类板材在内墙板中占有较大的比例，常用制品有纸面石膏板、纤维石膏板、石膏空心板等。

① 纸面石膏板

纸面石膏板是以熟石膏为主要原料，掺入适量的添加剂和纤维作板芯，以特制的纸板做护面，经成型、切割、干燥等工艺加工而成。板面有直角边、楔形、45°倒角形、圆形和半圆形等，如图 6.10 所示。

图 6.10　纸面石膏板

纸面石膏板根据其使用性能分为普通纸面石膏板、耐水纸面石膏板、耐火纸面石膏板三种。纸面石膏板的表观密度为 800～1000 kg/m^3，导热系数为 0.21 W/(m・K)，隔声指数为 35～45 dB，抗折荷载为 400～850 N，表面平整，尺寸稳定，具有质量轻、隔热、隔声、防火、调湿、易加工等功能；施工简便，劳动强度低。但由于用纸量较大，因此成本较高。

普通纸面石膏板适用于建筑物的非承重墙、内隔墙和吊顶，也可用于活动房、民用住宅、商店、办公楼等建筑物的活动隔断，不宜用于厕所、厨房及空气相对湿度经常大于 70%的场所。耐水型石膏板可用于相对湿度大于 75%的环境中，耐火型石膏板主要用于有耐火要求的工程中。

② 纤维石膏板

纤维石膏板是以石膏为主要原料，以玻璃纤维或纸筋等为增强材料，经铺浆、脱水、成型、烘干等工序而成。其规格尺寸：长度 2700～3000 mm；宽度 800 mm；厚度 12 mm。表观密度为 1100～1230 kg/m^3，导热系数 0.18～0.19 W/(m・K)，隔声指数为 36～40 dB。

纤维石膏板的抗弯强度和弹性模量高于纸面石膏板，一般用于非承重内隔墙、天棚吊顶、内墙贴面等，如图 6.11 所示。

③ 石膏空心板

石膏空心板是以石膏为主要材料，加入少量增强纤维，并以水泥、石灰、粉煤灰等为辅助胶结料，经浇筑成型、脱水烘干制成，如图 6.12 所示。石膏空心板的特点为表面平整光滑、洁白，板面不用抹灰，只在板与板之间用石膏浆抹平，并可在上喷刷或粘贴各种饰面材料，而且防滑

图 6.11 纤维石膏板

性能好，质量轻，可切割、锯、钉，空心部位还可预埋电线和管件，安装墙体时可以不用龙骨，施工简单。

图 6.12 石膏空心板

其规格尺寸：长度 2500～3000 mm；宽度 500～600 mm；厚度 60～90 mm。表观密度为 600～900 kg/m^3，抗折强度为 2～3 MPa，导热系数为 0.20 W/(m·K)，隔声指数不小于30 dB，耐火极限 1～2.5 h。适用于高层建筑、框架轻板建筑及其他各类建筑的非承重内隔墙。

6.1.4.3 植物纤维墙板

随着农业的发展，农作物的废弃物（如草、麦秸、玉米秆和甘蔗渣等）逐渐增多，存在浪费。但各种废弃物如经适当处理，则可制成各种板材。早在 1930 年，瑞典人就用 25 kg 稻草生产板材代替 250 块黏土砖使用，因而节省了大量黏土资源。我国是农业大国，农作物资源丰富，该类产品应大力推广。

【在线测试】

6.2 屋面材料

屋面材料主要起防水、隔热保温、防渗漏等作用。烧结瓦是传统的屋面材料，由于其能耗较高，在生产中需要大量的黏土，对水土资源的破坏较大，尺寸较小，质量较大等，已不能满足现代建筑工程的需要。除了烧结瓦外，目前我国常用屋面材料主要有水泥瓦、石棉瓦、塑料瓦和各种高分子复合材料。

6.2.1 黏土瓦

黏土瓦是以黏土为主要材料，加适量水搅拌均匀后，经模压挤出成型，再经干燥和焙烧而成。制瓦的黏土要求杂质少、塑性高。按烧成后的颜色分为红瓦和青瓦；按形状分为平瓦和脊瓦等，如图 6.13 所示；按吸水率不同分为Ⅰ类瓦、Ⅱ类瓦、Ⅲ类瓦。

平瓦常见规格尺寸有400 mm×240 mm、380 mm×225 mm、360 mm×220 mm。每平方米为 15 张平瓦，这些瓦吸水后的质量要小于 55 kg，单片平瓦的最小抗折荷载不得小于 680 N，其抗冻性为经过 15 次冻融后无分层、开裂、剥落现象，抗渗性要求不得出现水滴。脊瓦的尺寸：长度不小于 300 mm，宽度不小于 180 mm。根据外观质量、尺寸偏差、物理力学指

(a)

(b)

图 6.13　黏土瓦

(a)平瓦;(b)脊瓦

标将脊瓦分为一等品和合格品两个等级。单片脊瓦的最小抗折荷重不小于 680 N,其他性能同平瓦。同时,要求一批瓦的颜色应基本相同。

6.2.2　混凝土平瓦

混凝土平瓦是用水泥、砂为主要原料,经配料、机械滚压或人工挤压成型、养护制得。在配料中加入耐碱颜料,可生产出彩色瓦。混凝土平瓦的标准尺寸为 400 mm×240 mm、385 mm×235 mm 两种,主体厚度 14 mm。根据国家标准规定,单片瓦的抗折力不小于 600 N,单片瓦的吸水率不大于 12%。抗渗性、抗冻性均同其他瓦的要求一样。混凝土平瓦的成本低,耐久性好,但自重较黏土瓦大,可代替黏土瓦用于建筑工程中。

图 6.14　石棉水泥波瓦

6.2.3　石棉水泥波瓦

石棉水泥波瓦是以石棉纤维和水泥为原料,经配料、压滤成型、养护而成,如图 6.14 所示。石棉水泥波瓦根据其波浪的大小可分为大波、中波、小波三种类型。该瓦防水、防火、防潮、耐寒、耐热、防腐、绝缘、质轻,并且单张面积大,有效利用面积大。但由于石棉纤维对人体健康有害,许多国家已经禁止使用,我国已经开始用别的纤维材料(如耐碱纤维和有机玻璃纤维)来代替石棉。

石棉水泥波瓦可用于仓库、厂房等跨度较大的工业建筑和临时搭建的屋面,也可用于围护墙。

6.2.4　聚氯乙烯塑料波形瓦

聚氯乙烯塑料波形瓦是以聚氯乙烯树脂为原料,加入各种配合剂,通过塑化、挤压而得的屋面材料。它具有质量轻、强度高、耐化学腐蚀、色彩鲜艳、防水、耐老化性能好等优点,如图 6.15 所示。它的规格尺寸为 2100 mm×(1100～1300) mm×(1.5～2) mm。一般适用于简易建筑物的屋面和候车亭、阳棚、凉棚等简易建筑物的屋面。

6.2.5 玻璃钢波形瓦

玻璃钢波形瓦是用聚酯树脂和玻璃纤维为原料，用手工糊制而成，如图 6.16 所示。其规格尺寸：长度 1800 mm，宽度 740 mm，厚度 0.8～2.0 mm。它具有质量轻、强度高、耐高温、耐腐蚀、耐冲击、透光率高等优点，一般用于工业厂房的采光带、凉棚等。

图 6.15 聚氯乙烯塑料波形瓦

图 6.16 玻璃钢波形瓦

【思维导图与核心知识点】

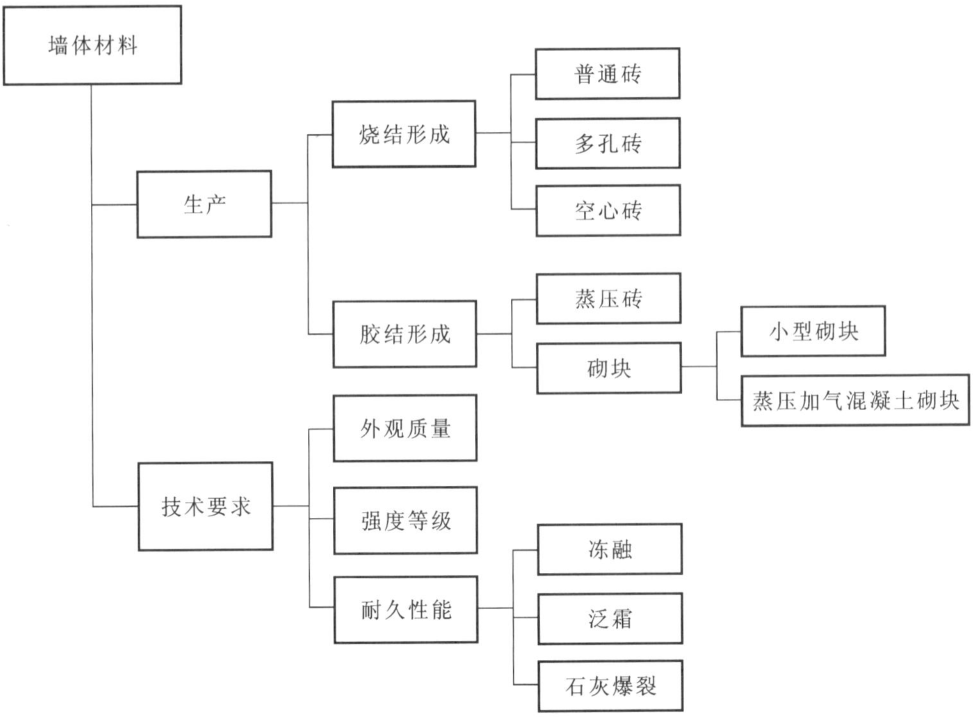

复习题与思考题

(1) 烧结普通砖的技术性质包含哪些内容?

(2) 烧结多孔砖和空心砖的强度等级是如何划分的? 各有什么用途? 为什么要大力发展这两种墙体材料?

(3) 目前,常用的墙体材料有哪几种? 试简述墙体材料的发展趋势。

(4) 屋面轻型板材与传统的黏土瓦相比,有哪些特点?

练 习 题

一、选择题

(1) 以下砌体材料,(　　)由于黏土耗费大,逐渐退出建材市场。

A.烧结普通砖　　B.烧结多孔砖　　C.烧结空心砖　　D.灰砂砖

(2) 下列墙体材料,(　　)不能用于承重墙体。

A.烧结普通砖　　B.烧结多孔砖　　C.烧结空心砖　　D.灰砂砖

(3) 红砖是在(　　)条件下焙烧的。

A.氧化气氛　　B.先氧化气氛,后还原气氛

C.还原气氛　　D.先还原气氛,后氧化气氛

(4) 黏土砖的质量等级是根据(　　)来确定的。

A.外观质量　　B.抗压强度平均值和标准值

C.强度等级和耐久性　　D.尺寸偏差

(5) 为保持室内温度的稳定性,墙体材料应选取(　　)的材料。

A.导热系数小、热容量小　　B.导热系数小、热容量大

C.导热系数大、热容量小　　D.导热系数大、热容量大

(6) 与烧结普通砖相比,烧结空心砖的(　　)。

A.保温性好、体积密度大　　B.强度高、保温性好

C.体积密度小、强度高　　D.体积密度小、保温性好、强度较低

二、简答题

(1) 根据烧结砖的孔洞率不同,砖分为哪几种?

(2) 试比较烧结砖与蒸压砖在使用环境上的不同,并说明灰砂砖不宜使用的工程环境。

(3) 什么是砖的泛霜和石灰爆裂? 它对砖的性能有何影响?

(4) 如何减少和控制混凝土空心砌块的收缩?

(5) 烧结黏土砖在砌筑施工前为什么一定要浇水润湿?

三、计算题

某工地送来一批烧结普通砖试样进行检测试验,10块砖样的抗压强度值(MPa)为13.8、22.1、9.6、22.4、13.8、19.2、18.4、18.7、20.1、21.2,试确定该砖的强度等级。

【知识链接】

新型墙体材料的发展——玻璃幕墙

一、玻璃幕墙的定义

玻璃幕墙(reflection glass curtain wall),是指由支承结构体系可相对主体结构有一定位移能力、不分担主体结构所受作用的建筑外围护结构或装饰结构。墙体有单层和双层玻璃两种。玻璃幕墙是一种美观新颖的建筑墙体装饰方法,是现代主义高层建筑时代的显著特征。

二、玻璃幕墙的功能作用

现代化高层建筑的玻璃幕墙采用了由镜面玻璃与普通玻璃组合,隔层充入干燥空气或惰性气体的中空玻璃。中空玻璃有两层和三层之分,两层中空玻璃由两层玻璃加密封框架,形成一个夹层空间;三层玻璃则是由三层玻璃构成两个夹层空间。中空玻璃具有隔声、隔热、防结霜、防潮、抗风压强度大等优点。据测量,当室外温度为－10 ℃时,单层玻璃窗前的温度为－2 ℃,而使用三层中空玻璃的室内温度为13 ℃。而在炎热的夏天,双层中空玻璃可以挡住90%的太阳辐射热,阳光依然可以透过玻璃幕墙,但晒在身上大多不会感到炎热。因此使用中空玻璃幕墙的房间可以做到冬暖夏凉,极大地改善了生活环境。

1. 玻璃幕墙的基本分类

(1) 框架支撑玻璃幕墙

框架支撑玻璃幕墙是指玻璃面板周边由金属框架支撑的玻璃幕墙,主要包括以下两种:

① 明框玻璃幕墙

明框玻璃幕墙是指金属框架构件显露在外表面的玻璃幕墙,如图6.17所示。它以特殊断面的铝合金型材为框架,玻璃面板全嵌入型材的凹槽内。其特点在于铝合金型材本身兼有骨架结构和固定玻璃的双重作用。

图6.17 明框玻璃幕墙

明框玻璃幕墙是最传统的形式,应用也最广泛,工作性能可靠。相对于隐框玻璃幕墙,更易满足施工技术水平要求。

② 隐框玻璃幕墙

隐框玻璃幕墙的金属框隐蔽在玻璃的背面,室外看不见金属框,如图6.18所示。隐框玻璃幕墙又可分为全隐框玻璃幕墙和半隐框玻璃幕墙两种。半隐框玻璃幕墙可以是横明竖隐,也可以是竖明横隐。隐框玻璃幕墙的构造特点:玻璃在铝框外侧,用硅酮结构密封胶把玻璃与铝框黏结。幕墙的荷载主要靠密封胶承受。

(2) 全玻璃幕墙

全玻璃幕墙是指由玻璃肋和玻璃面板构成的玻璃幕墙,如图6.19所示。

全玻璃幕墙面板玻璃厚度不宜小于10 mm,夹层玻璃单片厚度不应小于8 mm;玻璃幕墙肋截面厚度不小于12 mm,截面高度不应小于100 mm。当玻璃幕墙超过4 m(玻璃厚度10 mm、12 mm)、5 m(玻璃厚度15 mm)、6 m(玻璃厚度19 mm)时,全玻璃幕墙应悬挂在主体结构上。吊挂全玻璃幕墙的主体构件应有足够刚度,采用钢桁架或钢梁作为受力构件时,其中心线与幕墙中心线相互一致,椭圆螺孔中心线应与幕墙吊杆锚栓位置一致。吊挂式全玻璃幕墙的吊夹与主体

(a)　　　　　　　　　　(b)

图 6.18　隐框玻璃幕墙

(a)　　　　　　　　　　(b)

图 6.19　全玻璃幕墙

结构之间应设置刚性水平传力结构。所有钢结构焊接完毕，应进行隐蔽工程验收，验收合格后再涂刷防锈漆。

全玻璃幕墙玻璃面板的尺寸一般较大，宜采用机械吸盘安装，允许在现场打注硅酮结构密封胶。全玻璃的板面不得与其他刚性材料直接接触。板面与装修面或结构面之间的空隙不应小于 8 mm，且应采用密封胶密封。

2. 玻璃幕墙的使用特点

(1) 优点

玻璃幕墙是当代的一种新型墙体，它赋予建筑的最大特点是将建筑美学、建筑功能、建筑节能和建筑结构等因素有机地统一起来，建筑物从不同角度呈现出不同的色调，随阳光、月色、灯光的变化给人以动态的美。世界各大洲的主要城市均建有宏伟华丽的玻璃幕墙建筑，如纽约世界贸易中心、芝加哥石油大厦、西尔斯大厦等建筑都采用了玻璃幕墙。香港中国银行大厦、北京长城饭店和上海联谊大厦也相继采用。

反光绝缘玻璃厚 6 mm，墙面自重约 50 kg/m^2，有轻巧美观、不易污染、节约能源等优点。幕墙外层玻璃的里侧涂有彩色的金属镀膜，从外观上看整片外墙犹如一面镜子，将天空和周围环境的景色映入其中，光线变化时，影像色彩斑斓、变化无穷。在光线的反射下，室内不受强光照射，视觉柔和。1983 年中国首次在北京长城饭店工程中采用。

去过大都会的人大都会被其繁华的都市风貌所折服，那高耸入云的摩天大楼蔚为壮观，而其通体的玻璃幕墙映衬出清澈的蓝天和飘舞的白云，更为之增添了绚丽的色彩。那么，玻璃幕墙是怎么做成的呢？玻璃幕墙是指作为建筑外墙装饰的镜面玻璃，它是在浮法玻璃组成中添加微量的Fe、Ni、Co、Se等，并经钢化制成颜色透明的板状玻璃，它可吸收红外线，减少进入室内的太阳辐射，降低室内温度。它既能像镜子一样反射光线，又能像玻璃一样透过光线。

（2）缺点

① 光污染

图6.20　玻璃幕墙的光污染

玻璃幕墙也存在着一些局限性，例如光污染、能耗较大等问题。但这些问题随着新材料、新技术的不断出现，正逐步纳入建筑造型、建筑材料、建筑节能的综合研究体系中，作为一个整体的设计问题加以深入的探讨。

玻璃幕墙大约于20世纪80年代传入我国，深圳、广州、北京、上海等大中城市中，大面积采用玻璃幕墙的建筑随处可见，但是，在城市建筑中使用的玻璃幕墙就是最典型的光污染制造者。

玻璃幕墙的光污染，是指高层建筑的幕墙上采用了涂膜玻璃或镀膜玻璃，当直射日光和天空光照射到玻璃表面时由于玻璃的镜面反射（即正反射）而产生的反射眩光，如图6.20所示。生活中，玻璃幕墙反射所产生的噪光，会导致人产生眩晕、暂时性失明等不良反应，且常常发生事故。

首先，光污染是制造意外交通事故的凶手。矗立在交通繁忙道路旁或十字路口上的一幢幢玻璃幕墙大厦，就像一大块几十米宽、近百米高的巨大镜子，在太阳光下熠熠闪光，并对地面车辆和红绿灯进行反射（甚至是多次反射）。反射光进入高速行驶的汽车内，瞬间刺激司机的视网膜，会造成人的突发性暂时失明和视力错觉，或使其感到头晕目眩，给行人和司机造成严重危害。其次，光污染也给附近的居民生活带来了麻烦，尤其是那些建在居民小区附近的玻璃幕墙，会对周围的建筑形成反光。据光学专家研究，镜面建筑物玻璃的反射光比阳光照射更强烈，其反射率高达82%～90%。夏日阳光被反射到居室中，使室温平均升高4～6 ℃，影响人们的正常居住使用。长时间在白色光亮污染环境下工作和生活的人，视力容易下降，产生头晕目眩、失眠、心悸、食欲下降及情绪低落等类似神经衰弱的症状，人的正常生理及心理发生变化，长期下去会诱发某些疾病。此外，玻璃幕墙很容易被污染，尤其在大气含尘量较多、空气污染严重、干旱少雨的北方地区，玻璃幕墙更易蒙尘纳垢，这对城市景观而言，非但不能增"光"，反而丢"脸"。还有的一些玻璃幕墙所用材质低劣，施工质量不高，出现色泽不均匀，波纹各异，导致玻璃幕墙如同哈哈镜一般，在阳光下，每块玻璃不是显现均衡一致的光影，而是四处漫射。显然，这样的建筑物，难以使人联想到明快、豪华，只能使人感到光怪陆离和滑稽可笑，城市形象也因此大打折扣。当然，光污染虽然危害很大，但只要采取适当措施还是可以预防的。

防止玻璃幕墙反光的问题有三招：第一，要选用粗糙的毛玻璃等材质，而不应使用全反光玻璃；第二，要注意玻璃幕墙安装的角度，尽量不要在凹形、斜面建筑物使用玻璃幕墙；第三，可以在玻璃幕墙内安装双层玻璃，在内侧的玻璃贴上黑色的吸光材料，这样既能大量地吸收光线，又能避免反射光影响市民。

② 玻璃自爆

由于新建建筑在设计时的玻璃板面尺寸越来越大以及各种玻璃幕墙的应用日益增多，各种玻璃在安装后产生破裂“自爆”的现象时有发生。有的建筑的脚手架尚未开始拆除，玻璃就开始连续地发生“自爆”，并且出现伤人的事件。“自爆”只是大量钢化玻璃中的个别现象，但是许多单独事例汇集在一起，就成为社会和媒体热炒的题材。其实，事实并非如此。出现玻璃破损现象的因素较多，在国外同样也出现过玻璃“自爆”的“玻璃雨”现象。

所谓的钢化玻璃“自爆”，主要是由于玻璃中存在的微小的硫化镍、单质多晶硅、Al_2O_3 等杂质，在外应力的连续作用下，超出玻璃的许用应力，而产生的具有“蝴蝶斑”状态的破损。

玻璃由于其晶体结构的原因，其抗压强度大，而抗弯和抗折的强度低。因此，当外界作用于玻璃表层的张应力超过玻璃强度允许范围时，玻璃就会破损。引起玻璃破损的原因主要有：设计方面的原因；生产环节的原因；运输领域的原因；安装时产生的原因；建筑物沉降的原因；人为的原因；天灾的原因；玻璃原片的质量问题等。

③ 防火能力差

玻璃幕墙是不可燃烧的材料，但在烈火面前，它可以融化或软化，在烈火中只用很短的时间就会发生玻璃破碎，因此在建筑设计中要充分考虑建筑的防火要求。

④ 结构胶易失效

幕墙因长期受自然环境的不利因素，结构胶易老化、失效，造成玻璃幕墙坠落。在设计时应尽量采用明框或者半隐框玻璃幕墙，因为即使结构胶失效，由于框架的支撑和约束作用，也会大幅降低玻璃坠落的概率。

⑤ 热应力造成玻璃破碎

玻璃受热会膨胀，如果受热不均匀，在玻璃内部会产生拉应力，当玻璃边部有细小的裂纹时，这些小瑕疵很容易受热应力的影响，导致玻璃破损。因此在安装玻璃时应对玻璃边部进行精细加工处理，以减少裂纹出现。

⑥ 渗水

玻璃幕墙渗水的原因很多，但主要多与施工水平和密封材料选择关系较大，因此应挑选技术水平过硬的施工单位，并选用符合国家标准的密封材料，以最大限度地减少渗水现象。

7 金属材料

本章提要

本章主要介绍钢材的生产和分类、建筑钢材的技术性能、钢材的化学成分及其对钢材性能的影响等；重点介绍钢材的力学性能和建筑钢材的技术标准与选用。通过本章学习，需要达到以下要求：

(1) 掌握钢材的力学性质、工艺性质及其质量检定方法；

(2) 掌握钢结构用钢和混凝土结构用钢两类建筑钢材的技术性质；

(3) 了解铝材和铝合金的一般特性及应用。

课前预习要点

本章内容较多，课前预习时应注意以下知识点：

(1) 钢材的力学性质：抗拉性能(拉伸应力-应变曲线)、冲击性能；

(2) 钢材的工艺性能：冷弯性能、冷加工及冷加工时效；

(3) 化学成分对钢材性能的影响；

(4) 建筑钢材的标准与应用。

课程思政

从建筑钢材的生产、性能和应用到新型金属材料的发展应用，建筑业绿色、低碳、环保和可持续发展理念贯穿了其中的各个环节。随着钢结构体系的快速发展，一大批关系国计民生的重点工程相继建成，如三峡工程、青藏铁路、港珠澳大桥、大兴机场、北盘江大桥等。其中，钢结构占了绝对的地位，也是今后建筑业发展的重要方向。我国钢结构设计、施工的典型工程案例，弘扬了以爱国主义为核心的民族精神和以改革创新为核心的时代精神，在新时代的大潮中，土木人正以更加开放的心态，更加创新的思维，更加务实的行动，继续书写着属于他们的辉煌篇章。这篇章记录着他们对工程质量的不懈追求，对技术创新的勇敢探索，对社会责任的坚定担当，以及对人类未来美好生活的无限憧憬。

金属材料包括黑色金属和有色金属两大类。黑色金属主要有钢材、铸铁等；有色金属有铝、铜、铅、锌等金属及合金。

【视频讲解】

土木工程中用量最大的金属材料是钢材，广泛地应用于建筑、铁路、桥梁等结构工程中，而铝、铜及其合金等主要应用于建筑安装及装饰工程中。

7.1 建筑钢材

建筑钢材是指建筑工程中使用的各种钢材，主要是用于钢结构的各种型材(图 7.1)、钢板和用于钢筋混凝土中的各种钢筋、钢丝和钢绞线等(图 7.2)。

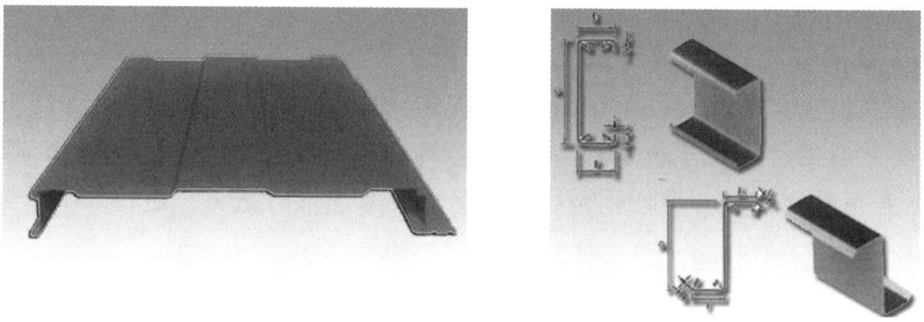

图 7.1　钢结构型材

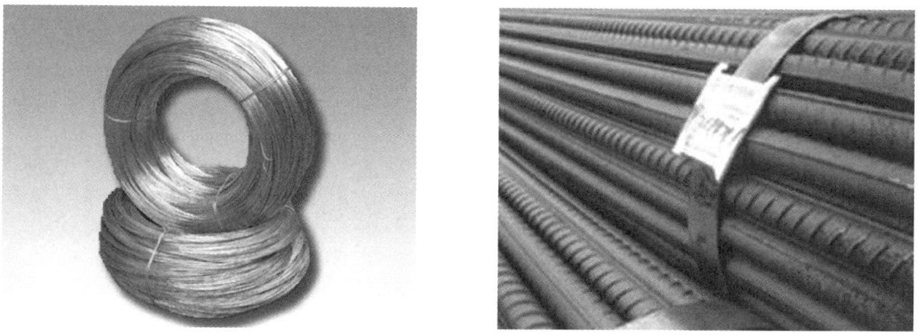

(a)　　(b)

图 7.2　混凝土结构用钢

(a)钢丝；(b)钢筋

【视频讲解】

钢材具有材质均匀、性能可靠、强度高、韧性和脆性好的特点，能承受振动和冲击荷载，可焊接、锚接和切割，易于加工和装配。因此，钢材在土木工程中被广泛应用，尤其是在高层建筑和大跨度结构中，钢材是重要的建筑材料之一。

7.1.1　钢材的生产

钢材是将生铁在炼钢炉中冶炼，使碳元素与其他杂质含量降低到预定的范围，然后浇铸得到钢锭(或钢坯)，再经过加工(轧制、挤压、拉拔等)工艺制成的材料。

目前，大规模炼钢方法主要有平炉炼钢法、氧气转炉炼钢法和电弧炉炼钢法三种。

(1) 平炉炼钢法

以固态或液态生铁、废钢铁或铁矿石为原料，用煤气或重油为燃料在平炉中进行冶炼。平炉钢熔炼时间长、化学成分便于控制、杂质含量少、成品质量高，但是能耗高、生产效率低、成本高，已被淘汰。

(2) 氧气转炉炼钢法

氧气转炉炼钢法已成为现代炼钢法的主流。它是以纯氧代替空气吹入炼钢炉的铁水中，能有效除去硫、磷等杂质，使钢的质量显著提高，冶炼速度快且成本低，常用来炼制较优质的碳素钢和合金钢。

(3) 电弧炉炼钢法

以电位能源迅速加热生铁或废钢原料，熔炼温度高且可自由调节，容易清除杂质。用电弧炉炼钢法炼出的钢，质量最好，但成本高，主要用于优质碳素钢及特殊合金钢。

7.1.2 钢材的分类

钢材按化学成分可分为碳素钢和合金钢两大类。钢的主要成分是铁和碳，还有少量难以除净的硅、锰、磷、硫、氧、氮等，其中硫、磷、氧、氮为有害杂质。

根据碳的含量，碳素钢可分为低碳钢(含碳量小于 0.25%)、中碳钢(含碳量为 0.25%～0.6%)、高碳钢(含碳量大于 0.6%)。

根据合金元素的含量，合金钢可分为低合金钢(合金含量小于 5%)、中合金钢(合金含量为 5%～10%)、高合金钢(合金含量大于 10%)。合金元素为锰、硅、钒、钛等。钢中含有一种或多种特意加入的合金元素或碳素钢中的合金元素超过限量，都称为合金钢。

钢按脱氧程度不同可分为：沸腾钢(F)，脱氧不充分；镇静钢(Z)和特殊镇静钢(TZ)，脱氧充分；半镇静钢，脱氧程度介于前二者之间。镇静钢和沸腾钢的性能和特点如表 7.1 所示。

表 7.1 镇静钢、沸腾钢的性能和特点

<table>
<tr><th>项目</th><th>镇静钢(Z)</th><th>沸腾钢(F)</th></tr>
<tr><td>脱氧程度</td><td>脱氧完全，基本上无 CO 气泡产生，钢水浇注时平静</td><td>脱氧不完全，产生大量 CO 气泡，钢水浇注后有明显沸腾现象</td></tr>
<tr><td>特点</td><td>表面质量一般，偏析轻微</td><td>表面质量良好，偏析较严重</td></tr>
<tr><td rowspan="2">力学性能</td><td>冲击韧度良好</td><td>冲击韧度较差</td></tr>
<tr><td colspan="2">在条件相同的情况下，强度与伸长率大致相同</td></tr>
</table>

按钢中有害杂质的含量，将工业用钢分为普通钢、优质钢和高级优质钢。

(1) 普通质量钢。S 含量小于或等于 0.050%，P 含量小于或等于 0.045%。

(2) 优质钢。S 含量小于或等于 0.035%，P 含量小于或等于 0.035%。

(3) 高级优质钢。S 含量小于或等于 0.025%，P 含量小于或等于 0.025%。

(4) 特级优质钢。S 含量小于或等于 0.015%，P 含量小于或等于 0.025%。

【在线测试】

按钢的用途可分为结构钢、工具钢和特殊性能钢。

土木工程中主要使用碳素钢中的低碳钢，以及普通钢中的低合金钢。

【工程实例分析 7.1】

【现象】 某菜市场的钢结构屋架在竣工验收使用一段时间后，突然坍塌，请分析事故原因。

【原因分析】 经过调查检验发现：菜市场钢结构屋架是采用中碳钢焊接而成的。中碳钢的碳含量比低碳钢的高，塑性、韧性比较差，焊接性也不好。焊接时，钢材局部形成热影响区，其温度较高，致使焊接后的塑性、韧性进一步下降，冷却易产生焊接裂纹。使用过程中，因周围气候环境影响，裂纹逐渐扩展，致使屋架局部断裂坍塌。

7.2　建筑钢材的主要技术性能

【视频讲解】

建筑钢材的主要技术性能包括力学性能和工艺性能。所谓力学性能，是指钢材在外力作用下表现出来的性能，包括抗拉、抗弯、冲击塑性、硬度及疲劳性。

7.2.1　抗拉性能

抗拉性能是建筑钢材最重要的性能。由于拉伸是建筑钢材的主要受力形式，因此抗拉性能采用拉伸试验测定，以屈服点、抗拉强度和伸长率为指标特征，这些指标可通过低碳钢受拉的应力-应变图来阐明，如图 7.3 所示。图中分为四个阶段，即弹性阶段、屈服阶段、强化阶段和颈缩阶段。

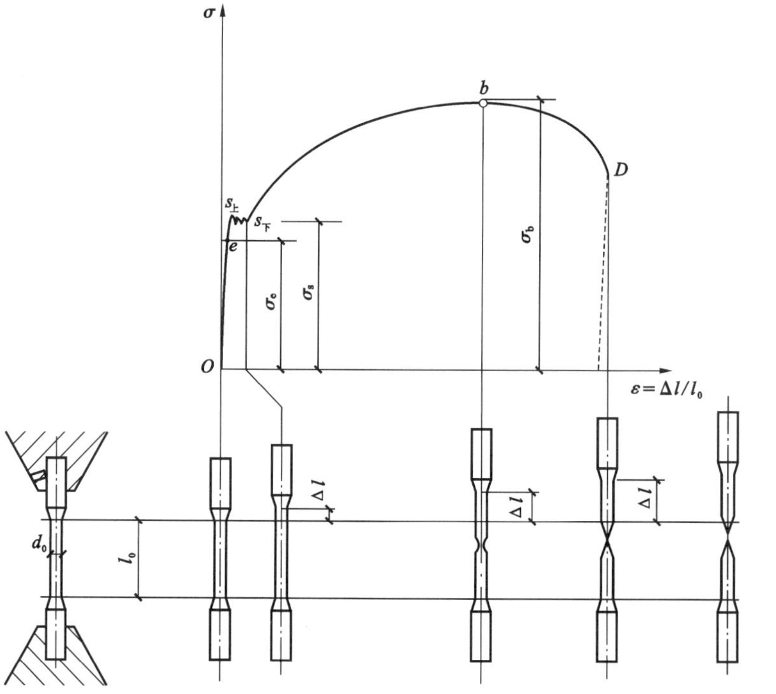

图 7.3　低碳钢拉伸的应力-应变图

(1) 弹性阶段(Oe)

在此阶段内，应力较低，应力与应变成正比关系。除去外力后，试件又恢复原来形状，因无残余变形，故这一阶段为弹性阶段。e 点对应的应力称为弹性极限，用 σ_e 表示。在弹性阶段，应力和应变的比值称为杨氏弹性模量，并且为常数，用符号“E”来表示，即 $E=\sigma/\varepsilon$。它反映钢材的刚度，是计算结构受力变形的重要指标。土木工程中常用的弹性模量为(2.0～2.1)×10^5 MPa。

(2) 屈服阶段(es)

当应力超过 e 点后,应变的增长比应力快,试件在弹性变形的同时开始产生塑性变形,σ-ε 曲线不再呈直线关系。当应力达到图中 $s_{上}$ 点后塑性变形急剧增加,其特点是应力增加很小,而应变增加迅速,这一阶段叫作屈服阶段,其相应的应力称为屈服极限或屈服强度(σ_s),它在实际工作中意义重大,是结构设计中钢材许用应力取值的依据。如 Q235 钢的屈服强度 σ_s 一般为 210～240 MPa。

σ-ε 曲线中,$s_{上}$ 是上屈服点,是指试件发生屈服而应力首次下降前的最大应力;$s_{下}$ 是下屈服点,是指不计初始瞬时效应时屈服阶段中的最小应力。由于下屈服点比较稳定且易于测量得到,因此,一般采用下屈服点作为钢材的屈服强度。

(3) 强化阶段(sb)——均匀塑性变形阶段

伴随着屈服阶段塑性变形的迅速增加,当钢材屈服到一定程度后,由于钢材内部晶格歪扭、晶粒碎化等原因,塑性变形受到阻碍,钢材抵抗外力的能力重新提高,对应于最高点 b 的应力称为抗拉强度,以“σ_b”表示,它表示钢材承受的最大拉应力。如 Q235 钢的抗拉强度在 375 MPa以上。抗拉强度不作为设计时强度的取值依据,但它反映了钢材的潜在强度的大小。

屈服强度与抗拉强度的比值称为屈强比(σ_s/σ_b),屈强比是反映钢材利用率和安全可靠程度的一个指标。屈强比越小,钢材在受力超过屈服点工作时,可靠性越大,结构安全性越高。当屈强比太小时,钢材强度的有效利用率低。所以钢材应有一个合理的屈强比,其屈强比范围一般在 0.60～0.75。

(4) 颈缩阶段(bD)

试验达到 b 点以后,试件抵抗塑性变形的能力迅速下降,塑性变形迅速增大,试件的断面急剧缩小,产生“颈缩”现象直至断裂。

塑性是钢材的一个重要性能指标,一般用拉伸试验时的伸长率(δ_n)或断面收缩率(ψ)来表示。试验方法是将拉断后的试件拼合在一起,测量出标距长度 l_1,l_1 与试件受拉前的原标距 l_0 之差为塑性变形的绝对伸长量($\Delta l=l_1-l_0$),它与原标距 l_0 之比为伸长(或延伸)率,以符号“δ”表示,计算公式如下:

$$\delta=\frac{l_1-l_0}{l_0}\times 100\% \tag{7.1}$$

式中 δ——伸长率或延伸率;

l_0——试件原始标距长度(mm);

l_1——断裂试件拉断拼合后的标距长度(mm)。

伸长率 δ 的物理意义:δ 是衡量钢材塑性的指标,其数值越大,说明钢材的塑性越好。良好的塑性能使结构上超过屈服点的应力重新分布,有效地避免结构过早破坏。

一般来说,拉伸试件的 $l_0=5d_0$ 或 $l_0=10d_0$(d_0 是试件的直径或边长),其伸长率分别以 δ_5 和 δ_{10} 表示。对于同一种钢材,$\delta_5>\delta_{10}$。因为拉伸过程中,钢材各段的伸长量是不均匀的,颈缩处的伸长率较大,当原始标距 l_0 与直径 d_0 之比愈大时,则颈缩处伸长值在整个伸长值中的比重愈小,所以,计算得到的伸长率就愈小。某些钢材的伸长率还采用定标距试件测定,如标

距 $l_0=100$ mm 或 $l_0=200$ mm，则伸长率用 δ_{100} 或 δ_{200} 表示。

材料的塑性变形还用断面收缩率表示，符号为 ψ。可按下式计算：

$$\psi=\frac{A_0-A_1}{A_0}\times100\% \tag{7.2}$$

式中 A_0——试件原始截面积(mm^2)；

A_1——试件拉断后颈缩处的截面积(mm^2)。

伸长率和断面收缩率反映钢材断裂前经受塑性变形的能力。伸长率越大或断面收缩率越大，表示钢材的塑性越好。钢材塑性越好，不仅易于进行各种加工，而且还能保证钢材在建筑上的安全使用。这是因为钢材塑性变形时，能调整局部过大的应力，使之趋于平缓，以免引起建筑结构的局部破坏及引起整个结构的破坏；而且钢材在塑性变形破坏前，有明显的变形和较长的变形持续时间，可引起人们的警惕，并有时间采取相应的补救措施。

【例 7.1】 某个直径 $d_0=10$ mm、长度 $l_0=100$ mm 的低碳钢试样，由拉伸试验测得 $F_s=21$ kN，$F_b=29$ kN，$d_1=5.65$ mm，$l_1=138$ mm。试求此试样的 σ_s、σ_b、δ、ψ。

【解】 (1) 计算 A_0、A_1

$$A_0=\frac{\pi d_0^2}{4}=\frac{3.14\times10^2}{4}=78.5\ \text{mm}^2$$

$$A_1=\frac{\pi d_1^2}{4}=\frac{3.14\times5.65^2}{4}=25\ \text{mm}^2$$

(2) 计算 σ_s、σ_b

$$\sigma_s=\frac{F_s}{A_0}=\frac{21000}{78.5}=267.5\ \text{N/mm}^2$$

$$\sigma_b=\frac{F_b}{A_0}=\frac{29000}{78.5}=369.4\ \text{N/mm}^2$$

(3) 计算 δ、ψ

$$\delta=\frac{l_1-l_0}{l_0}\times100\%=\frac{138-100}{100}\times100\%=38\%$$

$$\psi=\frac{A_0-A_1}{A_0}\times100\%=\frac{78.5-25}{78.5}\times100\%=68\%$$

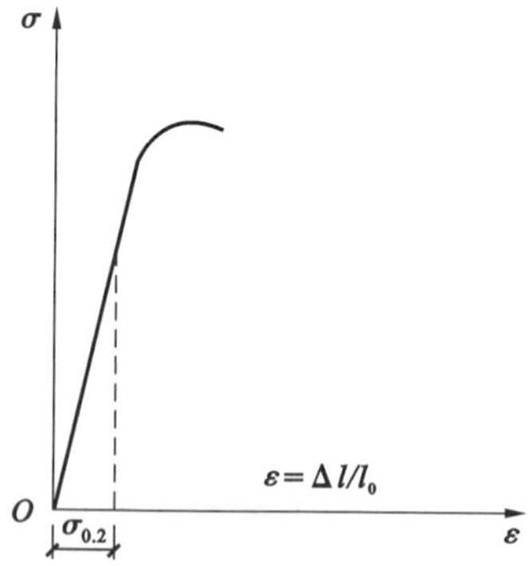

图 7.4 高碳钢拉伸曲线

某些合金钢或含碳量较高的钢材(如预应力混凝土用钢筋和钢丝)的硬脆性大，抗拉强度高，拉伸时无明显屈服阶段，即塑性变形很小，屈服点很难测到。通常规定，在外力作用下，产生残余变形为原标距长度 0.2%时的应力值作为屈服强度，以 $\sigma_{0.2}$ 表示，又称为名义条件屈服极限，如图 7.4 所示。

7.2.2 冲击韧性

钢材抵抗冲击载荷作用而不破坏的能力称为冲击韧性。为表征钢材韧性的大小，可以通过小能量多次冲击试验来求取，如图 7.5 所示。以摆锤冲击试件，将试件冲断时缺口处单位面积上所消耗的功作为钢材的冲击韧性指标，用 a_k(J/cm^2)表示。a_k值愈大，冲击韧性愈好。

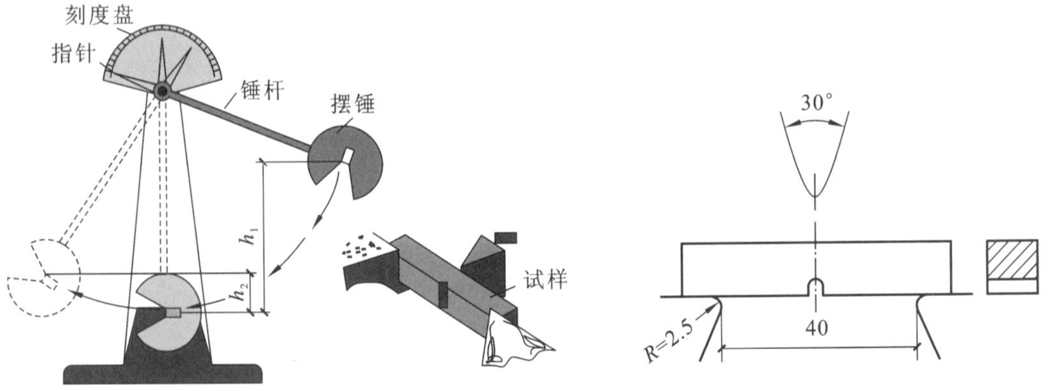

图 7.5　冲击试验示意图

钢材冲击韧性的高低，与钢材的化学成分、组织状态、冶炼、轧制质量有关，还与环境温度有关，即温度下降韧性下降，当温度下降到一定范围时而呈脆性，这种性质称为钢材的冷脆性，这时的温度称为脆性临界温度。由于脆性临界温度难以测定，通常根据气温条件规定为－20 ℃或－40 ℃的负温冲击值指标。

7.2.3　耐疲劳性

在交变应力(随时间作周期性变化的应力，又叫循环应力)作用下的钢结构件，往往在其应力远低于屈服强度的情况下突然发生脆性破坏，这种破坏称为疲劳破坏。钢材的疲劳破坏往往是由拉应力引起的。因为在交变荷载的反复作用下，钢构件首先在局部形成细小的疲劳裂隙，以后微细裂纹尖端的应力集中使其逐渐扩大，直至发生瞬时性的突然断裂。疲劳破坏的特征是断裂时无明显的宏观塑性变形，断裂前无预感，是突然性的。引起疲劳断裂的应力很低，常低于材料的屈服点。因为材料是在低应力状态下突然发生断裂，所以危害性更大。

材料的耐疲劳性用疲劳极限(或强度)表示。它是指钢材在无穷多次交变荷载作用下不致引起断裂的最大循环应力值，如图 7.6 所示。当 s 低于某一数值，曲线与横坐标平行的应力值在设计承受反复荷载作用且须进行疲劳验算的结构时，应当了解所选用钢材的疲劳极限。

影响钢材疲劳强度的因素很多，如组织结构和表面状态、合金的化学成分、应力状态与周围介质、夹杂物分布和形状等。一般情况下，钢材的抗拉强度高，其疲劳极限也较高。

7.2.4　冷弯性能

冷弯性能是指钢材在常温下承受弯曲变形的能力，是钢材重要的工艺性能指标。钢材的冷弯试验是通过直径(或厚度)为 a 的试件，采用标准规定的弯心直径 d($d=na$，n 为整数)，弯曲到规定的角度(180°或 90°)时，检查试件弯曲部位表面无裂纹、起层或断裂等现象，即认为冷弯性能合格。图 7.7 所示即为冷弯试验示意图。

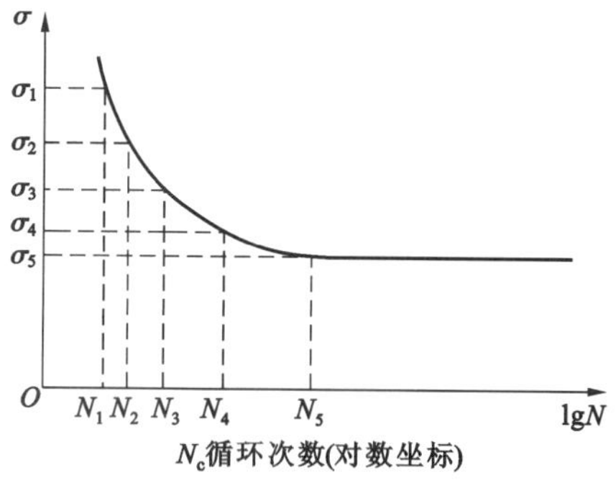

图 7.6　疲劳曲线示意图

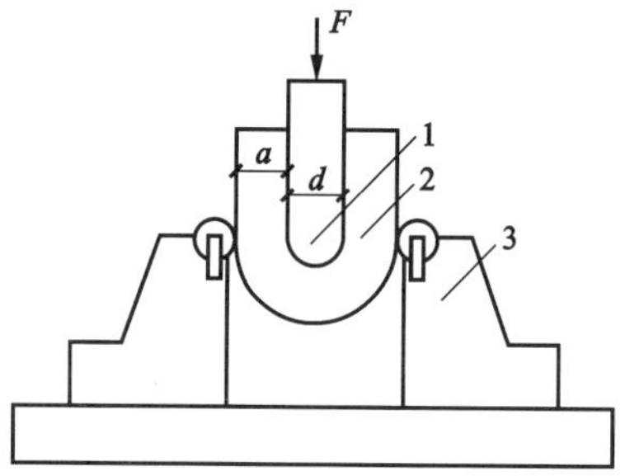

图 7.7　冷弯试验示意图($d=a$,180°)

1—弯心;2—试件;3—支座

钢材的冷弯性能常用弯曲的角度 α、弯心直径 d 与试件直径(或厚度)a 的比值(d/a)表示。钢材试件的弯曲角度愈大,d/a 愈小,试件弯曲程度愈高,表示钢材的弯曲性能愈好。钢材的冷弯性能和伸长率均能反映钢材塑性变形的能力。不同的是,伸长率反映的是钢材在均匀变形条件下的塑性变形能力,而冷弯性能则是钢材处于不利变形(局部变形)条件下的塑性变形能力。

冷弯性能可揭示钢材内部组织结构不均匀、存在内应力以及有夹杂物等缺陷。这些缺陷在拉伸试验中常因塑性变形使应力重新分布而得不到反映。土木工程中,经常采用冷弯试验来检验钢材焊接接头的焊接质量。

7.2.5　焊接性能

钢材的焊接性能是指在一定焊接工艺条件下,获得优质焊接接头的难易程度。它包括两方面内容:其一是接合性能,即在一定的焊接条件下,产生焊接缺陷的敏感性;其二是使用性能,即在一定的焊接工艺条件下,焊接接头满足使用要求的适应性。

钢材的化学成分对钢材的焊接性能有很大影响。随着含碳量、合金元素及杂质元素含量的增加,钢材的可焊接性下降。钢材的含碳量超过 0.25%时,可焊接性明显降低;碳含量较高时,会在焊缝接口处产生热裂纹,使焊接质量严重下降。实践证明:低碳钢的焊接性优良,高碳钢和铸铁的焊接性较差。

土木工程中的焊接结构用钢,应选用含碳量低的氧气转炉或平炉生产的镇静钢,结构焊接用电弧焊,钢筋连接用接触对焊。对于高碳钢和合金钢,为了改善焊接性能,焊接时一般要采用焊前预热及焊后热处理等措施。

7.2.6　冷加工时效及其应用

钢材在常温下进行冷加工(冷拉、冷拔或冷轧)使其产生塑性变形,而屈服强度得到提高,这个过程称为冷加工强化。产生冷加工强化的原因:钢材在塑性变形中晶格缺陷增多,发生畸变,阻碍进一步变形。因此,钢材的屈服点提高,塑性、韧性和弹性模量下降。土木工程或构件厂常对钢筋和低碳钢盘条按一定规定进行冷加工,以达到提高强度、节约钢材的目的。

经过冷加工的钢材在常温下放置一段时间后,其强度和硬度会自行地提高,塑性和韧性会逐渐降低。钢材这种随时间的延长，其强度和硬度增大、塑性和韧性下降的现象称为时效。

在土木工程中，常将经过冷拉的钢筋在常温下存放15～20 d，或加热到 100～200 ℃并保持 2～3 h 后，钢筋强度进一步提高，这个过程称为时效处理，如图 7.8 所示。前者称为自然时效，后者称为人工时效。通常对强度较低的钢筋采用自然时效，强度较高的钢筋采用人工时效。

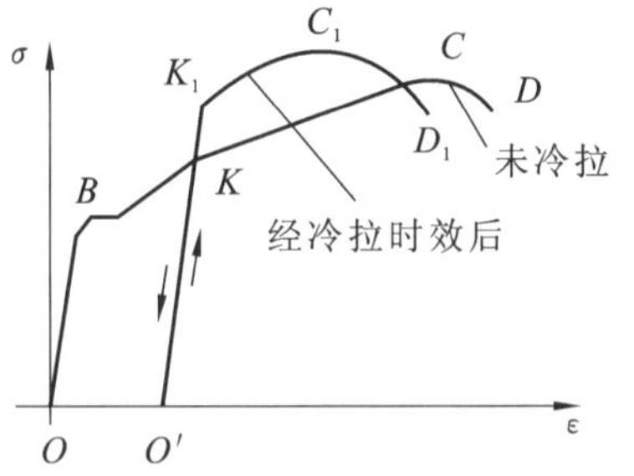

图 7.8　钢筋冷拉时效后的应力-应变图

冷拉与时效处理后的钢筋，在冷拉的同时还被调直和清除了锈皮，简化了施工工序。在冷加工时，一般钢筋严格控制冷拉率，称为单控。对用作预应力的钢筋，既要控制冷拉率，又要控制冷拉应力，称为双控。

【在线测试】

在土木工程中大量使用的钢筋，同时采用冷拉与时效处理可取得明显的经济效益，它可使钢筋的屈服强度提高 20%～50%，节约钢材 20%～30%。

7.3　建筑钢材的标准与选用

【视频讲解】

建筑钢材按用途不同，可分为钢结构用钢和混凝土结构用钢两大类。

7.3.1　常用钢种

土木工程中常用的建筑钢材一般均做结构件使用，并分为两大类，即碳素结构钢和低合金（高强度）结构钢。

7.3.1.1　钢结构用钢

（1）碳素结构钢

① 牌号及其表示方法

根据国家标准《碳素结构钢》（GB/T 700—2006）规定，其牌号组成分四个部分，即：

$$Q+\sigma_s+\text{质量等级符号}+\text{脱氧方法符号}$$

其中，Q 表示屈服点的“屈”字汉语拼音大写首字母；σ_s表示钢的平均屈服强度值。

质量等级分为 A、B、C、D 四种，其中 A 表示钢材中 $w_S \leqslant 0.050\%$，$w_P \leqslant 0.045\%$；B 表示钢材中 $w_S \leqslant 0.045\%$，$w_P \leqslant 0.045\%$；C 表示钢材中 $w_S \leqslant 0.040\%$，$w_P \leqslant 0.040\%$；D 表示钢材中 $w_S \leqslant 0.035\%$，$w_P \leqslant 0.035\%$。

脱氧方法符号有 F（沸腾钢）、b（半镇静钢）、Z（镇静钢）和 TZ（特殊镇静钢）。一般情况下，

Z 和 TZ 可省略不写。例如：Q235AF 表示平均屈服点为 235 MPa 的 A 级沸腾钢。

② 技术标准

国家标准《碳素结构钢》(GB/T 700—2006)对碳素结构钢的化学成分、力学性质及工艺性质作了具体规定。碳素结构钢的牌号、化学成分、力学性能如表 7.2 所示。

③ 应用

碳素结构钢牌号增大，含碳量增加，强度增大，但塑性和韧性降低。Q235 号钢综合机械性能好，既具有较高强度，又具有较好的塑性和韧性，而且又具有较好的可焊性能，可加工性也较好，冶炼容易，成本较低，是建筑工程中常用的碳素结构钢牌号，大量用来制作钢筋、型钢和板，建造房屋和桥梁等。Q235 良好的塑性能保证钢结构在超载、冲击、焊接、温度应力等不利因素作用下的安全性，因而 Q235 能满足一般钢结构用钢的要求。其中，Q235A 一般用于只承受静荷载作用的钢结构；Q235B 适合用于承受动荷载焊接的普通钢结构；Q235C 适合用于承受动荷载焊接的重要钢结构；Q235D 适合用于低温环境下使用的承受动荷载焊接的重要钢结构。

Q195、Q215 号钢材含碳量很低，强度不高，但具有良好的塑性和焊接性能，主要用于轧制薄板和盘条。Q275 属中碳钢，其强度高，但塑性、韧性较差，焊接性和冷弯性不好，可以用于轧制钢筋，做螺栓配件，更多地用于机械零件和工具等。

工程中应根据工程结构的重要性、荷载类型(动或静荷载)、焊接要求及使用环境温度等条件选用钢材。沸腾钢不得用于直接承受重级动荷载的焊接结构，不得用于计算温度不高于 －20 ℃的承受中级或轻级动荷载的焊接结构和承受重级动荷载的非焊接结构，也不得用于计算温度不高于－30 ℃的承受静荷载或间接承受动荷载的焊接结构。

(2) 低合金(高强度)结构钢

低合金结构钢是普通低合金结构钢的简称，通常是在优质碳素钢的基础上加入一些合金元素而形成的钢种。在我国合金结构钢中，主加元素一般为锰、硅、铬、硼、钒、钛和铌及稀土元素等，它们能显著提高钢材的强度、耐腐蚀性、耐磨性、低温冲击韧性等性能。

① 牌号及其表示方法

低合金钢均为镇静钢，其牌号表示方法为：

Q＋规定的最小上屈服强度值＋交货状态代号＋质量等级符号

其中 Q 表示钢材屈服强度中“屈”字的汉语拼音首字母。

根据国标《低合金高强度结构钢》(GB/T 1591—2018)的规定，低合金高强度结构钢的交货状态可分为热轧(AR 或 WAR，可忽略)、正火或正火轧制(N)和热机械轧制(TMCP)。质量等级分为 B、C、D、E 和 F 五个级别。如 Q335ND 表示规定的最小上屈服强度为 335 MPa，交货状态为正火或正火轧制，质量等级为 D 级的低合金高强度结构钢。

② 技术标准

根据国标《低合金高强度结构钢》(GB/T 1591—2018)的规定，表 7.3 至表 7.5 分别列出了热轧钢材的化学成分和力学性能。

表 7.2　碳素结构钢牌号、成分及力学性能

牌号	等级	化学成分(质量百分数)/%，不大于					拉伸试验：屈服强度 R_{eH}/(N/mm²)，不小于；厚度(或直径)/mm						拉伸试验：抗拉强度 R_m/(N/mm²)	拉伸试验：断后伸长率 A/%，不小于；厚度(或直径)/mm					冲击试验(V 形缺口)	
		C	Si	Mn	P	S	≤16	>16~40	>40~60	>60~100	>100~150	>150~200		≤40	>40~60	>60~100	>100~150	>150~200	温度/℃	冲击吸引功(纵向)/J，不小于
Q195	—	0.12	0.30	0.50	0.035	0.040	195	185	—	—	—	—	315~430	33	—	—	—	—	—	—
Q215	A	0.15	0.35	1.20	0.045	0.050	215	205	195	185	175	165	335~450	31	30	29	27	26	—	—
	B					0.045													+20	27
Q235	A	0.22	0.35	1.40	0.045	0.050	235	225	215	215	195	185	370~500	26	25	24	22	21	—	—
	B	0.20				0.045													+20	27
	C	0.17			0.040	0.040													0	
	D				0.035	0.035													−20	
Q275	A	0.24	0.35	1.50	0.045	0.050	275	265	255	245	225	215	410~540	22	21	20	18	17	—	—
	B	0.21 0.22			0.045	0.045													+20	27
	C	0.22			0.040	0.040													0	
	D	0.20			0.035	0.035													−20	

表 7.3　热轧钢材的牌号及化学成分

牌号		化学成分(质量分数)/%														
钢级	质量等级	C[a] 以下公称厚度或直径/mm ≤40[b]	C[a] >40	Si	Mn	P[c]	S[c]	Nb[d]	V[e]	Ti[e]	Cr	Ni	Cu	Mo	N[f]	B
		不大于		不大于												
Q355	B	0.24		0.55	1.60	0.035	0.035	—	—	—	0.30	0.30	0.40	—	0.012	—
	C	0.20	0.22			0.030	0.030									
	D	0.20	0.22			0.025	0.025								—	
Q390	B	0.20		0.55	1.70	0.035	0.035	0.05	0.13	0.05	0.30	0.50	0.40	0.10	0.015	—
	C					0.030	0.030									
	D					0.025	0.025									
Q420[g]	B	0.20		0.55	1.70	0.035	0.035	0.05	0.13	0.05	0.30	0.80	0.40	0.20	0.015	—
	C					0.030	0.030									
Q460[g]	C	0.20		0.55	1.80	0.030	0.030	0.05	0.13	0.05	0.30	0.80	0.40	0.20	0.015	0.004

注：[a] 公称厚度大于 100 mm 的型钢，碳含量可由供需双方协商确定。

[b] 公称厚度大于 30 mm 的钢材，碳含量不大于 0.22%。

[c] 对于型钢和棒材，其磷和硫含量上限值可提高 0.005%。

[d] Q390、Q420 最高可到 0.07%，Q460 最高可到 0.11%。

[e] 最高可到 0.20%。

[f] 如果钢中酸溶铝 Als 含量不小于 0.015%或全铝 Alt 含量不小于 0.020%，或添加了其他固氮合金元素，氮元素含量不作限制，固氮元素应在质量证明书中注明。

[g] 仅适用于型钢和棒材。

表 7.4　热轧钢材的拉伸性能

牌号		上屈服强度 R_{eH}[a]/MPa，不小于									抗拉强度 R_m/MPa			
		公称厚度或直径/mm												
钢级	质量等级	≤16	>16~40	>40~63	>63~80	>80~100	>100~150	>150~200	>200~250	>250~400	≤100	>100~150	>150~250	>250~400
Q335	B、C	355	345	335	325	315	295	285	275	—	470~630	450~600	450~600	—
	D									265[b]				450~600[b]
Q390	B、C、D	390	380	360	340	340	320	—	—	—	490~650	470~620	—	—
Q420[c]	B、C	420	410	390	370	370	350	—	—	—	520~680	500~650	—	—
Q460[c]	C	460	450	430	410	410	390	—	—	—	550~720	530~700	—	—

注：[a] 当屈服不明显时，可用规定塑性延伸强度 $R_{p0.2}$ 代替上屈服强度。

[b] 只适用于质量等级为 D 的钢板。

[c] 只适用于型钢和棒材。

表 7.5 热轧钢材的伸长率

牌号		断后伸长率 A/%，不小于						
钢级	质量等级	公称厚度或直径/mm						
		试样方向	≤40	>40～63	>63～100	>100～150	>150～250	>250～400
Q355	B、C、D	纵向	22	21	20	18	17	17[a]
		横向	20	19	18	18	17	17[a]
Q390	B、C、D	纵向	21	20	20	19	—	—
		横向	20	19	19	18	—	—
Q420[b]	B、C	纵向	20	19	19	19	—	—
Q460[b]	C	纵向	18	17	17	17	—	—

注：[a] 只适用于质量等级为 D 的钢板。

[b] 只适用于型钢和棒材。

与碳素结构钢相比，由于合金元素的加入，起到细化晶粒和固溶强化的作用，故低合金高强度结构钢具有较高的强度和较好的塑性、韧性，因此综合性能好，而且焊接性和耐低温性较好，时效敏感性较小。又由于二者成本相近，故在相同的使用条件下，采用低合金高强度结构钢可以节省钢材用量 20%～30%，而且还可减轻结构自重，同时还具有良好的塑性、韧性、可焊性、耐磨性、耐蚀性、耐低温性等。

③ 应用

低合金高强度结构钢具有轻质高强，耐蚀性、耐低温性好，抗冲击性强，使用寿命长等良好的综合性能，具有良好的可焊性及冷加工性，易于加工与施工。因此，低合金高强度结构钢主要轧制成各种型钢、钢板、钢管及钢筋，广泛用于钢结构和钢筋混凝土结构，尤其是预应力钢筋混凝土结构中，特别适用于各种重型结构、高层建筑结构、大跨度结构、大柱网结构及桥梁工程等。

（3）型钢、钢板和钢管

碳素结构钢和低合金钢还可以加工成各种型钢、钢板和钢管等构件直接用于工程，构件可采用铆接、螺栓连接和焊接等方式进行连接。

① 型钢

型钢有热轧和冷轧两种成型方式。热轧型钢主要有角钢、工字钢、槽钢、H 型钢、T 型钢及 Z 型钢等，如图 7.9 所示。以碳素钢为原料热轧加工的型钢，可用于大跨度、承受动荷载的钢结构。冷轧型钢主要有角钢、槽钢等开口薄壁型钢及方形、圆形等空心薄壁型钢，主要用于轻型钢结构。

(a) (b) (c)

图 7.9 热轧型钢

(a)角钢；(b)工字钢；(c)槽钢

② 钢板

钢板也有热轧和冷轧两种成型形式。热轧钢板有厚板(厚度大于 4 mm)和薄板(厚度小于 4 mm)两种,冷轧钢板只有薄板(厚度 0.2～4 mm)一种。一般厚板用于焊接结构;薄板可用作屋面及墙体围护结构等,也可进一步加工成各种具有特殊用途的钢板使用。

③ 钢管

钢管分为无缝钢管和焊接钢管两种,如图 7.10 所示。

(a) (b)

图 7.10 钢管

(a)无缝钢管;(b)焊接钢管

焊接钢管采用优质带材焊接而成,表面镀锌或不镀锌。按其焊缝形式可分为直纹焊管和螺纹焊管。焊接成本低,易加工,但一般抗压性能较差。

无缝钢管多采用热轧、冷拔联合工艺生产,也可采用冷轧方式生产,但成本较高。热轧无缝钢管具有良好的力学性能与工艺性能。无缝钢管主要用于压力管道。

7.3.1.2 混凝土结构用钢材

(1) 热轧钢筋

热轧钢筋是土木工程中用量最大的钢材品种之一,主要用于钢筋混凝土和预应力钢筋混凝土。

① 牌号

国标《钢筋混凝土用钢 第 1 部分:热轧光圆钢筋》(GB/T 1499.1—2024)和《钢筋混凝土用钢 第 2 部分:热轧带肋钢筋》(GB/T 1499.2—2024)规定,热轧钢筋的表面形状有两类:光圆钢筋和带肋钢筋。热轧光圆钢筋为 HPB300;热轧带肋钢筋分为普通热轧钢筋和细晶粒热轧钢筋两个类别,其中普通热轧钢筋分为 HRB400、HRB500、HRB600、HRB400E、HRB500E 五个牌号,细晶粒热轧钢筋分为 HRBF400、HRBF500、HRBF400E 和 HRBF500E 四个牌号。牌号中的数字表示热轧钢筋的屈服强度,E 表示适用于有较高抗震要求的钢筋。带肋钢筋如图 7.11 所示。

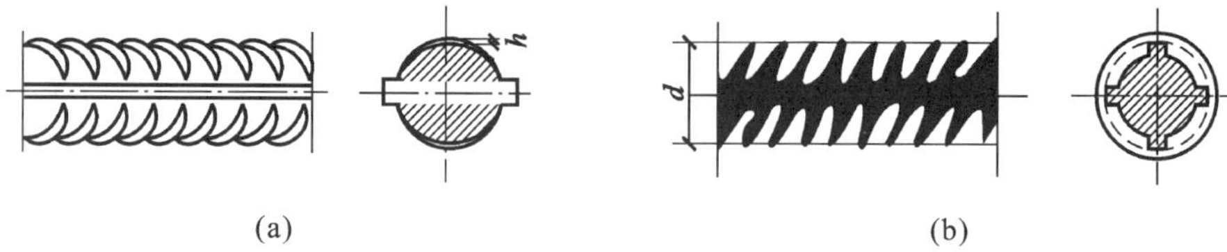

(a) (b)

图 7.11 带肋钢筋

(a)月牙肋钢筋;(b)等高肋钢筋

② 技术要求

按照《钢筋混凝土用钢 第1部分：热轧光圆钢筋》(GB/T 1499.1—2024)和《钢筋混凝土用钢 第2部分：热轧带肋钢筋》(GB/T 1499.2—2024)的规定，对热轧光圆钢筋和热轧带肋钢筋的力学性能和工艺性能的要求如表7.6、表7.7所示。

表7.6 热轧光圆钢筋的力学性能、工艺性能

牌号	下屈服强度[a] R_{eL}/MPa	抗拉强度 R_m/MPa	断后伸长率[b] A/%	最大力总延伸率[c] A_{gt}/%	弯曲试验
	不小于				
HPB300	300	420	25	10.0	$D=d$

注：D 为弯曲压头直径，d 为钢筋公称直径。

[a] 对于没有明显屈服的钢筋，下屈服强度特征值 R_{eL} 采用规定塑性延伸强度 $R_{p0.2}$。

[b] 出厂检验时准许采用 A。

[c] 仲裁检验时采用 A_{gt}。

表7.7 热轧带肋钢筋的力学性能、工艺性能

牌号	下屈服强度[a] R_{eL}/MPa	抗拉强度 R_m/MPa	断后伸长率[b] A/%	最大力总延伸率[c] A_{gt}/%	$R_m^{\circ}/R_{eL}^{\circ}$	R_{eL}°/R_{eL}
	不小于					不大于
HRB400 HRBF400	400	540	16	7.5	—	—
HRB400E HRBF400E			—	9.0	1.25	1.30
HRB500 HRBF500	500	630	15	7.5	—	—
HRB500E HRBF500E			—	9.0	1.25	1.30
HRB600	600	730	14	7.5	—	—

注：R_m° 为钢筋实测抗拉强度，R_{eL}° 为钢筋实测下屈服强度。

[a] 对于没有明显屈服的钢筋，下屈服强度特征值 R_{eL} 采用规定塑性延伸强度 $R_{p0.2}$。

[b] 出厂检验时准许采用 A。

[c] 仲裁检验时采用 A_{gt}。

③ 应用

光圆钢筋的强度较低，但塑性及可焊性好，便于冷加工，广泛用于普通钢筋混凝土中；HRB400(Ⅲ级钢)带肋钢筋强度较高，塑性及可焊性较好，广泛用作大中型钢筋混凝土结构的受力钢筋；HRB500(Ⅳ级钢)带肋钢筋强度高，但塑性与可焊性较差，适宜作预应力钢筋。

(2) 冷轧带肋钢筋

冷轧带肋钢筋是指热轧圆盘条经冷轧后得到的，在其表面带有沿长度方向均匀分布的横肋的钢筋。国标《冷轧带肋钢筋》(GB/T 13788—2024)规定，冷轧带肋钢筋按照延性高低分为冷轧带肋钢筋(CRB+抗拉强度特征值)和高延性冷轧带肋钢筋(CRB+抗拉强度特征值+H)。

钢筋的牌号分为CRB550、CRB650、CRB800、CRB600H和CRB800H五个牌号。其中，CRB550、CRB600H为普通钢筋混凝土用钢筋，CRB650、CRB800、CRB800H为预应力混凝土用钢筋。

冷轧带肋钢筋的力学性能和工艺性能应符合表 7.8 的规定。当进行弯曲试验时，受弯曲部位表面不得产生裂纹，反复弯曲试验的弯曲半径应符合表 7.9 的规定。

表 7.8　冷轧带肋钢筋的力学性能和工艺性能(GB/T 13788—2024)

分类	牌号	规定塑性延伸强度 $R_{p0.2}$/MPa，不小于	抗拉强度 R_m/MPa，不小于	$R_m/R_{p0.2}$，不小于	断后伸长率/%，不小于		最大力总延伸率/%，不小于	弯曲试验[a]	反复弯曲次数	应力松弛/%，不大于
					A	$A_{100\,mm}$	A_{gt}			1000 h
普通钢筋混凝土用	CRB550	500	550	1.05	12.0	—	2.5	$D=3d$	—	—
	CRB600H	540	600	1.05	14.0	—	5.0	$D=3d$	—	—
预应力混凝土用	CRB650	585	650	1.05	—	4.0	4.0	—	3	8
	CRB800	720	800	1.05	—	4.0	4.0	—	3	8
	CRB800H	720	800	1.05	—	7.0	4.0	—	4	5

注：[a] D 为弯曲压头直径，d 为钢筋公称直径。

表 7.9　反复弯曲试验的弯曲半径

单位：mm

钢筋公称直径	4	5	6
弯曲半径	10	15	15

冷轧带肋钢筋提高了钢筋的握裹力，可广泛用于中、小预应力混凝土结构构件和普通钢筋混凝土结构构件中，也可用于焊接钢筋网。

(3)预应力混凝土用钢丝和钢绞线

① 预应力混凝土用钢丝

预应力混凝土用钢丝按加工状态分为冷拉钢丝(代号 WCD)和消除应力钢丝两类。消除应力钢丝按松弛性能可分为低松弛钢丝(代号 WLR)和普通松弛钢丝(代号 WNR)两种。钢丝按外形分为光圆钢丝(代号 P)、螺旋肋钢丝(代号 H)和刻痕钢丝(代号 I)共三种。

按《预应力混凝土用钢丝》(GB/T 5223—2014)规定，钢丝的力学性能应满足表 7.10、表 7.11 所示要求。

表 7.10　压力管道用冷拉钢丝的力学性能

公称直径 d_n/mm	公称抗拉强度 R_m/MPa	最大力的特征值 F_m/kN	最大力的最大值 $F_{m,max}$/kN	0.2%屈服力 $F_{p0.2}$/kN ≥	每 210 mm 扭矩的扭转次数 N ≥	断面收缩率 Z/% ≥	氢脆敏感性能负载为 70%最大力时，断裂时间 t/h ≥	应力松弛性能 初始力为最大力 70%时，1000 h 应力松弛率 r/% ≤
4.00	1470	18.48	20.99	13.86	10	35	75	7.5
5.00		28.86	32.79	21.65	10	35		
6.00		41.56	47.21	31.17	8	30		
7.00		56.57	64.27	42.42	8	30		
8.00		73.88	83.93	55.41	7	30		

续表7.10

公称直径 d_n/mm	公称抗拉强度 R_m/MPa	最大力的特征值 F_m/kN	最大力的最大值 $F_{m,max}$/kN	0.2%屈服力 $F_{p0.2}$/kN ≥	每210 mm扭矩的扭转次数 N ≥	断面收缩率 Z/% ≥	氢脆敏感性能负载为70%最大力时，断裂时间 t/h ≥	应力松弛性能初始力为最大力70%时，1000 h应力松弛率 r/% ≤
4.00	1570	19.73	22.24	14.80	10	35	75	7.5
5.00		30.82	34.75	23.11	10	35		
6.00		44.38	50.03	33.29	8	30		
7.00		60.41	68.11	45.31	8	30		
8.00		78.91	88.96	59.18	7	30		
4.00	1670	20.99	23.50	15.74	10	35		
5.00		32.78	36.71	24.59	10	35		
6.00		47.21	52.86	35.41	8	30		
7.00		64.26	71.96	48.20	8	30		
8.00		83.93	93.99	62.95	6	30		
4.00	1770	22.25	24.76	16.69	10	35		
5.00		34.75	38.68	26.06	10	35		
6.00		50.04	55.69	37.53	8	30		
7.00		68.11	75.81	51.08	6	30		

表 7.11 消除应力光圆及螺旋肋钢丝的力学性能

公称直径 d_n/mm	公称抗拉强度 R_m/MPa	最大力的特征值 F_m/kN	最大力的最大值 $F_{m,max}$/kN	0.2%屈服力 $F_{p0.2}$/kN ≥	最大力总伸长率（L_0=200 mm）A_{gt}/% ≥	反复弯曲性能		应力松弛性能	
						弯曲次数/(次/180°) ≥	弯曲半径 R/mm	初始力相当于实际最大力的百分数/%	1000 h应力松弛率 r/% ≤
4.00	1470	18.48	20.99	16.22	3.5	3	10	70	2.5
4.80		26.61	30.23	23.35		4	15	80	4.5
5.00		28.86	32.78	25.32		4	15		
6.00		41.56	47.21	36.47		4	15		
6.25		45.10	51.24	39.58		4	20		
7.00		56.57	64.26	49.64		4	20		
7.50		64.94	73.78	56.99		4	20		
8.00		73.88	83.93	64.84		4	20		
9.00		93.52	106.25	82.07		4	25		
9.50		104.19	118.37	91.44		4	25		
10.00		115.45	131.16	101.32		4	25		
11.00		139.69	158.70	122.59		—	—		
12.00		166.26	188.88	145.90		—	—		

续表7.11

公称直径 d_n/mm	公称抗拉强度 R_m/MPa	最大力的特征值 F_m/kN	最大力的最大值 $F_{m,max}$/kN	0.2%屈服力 $F_{p0.2}$/kN ≥	最大力总伸长率 (L_0=200 mm) A_{gt}/% ≥	反复弯曲性能		应力松弛性能	
						弯曲次数/(次/180°) ≥	弯曲半径 R/mm	初始力相当于实际最大力的百分数/%	1000 h应力松弛率 r/% ≤
4.00	1570	19.73	22.24	17.37	3.5	3	10	70 80	2.5 4.5
4.80		28.41	32.03	25.00		4	15		
5.00		30.82	34.75	27.12		4	15		
6.00		44.38	50.03	39.06		4	15		
6.25		48.17	54.31	42.39		4	20		
7.00		60.41	68.11	53.16		4	20		
7.50		69.36	78.20	61.04		4	20		
8.00		78.91	88.96	69.44		4	20		
9.00		99.88	112.60	87.89		4	25		
9.50		111.28	125.46	97.93		4	25		
10.00		123.31	139.02	108.51		4	25		
11.00		149.20	168.21	131.30			—		
12.00		177.57	200.19	156.26		—	—		
4.00	1670	20.99	23.50	18.47		3	10		
5.00		32.78	36.71	28.85		4	15		
6.00		47.21	52.86	41.54		4	15		
6.25		51.24	57.38	45.09		4	20		
7.00		64.26	71.96	56.55		4	20		
7.50		73.78	82.62	64.93		4	20		
8.00		83.93	93.98	73.86		4	20		
9.00		106.25	118.97	93.50		4	25		
4.00	1770	22.25	24.76	19.58		3	10		
5.00		34.75	38.68	30.58		4	15		
6.00		50.04	55.69	44.03		4	15		
7.00		68.11	75.81	59.94		4	20		
7.50		78.20	87.04	68.81		4	20		
4.00	1860	23.38	25.89	20.57		3	10		
5.00		36.51	40.44	32.13		4	15		
6.00		52.58	58.23	46.27		4	15		
7.00		71.57	79.27	62.98		4	20		

②钢绞线

预应力混凝土用钢绞线是优质碳素结构钢(高强度)钢丝经绞捻(一般为左捻)并经消除内应力的热处理而制成。按捻制结构分为9类,结构代号为:用两根冷拉光圆钢丝捻制成的标准型钢绞线(代号1×2)、用三根冷拉光圆钢丝捻制成的标准型钢绞线(代号1×3)、用三根含有刻痕钢丝捻制成的刻痕钢绞线(代号1×3I)、用七根冷拉光圆钢丝捻制成的标准型钢绞线(代号1×7)、用六根含有刻痕钢丝和一根冷拉光圆中心钢丝捻制成的刻痕钢绞线(代号1×7I),用六根含有螺旋肋钢丝和一根冷拉光圆中心钢丝捻制成的螺旋肋钢绞线(代号1×7H),用七根冷拉光圆钢丝捻制后再经冷拔成的模拔型钢绞线[代号(1×7)C],用十九根冷拉光圆钢丝捻制成的1+9+9西鲁式钢绞线(代号1×19S),用十九根冷拉光圆钢丝捻制成的1+6+6/6瓦林吞式钢绞线(代号1×19W)。

按《预应力混凝土用钢绞线》(GB/T 5224—2023)规定,预应力钢绞线的力学性能应符合表7.12至表7.15的要求。

表7.12　1×2结构钢绞线力学性能(GB/T 5224—2023)

钢绞线结构	钢绞线公称直径 D_n/mm	公称抗拉强度 R_m/MPa	整根钢绞线最大力 F_m/kN ≥	整根钢绞线最大力的最大值 $F_{m,max}$/kN ≤	0.2%屈服力 $F_{p0.2}$/kN ≥	最大力总延伸率 (L_0≥400 mm) A_{gt}/% ≥	应力松弛性能：初始负荷相当于实际最大力的百分数 %	应力松弛性能：1000 h应力松弛率 r/% ≤
1×2	5.00	1720	16.9	18.9	14.9	对所有直径	对所有直径	对所有直径
	5.80		22.7	25.3	20.0			
	8.00		43.2	48.2	38.0			
	10.00		67.6	75.5	59.5			
	12.00		97.2	108	85.5		70	2.5
	5.00	1860	18.3	20.2	16.1	3.5		
	5.80		24.6	27.2	21.6		80	4.5
	8.00		46.7	51.7	41.1			
	10.00		73.1	81.0	64.3			
	12.00		105	116	92.5			
	5.00	1960	19.2	21.2	16.9			
	5.80		25.9	28.5	22.8			
	8.00		49.2	54.2	43.3			
	10.00		77.0	84.9	67.8			
0.2%屈服力 $F_{p0.2}$ 值应为整根钢绞线实际最大力 F_{ma} 的88%～95%								

表 7.13　1×3 结构钢绞线力学性能(GB/T 5224—2023)

钢绞线结构	钢绞线公称直径 D_n/mm	公称抗拉强度 R_m/MPa	整根钢绞线最大力 F_m/kN ≥	整根钢绞线最大力的最大值 $F_{m,max}$/kN ≤	0.2%屈服力 $F_{p0.2}$/kN ≥	最大力总延伸率 (L_0≥400 mm) A_{gt}/% ≥	应力松弛性能：初始负荷相当于实际最大力的百分数 %	应力松弛性能：1000 h 应力松弛率 r/% ≤
1×3	6.20	1720	34.1	38.0	30.0	对所有直径	对所有直径	对所有直径
	6.50		36.5	40.7	32.1			
	8.60		64.8	72.4	57.0			
	10.80		101	113	88.9		70	2.5
	12.90		146	163	128	3.5		
	6.20	1860	36.8	40.8	32.4		80	4.5
	6.50		39.4	43.7	34.7			
	8.60		70.1	77.7	61.7			
1×3	10.80	1860	110	121	96.8	对所有直径	对所有直径	对所有直径
	12.90		158	175	139			
	6.20	1960	38.8	42.8	34.1			
	6.50		41.6	45.8	36.6			
	8.60		73.9	81.4	65.0		70	2.5
	10.80		115	127	101	3.5		
	12.90		166	183	146		80	4.5
1×3I	8.70	1720	66.2	73.9	58.3			
		1860	71.6	79.3	63.0			

0.2%屈服力 $F_{p0.2}$ 值应为整根钢绞线实际最大力 F_{ma} 的 88%～95%

表 7.14　1×7 结构钢绞线力学性能(GB/T 5224—2023)

钢绞线结构	钢绞线公称直径 D_n/mm	公称抗拉强度 R_m/MPa	整根钢绞线最大力 F_m/kN ≥	整根钢绞线最大力的最大值 $F_{m,max}$/kN ≤	0.2%屈服力 $F_{p0.2}$/kN ≥	最大力总延伸率 (L_0≥500 mm) A_{gt}/% ≥	应力松弛性能：初始负荷相当于实际最大力的百分数 %	应力松弛性能：1000 h 应力松弛率 r/% ≤
1×7 1×7I 1×7H	21.60	1770	504	561	444	对所有直径	对所有直径	对所有直径
	9.50	1850	102	113	89.8			
	11.10		138	153	121			
	12.70		184	203	162			
	15.20		260	288	229			
	15.70		279	309	246		70	2.5
	17.80		355	391	311	3.5		
	18.90		409	453	360		80	4.5
	21.60		530	587	466			

续表7.14

钢绞线结构	钢绞线公称直径 D_n/mm	公称抗拉强度 R_m/MPa	整根钢绞线最大力 F_m/kN ≥	整根钢绞线最大力的最大值 $F_{m,max}$/kN ≤	0.2%屈服力 $F_{p0.2}$/kN ≥	最大力总延伸率 (L_0≥500 mm) A_{gt}/% ≥	应力松弛性能 初始负荷相当于实际最大力的百分数 %	应力松弛性能 1000 h 应力松弛率 r/% ≤
1×7	9.50	1960	107	118	94.2	对所有直径	对所有直径	对所有直径
	11.10		145	160	128			
	12.70		193	213	170			
	15.20		274	302	241			
	15.70		294	324	259			
	17.80		374	413	329			
	18.90		431	475	379			
	21.60		559	616	492			
	9.50	2160	118	129	104			
	11.10		160	175	141			
	12.70		213	233	187			
	15.20		302	330	266			
	15.70		324	354	285			
	9.50	2230	122	133	107	3.5	70 80	2.5 4.5
	11.10		165	180	145			
	12.70		220	240	194			
	15.20		312	340	275			
	15.70		335	365	295			
	9.50	2360	129	140	114			
	11.10		175	190	154			
	12.70		233	253	205			
	15.20		330	358	290			
(1×7)C	12.70	1860	208	231	183			
	15.20	1820	300	333	264			
	18.00	1720	384	428	338			

0.2%屈服力 $F_{p0.2}$ 值应为整根钢绞线实际最大力 F_{ma} 的 88%～95%

表 7.15　1×19 结构钢绞线力学性能(GB/T 5224—2023)

钢绞线结构	钢绞线公称直径 D_n/mm	公称抗拉强度 R_m/MPa	整根钢绞线最大力 F_m/kN ≥	整根钢绞线最大力的最大值 $F_{m,max}$/kN ≤	0.2% 屈服力 $F_{p0.2}$/kN ≥	最大力总延伸率 (L_0≥500 mm) A_{gt}/% ≥	应力松弛性能	
							初始负荷相当于实际最大力的百分数 %	1000 h 应力松弛率 r/% ≤
1×19S (1+9+9)	21.8	1770	554	617	488	对所有直径	对所有直径	对所有直径
	28.6		942	1048	829			
	17.8	1860	387	428	341			
	19.3		454	503	400			
	20.3		504	558	444			
	21.8		583	645	513			
	28.6		990	1096	871		70	2.5
	17.8	1960	408	449	359	3.5	80	4.5
	19.3		478	527	421			
	20.3		531	585	467			
	21.8		613	676	539			
	28.6		1043	1149	918			
1×19W (1+6+6/6)	28.6	1770	942	1048	829			
		1860	990	1096	871			
		1960	1043	1149	918			

0.2%屈服力 $F_{p0.2}$ 值应为整根钢绞线实际最大力 F_{ma} 的 88%～95%

预应力钢绞线具有安全可靠，节约钢材，且不需冷拉、焊接接头等加工特点，主要用于混凝土配筋，如薄腹梁、吊车梁、电杆、大型屋架、大型桥梁等预应力混凝土结构。

预应力混凝土用热处理钢筋的强度高、综合性能好，开盘后能自行伸直，不需要调直。使用时应按需要长度切割，不能用电焊或氧气切割，也不能焊接，主要用于预应力轨枕、预应力梁等。

7.3.2　钢材的腐蚀与防护

7.3.2.1　钢材腐蚀的概念

钢材表面与周围介质发生作用引起破坏的现象叫作腐蚀(或锈蚀)。腐蚀的结果是使构件的截面积减小，从而降低承载能力。而局部腐蚀会造成应力集中，从而使结构破坏。构件若承受冲击荷载或反复变化荷载的作用，会产生腐蚀疲劳，从而大幅降低钢材的疲劳强度以及塑性、韧性等力学性能，甚至出现脆性断裂。钢材的腐蚀现象普遍存在，根据钢材与环境介质作用的原理，腐蚀可以分为化学腐蚀和电化学腐蚀两大类。

(1) 化学腐蚀

钢材与周围介质(如氧气、二氧化碳、二氧化硫、水和氯气等)直接发生化学作用,生成疏松的氧化物使钢材损坏的现象称为化学腐蚀,其实质是氧化反应,钢材表面生成相应的氧化物、硫化物、氯化物等。当周围环境干燥时,化学腐蚀的速度缓慢;但当环境的温度较高、湿度较大时,化学腐蚀的速度大幅加快。

化学腐蚀的特点是只有单纯的化学反应,在反应过程中没有电流产生,腐蚀过程的产物生成于发生反应的钢材表面。例如,热轧时在钢材表面形成氧化铁皮。

(2) 电化学腐蚀

钢材内部由不同的晶体结构组织组成,并含有杂质,它们的电极电位是不同的。根据微电池原理,当有电解质溶液(如水)存在时,就会在钢材表面形成许多微小的局部原电池,如图 7.12所示。

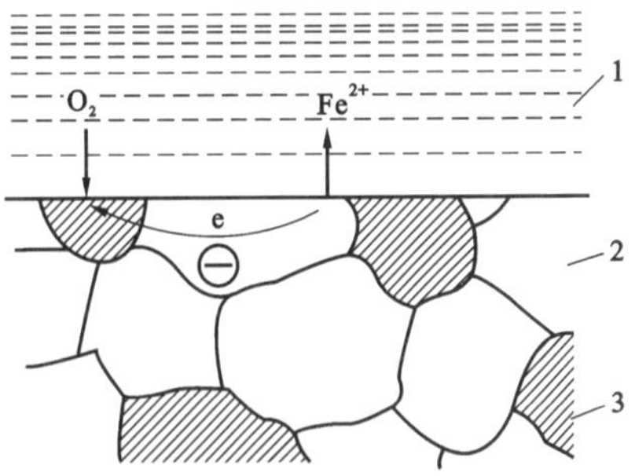

图 7.12　碳钢电化学腐蚀示意图

1—电解质溶液;2—铁素体;3—渗碳体

钢材是由铁素体和渗碳体两相组成的,铁素体的电极电位比渗碳体的电极电位低,在潮湿空气(或水)中,钢材表面形成一层液膜(电解质溶液),两相组织互相接触而导通,形成微电池,铁素体成为阳极从而被腐蚀。整个电化学腐蚀过程如下:

阳极区:

$$Fe = Fe^{2+} + 2e^-$$

阴极区:

$$2H_2O + 4e^- + O_2 = 4OH^-$$

溶液区:

$$Fe^{2+} + 2OH^- = Fe(OH)_2$$

$$4Fe(OH)_2 + O_2 + 2H_2O = 4Fe(OH)_3$$

水是弱电解质溶液,但溶有 CO_2 的水则成为有效的电解质溶液,加速了电化学腐蚀的过程。钢材在大气中的腐蚀实际上是化学腐蚀和电化学腐蚀共同作用的结果。其中,以电化学腐蚀为主。

7.3.2.2　钢材的防腐

由上述分析可知,钢材的腐蚀既有内因(钢材品种),又有外因(环境介质)。要防止或减少钢材的腐蚀,可以从三个方面考虑:改变钢材自身的易腐蚀性;隔离环境中的侵蚀性介质;改变钢材表面的电化学过程。钢材的防护方法有:

① 采用耐候钢

耐候钢是在碳素钢和低合金钢中加入少量铜、铬、镍、钼等合金元素经冶炼而成的。这种钢在大气作用下,能在表面形成一种致密的防腐保护层膜,起到耐大气腐蚀的作用,同时又保持了钢材良好的焊接性能。如武汉钢铁集团公司为援建坦赞(坦桑尼亚和赞比亚)铁路而研制的耐候钢种 16MnCu,耐非洲热带雨林气候腐蚀性能很好。耐候钢的强度级别与常用碳素钢和低合金钢一致,技术标准也相近,但耐候钢耐腐蚀性的能力却高出常用钢数倍。

② 覆盖法防腐

它是把钢材与腐蚀介质隔离开来，以达到防腐目的。方法有：

a. 金属覆盖　根据电化学腐蚀原理，用耐蚀性好的金属以电镀或喷镀的方法覆盖一层或多层在钢材表面上，提高钢材的耐腐蚀能力。如镀锌（白铁皮）、镀锡（马口铁）、镀铜或镀铬等。根据防腐作用原理分为阴极覆盖和阳极覆盖。

b. 非金属覆盖　在钢材表面覆盖非金属材料作为保护膜（隔离层），使钢材与环境介质隔离，避免或减缓腐蚀。常用的非金属材料有油漆、搪瓷、合成树脂涂料等。

油漆通常分为底漆、中间漆和面漆，它们的作用是不同的。底漆要求与钢材表面有比较好的附着力和防锈能力；中间漆为防锈漆；面漆要有较好的牢固度和耐候性，以保护底漆不受损伤或风化。

7.3.2.3　混凝土用钢筋的防锈

正常情况下，混凝土中的 pH 值约为 12，这时可在钢材表面形成碱性氧化膜（钝化膜），从而保护钢筋不被腐蚀。混凝土一旦碳化，由于碱性降低（中性化），就失去对钢筋的保护作用；混凝土中的氯离子达到一定浓度，会严重破坏钢筋表面的钝化膜。

为防止钢筋锈蚀，应保证混凝土密实和钢筋外面的混凝土保护层的厚度，在二氧化碳浓度高的工业区采用硅酸盐水泥或普通硅酸盐水泥，限制含氯盐外加剂掺量并使用混凝土用钢筋防锈剂。对预应力混凝土，应禁止使用含氯盐的集料和外加剂。钢筋涂覆环氧树脂或镀锌也是一种有效的防锈措施。

7.3.2.4　钢材的防火

钢材虽然是不燃性的材料，但是抵抗火灾的能力是有限的。因为随着温度的升高，其性能会发生变化。试验数据表明，无保护层时，钢柱和钢屋架的耐火极限只有 0.25 h，而裸露的钢梁的耐火极限为 0.15 h。温度在 200 ℃以内，钢材的性能基本不变化；在 300 ℃以上，弹性模量、屈服点和极限强度都开始下降，应变急剧增加；达到 600 ℃时已失去承载能力。所以，没有防火保护层的钢结构是不耐火的。

钢结构防火保护的基本原理是采用绝热或吸热材料，阻隔火焰和热量，延缓钢结构的升温速率。防火方法以包覆法为主，即以防火涂料、不燃性板材或混凝土和砂浆包裹钢结构件。

7.4　铝合金及其制品

7.4.1　铝及其特性

铝是有色金属中银白色的轻金属，密度为 2.7 g/cm^3，熔点为 660 ℃。铝的导电性和导热性很好（仅次于铜、银、金），空气中其表面易生成一层稳定的氧化铝薄膜，即 Al_2O_3，从而避免空气中的氧继续对铝氧化，起到了保护作用，故使铝具有一定的耐腐蚀性。铝又具有良好的塑性，易加工成板、管、线及铝箔（厚度 6～25 μm）等，但强度和硬度较低。纯铝可以加工成铝粉，用于加气混凝土的发气，也可用于防腐涂料（又称“银粉”），即用于铸铁、钢材的防腐。

7.4.2　铝合金及其特性

为了提高铝的强度和硬度，常在冶炼时加入适量的锰、镁、铜、硅、锌等元素制得铝合金。

铝合金既提高了铝的强度和硬度，又保持了铝的轻质、耐腐蚀、易加工的优良特性。与碳素钢相比，铝合金的弹性模量约为钢的1/3，而比强度为钢的2倍以上。

通过热挤压、轧制、铸造等工艺，铝合金可以被加工成各种铝合金门窗、龙骨、压型板、花纹板、管材、型材、棒材等。压型板和花纹板直接用于墙面、屋面、顶棚等的装饰，也可以与泡沫塑料或其他隔热保温材料复合制成轻质、隔热保温的复合材料。某些铝合金还可替代部分钢材用于建筑结构，从而大幅降低建筑结构的自重。

7.4.3 铝合金的分类与牌号表示

(1) 铝合金的分类

根据化学成分及生产工艺，可以分为形变铝合金和铸造铝合金两大类。形变铝合金是指可以进行冷或热压力加工的铝合金；铸造铝合金是指由液态直接浇铸成各种形状复杂制品的铝合金。

(2) 铝合金的牌号

目前，应用的铸造铝合金有铝硅(Al-Si)、铝铜(Al-Cu)、铝镁(Al-Mg)及铝锌(Al-Zn)四个系列。按规定，铸造铝合金的牌号由汉语拼音字母“ZL”(铸铝)和三位数字组成，如ZL101、ZL102、ZL201等。三位数字中的第一位数(1～4)表示合金的组别，其中1代表铝硅合金，2、3、4分别代表铝铜合金、铝镁合金和铝锌合金。后面两位数表示该合金的顺序号。

形变铝合金分为防锈铝合金、硬铝合金、超硬铝合金、锻铝合金和特殊铝合金，分别用汉语拼音字母“LF”“LY”“LC”“LD”“LT”代号表示。形变铝合金牌号用其代号加顺序号表示，如LF_{10}、LD_8等，顺序号不直接表示合金元素的含量。

7.4.4 铝合金制品

(1) 铝合金门窗

按结构和开启方式，铝合金门窗分为推拉窗(门)、平开窗(门)、悬挂窗、回转窗、百叶窗、纱窗等。

(2) 铝合金板

铝合金板主要用于装饰工程中，品种和规格很多。按装饰效果分，有铝合金花纹板、铝合金波纹板、铝合金压型板、铝合金浅花纹板、铝合金冲孔板等。

【工程实例分析7.2】

某大桥倒塌

【概况】 1994年10月21日，某大桥中段50 m长的桥体像刀切一样坠入江中，造成多人死亡。该桥于1979年建成。

【事故原因分析】 调查团五个多月的各种试验和研究表明，事故由两方面原因造成：一是大桥建设公司未按图纸施工，施工中偷工减料，使用疲劳性能很差的劣质钢材，这是事故的直接原因；二是缩短工期及管理上的疏漏也是大桥倒塌的主要原因。设计负载限制为32 t，建成后交通流量逐年增加，从而造成超常负荷，倒塌时负载为43.2 t。

【思维导图与核心知识点】

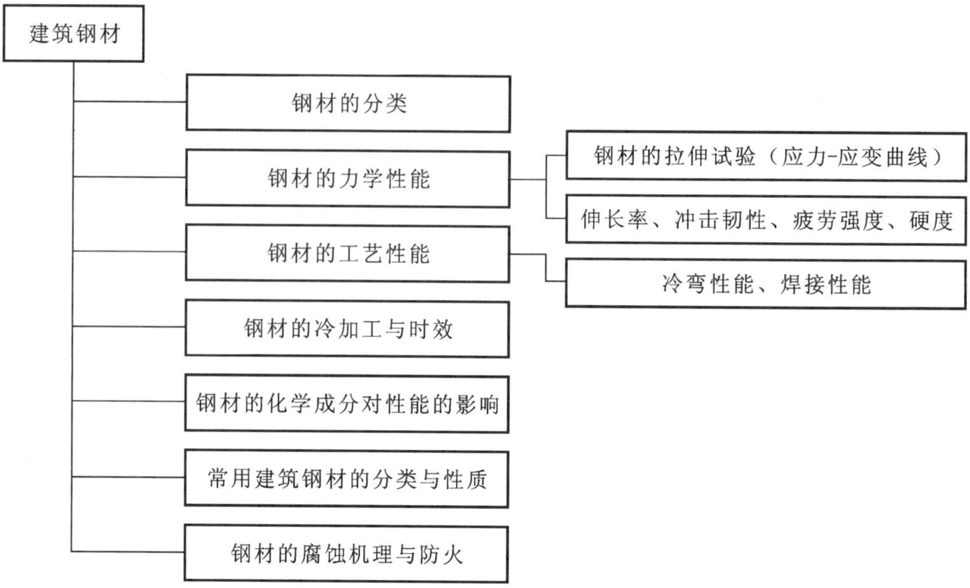

复习题与思考题

(1) 钢与生铁在化学成分上有何区别？钢按化学成分不同可分为哪些种类？土木工程中主要用哪些钢种？

(2) 试述钢中含碳量对各项性能的影响。

(3) 什么是钢材的屈强比？其大小对使用性能有何影响？

(4) 钢材的冷加工对性能有何影响？什么是自然时效和人工时效？

(5) 低合金高强结构钢与碳素结构钢有哪些不同？

(6) 试说明 Q235C 与 Q390D 所属的钢种及各符号的意义。

(7) 热轧钢筋按什么性能指标划分等级？说明各级钢筋的用途。

(8) 对于有冲击、震动荷载和在低温下工作的结构应采用什么钢材？

(9) 试述铝合金的分类及铝合金在建筑上的主要用途。

练　习　题

一、填空题

(1) 建筑钢材按化学成分不同分为(　　)和(　　)。

(2) 建筑钢材按用途不同分为(　　)、(　　)和(　　)。

(3) 钢按脱氧程度不同分为(　　)、(　　)、(　　)和(　　)。

(4) 钢材的工艺性能包括(　　)和(　　)。

(5) 钢的基本组织要有(　　)、(　　)、(　　)和(　　)。

二、选择题

(1) 目前我国钢筋混凝土结构中普遍使用的钢材有(　　)。

A.热轧钢筋　　B.冷拔低碳钢丝　　C.钢绞线

D.热处理钢筋　　E.碳素钢丝

(2) 碳素结构钢的质量等级包括(　　)。

A.A　　B.B　　C.C　　D.D

E.E　　F.F

(3) 钢材热处理的方法有(　　)。

A.淬火　　B.回火　　C.退火

D.正火　　E.明火

(4) 经冷拉时效处理的钢材,其特点是(　　)进一步提高,(　　)进一步降低。

A.塑性　　B.韧性　　C.屈服点

D.抗拉强度　　E.弹性模量

(5) 钢材中(　　)的含量过高,将导致其热脆现象发生。

A.碳　　B.磷　　C.硫　　D.硅

(6) 钢材中(　　)的含量过高,将导致其冷脆现象发生。

A.碳　　B.磷　　C.硫　　D.硅

三、简答题

(1) 为什么说屈服点 σ_s、抗拉强度 σ_b 和伸长率 δ 是建筑工程用钢的重要技术性能指标?

(2) 什么是钢材的冷弯性能?它的表示方法及实际意义是什么?

(3) 低温冷脆性、脆性转变温度、时效和时效敏感性的概念及其实际意义是什么?

(4) 何谓钢的冷加工强化及时效处理?冷拉并经时效处理后的钢筋性能有何变化?

(5) 从新进的一批钢筋中抽样,截取两根钢筋做拉伸试验,测得如下结果:屈服极限荷载分别为42.4 kN、41.5 kN;抗拉极限荷载分别为 62.0 kN、61.6 kN,钢筋实测直径为 12 mm,标距长度为 60 mm,拉断时的长度分别为 66.0 mm、67.0 mm。请计算该钢筋的屈服强度、抗拉强度及伸长率。

【知识链接】

美国世贸中心大楼倒塌原因分析

一、事件背景

2001 年 9 月 11 日是让全世界震惊的一天——美国纽约和华盛顿及其他城市相继遭受有史以来最严重的恐怖袭击。遭受袭击大事记如下:

美国东部时间 9 月 11 日 8:45,载有 92 位乘客的美国航空公司波音 767 客机 11 次航班从波士顿飞往洛杉矶,该机遭受劫持并撞击世贸中心北楼;

美国东部时间 9 月 11 日 9:03,载有 65 位乘客的联合航空公司波音 757 客机 175 次航班从波士顿飞往洛杉矶,该机遭受劫持并撞击世贸中心南楼;

美国东部时间 9 月 11 日 9:43,载有 64 位乘客的美国航空公司 77 次航班从华盛顿飞往洛杉矶，该机遭受劫持并撞击美国五角大楼；

美国东部时间 9 月 11 日 10:05，世贸中心南楼轰然倒塌；

美国东部时间 9 月 11 日 10:28，世贸中心北楼轰然倒塌；

美国东部时间 9 月 11 日 10:37，载有 45 位乘客的联合航空公司 93 次航班从新泽西州飞往旧金山的客机坠毁在匹斯堡东南 80 英里(1 英里折合 1.6093 km)以外地区；

美国东部时间 9 月 11 日 11:34，联航一家从纽华克飞往旧金山的波音 757 客机在宾州西部坠毁，地点处于纽约与华盛顿之间；

美国东部时间 9 月 11 日 15:25，世贸中心 7 号楼倒塌。

二、工程概况

纽约世贸中心姊妹塔楼，地下 6 层，地上 110 层，高度 411 m。设计人为著名的美籍日裔建筑师雅马萨奇，由熊谷组施工，两幢楼的建筑时间分别为 1966 年、1973 年。每幢楼建筑面积 41.8 万 m^2，标准层平面尺寸 63.5 m×63.5 m，内筒尺寸 24 m×42 m，标准层层高为 3.66 m，吊顶下净高2.62 m，一层入口大堂高度 22.3 m，建筑高宽比为 6.5。整个世贸中心可容纳 5 万人工作，每天来办公和参观的约 3 万人。

纽约世贸中心姊妹塔楼为超高层钢结构建筑，采用“外筒结构体系”，外筒承担全部水平荷载，内筒只承担竖向荷载。外筒由密柱深梁构成，每一外墙上有 59 根箱形截面柱，柱距 1.02 m，裙梁截面高度 1.32 m，外筒立面的开洞率仅为 36%。外筒柱在标高 12 m 以上截面尺寸均为450 mm×450 mm，钢板厚度随高度逐渐变薄，由 12.5 mm 减至 7.5 mm。在标高 12 m 以下为满足使用要求需加大柱距，故将三柱合一，柱距扩为 3.06 m，截面尺寸为 800 mm×800 mm。楼面结构采用格架式梁，由主次梁组成，主梁间距为 2.04 m。楼板为压型钢板组合楼板，上浇 100 mm 厚轻混凝土。一幢楼的总用钢量为 78000 t，单位用钢量为 186.6 kg/m^2，大楼建成后在风荷载作用下，实测最大位移为 280 mm。

三、倒塌原因分析

纽约世贸中心大楼倒塌现场如图 7.13 所示。对于纽约世贸中心大楼的完全倒塌，许多人深感困惑。飞机撞击大楼的中上部为何会造成下部倒塌？大楼为何会垂直塌落而不是倾倒？大楼为何在撞击时未立刻倒塌而持续 1 小时左右再倒塌？北楼先撞为何南楼先塌？大楼的设计或施工是否存在先天性致命缺陷？针对这些问题，研究者通过分析相关资料和电视图像，得出以下结论：

(1) 倒塌过程

就大楼的倒塌过程而言，恰似多米诺骨牌效应，其连续破坏过程可划分为三个阶段：

① 飞机撞击形成的巨大水平冲击力造成部分梁柱断裂，形成薄弱层或薄弱部位；

② 飞机所撞击的楼层起火燃烧，钢材软化，该楼层丧失承载力致使上部楼层塌落；

③ 上部塌落的楼层化为一个巨大的竖向冲击力，致使下面楼层结构难以承受，于是发生整体失稳或断裂，层层垂直垮塌。

(2) 倒塌原因

就大楼的倒塌原因而言，可谓是复合型的。因为单一的水平撞击或者大楼发生常规性火灾都不可能造成整个结构垮塌。从外因和内因两方面进行分析：

(a) (b)

图 7.13 纽约世贸中心大楼倒塌现场

① 外因

飞机撞击大楼纯属意外，就形成的水平冲击力而言，纯属不可抗力，可谓百年或千年不遇。一般只有类似核电厂这种以两百年为一个计算周期的建筑，可以承受一次飞机的撞击作用。纽约世贸中心大楼历经30年风雨依然完好。本次撞击大楼的波音757飞机起飞重量104 t，波音767飞机起飞重量156 t，它们的飞行速度约每小时1000 km。在如此巨大的冲击下，大楼虽然晃动近1 m但未立即倾倒，无论内部还是外部并无严重塌落，充分证明大楼原结构的设计和施工没有问题。

② 内因

钢结构作为一种结构体系，尤其在超高层建筑中有无与伦比的优势。但耐火性能差是自身致命的缺陷。试验表明：低碳钢在200 ℃以下钢材性能变化不大，在200 ℃以上随温度升高弹性模量降低，强度下降，变形增大。500 ℃时弹性模量为常温的50%，700 ℃时基本失去承载能力。本次撞击北楼的波音767飞机装载51 t燃油，撞击南楼的波音757飞机装载35 t燃油。尽管世贸中心大楼的钢结构采用了防火涂料等防护物，但在如此罕见的熊熊大火面前也无能为力。在爆炸、断电、消防系统失灵、火势无法及时扑灭的情况下，高温将使钢结构不得不软化，最终导致塌落。

另外，世贸中心大楼采用外筒结构体系，该体系存在剪力滞后效应，且外柱截面仅为450 mm×450 mm，钢板厚度仅为7.5～12.5 mm，因此，抵抗水平撞击的能力较差。若采用截面及厚度较大的巨型钢柱、钢-混凝土组合柱或采用约翰·考克大厦的巨型外交叉支撑，也许飞机在撞击时会在大楼的外部发生爆炸，但不会进入楼内引发火灾，本次灾难也许能够避免。

8 沥　青

本章提要

本章主要讲述石油沥青的组成、结构，技术性质与检验方法，工程应用等。通过本章学习，应达到以下目标：

(1) 掌握石油沥青的组成和结构；

(2) 掌握石油沥青的技术性质和技术标准；

(3) 掌握石油沥青掺配计算；

(4) 了解煤沥青、乳化沥青、改性沥青等其他沥青。

课前预习要点

本章课前预习时应注意以下知识点：

(1) 石油沥青的组成和结构；

(2) 石油沥青的技术性质(黏性、塑性、温度敏感性和大气稳定性)及其检验方法；

(3) 石油沥青掺配计算；

(4) 其他沥青的特性及工程应用。

课程思政

在学习石油沥青的加工生产时，从大庆油田铁人王进喜，到我国高速公路里程的快速发展，让学生深切感受“为国分忧、为民族争气”的爱国主义精神；“宁可少活 20 年，拼命也要拿下大油田”的忘我拼搏精神；“有条件要上，没有条件创造条件也要上”的艰苦奋斗精神；“干工作要经得起子孙万代检查”“为革命练就一身硬功夫、真本事”的科学求真务实精神和“甘愿为党和人民当一辈子老黄牛”的奉献精神，牢记为实现中华民族伟大复兴而团结奋斗的历史使命。

沥青是一种土木工程中应用较多的有机胶凝材料，它是由一些极为复杂的高分子碳氢化合物及其非金属(氧、硫、氮等)衍生物所组成的混合物，在常温下呈固体、半固体或黏稠液体的形态。沥青是憎水性材料，几乎不溶于水，且构造致密，具有良好的防水性；沥青能抵抗一般酸、碱、盐类等侵蚀性液体和气体的侵蚀，具有较强的抗腐蚀性；沥青能紧密黏附于矿物材料的表面，具有很好的黏结力；同时，它还具有一定的塑性，能适应基材的变形。因此，沥青被广泛应用于防水、防潮、防腐工程及道路工程、水工建筑等。

土木工程中，主要应用石油沥青，也使用少量的煤沥青。

8.1 石油沥青

8.1.1 石油沥青的组分

石油沥青是石油原油经蒸馏提炼出各种轻质油(如汽油、柴油等)及润滑油后的残留物,再经加工而得的产品,颜色为褐色或黑褐色。采用不同产地的原油及不同的提炼加工方式,可以得到组成、性质各异的多种石油沥青品种。按用途不同将石油沥青分为道路石油沥青,建筑石油沥青,防水、防潮石油沥青和普通石油沥青。

【视频讲解】

由于沥青的化学组成十分复杂,对组成进行分析很困难,且化学组成并不能反映其性质的差异,所以一般不作沥青的化学分析,而从使用角度将沥青中化学成分及物理力学性质相近的成分划分为若干个组,称之为组分(或组丛)。各组分含量的多少与沥青的技术性质有着直接的关系。石油沥青的组分如下:

(1) 油分

油分为淡黄色至红褐色的油状液体,是沥青中分子量最小、密度最小的组分。石油沥青中油分的含量为40%~60%。油分赋予沥青以流动性。

(2) 树脂

树脂又称沥青脂胶,为黄色至黑褐色黏稠状物质(半固体),分子量比油分大。石油沥青中脂胶的含量为15%~30%。沥青脂胶使沥青具有良好的塑性和黏性。

(3) 地沥青质

地沥青质为深褐色至黑色固态无定形物质(固体粉末),分子量比树脂更大。地沥青质是决定石油沥青温度敏感性、黏性的重要组分,含量在10%~30%,其含量越高,沥青的温度敏感性越小,软化点越高,黏性越大,也越硬脆。

此外,石油沥青中还含有2%~3%的沥青碳和似碳物,呈无定形黑色固体粉末状,在石油沥青组分中分子量最大,它会降低石油沥青的黏结力。石油沥青中还含有蜡,蜡也会降低石油沥青的黏结力和塑性,同时对温度特别敏感,即温度稳定性差,故蜡是石油沥青的有害成分。

8.1.2 石油沥青的技术性质

(1) 黏滞性(黏性)

石油沥青的黏滞性是指沥青在外力或自重的作用下抵抗变形的一种能力,也反映了沥青软硬、稀稠的程度。黏滞性是划分沥青牌号的主要技术指标,其大小与石油沥青的组分含量和温度有关。当石油沥青中地沥青质含量多、树脂适量、油分含量较少时,黏滞性就大。在一定温度范围内,温度升高,黏滞性就下降,反之黏滞性升高。

沥青黏滞性大小的表示有绝对黏度和相对黏度(条件黏度)两种。绝对黏度的测定方法因材而异,较为复杂,不便于工程上应用,故工程上常用相对黏度来表示。测定相对黏度的主要方法有标准黏度法和针入度法。黏稠石油沥青(固体或半固体)的相对黏度是用针入度仪测定的针入度来表示。针入度值越小,表示黏度越大。

黏稠石油沥青的针入度在规定温度(25±0.1) ℃条件下,以规定质量(100 g)的标准针、历经规定时间(5 s)垂直自由贯入沥青试样的深度(以 0.1 mm 为单位)表示，其试验如图 8.1(a)所示。针入度值愈大，则黏性愈小，表示石油沥青愈软。建筑石油沥青、道路石油沥青的针入度值范围为 1～300。

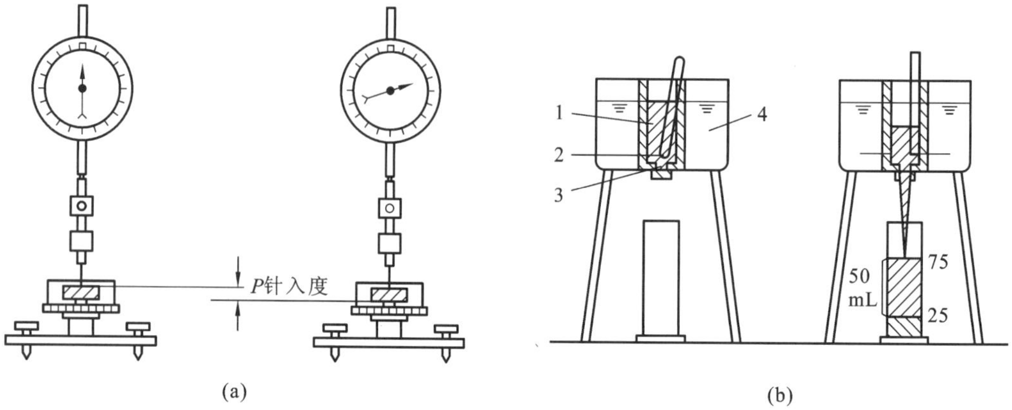

图 8.1　石油沥青黏滞性试验示意图

(a)针入度试验；(b)标准黏度试验

1—沥青试样；2—活动球杆；3—流孔；4—水

液态石油沥青的黏滞性用标准黏性计测定的黏度表示，即在规定温度(20 ℃、25 ℃、30 ℃或 60 ℃)下，50 mL 液体沥青通过规定直径 d(3 mm、5 mm 或 10 mm)的小孔流出所需的时间(以 s 为单位)，常用符号"$C_{T,d}$"表示(T 为试验温度，℃；d 为孔径，mm)。流出的时间越长，表明黏滞性越大，其试验如图 8.1(b)所示。

(2) 塑性(延度)

塑性是指沥青受到外力作用时，产生变形而不破坏，去除外力后不恢复原状，仍保持变形后的形状不变的性质。塑性与树脂含量和温度有关。沥青中树脂含量越高，沥青质表面的沥青膜层越厚，且沥青质和油分适量，则沥青的塑性越好。温度升高时，沥青的塑性增大。

石油沥青的塑性用延度来表示。延度越大，塑性越好。延度测定是把沥青制成"∞"形标准试件，置于延度仪内(25±0.5) ℃水中，以(5±0.25) cm/min 的速度拉伸，用拉断时的伸长度(cm)表示。沥青延度试验如图 8.2 所示。

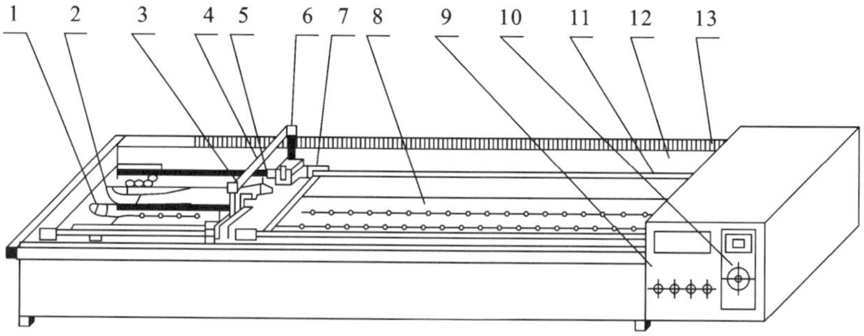

图 8.2　沥青延度试验示意图

1—试模；2—试件；3—操纵杆；4—手柄；5—滑板架；6—指针；7—滑板；8—底盘；

9—控制箱；10—控温仪；11—丝杆；12—水浴槽；13—标尺

塑性好的沥青随建筑物的变形而变形，而且沥青在开裂后，因其特有的黏塑性可以使裂缝自行愈合(即塑性好的沥青具有自愈性)。塑性差的沥青,在低温或负温下易产生开裂,故塑性好是沥青作为柔性防水材料的指标之一。

沥青的塑性对冲击振动荷载有一定吸收能力,并能减少摩擦时的噪声,故沥青又是一种优良的道路和桥梁的路面铺设材料。

(3) 温度敏感性

温度敏感性是指石油沥青的黏滞性和塑性随温度升降而变化的性能。变化程度小,则沥青温度敏感性小,反之则温度敏感性大。

沥青是一种高分子非晶态热塑性物质的混合物,没有固定熔点。像高分子化合物一样,当温度升高时,沥青由固态或半固态逐渐软化,使沥青分子之间发生相对滑动,像液体一样发生黏性流动,称为黏流态;当温度降低时,沥青由黏流态逐渐转变为固态(或称高弹态),甚至变硬变脆(称为玻璃态)。随温度的升高,沥青黏滞性和塑性将发生相应的连续变化,即塑性增大,黏性减小。而土木工程要求沥青的黏滞性和塑性随温度变化而变化要小,即温度敏感性较小。特别是用于屋面防水的沥青材料,为了避免温度升高发生流淌,或温度下降发生硬脆,应优先选用温度敏感性小的沥青。

温度敏感性以软化点指标表示。由于沥青材料从固态至液态有一定的变态间隔,故规定以其中某一状态作为从固态转变到黏流态的起点,相应的温度称为沥青的软化点。

沥青软化点一般采用环球法测定。把沥青试样装入规定尺寸的铜环内,其上放置一直径为9.5 mm、质量为(3.50±0.05) g的标准钢球,浸入水或甘油中,以规定的速度升温(5 ℃/min),当沥青软化下垂至规定距离(25.0 mm)时的温度即为软化点,以℃计,如图8.3所示。

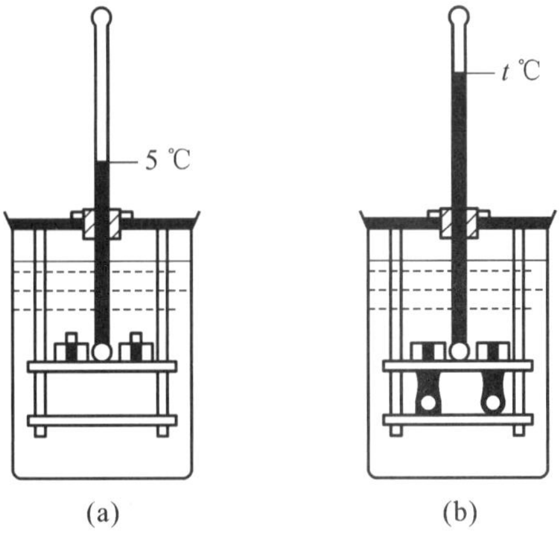

图8.3 沥青软化点试验示意图

(a)起始温度;(b)软化点温度

沥青在低温时常表现为脆性破坏,因此,沥青的脆点是反映其温度敏感性的另一个指标,它是指沥青从高弹态转变到玻璃态过程中的某一规定状态的相应温度。通常采用的费拉斯脆点是指涂于金属片的试样薄膜在特定条件下,因被冷却和弯曲而出现裂纹时的温度,以℃表示。该指标主要反映沥青的低温变形能力。寒冷地区应考虑所用沥青的脆点。沥青的软化点越高,脆点越低,其温度敏感性越小。

针入度、延度和软化点是评价黏稠石油沥青使用性能最常用的经验指标,所以统称为石油沥青的三大指标。

(4) 大气稳定性

石油的大气稳定性(耐久性)是指在冷、热、阳光、空气或潮湿等自然环境中诸多因素的长期综合作用下抵抗老化的能力。

石油沥青在大气因素(热、冷、空气和水分)长期综合作用或在储运、加热、使用过程中,容易发生一系列的物理和化学变化,如脱氢、缩合、氧化等,即沥青中的低分子量组分向高分子量组分逐渐转化,也就是油分树脂地沥青质。而树脂向地沥青质转化的速度远比油分变为树脂的速度快得多。随着时间的延长,树脂显著减少,地沥青质含量显著增加,使沥青的塑性降低、黏性增大，逐步变得硬脆，直至脆裂乃至松散，使沥青失去防水、防腐效能。

评价沥青耐老化性的试验方法有薄膜烘箱加热试验和旋转薄膜加热试验。

① 薄膜烘箱加热试验

将 50 g 沥青试样放入直径 140 mm、深 9.5 mm 的不锈钢盛样皿中，盛样皿插入旋转烘箱中，一边接受 4000 mL/min 流量吹入的热空气，一边在 163 ℃的高温下，以 15 r/min 的速度旋转，经过 75 min的老化后，测定沥青的质量损失及针入度、黏度等各种性能指标的变化，如图 8.4(a)所示。

② 旋转薄膜加热试验

将 35 g 沥青试样装入高 140 mm、直径 64 mm 的开口玻璃瓶中，盛样瓶插入旋转烘箱中，一边接受 4000 mL/min 流量吹入的热空气，一边在 163 ℃的高温下，以 15 r/min 的速度旋转，经过 75 min 的老化后，测定沥青的质量损失及针入度、黏度等各种性能指标的变化，如图 8.4(b)所示。

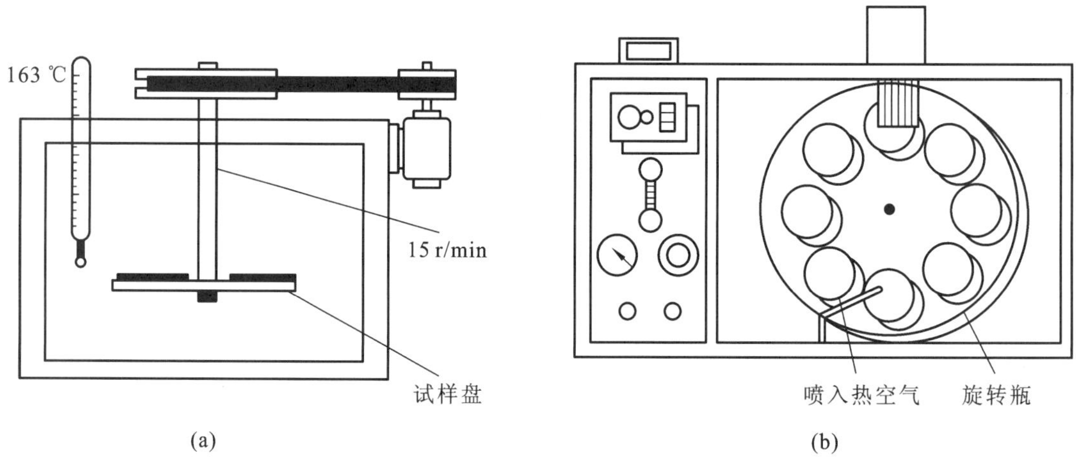

图 8.4　沥青的大气稳定性

(a)沥青薄膜烘箱加热试验；(b)沥青旋转薄膜加热试验

(5) 其他性质

为了较全面地评价石油沥青的质量和安全性，还必须对石油沥青的其他性质，如溶解度、闪点和燃点等有所了解。

① 溶解度

溶解度是指石油沥青在三氯乙烯、四氯化碳和苯中溶解的百分率。此指标用以限制有害的不溶物质(如沥青碳或似碳物)含量，因为不溶物会降低沥青的黏性。

② 闪点(闪火点)

闪点是指沥青加热至挥发的可燃气体和空气的混合物遇火时着火的最低温度(也就是初次产生蓝色光时沥青的温度)。熬制沥青时的加热温度不应超过闪点。

③ 燃点(又称着火点)

燃点是指按规定继续加热到沥青表面生成燃烧火焰，并持续 5 s 以上的最低温度。

闪点和燃点的高低，表明沥青引起火灾或爆炸的可能性的大小，它关系到在运输、储存和加热使用等方面的安全。例如，建筑石油沥青的闪点约为 230 ℃，因此在熬制时，温度一般为 180～200 ℃。为了安全，沥青还应与火焰隔绝。

石油沥青还具有良好的防水性和耐蚀性。但是它能溶解于多数有机溶剂中，如汽油、苯、丙酮等，使用时应予以注意。

8.1.3 沥青的技术标准与选用

按用途不同，石油沥青可分为道路石油沥青、建筑石油沥青和液态石油沥青。

选用石油沥青时，应按使用部位和环境确定石油沥青的品种和牌号，在满足上述要求的前提下，尽量选用牌号大（针入度大）的沥青，以保证有较长的使用年限。

（1）建筑石油沥青的标准

建筑工程中使用的石油沥青有建筑石油沥青、道路石油沥青、防水防潮石油沥青和普通石油沥青等。其中，建筑石油沥青、道路石油沥青、普通石油沥青的牌号主要根据针入度、延度、软化点等划分，并用针入度值表示。建筑石油沥青的技术标准应符合《建筑石油沥青》（GB/T 494—2010）的规定，如表 8.1 所示。

表 8.1 建筑石油沥青技术标准（GB/T 494—2010）

项目		质量指标			试验方法
		10 号	30 号	40 号	
针入度（25 ℃，100 g，5 s）/（1/10 mm）		10～25	26～35	36～50	GB/T 4509—2010
针入度（46 ℃，100 g，5 s）/（1/10 mm）		报告①	报告①	报告①	
针入度（0 ℃，200 g，5 s）/（1/10 mm）	不小于	3	6	6	
延度（25 ℃，5 cm/min）/cm	不小于	1.5	2.5	3.5	GB/T 4508—2010
软化点（环球法）/℃	不低于	95	75	60	GB/T 4507—2014
溶解度（三氯乙烯）/%	不小于	99.0			GB/T 11148—2008
蒸发后质量变化（163 ℃，5 h）/%	不大于	1			GB/T 11964—2008
蒸发后 25 ℃针入度比②/%	不小于	65			GB/T 4509—2010
闪点（开口杯法）/℃	不低于	260			GB/T 267—1988

注：①报告应为实测值。

②测定蒸发缺失后样品的 25 ℃针入度与原 25 ℃针入度之比乘以 100 后，所得的百分比，称为蒸发后针入度比。

建筑石油沥青按针入度值划分为 40 号、30 号和 10 号三个牌号。同种石油沥青中，牌号愈大，针入度愈大（黏性愈小），延度（塑性）愈大，软化点愈低（温度敏感性愈大），使用寿命愈长。

（2）道路石油沥青的标准

道路石油沥青主要在道路工程中作胶凝材料，用来与碎石等矿质材料共同配制成沥青混凝土、沥青砂浆等，沥青拌合物用于道路路面或车间地面等工程。道路石油沥青按照针入度范围分为 200 号、180 号、140 号、100 号和 60 号五个牌号。通常，牌号越高，黏性越小（即针入度越大），塑性越好（即延度越大），温度敏感性越大（即软化点越低）。

在道路工程中选用沥青时，要根据交通量和气候特点来选择，南方地区宜选用高黏性的石油沥青，以保证在夏季沥青路面具有足够的稳定性；而北方寒冷地区宜选用低黏性的石油沥青，以保证沥青路面在低温下仍具有一定的变形能力，减少低温开裂。

道路石油沥青还可用作密封材料和胶粘剂以及沥青涂料等。此时一般选用黏性较大和软化点较高的道路石油沥青。道路石油沥青的技术要求参见表 8.2。

表 8.2　道路石油沥青技术标准(NB/SH/T 0522—2010)

项目		质量指标				
		200 号	180 号	140 号	100 号	60 号
针入度(25 ℃,100 g,5 s)/(0.1 mm)		200～300	150～200	110～150	80～110	50～80
延度(25 ℃)/cm,≥		20	100	100	90	70
软化点/℃		30～48	35～48	38～51	42～55	45～58
闪点(开口)/℃,≥		180	200	230	230	230
溶解度/%,≥		99.0				
薄膜烘箱试验(163 ℃,5 h)	质量变化/%,≤	1.3	1.3	1.3	1.2	1.0
	针入度比/%,≥	报告				

注:当 25 ℃延度达不到,但 15 ℃延度达到时,也认为是合格的,指标与 25 ℃延度一致。

(3) 沥青的掺配

工程实际中,石油加工厂制备的沥青往往不能完全满足工程上的要求,在这种情况下,需要用两种或三种不同牌号的沥青进行掺配。

掺配时,为了不破坏掺配后的沥青胶体结构,应遵循同源原则,即选用表面张力相近或化学性质相似的沥青(或同属石油沥青或同属煤沥青、煤焦油)才可掺配。

进行两种沥青掺配时,每种沥青的掺配量按下述公式计算:

$$\left.\begin{aligned} Q_1 &= \frac{T_2 - T}{T_2 - T_1} \times 100\% \\ Q_2 &= 100\% - Q_1 \end{aligned}\right\} \tag{8.1}$$

式中　Q_1——低软化点沥青的用量(%);

Q_2——高软化点沥青的用量(%);

T——掺配后的沥青软化点(℃);

T_1——低软化点沥青温度(℃);

T_2——高软化点沥青温度(℃)。

【例 8.1】　某工程需用软化点为 90 ℃的石油沥青,而工地上只有 10 号及 40 号石油沥青,软化点分别为 95 ℃和 60 ℃,请估算如何掺配才能满足工程要求。

【解】　按公式(8.1)估算掺配用量:

40 号石油沥青用量　　$Q_1 = \frac{95-90}{95-60} \times 100\% = 14.3\%$

10 号石油沥青用量　　$Q_2 = 100\% - 14.3\% = 85.7\%$

通过估算,以 14.3%的 40 号石油沥青和 85.7%的 10 号石油沥青配合比例进行试配。方法:根据估算的掺配比例和在其邻近的比例(±5%)进行试配,测定掺配后的沥青软化点,绘制"掺配比-软化点"曲线,然后在该曲线上确定要求的比例。同样可以采用针入度按上述方法进行估算和试配。

若用三种沥青时，可以先估算出两种沥青的配比，再与第三种沥青进行配比计算，再行试配。

【例 8.2】 某工地需要使用软化点为 85 ℃的石油沥青 5 t，现有 10 号石油沥青 3.5 t，30 号石油沥青 1 t 和 40 号石油沥青 3 t。试通过计算确定出三种牌号沥青各需用多少？

【解】 由表 8.1 知 10 号石油沥青的软化点为 95 ℃，30 号石油沥青的软化点为 75 ℃，40 号石油沥青的软化点为 60 ℃。

(1) 10 号石油沥青和 30 号石油沥青掺配

30 号石油沥青掺量为：

$$Q_1=\frac{95-85}{95-75}\times 100\%=50\%$$

10 号石油沥青掺量为：

$$Q_2=100\%-50\%=50\%$$

则用 30 号石油沥青 1 t 和 10 号石油沥青 1 t，可配制 2 t 软化点为 85 ℃的石油沥青。尚需要用 10 号石油沥青和 40 号石油沥青配制 5－2＝3 t 软化点为 85 ℃的石油沥青。

(2) 10 号石油沥青和 40 号石油沥青掺配

40 号石油沥青掺量为：

$$Q_1=\frac{95-85}{95-60}\times 100\%=28.6\%$$

10 号石油沥青掺量为：

$$Q_2=100\%-28.6\%=71.4\%$$

则配制 3 t 软化点为 85 ℃的石油沥青，40 号石油沥青需要量为：

$$3\times 28.6\%=0.86\ \text{t}$$

10 号石油沥青需要量为：

$$3\times 71.4\%=2.14\ \text{t}$$

因此，10 号石油沥青合计用量为 1＋2.14＝3.14 t。

故配制 5 t 软化点为 85 ℃的石油沥青，需 10 号石油沥青 3.14 t，30 号石油沥青 1 t，40 号石油沥青 0.86 t。

8.2 其他沥青

8.2.1 煤沥青

煤沥青是生产焦炭和煤气的副产物。烟煤在干馏过程中的挥发物质，经冷凝而成黑色黏性液体称为煤焦油，再经分馏加工提取轻油、中油、重油及蒽油之后所得残渣即为煤沥青。如图 8.5 所示。

图 8.5 煤沥青

根据蒸馏程度不同，煤沥青分为低温沥青、中温沥青和高温沥青三种。土木工程中所采用的煤沥青多为黏稠或半固体的低温沥青。

煤沥青的主要组分为油分、脂胶、游离碳等，还含有少量

酸、碱物质。与石油沥青相比,煤沥青具有以下技术性质:

(1) 温度敏感性较大。煤沥青组分中所含可溶性树脂多,由固态或黏稠态转变为黏流态(或液态)的温度间隔较窄,夏天易软化流淌,冬天易脆裂。

(2) 大气稳定性较差。所含挥发性成分和化学稳定性差的成分较多,在热、阳光、氧气等长期综合作用下,煤沥青的组成变化较大,易硬脆。

(3) 塑性较差。所含游离碳较多,容易因变形而开裂。

(4) 因为含表面活性物质较多,所以与矿料表面黏附力较强。

(5) 防腐性好。因含有酚、蒽等有毒性和臭味的物质,防腐能力较强,故适用于木材的防腐处理。但防水性不如石油沥青,因为酚易溶于水。施工中要遵守有关操作和劳保规定,防止中毒。

煤沥青与石油沥青的外观和颜色大体相同,使用中必须注意区分,以防掺混使用而产生沉渣变质,失去胶凝性。两者简易鉴别方法如表 8.3 所示。

表 8.3 煤沥青与石油沥青简易鉴别法

鉴别方法	煤沥青	石油沥青
相对密度	>1.1(约为 1.25)	接近 1.0
锤击	音清脆,韧性差	音哑,富有弹性,韧性好
燃烧	烟呈黄色,有刺激味	烟无色,无刺激性臭味
溶液颜色	用 30~50 倍汽油煤油溶解后,将溶液滴于滤纸上,斑点分为内外两圈,呈内黑外棕或黄色	溶解方法同左,斑点完全散开呈棕色

图 8.6 乳化沥青

8.2.2 乳化沥青

乳化沥青是将沥青热融,经过机械的作用,以细小的微滴状态分散于含有乳化剂的水溶液中,形成水包油(O/W)状的沥青乳液,如图 8.6 所示。

乳化沥青不仅可以用于屋面的维修与养护,还可用于铺筑沥青碎石和乳化沥青混凝土等各种结构形式的路面,并可用于旧沥青路面的冷再生以及防尘处理。

8.2.2.1 乳化沥青的特点

(1) 可冷态施工,节约能源,减少环境污染;

(2) 常温下具有较好的流动性,能保证洒布的均匀性,可提高路面修筑质量;

(3) 采用乳化沥青,有助于改善沥青路面的性能,如稀浆封层等;

(4) 乳化沥青与矿料表面具有良好的工作性和黏附性,可节约沥青并保证施工质量;

(5) 可延长施工季节,低温多雨季节对其影响较小。

8.2.2.2 乳化沥青的分类

乳化沥青的分类、检验标准和技术要求,不同国家的规定各不相同。

我国根据实际情况和各国经验,按施工方法对乳液进行分类。乳化沥青分为三个部分:第一部分用 P 或 B 代表喷洒施工或拌和施工;第二部分用 C、A 或 N 代表阳离子、阴离子或非离子乳液;第三部分用 1~3 表示不同用途分类。阳离子乳化沥青可用于各种集料品种,阴离子乳化沥青用于碱性集料。表8.4为乳化沥青分类及其用途。

表8.4 乳化沥青分类及其用途

类别	代号	用途
阳(阴)离子乳化沥青	PC-1	表面处治、贯入式路面及下封层用
	PA-1	
	PA-2	透层油及基层养生用
	PC-2	
	PC-3	黏层油用
	PA-3	
	BC-1	稀浆封层或冷拌沥青混合料用
	BA-1	
非离子乳化沥青	PN-2	透层油用
	PN-1	与水泥稳定集料同时使用(基层路拌或再生)

8.2.3 改性石油沥青

通常由石油加工厂生产的沥青并不能完全满足土木工程对沥青的性能要求,即良好的低温柔韧性、足够的高温稳定性、一定的抗老化能力、较强的黏附力,以及对构件变形有良好的适应性和耐疲劳性等。因此,常用矿物填料和高分子合成材料对沥青进行改性。改性石油沥青主要用于生产防水材料。

通过对沥青材料的改性,可以改善其以下几方面的性能:

① 提高高温抗变形能力,增强沥青路面的抗车辙性能;

② 提高沥青的弹性,增强抗低温和抗疲劳开裂性能;

③ 提高抗老化能力,延长沥青路面的使用寿命;

④ 改善沥青与石料的黏附性。

本节主要介绍以下几种改性沥青:

(1) 高聚物改性沥青

某些高聚物(如橡胶和树脂等)与石油沥青具有较好的互溶性,能赋予石油沥青优良的性能。聚合物改性的机理复杂,一般认为聚合物改变了体系的胶体结构,当聚合物的掺量达到一定限度时,便形成聚合物的网络结构,并包裹沥青胶团。

(2) 树脂改性沥青

用树脂对沥青实现改性,可以改善沥青的低温柔韧性、耐热性、黏结性、不透气性和抗老化性能。一般树脂和石油沥青的相溶性较差,但与煤焦油及煤沥青的互溶性比较好。目前,用于改性的合成树脂主要有PVC、APP、SBS等。

(3) 聚氯乙烯(PVC)改性煤焦油

PVC在一定温度下,与煤焦油能较好地互溶,生产中将PVC树脂强烈搅拌,加入熔化的煤焦油均化以制成成品。

经PVC改性的煤焦油,既具有较好的高温稳定性和低温柔韧性,又改善了拉伸强度、延伸率、耐蚀性和不透水性及抗老化性，故主要用于密封材料。

（4）APP改性沥青

APP是丙烯(propylene，缩写PP)的一种，属无规聚丙烯，其甲基无规律地分布在主链两侧。

无规聚丙烯常温下呈白色橡胶状，无明显的熔点，生产时将APP加入熔化沥青中，经剧烈搅拌均化而成。

APP改性沥青中，APP形成网络结构。与石油沥青比较，APP改性沥青的软化点高，延度大，冷脆点低，黏度大，耐热性和抗老化性优异，特别适用于气温较高的地区制造防水卷材。

（5）SBS改性沥青

SBS属丁苯橡胶的一种。丁苯橡胶由丁二烯和苯乙烯共聚制成，品种很多。将丁二烯与苯乙烯嵌段共聚，则形成具有苯乙烯(S)-丁二烯(B)-苯乙烯(S)的结构，这种结构就是热塑性的弹性体(简称SBS)。它具有橡胶和塑料的优点，常温下具有橡胶的弹性，高温下又能像塑料那样熔融流动，成为可塑性材料。SBS在沥青内部形成高分子量的凝胶结构。与沥青相比，SBS改性沥青具有弹性好、延伸率高(延度可达200%)、热稳定性好(耐热度可达90～100 ℃)、耐候性好等优点，而且低温柔韧性(冷脆点降至－40 ℃)得到了大幅改善，耐热度范围可以达到－25～100 ℃，而且在－50 ℃下仍具有防水性能，故主要用于防水卷材。

SBS改性沥青是目前国内外使用最成功和用量最大的一种改性沥青材料。

（6）橡胶改性沥青

橡胶和沥青的混溶性较好，使沥青在高温下变形小，低温柔韧性好。常用的橡胶有再生废橡胶和氯丁橡胶，除此之外还有丁基橡胶、丁苯橡胶、丁腈橡胶等。

沥青中加入氯丁橡胶后制得氯丁橡胶改性沥青，这种沥青的气密性、低温柔韧性、耐化学腐蚀性、耐候性大为改善，可用于路面的稀浆封层和制作密封材料及涂料。

丁基橡胶改性沥青耐分解性优异，并具有较好的低温抗裂性和耐热性，多用于道路路面工程和制作密封材料及涂料。

再生橡胶改性沥青可以制成卷材、片材、密封材料、胶黏剂和涂料等。

再生橡胶的来源广泛，价格较低。用再生橡胶改性的沥青同样具有良好的气密性、低温柔韧性和耐老化等性能，因此是沥青常用的改性材料。

【在线测试】

【工程实例分析】

【现象】 据悉，某一高速公路在铺设沥青混合料路面时，应用了针、片状含量较高(约18%)的粗集料。经试验，在满足马歇尔技术要求的情况下，将沥青的用量增加约10%。但实际使用后，沥青路面的强度和抗渗能力相对较差。请分析原因，并提出防治措施。

【分析原因】 首先，粗集料的针、片状含量约18%，超过了规定，使矿料和沥青构成的空间网络结构中的空洞增加，加大沥青用量只能很小程度地弥补和填充；其次，若不适当增加矿粉用量和纤维稳定剂，仍使SMA混合料的强度、抗渗性能得不到提高。

【防治措施】

（1）发现粗集料的针、片状含量过高时，应在加工厂回轧，严格控制其含量不大于15%；

（2）使粗集料的颗粒形状近似立方体，富有棱角和纹理粗糙，使网络骨架中的空洞减少；

（3）在设计粗集料配合比时，在级配曲线范围内适当降低针、片状含量过高的瓜子片的用量(因为粒径为5～15 mm瓜子片的针、片状含量往往较高)。

【思维导图与核心知识点】

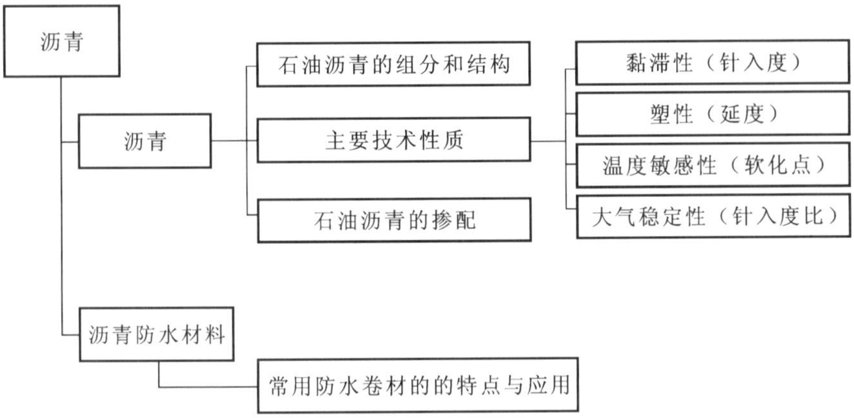

复习题与思考题

(1) 石油沥青的主要技术性质是什么？各用什么指标表示？

(2) 怎样划分石油沥青的牌号？牌号大小与沥青主要技术性质之间的关系是怎样的？

(3) 石油沥青的老化与组分有何关系？沥青老化过程中性质发生哪些变化？沥青老化对工程有何影响？

练　习　题

一、选择题

(1) (　　)小的沥青不会因温度较高而流淌，也不会因温度低而脆裂。

A.大气稳定性　　B.温度感应性　　C.黏性　　D.塑性

(2) 建筑工程常用的是(　　)沥青。

A.煤油　　B.焦油　　C.石油　　D.页岩　　E.木

(3) 石油沥青最主要的组分包括(　　)。

A.沥青碳　　B.油分　　C.树脂　　D.地沥青质

E.石蜡　　F.乳化剂

(4) 建筑石油沥青的牌号有(　　)个。

A.2　　B.3　　C.4　　D.5　　E.7

二、判断题

(1) 建筑石油沥青的牌号是按针入度指数划分的。(　　)

(2) 建筑工程常用的是石油沥青。(　　)

(3) 将石油沥青加热到 160 ℃，经 5 h 后，质量损失较小，针入度比也小，则表明该沥青老化较慢。(　　)

(4) 石油沥青的牌号越高，其温度稳定性愈好。(　　)

(5) 石油沥青的牌号越高，其黏滞性越大，耐热性越好。(　　)

(6) 在同一品种石油沥青材料中，牌号愈小，沥青愈软；随着牌号增加，沥青黏性增大，塑性增大，而温度敏感性减小。(　　)

(7) 为避免冬季开裂，选择石油沥青的要求之一：要求沥青的软化点应比当地气温下屋面最低温度高 20 ℃以上。(　　)

三、简答题

某防水工程需要石油沥青 35 t，要求软化点不低于 70 ℃。现有 100 号道路石油沥青和 10 号石油沥青，测得它们的软化点分别是 45 ℃和 96 ℃。试求该两种牌号石油沥青的实验室掺配用量各为多少?

9 合成高分子材料

本章提要

本章主要介绍了合成高分子材料的基本概念、分子特征、性能特点等基础知识。通过本章学习，应达到以下目标：

(1) 掌握建筑塑料、胶黏剂的基本组成、主要性质及常见的品种；

(2) 掌握合成高分子材料的分子特征，并理解它的性能特点；

(3) 熟悉高分子材料的分组特征及性能特点；

(4) 通过对比不同种类的高分子材料的性能及工程实际，能正确选用合适的高分子材料。

课前预习要点

为了提高学习效果，可参考以下要点进行课前预习：

(1) 合成高分子材料的基本概念、分子特征、性能特点；

(2) 建筑塑料、胶黏剂的基本组成、主要性质及常见的品种。

课程思政

根据设计要求，2009 年上海世博会中国馆轴结构柱均为清水混凝土，如果采用传统的定型钢模板或木模板拼装，混凝土表面不能消除模板拼接缝，因此达不到设计要求。施工技术人员采用玻璃纤维增强塑料（俗称玻璃钢）制作成的圆形或椭圆形专用模板，该模板表面光滑、填充后成圆能力好、接缝严密，用其成型的混凝土柱表面光滑饱满，满足了混凝土清水柱的要求，同时自重轻（3.6～4.0 kg/m^3）、移动方便、造价低、重复利用率高，也降低了工程总造价。通过了解塑料等高分子材料的特性，结合国内外应用案例，引导学生思考如何将专业知识应用于解决实际问题，培养学生的创新意识和实践能力。

高分子化合物，又称聚合物或高聚物，是指由众多原子或原子团主要以共价键结合而成的相对分子量在一万以上的化合物。以高分子化合物为主要成分的材料称为聚合物材料或高分子材料。

土木工程行业常见的合成高分子材料有塑料、橡胶、化学纤维，以及某些胶黏剂、涂料等，如图 9.1 所示。塑料、合成橡胶和合成纤维被称为现代三大高分子材料，它们质地轻巧、原料丰富、功能多、易加工成型、性能良好、用途广泛，因而发展速度超过了钢铁、水泥和木材这些传统材料。

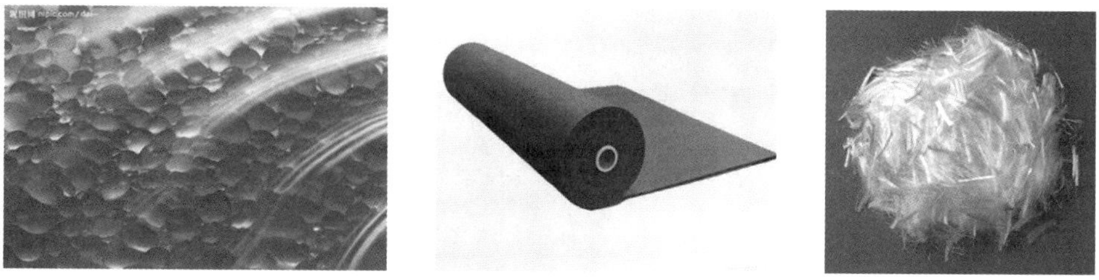

(a)　　(b)　　(c)

图 9.1　高分子材料

(a)塑料；(b)橡胶；(c)纤维

9.1　合成高分子材料的分子特征和性能特点

【视频讲解】

以石油、煤、天然气、水、空气及食盐等为原料，制得的低分子化合物单体(如乙烯、氯乙烯、甲醛等)，经合成反应即得到合成高分子化合物。从结构上看，高分子化合物是由许多结构相同的小单元(称为链节)重复构成的长链化合物。例如，乙烯($H_2C=CH_2$)的分子量为 28，而由乙烯为单体聚合而成的高分子化合物聚乙烯$\left[CH_2-CH_2\right]_n$ 分子量则在 1000～35000 或更大。其中每一个“$-CH_2-CH_2-$”为一个链节，n 称为聚合度，表示一个高分子中的链节数目。

一种高分子化合物是由许多结构和性质相类似而聚合度不完全相等的高分子化合物，即分子量不同的高分子化合物组成的混合物，称为同系聚合物，故高分子化合物的分子量只能用平均分子量表示。

9.1.1　合成高分子材料的分子特征

高分子化合物按其链节在空间排列的几何形状，可分为线型聚合物、支链型聚合物和体型聚合物三大类，如图 9.2 所示。

(a)　　(b)　　(c)

图 9.2　聚合物分子形状示意图

(a)线型；(b)支链型；(c)体型

线型聚合物各链节连接成一个长链或有时带有支链，即线型聚合物包括线型和支链型。线型聚合物的大分子以分子间力结合在一起，分子间作用力微弱，分子容易互相滑动，因此，线型结构的合成树脂可反复加热软化，冷却硬化，称为热塑性树脂。线型聚合物具有良好的弹性、塑性、柔顺性，但强度低、硬度小，耐热性、耐腐蚀性较差。

体型聚合物是线型大分子以化学键交联形成的，呈空间网状结构。由于化学键结合力强，且交联成一个巨型分子，因此体型结构的合成树脂仅在第一次加热时软化，固化后再加热不会软化，称为热固性树脂。

9.1.2 合成高分子材料的性能特点

与传统材料相比，合成高分子材料具有许多优良特性。

(1) 密度小，比强度高，刚度小

高分子材料的平均密度为 1.45 g/cm^3，约为钢的 1/5、铝的 1/2，与木材相近或略大。这对减轻建筑物自重、节约建筑成本很有利。高分子材料的绝对强度不高，但比强度高。例如塑料的比强度超过钢和铝，是一种优良的轻质、高强材料。

合成高分子材料的刚度小，如塑料的弹性模量只有钢材的 1/20～1/10，且在荷载长期作用下易产生蠕变。但如果在塑料中加入纤维增强材料，其强度可大幅提高，甚至可超过钢材。

(2) 加工性能优良，装饰性好

高分子材料成型温度、压力容易控制，可塑性强，可制成各种形状的产品，适合不同规模的机械化生产。高分子材料生产能耗小，原料来源广，材料成本低，节能效果明显。高分子材料可以被加工成装饰性优异的各种建筑制品，如采用着色、印花、压花、烫金、电镀等装饰方法，给装饰效果的设计带来了很大的灵活性。

(3) 减震、吸声、隔热性好

高分子材料具有良好的韧性，在断裂前能吸收较大的能量，具有较好的减震作用。高分子材料普遍导热系数小，如泡沫塑料，导热系数只有 0.02～0.046 W/(m·K)，是良好的隔热保温材料，保温隔热性能优于木质和金属制品。高分子材料还具有较好的吸声作用。

(4) 电绝缘性好

高分子材料介电损耗小，是较好的绝缘材料，广泛用于电线、电缆、控制开关、电气设备等。

(5) 耐腐蚀性好

高分子材料化学稳定性好，对一般的酸、碱、盐及油脂具有较好的耐腐蚀性，因此无须定期进行防腐维护，特别适用于建筑管道、化工厂的门窗、地面和墙体等。

(6) 减磨和耐磨性好

有些高分子材料在无润滑和少润滑的摩擦条件下的耐磨、减磨性是金属材料无法比拟的。

(7) 耐水性和耐水蒸气性好

高分子建材一般吸水率和透气性很低，对环境水的渗透有很好的抵抗功用，因而防潮性、防水性较强。

合成高分子材料虽然优点显著，但也有三方面的性能缺点：易老化、易燃及毒性、耐热性差。

(1) 易老化

所谓老化，是指高分子化合物在阳光、空气、热以及环境介质中的酸、碱、盐等作用下，分子组成和结构发生变化，致使其性质变化，如失去弹性、出现裂纹、变硬(脆)或变软、发黏等失去原有的使用功能的现象。塑料、有机涂料和有机胶黏剂都会出现老化。

(2) 易燃及毒性

高分子材料热稳定性较差，温度升高时其性能明显降低，热塑性塑料的耐热温度一般为 50～90 ℃，热固性塑料的耐热温度一般为 100～200 ℃。大多数高分子材料高温时不仅可燃，而且燃烧时发烟，产生有毒气体。一般可通过改进配方制成自熄或难燃甚至不燃的产品，但其防火性仍比无机材料差。

（3）耐热性差

高分子材料的耐热性能较差，如使用温度偏高，会促进其老化，甚至分解；塑料受热会发生变形，在使用中要注意其使用温度的限制。

9.2 高分子材料在土木工程中的应用

【视频讲解】

建筑塑料、涂料与胶黏剂均属于高分子材料，高分子材料有天然的（如天然橡胶、淀粉、纤维素、蛋白质等）和人工的（主要包括合成纤维、合成橡胶和合成树脂）两大类。用于建筑材料中的高分子聚合物的原料主要是合成树脂，其次是合成橡胶和合成纤维。这些材料具有独特的技术性能，也是建筑工程中不可缺少的材料。

9.2.1 建筑塑料

塑料是以合成高分子化合物或天然高分子化合物为主要基料，与其他原料在一定条件下经混炼、塑化成型，在常温常压下能保持产品形状不变的材料。塑料在一定温度和压力下具有较大的塑性，容易做成所需要的各种形状尺寸的制品，而成型以后，在常温下又能保持既得的形状和必需的强度。

建筑塑料具有轻质、高强、多功能等特点，符合现代材料发展的趋势，是一种理想的可用于替代木材、部分钢材和混凝土等传统建筑材料的新型材料。世界各国都非常重视塑料在建筑工程中的应用和发展。随着塑料资源的不断开发及工艺的不断完善，塑料性能更加优越，成本不断下降，有着非常广阔的发展前景。建筑塑料常用作塑料门窗、扶手、踢脚、塑料地板、地面卷材、下线管、上下水管道等。

9.2.1.1 建筑塑料的组成

建筑塑料是由合成树脂和添加剂两类物质组成的。

（1）合成树脂

合成树脂即是合成高聚物，是指由低分子量的化合物经过各种化学反应而制得的高分子量的树脂状物质，一般在常温常压下是固体，也有的是黏稠状液体。合成树脂是塑料的基本组成材料，占30%～60%，在塑料中起胶结作用，能将其他材料牢固地胶结在一起。

按生产时化学反应的不同，合成树脂分加聚树脂（如聚乙烯、聚氯乙烯等）和缩聚树脂（如酚醛、环氧聚酯）。按受热时性能变化的不同，又分为热固性树脂和热塑性树脂。热固性塑料的共同点是加热冷却成型后，不会再变软；而热塑性塑料，在热作用下会逐渐变软、塑化甚至熔融，冷却后则凝固成型，这一过程可反复进行。

（2）添加剂

添加剂是能够帮助塑料易于成型以及赋予塑料更好的性能而加入的各种材料的统称。如提高塑料强度和硬度，增强化学稳定性、抗老化性、阻燃性和抗静电性，提供各种颜色及降低成本等。

① 填料。也称填充剂，在合成树脂中加入填充剂可以提高塑料的强度、硬度及耐热性，减少塑料制品的收缩，并能有效地降低塑料的成本。常用的无机填充剂有滑石粉、硅藻土、石灰

石粉、石棉、炭黑和玻璃纤维等；有机填料有木粉、棉布及纸屑等。

② 增塑剂。塑料中掺加增塑剂的目的是增大塑料的可塑性及柔软性，减小脆性。增塑剂通常是沸点高、难挥发的液体，或是低熔点的固体。掺加增塑剂的缺点是会降低塑料制品的机械性能及耐热性等。常用的增塑剂有邻苯二甲酸酯类、磷酸酯类等。

③ 着色剂。一般为有机染料或无机颜料。要求色泽鲜明，着色力强，分散性好，耐热耐晒，与塑料结合牢靠；在成型加工温度下不变色、不起化学反应，不因加入着色剂而降低塑料性能。有时也采用能产生荧光或磷光的颜料。

④ 稳定剂。为防止塑料在热、光及其他条件下过早老化而加入的少量物质称为稳定剂。常用的稳定剂有抗氯化剂和紫外线吸收剂。

⑤ 其他添加剂。除上述组成材料以外，在塑料生产中还通常加入一定量的其他添加剂，使塑料制品的性能更好、用途更广泛。如加入发泡剂可以制得泡沫塑料；加入阻燃剂可以制得阻燃塑料；在塑料里加入金属微粒如银、铜等就可制成导电塑料；加入一些磁铁粉，就制成磁性塑料；掺入放射性物质与发光物质，可制成发光塑料(冷光)等。

9.2.1.2 建筑塑料的主要性质

建筑塑料品种繁多、性能各异，将其性能归纳如下：

(1) 密度小、吸水率低

塑料的密度范围通常为 800～2200 kg/m^3，约为钢材的 1/5，混凝土的 1/2～2/3。大部分塑料是耐水材料，吸水率很小，一般不超过 1%。

(2) 孔隙率可控

塑料的孔隙率在生产时可在很大范围内加以控制。例如，塑料薄膜和有机玻璃的孔隙率几乎为零，而泡沫塑料的孔隙率可高达 95%～98%。

(3) 耐热性差、导热性低

塑料一般都具有受热变形的问题，甚至产生分解，使用时要注意它的限制温度。密实塑料的导热系数为 0.23～0.70 W/(m·K)，泡沫塑料的导热系数则接近于空气。

(4) 强度较高

如玻璃纤维增强塑料(玻璃钢)的抗拉强度高达 200～300 MPa，许多塑料的抗拉强度与抗弯强度相近。

(5) 弹性模量小

约为混凝土的 1/10，同时具有徐变特性，所以塑料在受力时有较大的变形。

(6) 耐腐蚀性好

大多数塑料对酸、碱、盐等腐蚀性物质的作用都具有较高的化学稳定性，但有些塑料在有机溶剂中会溶解或溶胀，使用时应注意。

(7) 易老化

在使用条件下，塑料受光、热、大气等作用，内部高聚物的组成与结构发生变化，致使塑料失去弹性、变硬、变脆、出现龟裂(分子交联作用引起)或变软、发黏、出现蠕变(分子裂解引起)等现象，这种性质劣化的现象称为老化。

(8) 易燃

塑料属于可燃性材料，在使用时应注意，建筑工程用塑料应为阻燃塑料。

(9) 毒性

一般来说，液体状态的树脂几乎都有毒性，但完全固化后的树脂则基本上无毒。

9.2.1.3 常用建筑塑料及制品

土木工程中应用的塑料品种很多。塑料在土木工程中常用于制作管材、板材、门窗、壁纸、地毯、器皿、绝缘材料、装饰材料、防水及保温材料等，在选择和使用塑料时应注意其耐热性、抗老化能力、强度和硬度等性能指标。

常用的热塑性塑料有聚氯乙烯(PVC)、聚乙烯(PE)、聚丙烯(PP)、聚苯乙烯(PS)、改性聚苯乙烯(ABS)、聚甲基丙烯酸甲酯(PMMA)；常用的热固性塑料有酚醛树脂(PF)、脲醛树脂(UF)、三聚氰胺树脂(MF)、环氧树脂(EP)、不饱和聚酯树脂(UP)、有机硅树脂(SI)等。

特别值得一提的是，玻璃纤维增强塑料(GRP)即为俗称的玻璃钢。玻璃钢是用玻璃纤维增强酚醛树脂、聚酯树脂或环氧树脂等合成而得到的一种热固性塑料。一般采用化学稳定性高、价格较低的不饱和聚酯树脂。玻璃钢密度在 1.5～2.0 g/cm^3 之间，是钢的 1/5～1/4，而抗拉强度却达到或超过碳素钢，其比强度与高级合金相近，属轻质高强材料。玻璃钢的主要弱点是弹性模量低，刚度不如金属材料。玻璃钢在航空、航天、高压容器及其他需要减轻自重的军用、民用制品上得到了广泛的应用。在土木工程中，玻璃钢可用作建筑结构材料、围护材料、屋面采光材料、门窗框架等，还可做成各种容器、管道、便池、浴盆、家具等。

玻璃钢成型方法主要有手糊法、模压法、喷射法和缠绕法等。

增强纤维常用玻璃纤维或玻璃布，有特殊要求时也采用碳纤维或硼纤维。对耐酸性要求高的玻璃钢应选用酚醛或环氧树脂等做胶结材料，且应选用无碱纤维。表 9.1 列出了常用建筑塑料的特性与用途。

表 9.1 常用建筑塑料的特性及用途

名称	特性	用途
聚乙烯(PE)	柔韧性好、介电性能和耐化学腐蚀性能良好，成型工艺好，但刚性差	用于防水材料、给排水管和绝缘材料等
聚丙烯(PP)	耐腐性优良，力学性能和刚性超过聚乙烯，耐疲劳和耐应力开裂性好，但收缩率较大，低温脆性大	用于管材、卫生洁具、模板等
聚氯乙烯(PVC)	耐化学腐蚀性和电绝缘性优良，力学性能较好，具有难燃性，耐热性差，温度升高易降解	用于发泡制品，广泛用于建筑各部位，是应用最多的一种塑料
聚苯乙烯(PS)	树脂透明，有一定机械强度，电绝缘性好，耐辐射，成型工艺好，脆性大，耐冲击和耐热性差	主要以泡沫塑料形式作为隔热材料，也用来制造灯具平顶板等
ABS	具有韧、硬、刚相均衡的优良力学特性，电绝缘性和耐化学腐蚀性好，尺寸稳定性好，表面光泽性好，易涂装和着色，但耐热性一般，耐候性较差	用于生产建筑五金和各种管材、模板、异形板等
酚醛树脂(PF)	电绝缘性和力学性能良好，耐酸、耐水和耐烧蚀性优良，坚固耐用，尺寸稳定不易变形	生产各种层压板、玻璃钢制品、涂料和黏结剂等
环氧树脂(EP)	黏结性和力学性能优良，耐碱性良好，电绝缘性能好，固化收缩率低，可在室温、接触压力下固化成型	主要用于生产玻璃钢、黏结剂和涂料等

续表9.1

名称	特性	用途
聚氨酯(PUR)	强度高，耐化学腐蚀性优良，耐热、耐油、耐溶剂性好，黏结性和弹性优良	主要以泡沫塑料形式作为隔热材料及优质涂料、黏结剂、防水涂料和弹性嵌缝材料等
有机硅树脂(SI)	耐高、低温，耐腐蚀，稳定性好，绝缘性好	宜作高级绝缘材料和防水材料
聚甲基丙烯酸甲酯(PMMA)	良好的弹性、韧性和抗冲击性，耐低温性好，透明度高，易燃	主要用作采光材料，代替玻璃且性能优良
玻璃纤维增强塑料(GRP)	强度特别高，质轻，成型工艺简单，除刚度不如钢材外，各种性能均良好	在土木工程中应用广泛，可作屋面、墙面围护、浴缸、水箱、冷却塔和排水管等的材料

9.2.2 胶黏剂

胶黏剂是一种能在两个物体的表面间形成薄膜，并能把它们紧密地黏结起来的材料，又称为黏结剂或黏合剂。胶黏剂在土木工程中主要用于室内装修、预制构件组装、室内设备安装等。此外，混凝土裂缝和破损也常采用胶黏剂进行修补。

随着合成化学工业的发展，胶黏剂的品种和性能获得了很大发展，越来越广泛地应用于建筑构件、材料等的连接以及建筑工程的维修养护、装饰和堵漏等事故处理等过程中。这种连接方法，与焊接、铆接、热喷涂等工艺相比，具有施工方便、设备简单、应力集中小、安全节能、易于异种材料的连接等优点。所以胶黏剂作为一类独立的新型建筑材料越来越受到重视。

9.2.2.1 胶黏剂的组成、要求及分类

胶黏剂一般都是多组分材料，除基本成分为合成高分子化合物(俗称黏料)外，为了满足使用要求，还需加入各种助剂，如填料、稀释剂、固化剂、增塑剂、防老化剂等。

对胶黏剂的基本要求：具有足够的流动性，能充分浸润被黏物表面，黏结强度高，胀缩变形小，易于调节其黏结性和硬化速度，不易老化失效。

按所用黏料的不同，可将胶黏剂分为热固型、热塑性、橡胶型和混合型四种类型。

9.2.2.2 胶黏剂的黏结机理

胶黏剂能够将材料牢固地黏结在一起，是因为胶黏剂与材料间存在黏附力以及胶黏剂本身具有内聚力。黏附力和内聚力的大小，直接影响胶黏剂的黏结强度。当黏附力大于内聚力时，黏结强度主要取决于内聚力；当内聚力高于黏附力时，黏结强度主要取决于黏附力。一般认为黏附力主要来源于以下几个方面：

(1) 机械黏结力

胶黏剂渗入材料表面的凹陷处和孔隙内，在固化后如同镶嵌在材料内部，靠机械锚固力将材料黏结在一起。对非极性多孔材料，机械黏结力常起主要作用。

(2) 物理吸附力

胶黏剂与被黏物分子间的距离小于0.5 mm时，分子间的范德华力发生作用而相吸附，黏

结力来自分子间的引力。分子间引力的作用力虽然远小于化学键力，但是由于分子(或原子)数目巨大，故吸附能力很强。

(3) 化学键力

胶黏剂与材料间能发生化学反应，靠化学键力将材料黏结为一个整体。

(4) 扩散作用

胶黏剂与被黏物之间存在着分子(或原子)间的相互扩散作用，这种扩散作用是两种高分子化合物的相互溶解，其结果使胶黏剂与被黏物分子之间更加接近，物理吸附作用得到加强。

实际应用中，为了获得较高的黏结强度，应根据被黏物的种类、环境温度、耐水及耐腐蚀性等要求，采取相应的措施，如合理选用胶黏剂品种，对被黏物表面进行处理，或加热、加压(加热可改善润湿程度，加压可增大吸附作用)等。

9.2.2.3 建筑上常用的胶黏剂

胶黏剂品种很多，现将常用的胶黏剂的性能及用途列于表 9.2 中。

表 9.2 土木工程常用胶黏剂的性能及用途

类型	名称	特性	用途
热固性胶黏剂	环氧树脂(EP)胶黏剂	黏结强度高，耐热，有电绝缘性能，柔韧，耐化学腐蚀，适用于水中作业和耐酸碱场合	广泛用于黏结金属、非金属材料及建筑物的修补，有万能胶之称
	不饱和聚酯树脂(UP)胶黏剂	黏结强度高，耐水性和耐热性较好，可在室温或低压下固化，无挥发物产生，但固化时收缩率较大	主要用于制作玻璃钢，黏结陶瓷、玻璃、金属、木材和混凝土等
	聚氨酯胶黏剂	黏结力强，胶膜柔软，耐溶剂、耐油、耐水、耐酸、耐震，能在室温下固化	黏结塑料、木材、皮革、玻璃、金属等，特别适合于防水、耐酸、耐碱工程
热塑性合成树脂胶黏剂	聚醋酸乙烯(PVAC)胶黏剂(常称白乳胶)	黏结性好，无毒、无味，快干，耐油，施工简易，安全，但价格较贵，耐水性、耐热性较差，易蠕变	黏结墙纸、木质或塑料地板、陶瓷饰面材料、玻璃、混凝土等
	聚乙烯醇缩甲醛胶黏剂(801胶)	黏结强度高，无毒、无味，耐油、耐水、耐磨、耐老化，价廉	粘贴墙纸、墙布，加入水泥砂浆中可减少地板起尘，粘贴瓷砖、马赛克，可用作内墙腻子的胶料，在装修施工中用途最广
	聚乙烯醇胶黏剂(502胶)	黏结强度高，固化速度快，用量少	用于金属、非金属材料的胶接
合成橡胶胶黏剂	氯丁橡胶(CR)胶黏剂	黏结力较强，对水、油、弱酸、弱碱及有机溶剂有良好的抵抗性，可在室温下固化，易蠕变，易老化	黏结多种金属和非金属材料，常用于水泥砂浆墙面或地面上粘贴橡胶和塑料制品
	丁腈橡胶(NBR)胶黏剂	黏结强度较高，耐油性好，不易剥离，对许多有机溶剂有良好的抵抗性	适合于耐油、防腐部件的黏结或涂层

9.2.3 高分子材料在土木工程中的其他应用

(1) 建筑涂料

涂料是涂于物体表面,能形成具有保护、装饰或特殊性能的固态涂膜的一类液体或固体材料的总称。早期大多以植物油为主要原料,故有油漆之称。事实上除油脂漆和天然树脂漆外,其他涂料都不是用植物油脂制造的。20 世纪 60 年代正式定名为涂料。

(2) 合成橡胶

橡胶是一种具有极高弹性的高分子材料,其弹性变形量可达 100%～1000%,而且回弹性好,回弹速度快。同时,橡胶还有一定的耐磨性,很好的绝缘性和不透气、不透水性。它是常用的弹性材料、密封材料、减震防震材料和传动材料。

习惯上按用途将合成橡胶分成两类:通用橡胶和特种橡胶。通用橡胶性能和天然橡胶接近,可以代替天然橡胶;特种橡胶具有一些特殊性能。

(3) 土工合成材料

土工合成材料是土木工程应用的合成材料的总称。作为一种新型的土木工程材料,它以人工合成的聚合物,如塑料、化纤、合成橡胶等为原料,制成各种类型的产品,置于土体内部、表面或各种土体之间,发挥加强或保护土体的作用。

关于土工合成材料的分类,至今尚无统一准则。《土工合成材料应用技术规范》(GB/T 50290—2014)将土工合成材料分为土工织物、土工膜、特种土工合成材料和复合型土工合成材料等类型。特种土工合成材料包括土工格栅、土工网、土工垫、土工格室、土工泡沫塑料等。复合型土工合成材料是由上述各种材料复合而成的,如复合土工膜、土工复合排水材料等。目前这些材料已广泛地用于水利、水电、公路、建筑、海港、采矿、军工等工程的各个领域。

【在线测试】

【思维导图与核心知识点】

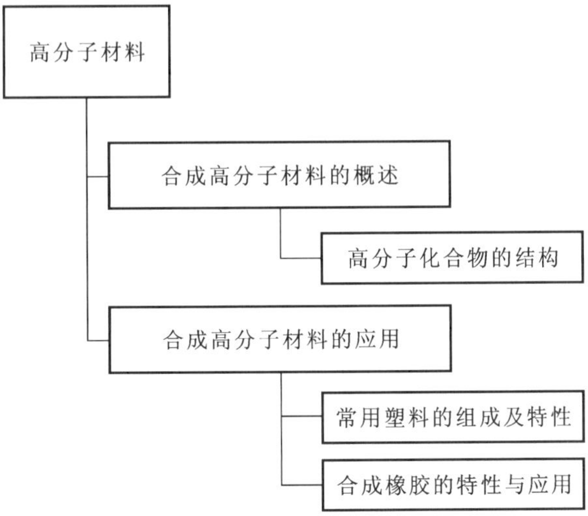

【延伸阅读】

塑料建筑模板

塑料建筑模板是一种以化学原料为主，添加各种增强纤维，通过高温挤压而成的复合材料。产品使用破坏后可回厂简单重塑循环利用，符合当下节能环保的理念和可再生能源经济的要求，发展前景广阔。

图 9.3　塑料模板

生产塑料模板的原材料来源广泛，价格较低，而且旧料或混合料均可，报废的塑料模板可 100%回收利用，且不会影响模板使用性能。建筑塑料模板作为一种新兴建筑材料，已开始被人们用来替代传统的建筑装饰材料和建筑模板材料。其具有即使完全浸泡在水中也不会膨胀变形，更不会腐烂、生锈，与水泥不亲和、不粘连等良好的物理性能，将塑料模板用于建筑模板工程是实现“以塑代木”“以塑代钢”的重要措施，更重要的是为社会节约了资源，降低了消耗，减少了污染，为保护环境起到了积极作用，是我国绿色施工所倡导的建筑施工辅助材料之一，如图 9.3 所示。

近几年，国外工业发达国家的塑料模板发展很快，开发了各个品种规格的塑料模板。德国的塑料模板行业较为成熟，以 MEVE 模板公司为代表，作为德国较大的模板公司，目前开发的钢框塑料板模板材质轻，耐磨性好，周转使用可达 500 次以上，而且清理和修补方便，经济效益好。但由于价格高，目前以租赁为主。美国的 SYMONS 模板公司成立至今已逾百年，是全球较大的模板企业，近年来该公司大力研发各种塑料装饰衬模，在浇筑的混凝土内可以掺入不同颜料，因此可以成型各种颜色和各种花纹的外装饰及地坪，效果较好。

塑料模板目前在我国的应用和国外相比还较为落后，产品比较单一，仅应用于楼板底模和柱侧模，木(竹)模板和钢模板市场占有率还遥遥领先。但随着民众对塑料模板材质和实用性的认知及社会民众环保意识的提高，相信不远的将来，塑料模板将逐步取代钢(木)模板的使用，发展大有前途。

北 京 奥 运

2008 年北京奥运会的主题是“绿色奥运、人文奥运、科技奥运”，体现“绿色奥运”和“绿色建筑”主旨的建筑技术得以在奥运工程中大面积使用。其中乙烯-四氟乙烯共聚物(ETFE 膜)更是作为国家游泳中心“水立方”的外观材料受到世人瞩目(图 9.4)。ETFE 膜材的厚度通常小于 0.20 mm，是一种透明膜材，它具有良好的耐化学腐蚀性，以及良好的耐热、耐磨、耐辐射和耐低温冲击和电绝缘性能，较高的抗剪强度和抗拉强度；另外，燃烧时可自熄。ETFE薄膜的实际使用始于 20 世纪 90 年代，主要作为农业温室的覆盖材料以及各种异型建筑物的薄膜材料，如运动场看台、建筑锥形顶、娱乐场、展览馆和博物馆等。

ETFE 膜的出现为现代建筑提供了一个创新解决方案。由这种材料制成的屋面和墙体质量轻，只有同等大小的玻璃质量的 1%；韧性好、抗拉强度高、不易被撕裂，延展性大于 400%；

耐候性和耐化学腐蚀性强；熔融温度高达200 ℃，并且不会自燃，而且可以加工成任何尺寸和形状，因此可以满足大型比赛场馆大跨度的要求。同时，作为一种充气后使用的材料，它可以通过控制充气量的多少，对遮光度和透光性进行调节，能有效地利用自然光，节省能源，并具有保温隔热作用。此外，这种膜还具有自洁功能，使灰尘不易附在其表面，清洁周期大约为5年。这种膜的另一大优点就是可在现场预制成薄膜气泡，方便施工维修，使用寿命可达25年。

图9.4　水立方ETFE膜

复习题与思考题

(1) 试说明线型聚合物与体型聚合物的主要区别。

(2) 合成高分子材料的性能特点有哪些？

(3) 建筑塑料的主要特性有哪些？

(4) 试列举几种常见的塑料及建筑塑料制品。

(5) 试列举三种土木工程中常用的胶黏剂，并说明其特性与用途。

练　习　题

一、填空题

(1) 根据分子的排列不同，聚合物可分为________聚合物、________聚合物和________聚合物。

(2) 建筑塑料是由________和________两类物质组成的。

(3) 合成树脂在塑料中起________作用。

二、选择题

(1) 不属于合成高分子材料特点的是(　　)。

A.比强度高　　B.耐热性差　　C.耐腐蚀性好　　D.弹性模量高

(2) 热塑性聚合物的性能特点是(　　)。

A.体型结构　　B.只能塑制一次

C.加热即可软化　　D.由单体缩聚反应形成

(3) 热固性塑料的性能特点是(　　)。

A.线型结构　　B.弹、塑性较好

C.加热后可反复塑制　　D.溶、熔过程是不可逆的

10 建筑功能材料

本章提要

本章主要介绍建筑功能材料的组成、特点与应用。通过本章学习，需要达到以下要求：

(1) 了解防水卷材的种类、特点和应用；

(2) 了解绝热材料的绝热机理、性能以及常用绝热材料的种类；

(3) 了解吸声与隔声材料；

(4) 了解装饰材料的特点及应用。

课前预习要点

本章涵盖的材料种类较多，课前预习时应注意以下知识点：

(1) 防水卷材和防水涂料的组成、特点和应用；

(2) 绝热材料的基本性能、常用绝热材料的分类和应用；

(3) 吸声和隔声材料的特点及应用。

课程思政

通过对建筑功能材料的介绍和学习，了解功能材料在建筑工程中的重要性和对建筑工程应用社会性的具体体现，进而认识到功能材料对建筑工程各种使用功能保障的重要支撑作用。改革开放以来，国家相继出台了一大批行业新规，旨在提升工业与民用建筑工程功能和设施水平，满足人民群众日益提高的生活需求，稳步推进绿色建材的生产和应用，有力印证了人民政府爱人民的初心。

10.1 建筑防水堵水材料

防水材料是指能防止雨水、地下水及其他水渗入建筑物或构筑物的一类功能性材料。防水材料广泛应用于建筑工程，亦用于公路桥梁工程、水利工程等。土木工程防水分为防潮和防渗(漏)两种：防潮是指应用防水材料封闭建筑物表面，防止液体物质渗入建筑物内部；防渗(漏)是指防止液体物质通过建筑物内部空洞、裂缝及构件之间的接缝，渗漏到建筑物内部或建筑构件内部液体渗出。

现代科学技术和建筑事业的发展，使防水材料的品种、数量和性能发生了巨大的变化。20世纪 80 年代后已形成橡胶、树脂基防水材料及改性沥青系列为主、各种防水涂料为辅的防水体系。建筑防水材料按外形和成分的分类如图 10.1 所示。

- 建筑防水材料
  - 防水卷材
    - 沥青防水卷材
    - 高聚物沥青防水卷材
    - 合成高分子防水卷材
  - 防水涂料
    - 沥青基防水涂料
    - 高聚物改性沥青防水涂料
    - 合成高分子防水卷材
  - 密封材料
    - 沥青基密封材料
    - 合成高分子密封材料
  - 刚性防水材料
    - 防水混凝土
    - 防水砂浆
  - 瓦防水材料

图 10.1　建筑防水材料分类

10.1.1　防水卷材

防水卷材是一种可以卷曲的，具有一定宽度、厚度及重量的柔软片状定型防水材料，是建筑防水材料的重要品种之一。由于这种材料的尺寸大，施工效率高，防水效果好，并具有一定的延伸性和耐高温性，以及较高的抗拉强度、抗撕裂能力等优良的特性，所以占整个建筑防水材料的 80%左右。目前，主要包括传统的沥青防水卷材、高聚物改性沥青防水卷材和合成高分子防水卷材三大类，后两类卷材的综合性能优越，是国内大力推广使用的新型防水卷材。

10.1.1.1　防水卷材分类

按照组成材料分为沥青防水卷材、高聚物改性沥青防水卷材和合成高分子防水卷材三大类，如图 10.2 所示。20 世纪 80 年代以前沥青防水材料是主流产品，20 世纪 80 年代以后逐渐向橡胶、树脂基、改性沥青系列发展。

根据胎体的不同，防水卷材可分为无胎体卷材、纸胎卷材、玻璃纤维胎卷材、玻璃布胎卷材和聚乙烯胎卷材。

- 防水卷材
  - 沥青防水卷材
    - 纸胎石油沥青油毡
    - 玻璃布胎沥青油毡
  - 高聚物改性沥青防水卷材
    - SBS 改性沥青防水卷材
    - APP 改性沥青防水卷材
    - PVC 改性焦油沥青防水卷材
    - 再生胶改性沥青防水卷材
  - 合成高分子防水卷材
    - 橡胶类（如三元乙丙橡胶防水卷材）
    - 塑料类（如聚氯乙烯防水卷材）
    - 橡塑类（如氯化聚乙烯橡胶共混材料）

图 10.2　防水卷材按材料分类

沥青材料在国内外使用的历史都很长，直至现在仍是一种用量较多的防水材料。沥青材料成本较低，但性能较差，防水寿命较短。当前防水材料已向改性沥青材料和合成高分子材料发展；防水构造已由多层向单层防水方向发展；施工方法已由热熔法向冷粘法发展。

10.1.1.2　防水卷材技术指标

防水卷材的技术性能指标很多，现仅对防水卷材的主要技术性能指标进行介绍。

（1）抗拉强度

抗拉强度是指当建筑物防水基层产生变形或开裂时，防水卷材所能抵抗的最大应力。

（2）延伸率

延伸率是指防水卷材在一定的应变速率下拉断时所产生的最大相对变形率。

（3）抗撕裂强度

当基层产生局部变形或有其他外力作用时，防水卷材常常受到纵向撕扯，防水卷材抵抗纵向撕扯的能力就是抗撕裂强度。

（4）不透水性

防水卷材的不透水性反映卷材抵抗压力水渗透的性质，通常用动水压法测量，其基本原理是当防水卷材的一侧受到0.3 MPa的水压力时，防水卷材另一侧无渗水现象即为透水性合格。

（5）温度稳定性

温度稳定性是指防水卷材在高温下不流淌、不起泡、不发黏，低温下不脆裂的性能，即在一定温度变化下保持原有性能的能力。常用耐热度、耐热性等指标表示。

10.1.1.3　防水卷材的应用

（1）沥青防水卷材

传统的沥青防水材料虽然在性能上存在一些缺陷，但是它价格低廉、货源充足，结构致密、防水性能良好，对腐蚀性液体、气体抵抗力强，黏附性好、有塑性，能适应基材的变形。随着对沥青基防水材料胎体的不断改进，目前它在工业与民用建筑、市政建筑、地下工程、道路桥梁、隧道涵洞、水工建筑和国防军事等领域得到了广泛的应用。

20世纪五六十年代以来，我国防水材料一直以纸胎石油沥青油毡为代表。由于纸胎耐久性差，现在已基本上被淘汰。目前用纤维织物、纤维毡等改造的胎体和以高聚物改性的沥青卷材已成为沥青防水卷材的发展方向。

（2）高聚物改性沥青防水卷材

石油沥青本身不能满足土木工程对它的性能要求，在低温柔韧性、高温稳定性、抗老化性、黏附能力、耐疲劳性和构件变形的适应性等方面都存在缺陷。因此，常用一些高聚物、矿物填料对石油沥青进行改性，如SBS改性沥青、APP改性沥青、PVC改性焦油沥青、再生胶改性沥青和废胶粉改性沥青等。

在所有改性沥青中，SBS改性石油沥青性能最佳（延度2000％，冷脆点－46～－38 ℃，耐热度90～100 ℃）；APP改性石油沥青性能也很好（延度200％～400％，冷脆点－25 ℃，耐热度110～130 ℃）；再生胶和废胶粉改性石油沥青性能一般（延度100％～200％，冷脆点－20 ℃，耐热度85 ℃），国外已较少采用。

① SBS改性沥青防水卷材

SBS改性沥青防水卷材属于弹性体沥青防水卷材中的一种，是用SBS改性沥青浸渍胎基，两面涂以弹性体沥青涂盖层，上表面撒以细砂、矿物粒（片）或覆盖聚乙烯膜，下表面撒以细砂或覆盖聚乙烯膜所制成的一类防水卷材，如图 10.3 所示。

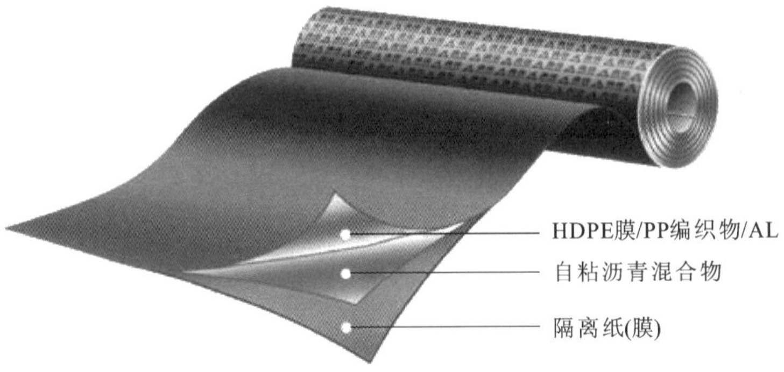

图 10.3 SBS 防水卷材

SBS 卷材按胎基不同分为聚酯胎（PY）和玻纤胎（G）两类；按上表面隔离材料不同分为聚乙烯膜（PE）、细砂（S）和矿物粒（片）料（M）三种；按物理力学性能不同分为Ⅰ型和Ⅱ型。

SBS（苯乙烯-丁二烯-苯乙烯）高聚物属嵌段聚合物，采用特殊的聚合方法使丁二烯两头接上苯乙烯，不需硫化成型就可以获得弹性丰富的共聚物。所有改性沥青中，SBS 改性沥青的性能是目前最佳的。改性后的防水卷材，既具有聚苯乙烯抗拉强度高、耐高温性好，又具备聚丁二烯弹性高、耐疲劳和柔软性好的特性。

SBS 卷材在常温下有弹性，在高温下有热塑性、低温柔韧性好，以及耐热性、耐水性和耐腐蚀性好的特性。其中聚酯毡的机械性能、耐水性和耐腐蚀性最优。玻纤毡价格低，但其强度较低、无延伸性。

SBS 卷材适用于工业与民用建筑的屋面和地下防水工程，尤其适用于较低气温环境的建筑防水。

② APP 改性沥青防水卷材

APP 改性沥青防水卷材属于塑性体沥青防水卷材中的一种。它是用 APP 改性沥青为胎基（玻纤毡、聚酯毡），并涂盖两面，上表面撒以细砂、矿物粒（片）或覆盖聚乙烯膜，下表面撒以细砂或覆盖聚乙烯膜所制成的一类防水卷材，如图 10.4 所示。

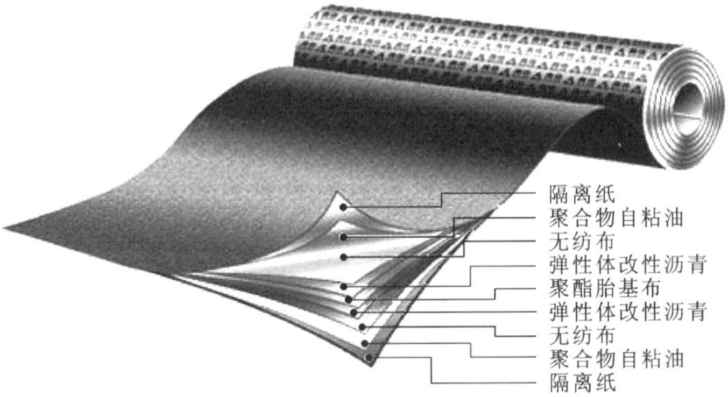

图 10.4 APP 防水卷材

APP 改性沥青防水卷材的性能接近 SBS 改性沥青卷材，突出特点是耐高温性能好，在 130 ℃高温下不流淌，特别适合高温地区或太阳辐照强烈地区使用。另外，APP 改性沥青防水卷材的耐水性、耐腐蚀性好，低温柔韧性较好(但不及 SBS 卷材)。其中聚酯毡的机械、耐水和耐腐蚀性能优良。玻纤毡的价格低，但强度较低，无延伸性。

APP 卷材适用于工业与民用建筑的屋面和地下防水工程，以及道路、桥梁等建筑物的防水，尤其适用于较高气温环境下的建筑防水。

(3) 合成高分子防水卷材

合成高分子防水卷材是除沥青基防水卷材外，近年来发展迅速的防水卷材。合成高分子防水卷材是以合成橡胶、合成树脂或者两者共混体为基料，加入适量的化学助剂、填充料等，经混炼、压延或挤出等而制成的防水卷材或片材。

合成高分子防水卷材耐热性和低温柔韧性好，拉伸强度、抗撕裂强度高，断裂伸长率大，耐老化、耐腐蚀、耐候性好，适应冷施工。

合成高分子防水卷材品种很多，目前最具代表性的有合成橡胶类三元乙丙橡胶防水卷材、聚氯乙烯防水卷材和氯化聚乙烯-橡胶共混防水卷材。

① 三元乙丙橡胶(EPDM)防水卷材

三元乙丙橡胶防水卷材是以三元乙丙橡胶为主要原料，掺入适量的丁基橡胶、硫化剂、促进剂、补强剂和软化剂等，经密炼、拉片、过滤、挤出(或压延)成型、硫化等工序制成的弹性体防水卷材。有硫化型(JL)和非硫化型(JF)两类。

三元乙丙橡胶防水卷材具有优良的耐候性、耐臭氧性和耐热性，是耐老化性能最好的一种卷材，使用寿命可达 30 年以上；同时还具有质量轻(1.2～2.0 kg/m^2)、弹性大、抗拉强度高(大于 7.5 MPa)、抗裂性强(延伸率在 450%以上)、耐酸碱腐蚀等优点，属于高档防水材料。

三元乙丙橡胶防水卷材广泛应用于工业和民用建筑的屋面工程，适合于外露防水层的单层或是多层防水，如易受振动、易变形的建筑防水工程，也可用于地下室、桥梁、隧道等工程的防水，并可以冷施工。三元乙丙橡胶防水卷材的主要技术性质如表 10.1 所示。

表 10.1　三元乙丙橡胶防水卷材的主要技术性能要求

项目名称			指标值	
			JL1	JF1
断裂拉伸强度/MPa	常温	≥	7.5	4.0
	60 ℃	≥	2.3	0.8
拉断伸长率/%	常温	≥	450	450
	−20 ℃	≥	200	200
撕裂强度/(kN/m)		≥	25	18
低温弯折/℃		≤	−40	−30
不透水性/MPa，30 min		≥	0.3 MPa，合格	0.3 MPa，合格

注：JL1——硫化型三元乙丙；JF1——非硫化型三元乙丙。

② 聚氯乙烯(PVC)防水卷材

聚氯乙烯防水卷材是以聚氯乙烯(PVC)树脂为主要原料，掺加填充料和适量的改性剂、增塑剂、抗氧剂、紫外线吸收剂等，经过捏合、混炼、造粒、挤出或压延、冷却卷曲等工序加工而成的防水卷材。

与三元乙丙橡胶防水卷材相比，除在一般工程中使用外，聚氯乙烯防水卷材更适应于刚性层下的防水层及旧建筑混凝土构件屋面的修缮工程，以及有一定耐腐蚀要求的室内地面工程的防水、防渗工程等。

③ 氯化聚乙烯-橡胶共混防水卷材

氯化聚乙烯-橡胶共混防水卷材是以氯化聚乙烯树脂和合成橡胶为主体，加入适量的硫化剂、促进剂、稳定剂、软化剂和填充料，经混炼、过滤、压延或挤出成型、硫化等工序制成的高弹性防水卷材。

它不仅具有氯化聚乙烯所特有的高强度和优异的耐臭氧性能，而且具有橡胶类材料所特有的高弹性、高延伸性和良好的低温柔韧性。这种材料特别适用于寒冷地区或变形较大的建筑防水工程，也可用于地下工程防水；但在平面复杂和异型表面铺设困难，与基层黏结和接缝黏结技术要求高。如施工不当，常有卷材串水和接缝不良现象出现。

合成高分子防水卷材除以上三种典型的品种外，还有很多其他的产品，如氯磺化聚氯乙烯防水卷材和氯化聚乙烯防水卷材等。

10.1.2 防水涂料

防水涂料是一种流态或半流态的高分子物质，可用刷、喷等工艺涂布在基层表面，经溶剂或水分挥发或各组分间的化学反应，形成具有一定弹性和一定厚度的连续薄膜，使基层表面与水隔绝，起到防水防潮的作用。随着科技的发展，涂料产品不仅要求施工方便、成膜速度快、修补效果好，还须延长使用寿命，适应各种复杂工程的需求。

防水涂料按液态类型一般可分为溶剂型、水乳型和反应型三种。溶剂型的黏结性较好，但污染环境；水乳型的价格较低，但黏结性差。从涂料发展趋势来看，随着水乳型的性能不断提高，应用会越来越广。按成膜物质的主要成分不同，可分为沥青类、高聚物改性沥青类和合成高分子类，如图 10.5 所示。

- 防水涂料
  - 沥青基防水涂料
    - 冷底子油
    - 乳化沥青
  - 高聚物改性沥青防水涂料
    - 氯丁橡胶沥青防水涂料
    - SBS 沥青防水涂料
    - 再生橡胶沥青防水涂料
  - 合成高分子防水涂料
    - 聚氨酯防水涂料
    - 聚氨酯煤焦油防水涂料
    - 丙烯酸酯防水涂料
    - 硅橡胶防水涂料

图 10.5 防水涂料材料分类

(1) 沥青类防水涂料

沥青类防水涂料是以沥青为基料，通过溶解或形成水分散体构成的防水涂料。沥青防水涂料除具有防水卷材的基本性能外，还具有施工简单、容易维修、适用于特殊建筑物的特点。

直接将未改性或改性的沥青溶于有机溶剂而配制的涂料，称为溶剂型沥青涂料。将石油沥青分散在水中，形成稳定的水分散体而构成的涂料，称为水乳型沥青防水涂料。乳化沥青和高聚物改性沥青涂料，是目前土木工程中应用较广的两类防水涂料。

（2）合成高分子类防水涂料

合成高分子类防水涂料是指以合成橡胶或合成树脂为成膜物质制成的单组分或多组分的防水涂料，其逐渐成为防水涂料的主流产品，可用于Ⅰ、Ⅱ级屋面防水设防中的一道防水或单独用于Ⅲ级屋面防水设防；在地下防水工程中，用作Ⅰ、Ⅱ级防水设防的一道防水或在Ⅲ级防水设防中单独使用。该类材料绿色环保，耐老化性能优良、黏结力强、渗透性好、延伸率好、耐高低温性好，施工方便，应用较广。

10.1.3 建筑密封材料

建筑密封材料是指填充于建筑物的各种接缝、裂缝、变形缝、门窗框、幕墙材料周边或其他结构连接处，起水密、气密作用的材料。

建筑密封材料具有以下性质：

（1）非渗透性；

（2）优良的黏结性、施工性、抗下垂性；

（3）良好的伸缩性，能经受建筑物及构件因温度、风力、地震、振动等作用引起的接缝变形的反复变化；

（4）具有耐候、耐热、耐寒、耐水等性能。

为保证密封材料的性能，必须对其流变性、低温柔韧性、拉伸黏结性、拉伸-压缩循环性能等技术指标进行测试。

建筑密封材料的品种很多，具体如图 10.6 所示。

- 密封材料
  - 不定型材料（密封膏、嵌缝膏）
    - 非弹性密封材料——沥青嵌缝油膏
    - 弹性密封材料
      - 聚氯乙烯防水接缝材料
      - 丙烯酸酯建筑密封膏
      - 聚氨酯建筑密封膏
      - 聚硫建筑密封膏
      - 硅酮建筑密封膏
  - 定型材料（密封条，止水带）

图 10.6 建筑密封材料分类

【在线测试】

沥青嵌缝油膏性能较差，以煤焦油和聚氯乙烯为主要原料生产的聚氯乙烯类防水密封材料性能也一般，这两种密封材料目前的使用量都在减少。而以性能优良的高分子材料生产的密封材料，如丙烯酸酯密封膏、聚硫密封膏、聚氨酯密封膏、硅酮密封膏等，已成为主导产品，代表了建筑密封材料今后的发展方向。

10.2 绝 热 材 料

在建筑中，习惯上把用于控制室内热量外流的材料叫作保温材料；把防止室外热量进入室内的材料叫作隔热材料。保温、隔热材料统称为绝热材料。

10.2.1 导热性

10.2.1.1 绝热材料的作用原理

热从本质上是组成物质的分子、原子和电子等，在物质内部的移动、转动和振动所产生的能量，即热能。在任何介质中，当两点之间存在温度差时，就会产生热能传递现象，热能将由温度较高点传递至温度较低点。

传热的基本形式有热传导、热对流和热辐射三种。通常情况下，三种传热方式是共存的，但因保温隔热性能良好的材料是多孔且封闭的，虽然在材料的孔隙内有空气，起着对流和辐射作用，但是与热传导相比，热对流和热辐射所占的比例很小，因此在热工计算时通常不予考虑，而主要考虑热传导。

不同的土木工程材料具有不同的热物理性能，衡量其保温隔热性能优劣的指标主要是导热系数。导热系数越小，则通过材料传递的热量越少，其保温隔热性能越好。工程中，通常把导热系数小于 0.175 W/(m·K)的材料称为绝热材料。

10.2.1.2 影响材料导热性的主要因素

(1) 材料的组成及微观结构

不同的材料其导热系数是不同的。一般来说，导热系数以金属最大，非金属次之，液体再次，气体最小。对于同一种材料，其微观结构不同，导热系数也有很大的差异。一般地，结晶体结构的最大，微晶体结构的次之，玻璃体结构的最小。但对于绝热材料来说，由于孔隙率大，气体(空气)对导热系数的影响起主要作用，而固体部分的结构不论是晶态还是玻璃态，对导热系数的影响均不大。

(2) 表观密度与孔隙特征

由于材料中固体物质的热传导能力比空气大得多，故表观密度小的材料，因其孔隙率大，导热系数小。在孔隙率相同时，孔隙尺寸愈大，导热系数愈大；连通孔隙的比封闭孔隙的导热系数大。对于纤维状材料，当纤维之间压实至某一表观密度时，其导热系数最小，该表观密度称为最佳表观密度；当纤维材料的表观密度小于最佳表观密度时，其导热系数反而增大，这是由于孔隙增大且相互连通引起空气对流的结果。

(3) 材料的湿度

材料吸湿受潮后，其导热系数增大，这在多孔材料中最为明显。这是由于水的导热系数 0.58 W/(m·K)远大于密闭空气的导热系数 0.023 W/(m·K)。当绝热材料中吸收的水分结冰时，其导热系数会进一步增大。因为冰的导热系数 2.33 W/(m·K)比水的大，所以绝热材料应特别注意防水防潮。

蒸汽渗透是值得注意的问题，水蒸气从温度较高的一侧渗入材料。当水蒸气在材料孔隙中达到最大饱和度时就凝结成水，从而使温度较低的一侧表面上出现冷凝水滴。这不仅大幅提高了导热性，而且还会降低材料的强度和耐久性。防止的方法是在可能出现冷凝水的界面上，用沥青卷材、铝箔或塑料薄膜等憎水性材料加做间隔蒸汽层。

(4) 温度

材料的导热系数随温度的升高而增大。因为温度升高时，材料固体分子的热运动增强，同时材料孔隙中空气的导热和孔壁间的辐射作用也有所增大。但这种影响，当温度在 0～50 ℃范围内时并不显著，只有对处于高温或负温下的材料，才要考虑温度的影响。

（5）热流方向

对于各向异性的材料，如木材等纤维质的材料，当热流平行于纤维方向时，热流受阻小，故导热系数大。而热流垂直于纤维方向时，热流受阻大，故导热系数小。以松木为例，当热流垂直于木纹时，导热系数为0.17 W/(m·K)；而当热流平行于木纹时，则导热系数为0.35 W/(m·K)。

上述各项因素中以表观密度和湿度的影响最大。因而在测定材料的导热系数时，也必须测定材料的表观密度。至于湿度，通常对多数绝热材料可取空气相对湿度为80%～85%时材料的平衡湿度作为参考值，应尽可能在这种湿度条件下测定材料的导热系数。

10.2.2 常用绝热材料

绝热材料按化学成分可分为有机和无机两大类；按材料的构造类型可分为多孔型、纤维型、层状型和散粒型。通常可制成板、片、卷材或管壳等多种形式的制品。

多孔型绝热材料主要有加气混凝土、泡沫塑料、泡沫玻璃和微孔硅酸钙等；纤维型绝热材料主要有岩棉、矿棉、玻璃棉和陶瓷纤维等；层状型绝热材料主要有中空玻璃、热反射玻璃、矿棉毡和酚醛树脂矿棉板等；散粒型绝热材料主要有膨胀珍珠岩和膨胀蛭石等。

建筑工程对绝热材料的基本要求：导热系数小于0.23 W/(m·K)，表观密度小于600 kg/m^3，抗压强度一般应大于0.3 MPa。由于绝热材料的强度一般都很低，因此，除了能单独承重的少数材料外，在围护结构中，经常把绝热材料层与承重结构材料层复合使用。如建筑外墙的保温层通常做在内侧，以免受大气的侵蚀，但应选用不易破碎的材料，如软木板、木丝板等；如果外墙为砖砌空斗墙或混凝土空心制品，则保温材料可填充在墙体的空隙内，此时可采用散粒材料，如矿渣、膨胀珍珠岩等。屋顶保温层则以放在屋面板上为宜，这样可以防止钢筋混凝土屋面板由于冬夏温差引起裂缝，但保温层上必须加做效果良好的防水层。

除此之外，还要根据工程的特点，考虑材料的吸湿性、温度稳定性、耐腐蚀性等性能以及经济指标。常用的绝热材料品种、性能如表10.2及图10.7所示。

【在线测试】

表10.2 常用的绝热材料

序号	名称	表观密度/(kg/m^3)	导热系数/[W/(m·K)]
1	矿棉	45～150	0.049～0.44
2	矿棉毡	135～160	0.048～0.052
3	酚醛树脂矿棉板	＜150	＜0.046
4	玻璃棉(短)	100～150	0.035～0.058
5	玻璃棉(超细)	＞18	0.028～0.037
6	陶瓷纤维	140～150	0.116～0.186
7	微孔硅酸钙	250	0.041
8	泡沫玻璃	150～600	0.06～0.13
9	泡沫塑料	15～50	0.028～0.055
10	膨胀蛭石	80～200(堆积密度)	0.046～0.07
11	膨胀珍珠岩	40～300(堆积密度)	0.025～0.048

图 10.7 常用绝热材料

(a)膨胀蛭石;(b)膨胀珍珠岩;(c)泡沫玻璃;(d)混凝土砌块

10.3 吸声隔声材料

随着人们生活水平的提高,对隔绝噪声的要求也越来越高,吸声、隔声材料的应用也越来越广泛且重要。

10.3.1 材料的吸声性

声音起源于物体的振动,例如说话时喉间声带的振动和击鼓时鼓皮的振动,都能产生声音,声带和鼓皮就叫作声源。声源的振动迫使邻近的空气随着振动而形成声波,并在空气介质中向四周传播。声音沿发射的方向最响,称为声音的方向性。

声音在传播过程中,一部分声能随着距离的增大而扩散,另一部分声能则因空气分子的吸收而减弱。声能的这种减弱现象,在室外空旷处颇为明显,但在室内如果房间的空间并不大,上述的这种声能减弱就不起主要作用,而重要的是室内墙壁、天花板、地板等材料表面对声能的吸收。

当声波传到材料表面时,一部分被反射,另一部分穿透材料,其余的声能转化为热能而被吸收。被材料吸收的声能 E(包括部分穿透材料的声能在内)与原先传递给材料的全部声能 E_0 之比,是评定材料吸声性能好坏的主要指标,称为吸声系数(α),即:

$$\alpha = \frac{E}{E_0} \times 100\% \tag{10.1}$$

吸声系数是评定材料吸声性能好坏的主要指标。材料的吸声特性除与声波方向有关外，还与声波的频率有关。通常采用 125 Hz、250 Hz、500 Hz、1000 Hz、2000 Hz 和 4000 Hz 六个频率的吸声系数来表示材料的吸声频率特性。凡六个频率的平均吸声系数大于 0.2 的材料认为是吸声材料。

吸声机理是声波进入材料内部互相贯通的孔隙，受到空气分子及孔壁的摩擦和黏滞阻力，以及使细小纤维作机械振动，从而使声能转化为热能。吸声材料大多为疏松多孔的材料，如矿渣棉、毯子等。多孔性吸声材料的吸声系数，一般从低频到高频逐渐增大，故对高频和中频的吸声效果较好。

10.3.2 隔声材料

能减弱或隔断声波传递的材料称为隔声材料。吸声性能好的材料，不能简单地把它们作为隔声材料来使用。

人们要隔绝的声音，按传播途径有空气声(通过空气传播的声音)和固体声(通过固体的撞击或振动传播的声音)两种，两者隔声的原理不同。

对空气声的隔绝，主要是依据声学中的“质量定律”，即材料的表观密度越大，越不易受声波作用而产生振动。声波通过材料传递的速度越小，隔声效果越好。所以，应选用表观密度大的材料(如钢筋混凝土、实心砖等)作为隔绝空气声的材料。

对固体声隔绝的最有效措施是隔断其声波的连续传递，即在产生和传递固体声的结构层(如梁、框架、楼板与隔墙以及它们的交接处等)中加入具有一定弹性的衬垫材料，如软木、橡胶、毛毡、地毯或设置空气隔离层等，以阻止或减弱固体声的继续传播。

由上述可知，材料的隔声原理与材料的吸声原理是不同的，吸声效果好的多孔材料其隔声效果不一定好。

【在线测试】

10.4 建筑装饰及复合功能材料

在建筑上，把铺设、粘贴或涂刷在建筑内外表面，主要起装饰作用的材料，称为装饰材料。装饰材料的外观应满足颜色、光泽、透明性、特定的表面组织、一定的形状和尺寸以及美观的立体造型等方面的基本要求。

装饰材料除了起到装饰作用，满足人们的美感需要以外，还起着保护建筑主体结构和改善建筑物使用功能的作用，使建筑物耐久性提高，并使其保温隔热、吸声隔声、采光等居住功能改善。

10.4.1 建筑装饰材料的分类

根据化学成分的不同，建筑装饰材料可分为无机装饰材料、有机装饰材料和复合装饰材料三大类，具体如表 10.3 所示。

表 10.3　建筑装饰材料的化学成分分类

<table>
<tr><td rowspan="13">建筑装饰材料</td><td rowspan="7">无机装饰材料</td><td rowspan="2">金属装饰材料</td><td>黑色金属</td><td colspan="2">钢、不锈钢、彩色涂层钢板等</td></tr>
<tr><td>有色金属</td><td colspan="2">铝及铝合金、铜及铜合金等</td></tr>
<tr><td rowspan="5">非金属装饰材料</td><td rowspan="2">胶凝材料</td><td>气硬性胶凝材料</td><td>石膏、石灰、装饰石膏制品</td></tr>
<tr><td>水硬性胶凝材料</td><td>白水泥、彩色水泥等</td></tr>
<tr><td colspan="3">装饰混凝土及装饰砂浆、白色及彩色硅酸盐制品</td></tr>
<tr><td>天然石材</td><td colspan="2">花岗石、大理石等</td></tr>
<tr><td>烧结与熔融制品</td><td colspan="2">烧结砖、陶瓷、玻璃及其制品、岩棉及其制品等</td></tr>
<tr><td rowspan="2">有机装饰材料</td><td>植物材料</td><td colspan="3">木材、竹材、藤材等</td></tr>
<tr><td>合成高分子材料</td><td colspan="3">各种建筑塑料及其制品、涂料、胶黏剂、密封材料等</td></tr>
<tr><td rowspan="4">复合装饰材料</td><td colspan="2">无机材料基复合材料</td><td colspan="2">装饰混凝土、装饰砂浆等</td></tr>
<tr><td colspan="2" rowspan="2">有机材料基复合材料</td><td colspan="2">树脂基人造装饰石材、玻璃钢等</td></tr>
<tr><td colspan="2">胶合板、竹胶板、纤维板、保丽板等</td></tr>
<tr><td colspan="2">其他复合材料</td><td colspan="2">塑钢复合门窗、涂塑钢板、涂塑铝合金板等</td></tr>
</table>

根据装饰部位的不同，建筑装饰材料可分为外墙装饰材料、内墙装饰材料、地面装饰材料和顶棚装饰材料等四大类，如表 10.4 所示。

表 10.4　建筑装饰材料按装饰部位分类

外墙装饰材料	包括外墙、阳台、台阶、雨篷等建筑物全部外露部位装饰材料	天然花岗岩、陶瓷装饰制品、玻璃制品、地面涂料、金属制品、装饰混凝土、装饰砂浆
内墙装饰材料	包括内墙墙面、墙裙、踢脚线、隔断、花架等内部构造所用的装饰材料	壁纸、墙布、内墙涂料、织物饰品、人造石材、内墙釉面砖、人造板材、玻璃制品、隔热吸声装饰板
地面装饰材料	指地面、楼面、楼梯等结构所用的装饰材料	地毯、地面涂料、天然石材、人造石材、陶瓷地砖、木地板、塑料地板
顶棚装饰材料	指室内及顶棚装饰材料	石膏板、珍珠岩装饰吸声板、钙塑泡沫装饰吸声板、聚苯乙烯泡沫塑料装饰吸声板、纤维板、涂料

10.4.2　装饰石材

10.4.2.1　*天然石材*

所谓天然石材，是指从天然岩体中开采出来的毛料，或经过加工成为板状或块状的饰面材料。天然石材资源丰富，强度高，耐久性好，加工后具有很强的装饰效果，是一种重要的装饰材料。天然石材种类很多，用于建筑装饰用饰面材料的主要有花岗石板和大理石板两大类。

(1) 花岗石板

花岗石是一种火成岩，属硬石材。花岗石的化学成分随产地不同而有所区别，其主要矿物成分是长石、石英，并含有少量云母和暗色矿物。花岗石常呈现出一种整体均粒状结构，正是这种结构使花岗石耐磨性和耐久性优于大理石，并使花岗石具有独特的装饰效果，既适用于室外装饰，也适用于室内装饰。

花岗石板根据加工程度不同分为粗面板材（如剁斧板、机刨板等）、细面板材和镜面板材三种。其中粗面板材表面平整、粗糙，具有较规则的加工条纹，主要用于建筑外墙面、柱面、台阶、勒脚、街边石和城市雕塑等部位，能产生近看粗犷、远看细腻的装饰效果；而镜面板材是经过锯解后，再经研磨、抛光而成，产品色彩鲜明、光泽动人、形象倒映，极富装饰性，主要用于室内外墙面、柱面、地面等。某些花岗石含有微量放射性元素，应避免在室内使用这类花岗石。

（2）大理石板

大理石因盛产于大理而得名。从岩石的形成来看，它属于变质岩，即由石灰岩或白云岩变质而成。大理石主要成分为碱性物质碳酸钙（$CaCO_3$），不耐酸，空气和雨水中所含的酸性物质和盐类对大理石有腐蚀作用，故大理石不宜用于建筑物外墙和其他露天部位。大理石主要用作室内高级饰面材料，也可以用作室内地面或踏步（耐磨性次于花岗石）。

10.4.2.2　*人造石材*

人造石材是采用无机或有机胶凝材料作为黏结剂，以天然砂、碎石、石粉等为粗、细填充料，经成型、固化、表面处理而成的一种人造材料。常见的有人造大理石和人造花岗石，其色彩和花纹均可根据要求设计制作，如仿大理石、仿花岗石等，还可以制作成弧形、曲面等天然石材难以加工的复杂形状。

人造石材具有天然石材的质感，色泽鲜艳、花色繁多、装饰性好；重量轻、强度高；耐腐蚀、耐污染；可锯切、钻孔，施工方便。适用于墙面、门套或柱面装饰，也可作台面及各种卫生洁具，还可加工成浮雕、工艺品等。与天然石材相比，人造石是一种较经济的饰面材料。除以上优点外，人造石材还存在一些缺点，如有的品种表面耐刻划能力较差，某些板材使用中会发生翘曲变形等，随着对人造石材制作工艺、原料配比的不断改进、完善，这些缺点可得到一定克服。

10.4.2.3　*复合型人造石材*

这种人造石材采用无机和有机两类胶凝材料。先用无机胶凝材料（各类水泥或石膏）将填料黏结成型，再将所成的坯体浸渍于有机单体（苯乙烯、甲基丙烯酸甲酯、醋酸乙烯或丙烯腈等）中，使其在一定的条件下聚合而成。

10.4.3　建筑陶瓷

凡以黏土、长石和石英为基本原料，经配料、制坯、干燥和熔烧而制得的成品，统称为陶瓷制品。用于建筑工程的陶瓷制品，则称为建筑陶瓷，主要包括釉面砖、外墙面砖、地面砖、陶瓷锦砖、玻璃制品和卫生陶瓷等。

根据陶瓷原料杂质的含量、烧结温度高低和结构紧密程度，把陶瓷制品分为陶质、瓷质和炻质三大类。

陶质制品结构多孔、吸水率大（低的 9%～12%，高的 18%～22%）、表面粗糙，敲击声粗哑。通常根据其原料杂质含量的不同及施釉状况，又可分为粗陶和精陶：粗陶一般不施釉，建筑常用的烧结黏土砖、瓦均为粗陶制品；细陶一般要经素烧、施釉和釉烧工艺，根据施釉状况呈白、乳白、浅绿等颜色，建筑上所用的釉面砖（内墙砖）即为此类。

瓷质制品焙烧温度较高、结构紧密，基本上不吸水（吸水率小于 1%），有一定透明性，其表面均施有釉层。瓷质制品多为日用制品、美术用品等。

炻质制品性能介于陶质制品和瓷质制品之间，也称半瓷。结构较陶质制品紧密，吸水率较小

(细炻小于2%,粗炻4%~8%)。建筑饰面用的外墙面砖、地砖和陶瓷锦砖(马赛克)等均属于此类。

10.4.3.1　陶瓷制品的表面装饰

陶瓷制品的表面装饰方法很多,常用的有以下几种:

(1) 施釉

釉是指附着于陶瓷坯体表面的连续玻璃质层。它与玻璃有很多相类似的物理与化学性质。釉具有均质玻璃体所具有的很多性质,如没有固定熔点而只有熔融范围、具有亮丽的光泽、透明感好等。

施釉是对陶瓷制品进行表面装饰的主要方法之一,也是最常用的方法。烧结的坯体表面一般粗糙无光,多孔结构的陶坯更是如此,这不仅影响产品装饰性和力学性能,而且也容易被沾污和吸湿。对坯体表面采用施釉工艺之后,其产品表面会变得平滑光亮、不吸水、不透气,并能够极大地提高产品的机械强度和装饰效果。

(2) 彩绘

彩绘是在陶瓷坯体的表面绘以彩色图案花纹,以大幅提高陶瓷制品的装饰性。陶瓷彩绘可分为釉下彩绘和釉上彩绘两种。

釉下彩绘是在生坯上进行彩绘,然后喷涂上一层透明釉料,再经釉烧而成。釉下彩绘的特征在于彩绘画面是在釉层以下,受到釉层的保护,从而不易被磨损,使得画面效果能得到较长时间的保持。

釉上彩绘是在已经釉烧的陶瓷釉面上,使用低温彩料进行彩绘,再在600~900 ℃的温度下经彩烧而成。由于釉上彩绘的彩烧温度低,使得陶瓷颜料的选择性大幅提高,可以使用很多釉下彩绘不能使用的原料,这使彩绘色调十分丰富、绚烂多彩。而且,由于彩绘是在强度相当高的陶瓷坯体上进行,因此可以采用机械化生产,以大幅提高生产效率,降低成本。因此,釉上彩绘的陶瓷价格便宜,应用量远远超过釉下彩绘的制品。釉上彩绘由于没有了釉层的保护,图案易被磨损,而且在使用过程中,因颜料中加入一种含铅的原料,故会对人体产生有害影响。

(3) 贵金属装饰

高级贵重的陶瓷制品,常常采用金、铂、钯、银等贵金属对陶瓷进行装饰加工,这种陶瓷表面装饰方法被称为贵金属装饰。其中最为常见的是以黄金为原料进行表面装饰,如金边、图画描金装饰方法等。

10.4.3.2　常用建筑陶瓷制品

常用的建筑装饰制品有釉面内墙砖、陶瓷墙地砖、陶瓷锦砖和建筑琉璃制品。

(1) 釉面内墙砖

釉面砖是用于建筑物内墙面装饰的薄板精陶制品,又称内墙面砖。它表面施釉,制品经烧成后表面平滑、光亮,颜色丰富多彩,图案五彩缤纷,是一种高级内墙装饰材料。釉面砖除装饰功能外,还具有防水、耐火、抗腐蚀、热稳定性良好、易清洗等特点。

因为釉面砖为多孔坯体,吸水率较大,会产生湿胀现象,而其表面釉层的吸水率和湿胀性又很小,再加上冻胀现象的影响,会在坯体和釉层之间产生应力。当坯体内产生的胀应力超过釉层本身的抗拉强度时,就会导致釉层开裂或脱落,严重影响饰面效果。因此釉面砖不能用在室外。

(2) 陶瓷墙地砖

陶瓷墙地砖是外墙面砖和地面砖的统称。陶瓷墙地砖属炻质或瓷质陶瓷制品,是以优质陶土为主要原料,加入其他辅助材料配成生料,经半干压后在1100 ℃左右的温度环境中焙烧而成。外墙砖和地砖虽然在外观形状、尺寸及使用部位上都有不同,但它们在技术性能上的相似性，使得部分产品既可用于墙面装饰，也可用于地面装饰，成为墙地通用面砖。因此，我们通常把外墙面砖和地面砖统称为陶瓷墙地砖。而且，墙地两用也是其主要的发展方向之一。

（3）陶瓷锦砖

陶瓷锦砖俗称“马赛克”，是以优质瓷土烧制成的、长边小于 50 mm 的小块瓷砖。陶瓷锦砖有挂釉和不挂釉两种，现在的主流产品大部分不挂釉。陶瓷锦砖的规格较小，直接粘贴很困难，故在产品出厂前按各种图案粘贴在牛皮纸上（正面与纸相粘），每张牛皮纸制品为一“联”，联的边长有 284.0 mm、295.0 mm、305.0 mm、325.0 mm 四种。应用基本形状的锦砖小块，每联可拼贴成变化多端的拼画图案，具体使用时，联和联可连续铺粘形成连续的图案饰面，常用的几种基本拼花图案如图 10.8 所示。

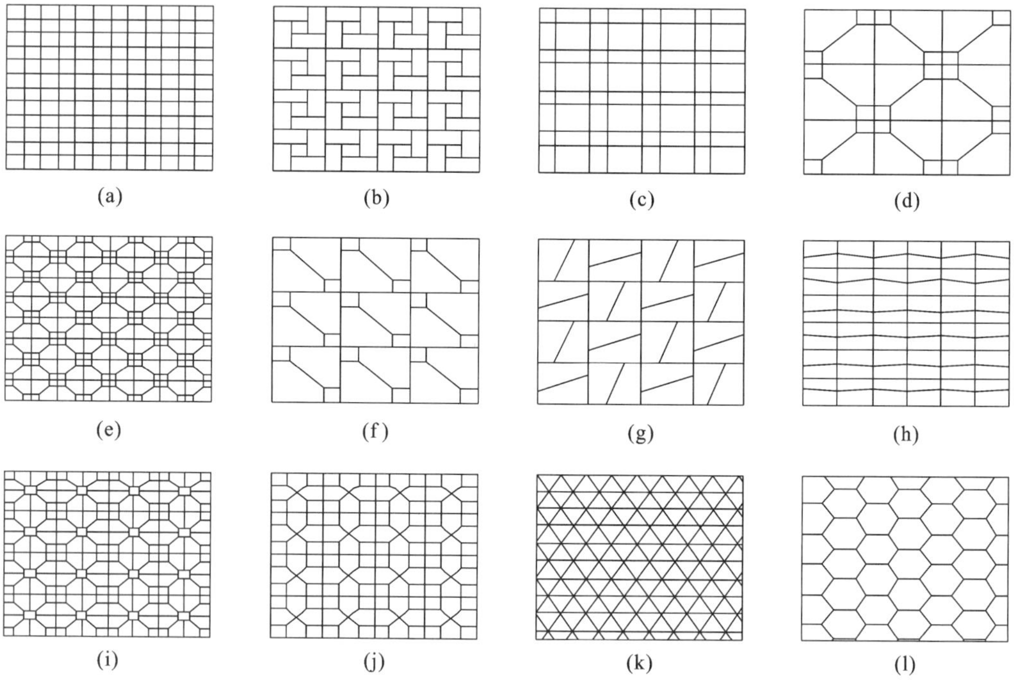

图 10.8　陶瓷锦砖几种基本拼花图案

陶瓷锦砖具有美观、不吸水、防滑、耐磨、耐酸、耐火以及抗冻性好等性能。陶瓷锦砖由于块小，不易踩碎，因此主要用于室内地面装饰，如浴室、厨房、卫生间等环境的地面工程。陶瓷锦砖也可用于内、外墙饰面，并可镶拼成有较高艺术价值的陶瓷壁画，提高其装饰效果并增强建筑物的耐久性。

（4）建筑琉璃制品

琉璃制品是我国陶瓷宝库中的古老珍品，是我国古建筑中最具代表性和特色的部分，主要用于具有民族风格的房屋以及建筑园林中的亭台、楼阁等。在古建筑中，它的使用按照建筑形式和等级，有着严格的规定，在搭配、组装上也有极高的构造要求。

琉璃制品是以难熔黏土做原料，经配料、成型、干燥、素烧、表面涂以琉璃釉料后，再经烧制而成的。琉璃制品属于精陶瓷制品，颜色有金、黄、绿、蓝、青等。品种分为三类：瓦类（板瓦、筒瓦、沟头）、脊类和饰件类。

琉璃制品表面光滑、色彩绚丽、造型古朴、坚实耐用，富有民族特色。其彩釉不易剥落，装饰耐久性好，比瓷质饰面材料容易加工，且花色品种很多。

10.4.4 建筑玻璃

玻璃是以石英砂、纯碱、长石、石灰石等为主要原料，经 1550～1600 ℃高温熔融、成型、冷却、固化后得到的透明非晶态无机物。普通玻璃的化学组成主要是 SiO_2、Na_2O、K_2O、CaO 及少量 Al_2O_3、MgO 等，如在玻璃中加入某些金属氧化物、化合物，可制成各种具有特殊性能的玻璃。

普通清洁玻璃的透光率达 82%以上，为典型的脆性材料，在冲击力作用下易破碎；热稳定性差，急冷急热时易破裂；化学稳定性好，抗盐和酸侵蚀的能力强；表观密度较大，为 2450～2550 kg/m^3；导热系数较大，一般为 0.75～0.92 W/(m·K)。

建筑玻璃泛指平板玻璃及由平板玻璃制成的深加工玻璃，也包括玻璃空心砖和玻璃马赛克等玻璃类建筑材料。建筑玻璃按其功能一般分为以下几类：

（1）平板玻璃

这类玻璃主要利用其透光和透视特性，用作建筑物的门窗、橱窗及屏风等装饰。这一类玻璃制品包括普通平板玻璃、磨砂平板玻璃、磨光平板玻璃、花纹平板玻璃和浮法平板玻璃。

（2）饰面玻璃

这类玻璃主要利用其表面色彩图案花纹及光学效果等特性，用于建筑物的立面装饰和地坪装饰。

（3）安全玻璃

这类玻璃主要利用其强度高、抗冲击及破碎后不具有损伤人的危险性等特性，用于装饰建筑物安全门窗、阳台走廊、采光天棚、玻璃幕墙等。

（4）功能玻璃

这类玻璃一般是有吸热或反射热、吸收或反射紫外线、光控或电控变色等特性。

如在玻璃中加入着色氧化物或在玻璃表面喷涂氧化物膜层，则可制成吸热玻璃。研究表明，吸热玻璃颜色和厚度不同，对太阳的辐射热吸收程度也不同。6 mm 厚的蓝色吸热玻璃能挡住 40%左右的太阳辐射热。在玻璃表层镀覆金属膜或金属氧化物膜层可制成热反射玻璃。6 mm 厚的热反射玻璃能反射 67%左右的太阳辐射热。吸热玻璃和热反射玻璃可克服温、热带建筑物普通玻璃窗的暖房效应，减少空调能耗，能取得较好的节能效果；同时，能吸收紫外线，使刺目耀眼的阳光变得柔和，起到防眩的作用；具有一定的透明度，能清晰地观察室外景物，色泽经久不衰，能增强建筑物美感。

（5）玻璃砖

这一类是块状玻璃制品，主要用于屋面和墙面装饰，包括特厚玻璃、玻璃空心砖、玻璃锦砖、泡沫玻璃等。

10.4.5 建筑装饰涂料

涂饰于物体表面，能与基体材料很好黏结并形成完整而坚韧的保护膜的物料，称为涂料。涂料与油漆是同一概念，油漆是人们沿用已久的习惯名称，一直在建筑行业使用。涂料的作用可以概括为三个方面，即保护作用、装饰作用和特殊功能作用。涂料由主要成膜物质、次要成膜物质、稀释剂和助剂组成。

10.4.5.1　建筑装饰涂料组成

（1）主要成膜物质

主要成膜物质在涂料中主要起到成膜及黏结填料和颜料的作用，使涂料在干燥或固化后能形成连续的涂层。主要成膜物质的性质，对形成涂膜的坚韧性、耐磨性、耐候性、化学稳定性，以及涂膜的干燥方式（是常温干燥或是固化剂固化干燥等）起着决定性作用。主要成膜物质应具有较好的耐碱性，能常温固化成膜，具有较好的耐水性和良好的耐候性，以及所需材料来源广、资源丰富、价格便宜等特点。建筑涂料中常用的主要成膜物质有水玻璃、硅溶胶、聚乙烯醇、聚乙烯醇缩甲醛、丙烯酸树脂、环氧树脂、醋酸乙烯-丙烯酸酯共聚物、氯乙烯-偏氯乙烯共聚物、环氧树脂、聚氨酯树脂、氯磺化聚乙烯等。

（2）次要成膜物质

涂料的次要成膜物质是指涂料中所用的颜料和填料，它们也是构成涂膜的组成部分，并以微细粉状均匀地分散于涂料介质中，赋予涂膜以色彩、质感，使涂膜具有一定的遮盖力，减少收缩，还能增加膜层的机械强度，防止紫外线的穿透，提高涂膜的抗老化性、耐候性。次要成膜物质不能离开主要成膜物质而单独组成涂膜。常用的颜料应具有以下特点：①良好的耐碱性，因为建筑物墙面和地面多为水泥混凝土材料，属碱性物质；②较好的耐候性，因为建筑涂料常与大气接触，直接受到阳光、氧气与热的作用；③资源丰富、价格便宜；④无放射性污染，安全可靠。常用的颜料有氧化铁红、氧化铁黄、氧化铁绿、氧化铁棕、氧化铬绿、钛白、锌钡白、红丹、铝粉等。填料的主要作用在于改善涂料的涂膜性能，降低生产成本。填料主要是一些碱土金属盐、硅酸盐和镁、铝的金属盐等，主要有重晶石粉（$BaSO_4$）、轻质碳酸钙（$CaCO_3$）、重碳酸钙、滑石粉（$3MgO \cdot 4SiO_2 \cdot H_2O$）、硅灰石粉（$CaSiO_3$）、云母（$K_2O \cdot Al_2O_3 \cdot 6SiO_2 \cdot H_2O$）等。

（3）稀释剂

稀释剂为挥发性溶剂或水，主要起到溶解或分散基料、改善涂料施工性能等作用。稀释剂是一种能溶解油料、树脂，又易于挥发，能使树脂成膜的有机物质。它将油料、树脂稀释并能把颜料和填料均匀分散，调节涂料的黏度，使涂料便于涂刷、喷涂，在基体材料表面形成连续薄层。溶剂还可增加涂料的渗透力，改善涂料与基材的黏结能力，节约涂料用量等。

常用的溶剂有松香水、酒精、200号溶剂汽油、苯、二甲苯、丙醇等。这些有机溶剂都容易挥发有机物质，对人体有一定影响，需按相关国标进行限量。乳胶型涂料借助具有表面活性的乳化剂，以水为稀释剂，而不采用有机溶剂。

（4）助剂

助剂是为进一步改善或增加涂料的某些性能而加入的少量物质。通常使用的有增白剂、防污剂、分散剂、乳化剂、润湿剂、稳定剂、增稠剂、消泡剂、硬化剂和催干剂等。

涂料的技术性能包括物理力学性能和化学性能，主要有涂膜颜色、遮盖力、附着力、黏结强度、耐冻融性、耐污染性、耐候性、耐水性、耐碱性及耐刷洗性等。对不同类型的涂料，还有一些不同的特殊要求。

10.4.5.2 建筑装饰涂料分类

建筑涂料品种繁多，有多种分类方法，其中可按在建筑物上的使用部位的不同来分类。

（1）墙面涂料

分为外墙涂料和内墙涂料，内墙涂料可作为顶棚涂料。墙面涂料的作用是为了保护墙体和装饰墙体的立面，提高墙体的耐久性或弥补墙体在功能方面的不足。但有些内墙涂料会对室内环境造成污染，国家标准《建筑用墙面涂料中有害物质限量》（GB 18582—2020）对室内装饰装修用墙面涂料中对人体有害的物质做了规定。对外墙涂料的要求比对内墙涂料的更高些，因为外墙涂料的使用条件严格，保养更换也较困难。

墙面涂料应具有以下特点：色彩丰富、细腻、协调；耐碱性、耐水性好，且不易粉化；透气性和吸湿排湿性良好;涂刷施工方便,可手工作业,也可机械喷涂。

(2) 地面涂料

它对地面起装饰和保护作用,有的还有特殊功能,如防腐蚀、防静电等。地面涂料需有以下性能:较好的耐磨损性、良好的耐碱性、良好的耐水性、良好的抗冲击性,以及施工方便、重涂性能好。

(3) 防水涂料

形成的涂膜能防止雨水或地下水渗漏的涂料。用防水涂料来取代传统的沥青卷材,可简化施工程序,加快施工速度。防水涂料应具有良好的柔性、延伸性,使用中不应出现龟裂、粉化。

(4) 防火涂料

防火涂料又称阻燃涂料,它是一种涂刷在建筑物某些易燃材料表面上,能够提高易燃材料的耐火能力,为人们提供一定灭火时间的一类涂料。可分为钢结构防火涂料、木结构防火涂料和混凝土防火涂料。

(5) 特种涂料

它除具有保护和装饰作用外,还具有特殊功能,如卫生涂料、防静电涂料和发光涂料等。

【在线测试】

【思维导图与核心知识点】

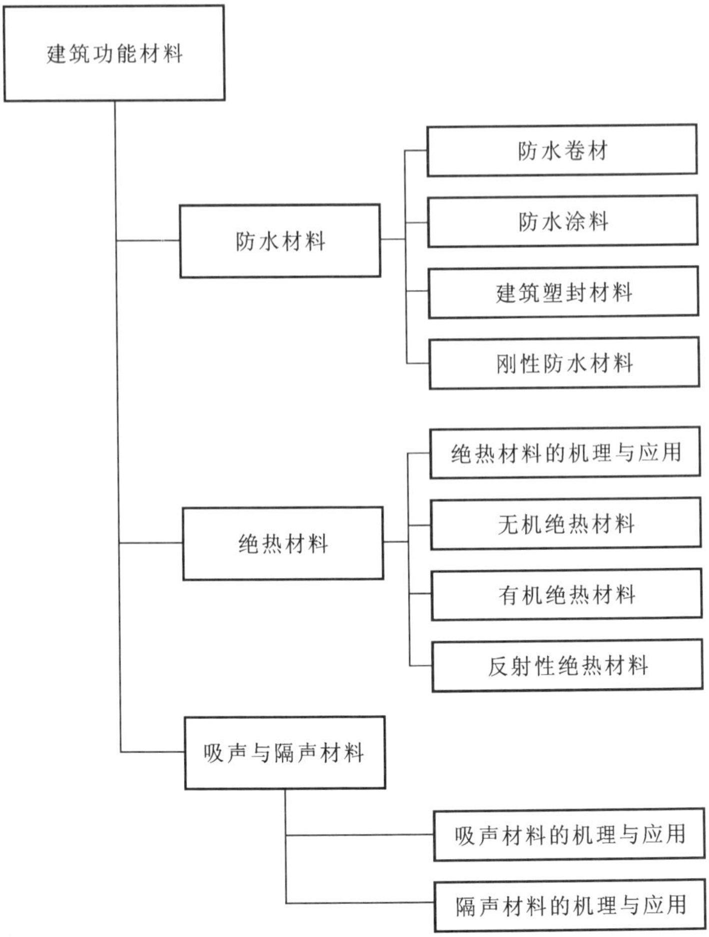

【延伸阅读】

生态环保型建筑功能基元材料

具有人性化设计、生态友好、空气无污染的人居环境一直是人们追求的目标。然而近年来，居室环境污染却越来越严重，在住宅和办公大楼等建筑物内，不断地出现建筑物综合征、建筑物关联症和化学物质过敏症等。如何消除或减少由于居室环境污染而造成的对人体健康的危害，研究和开发具有抗菌、净化有害气体、防氡(防辐射)、调温(调湿)、吸声隔热、医疗保健等功能的生态环保型建筑基元材料，已成为当前人们关注的焦点。

生态建筑功能基元材料是指符合生态学与环境学原理的环境协调功能性微集料。生态功能建筑基元材料从作用属性上看与功能材料相同，但功能材料的范围更大，包括功能制品与物质基本成分，而生态功能基元材料则类似材料的“基因”或“材料芯片”，是具有一种或多种功能的普通材料的基础功能组分，且具有生态性、环保性和健康性，属于功能材料的一部分，是构成大量功能材料的基元。

生态功能基元材料根据其具有的生态性，可划分为光催化净化功能基元材料、空气负离子保健功能基元材料、电磁屏蔽功能基元材料、抗菌(防霉、驱虫)功能基元材料、防氡(防辐射)功能基元材料、调温(调湿)功能基元材料、阻燃功能基元材料、远红外保健功能基元材料、导电(抗静电)功能基元材料、吸声隔热功能基元材料等。

生态功能基元材料将保护功能基材(防火、防水、防蚀)与环保功能基材(空气净化、节能、空气负离子)复合，将有益人体健康功能(抗菌、杀虫、防辐射、抗静电等)与环保功能(调温、调湿、空气净化)复合。利用复合化技术，制备多功能复合建筑功能材料，满足建筑材料功能多元化及人性化的要求。同时，在产品研发时，应最大限度地利用各类资源，尽量减少原材料的使用量和种类，特别是稀有昂贵的原材料；不使用有毒、有害的原材料；具有优良的环境协调性，即从产品生产、使用到废弃、再生利用的各个环节对环境造成的负荷都最低，使生态环保型建筑功能材料的发展符合LCA(life circle assessment)评估标准。

复习题与思考题

(1) 工程上常用的防水材料有哪几大类?

(2) SBS改性沥青防水卷材与APP改性沥青防水卷材的主要性质及用途是什么?

(3) 什么是绝热材料? 影响材料导热性的主要因素有哪些?

(4) 建筑上常用的吸声材料及其吸声结构有哪几种?

(5) 吸声材料和绝热材料在结构上有什么差别?

练 习 题

一、填空题

(1) 建筑防水材料可以分为________、________、________、刚性防水材料和瓦防水材料。

(2) 防水卷材分类按照组成材料分为________、________和________三大类。

(3) 隔声主要是指隔绝________声和隔绝________声。

(4) 由于大多数天然大理石的主要成分为________碱性物质,易与酸雨作用,降低装饰效果,所以除个别品种外,大理石不宜用于室外装修。

(5) 材料孔隙率越________,孔径越________,则吸声性能越好。

二、不定项选择题

(1) 建筑结构中,主要起吸声作用且吸声系数不小于(　　)的材料称为吸声材料。

A.0.1　　B.0.2　　C.0.3　　D.0.4

(2) 俗称的马赛克是指(　　)。

A.瓷质砖　　B.釉面砖　　C.陶瓷锦砖　　D.墙地砖

(3) 高聚物改性沥青防水卷材与沥青防水卷材相比,哪些性能改善了?(　　)

A.断裂延伸性　　B.低温柔韧性

C.耐高温性　　D.拉伸强度

(4) 下列关于绝热材料特征的叙述,错误的是(　　)。

A.有机材料导热系数小于无机材料

B.几乎所有的绝热材料都有较小的体积密度和较大的孔隙率

C.绝大多数绝热材料具有吸湿性

D.优良的绝热材料应具有连通、细小的空隙特征

11 土木工程材料试验

实验教学是建筑材料课程重要的教学环节，通过试验教学，验证基本理论，学习试验方法，培养学生的实践动手能力、科学研究能力和严谨的科学态度。

本章试验内容主要按照课程大纲并根据现行国家(或部颁)标准或其他规范、资料编写，主要包括水泥、集料、混凝土、砂浆、钢筋等主要建筑材料的试验。

材料基本性质的试验项目较多，对于各种不同材料及不同用途，测试项目及测试方法视具体要求而有一定差别。本章介绍土木工程中材料几种常用的物理性能试验方法。

课程思政

建筑材料试验是为了巩固学生所学各种常用建筑材料的理论知识并应用于工程实践，通过实验课程的训练，明确工程检测的重要性，使学生感受工匠精神和科学精神对职业发展的重要性和时代意义。引导学生爱岗敬业、忠诚担当，树立安全责任意识，避免在今后的职业生涯中因人为因素造成不可挽回的损失。

11.1 材料基本物理性质试验

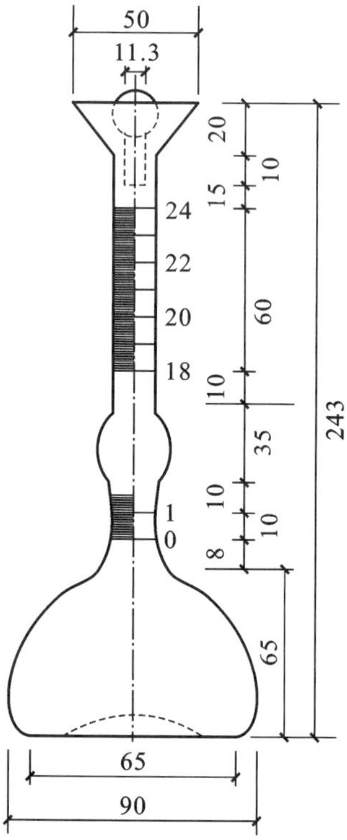

图 11.1 密度瓶

11.1.1 密度试验

(1) 试验目的

材料的密度是指材料在绝对密实状态下单位体积的质量，主要用来计算孔隙率和密实度，而材料的吸水率、强度、抗冻性及耐蚀性都与孔隙的大小及孔隙特征有关。

(2) 主要仪器设备

密度瓶(又名李氏比重瓶，图 11.1)、筛子(孔径 0.200 mm 或 900 孔/cm^3)、量筒、烘箱、干燥器、天平(感量为 0.01 g，称量 500 g)、温度计、漏斗、小勺等。

(3) 试验方法与步骤

① 将试样研磨，用筛子筛分除去筛余物，放于烘箱中(110±5) ℃烘至恒重。

② 将烘干的粉料放于干燥器中，冷却至室温待用。

③ 将李氏瓶中注入与试样不发生反应的液体至凸颈下部，记下刻度 V_1。

④ 用天平称取 60～90 g 试样，精确至 0.01 g。用小勺和漏斗

将试样送入李氏瓶中，直至液面上升至 20 mL 刻度左右，称取剩余试样质量，记为 m_2。

⑤ 用瓶内的液体将黏附在瓶颈和瓶壁的试样洗入瓶内液体中，摇动李氏瓶，使气泡逸出，记下液面刻度 V_2。

（4）试验结果计算及评定

按下式计算出密度 ρ（精确至 0.01 g/cm^3）：

$$\rho=\frac{m_1-m_2}{V_2-V_1} \tag{11.1}$$

式中 ρ——石粉密度（g/cm^3）；

m_1——试样总质量（g）；

m_2——剩余试样质量（g）；

V_1——李氏瓶中液体初始读数（mL）；

V_2——李氏瓶中液体第二次读数（mL）。

按规定，密度试验用两个试验平行进行，以其测试结果的算术平均值作为试验结果。两次测定的结果差值不应大于 0.02 g/cm^3，否则重新取样进行测定。

11.1.2 表观密度试验

（1）试验目的

表观密度是指材料在自然状态下单位体积的质量，即包括材料内部孔隙在内的单位体积的质量。利用表观密度可以估计材料的强度、吸水性及保温性，可用来计算材料的体积和结构物的质量。

（2）主要仪器

天平（称量 1000 g、感量 0.1 g）、游标卡尺（精度 0.1 mm）、烘箱、直尺（精度为 1 mm）等，如试样较大时可用台秤（称量 10 kg、感量 50 g）。

（3）试验步骤

① 将试件放入烘箱内，以 105～110 ℃的温度烘至恒重，然后放入干燥器中，冷却至室温备用。

② 用游标卡尺量出试件尺寸。

当试件为正方体或平行六面体时，以长、宽、高（a、b、c）各方向量上、中、下三处，各取三次平均值，计算体积：

$$V_0=\frac{a_1+a_2+a_3}{3}\times\frac{b_1+b_2+b_3}{3}\times\frac{c_1+c_2+c_3}{3}\quad(\text{cm}^3) \tag{11.2}$$

当试件为圆柱体时，以两个互相垂直的方向量直径，各方向量上、中、下三处，取六次的平均直径 d，以互相垂直的两直径与圆周交界的四点上量高度，取四次的平均高度 h，计算体积：

$$V_0=\frac{\pi d^2}{4}\times h\quad(\text{cm}^3) \tag{11.3}$$

③ 用天平或台秤称质量 m（g）。

（4）结果计算

① 按下式计算表观密度 ρ_0：

$$\rho_0=\frac{m}{V_0}\times 1000 \quad (\mathrm{kg/m^3}) \tag{11.4}$$

② 按规定以五次试验结果的平均值表示。

11.1.3 堆积密度试验

(1) 试验目的

堆积密度是指散粒材料(如水泥、砂、卵石及碎石等)在堆积状态下(包括颗粒内部的孔隙和颗粒间的空隙)单位体积的质量。它可以用来估算散粒材料的堆积体积及质量、估计材料级配情况等。

(2) 主要仪器

天平(称量 1000 g、感量 0.1 g)、标准容器、烘箱、干燥器、漏斗及钢尺等。

(3) 试验步骤

① 将试件放入烘箱内,以 105~110 ℃的温度烘至恒重,然后放入干燥器中,冷却至室温备用。

② 材料堆积密度的测定:称标准容器的质量(m_1),将散粒材料(试样)经过标准漏斗徐徐装入容器内,漏斗口距容器口 5 cm,待容器顶上形成锥形,将多余的材料用钢尺沿容器口中心向两个相反方向刮平,称容器和材料总质量(m_2)。

(4) 试验结果

按下式计算材料的堆积密度 ρ'_0(精确到 10 $\mathrm{kg/m^3}$):

$$\rho'_0=\frac{m_2-m_1}{V'_0} \tag{11.5}$$

式中 ρ'_0——堆积密度($\mathrm{kg/m^3}$);

m_2——标准容器质量(kg);

m_1——标准容器和试样质量(kg);

V'_0——标准容器体积($\mathrm{m^3}$)。

以两次试验结果的算术平均值作为测定值。

11.1.4 孔隙率和空隙率的计算

(1) 孔隙率的计算

孔隙率是指在材料体积内,孔隙体积所占的比例。

材料的孔隙率 P 按下式计算:

$$P=\frac{V_0-V}{V_0}=\left(1-\frac{\rho_0}{\rho}\right)\times 100\% \tag{11.6}$$

式中 ρ——材料的密度($\mathrm{g/cm^3}$);

ρ_0——材料的表观密度($\mathrm{g/cm^3}$)。

(2) 空隙率的计算

空隙率是指在某堆积体积中,散粒材料颗粒之间的空隙体积所占的比例。

材料的空隙率 P' 按下式计算：

$$P'=\frac{V_0'-V_0}{V_0'}=1-\frac{V_0}{V_0'}=\left(1-\frac{\rho_0'}{\rho_0}\right)\times 100\% \tag{11.7}$$

式中 ρ_0——材料的表观密度(g/cm^3 或 kg/m^3)；

ρ_0'——材料的堆积密度(g/cm^3 或 kg/m^3)。

11.2 水泥试验

11.2.1 一般规定

(1) 取样方法

以同一水泥厂按同品种、同标号、同期到达的水泥、不超过 400 t 为一个取样单位，不足 400 t 时也作为一个取样单位。取样应有代表性，可连续取，也可从 20 个以上不同部位抽取等量样品，总数至少 100 kg。

(2) 试验室条件

成型试验室的温度应保持在 17～25 ℃，相对湿度应大于 50%。养护箱或养护室温度应保持在(20±3) ℃，相对湿度应大于 90%。试验室空气温度和相对湿度及养护用水的温度在工作期间每天至少记录一次。

(3) 样品要求

① 当试验水泥从取样到试验要保持 24 h 以上时，应将其贮存在气密的金属容器中。容器应洁净、干燥、防潮、密闭、不易破损，且不与水泥发生反应。

② 仲裁试验或其他重要试验用蒸馏水，其他试验用水必须是洁净的淡水。

③ 水泥试样、中国 ISO 标准砂、拌和用水及试模等温度均应与试验室温度相同。

11.2.2 试验目的

(1) 通过试验，熟悉水泥的主要技术性质，掌握水泥净浆标准稠度用水量试验方法，为水泥的凝结时间、安定性试验提供用水量数据。

(2) 了解水泥凝结时间、水泥体积安定性、水泥细度试验方法，深入理解所学理论知识及其概念。

(3) 学会使用试验中的主要仪器设备。

11.2.3 试验内容

(1) 水泥细度测定(演示)。

(2) 水泥净浆标准稠度加水量测定(操作)。

11.2.4 水泥细度试验

细度可用透气式比表面仪或筛析法测定，这里主要介绍筛析法中的负压筛法、水筛法和手工干筛法。

(1) 负压筛法

① 主要仪器设备

负压筛析仪、天平等。

② 试验方法

筛析试验前，应把筛析仪放在筛座上，盖上筛盖，接通电源，检查控制系统，调节负压至4000～6000 Pa范围内，喷气嘴上口平面应与筛网之间保持2～8 mm的距离。

称取试样35 g，置于洁净的负压筛中，盖上筛盖，放在筛座上，开动筛析仪连续筛析2 min，此间若有试样附着在筛盖上，可轻轻地敲击，使试样落下。筛毕，用天平称取筛余物(精确至0.1 g)。

工作负压小于4000 Pa时，应清理吸尘器内水泥，使负压恢复正常。

(2) 水筛法

① 主要仪器设备

水筛、筛支座、喷头、天平、烘箱等。

② 试验方法

筛析试验前，应检查水中有无水泥、砂，调整好水压及水筛架位置，使其能够正常运转。喷头底面和筛网之间距离为35～75 mm。

水泥试样应充分拌匀，通过0.9 mm方孔筛，并记录筛余量。

称取水泥试样50 g，置于洁净的水筛中，立即用淡水冲洗至大部分细粉通过，将筛子放在水筛架上，用水压为(0.05±0.02)MPa的喷头连续冲洗3 min。

筛毕，用少量水把筛余物冲至蒸发皿中，待水泥颗粒全部沉淀后，小心倒出清水，烘干并用天平称量筛余物，精确到0.1 g，以其数乘2，即为筛余百分数，也就是水泥细度。

(3) 手工干筛法

① 主要仪器设备

主要设备为标准筛，采用方孔边长为0.08 mm的铜丝网筛布。筛框有效直径150 mm，高50 mm，筛布应紧绷在筛框上，接缝必须严密，并附有筛盖。

② 试验方法

称取烘干的试样50 g倒入干筛中。

用一只手将筛往复摇动，另一只手轻轻拍打，拍打速度为120次/min，期间每40次向同一方向转动60°，使试样均匀分布在筛网上，直至每分钟通过的试样量不超过0.05 g为止。称其筛余物，准确至0.1 g，以其克数乘2即为筛余百分数。

(4) 试验结果的计算与评定

水泥试样筛余百分数按下式计算(精确至0.10%)：

$$F=\frac{R_S}{W}\times 100\% \tag{11.8}$$

式中 F——水泥试样的筛余百分数(%)；

R_S——水泥筛余物的质量(g)；

W——水泥试样的质量(g)。

当负压筛法与水筛法或手工干筛法测定的结果发生争议时，以负压筛法为准。

(5) 试验筛的清洗

试验筛必须经常保持洁净，筛孔通畅。如果筛孔被水泥堵塞影响筛余量时，可用弱酸浸泡，用毛刷轻轻地刷洗，用淡水冲净、晾干。

11.2.5 水泥标准稠度用水量试验

(1) 试验目的

水泥的凝结时间和体积安定性都与用水量有很大关系，为了消除试验条件的差异而有利于比较，测定凝结时间和体积安定性时必须采用标准稠度的水泥净浆。本试验的目的就是测定水泥净浆达到标准稠度时的用水量，为测定水泥的凝结时间和体积安定性做好准备。

(2) 主要仪器设备

标准稠度测定仪(标准维卡仪)(图 11.2)、水泥净浆搅拌机、量水器、天平等。

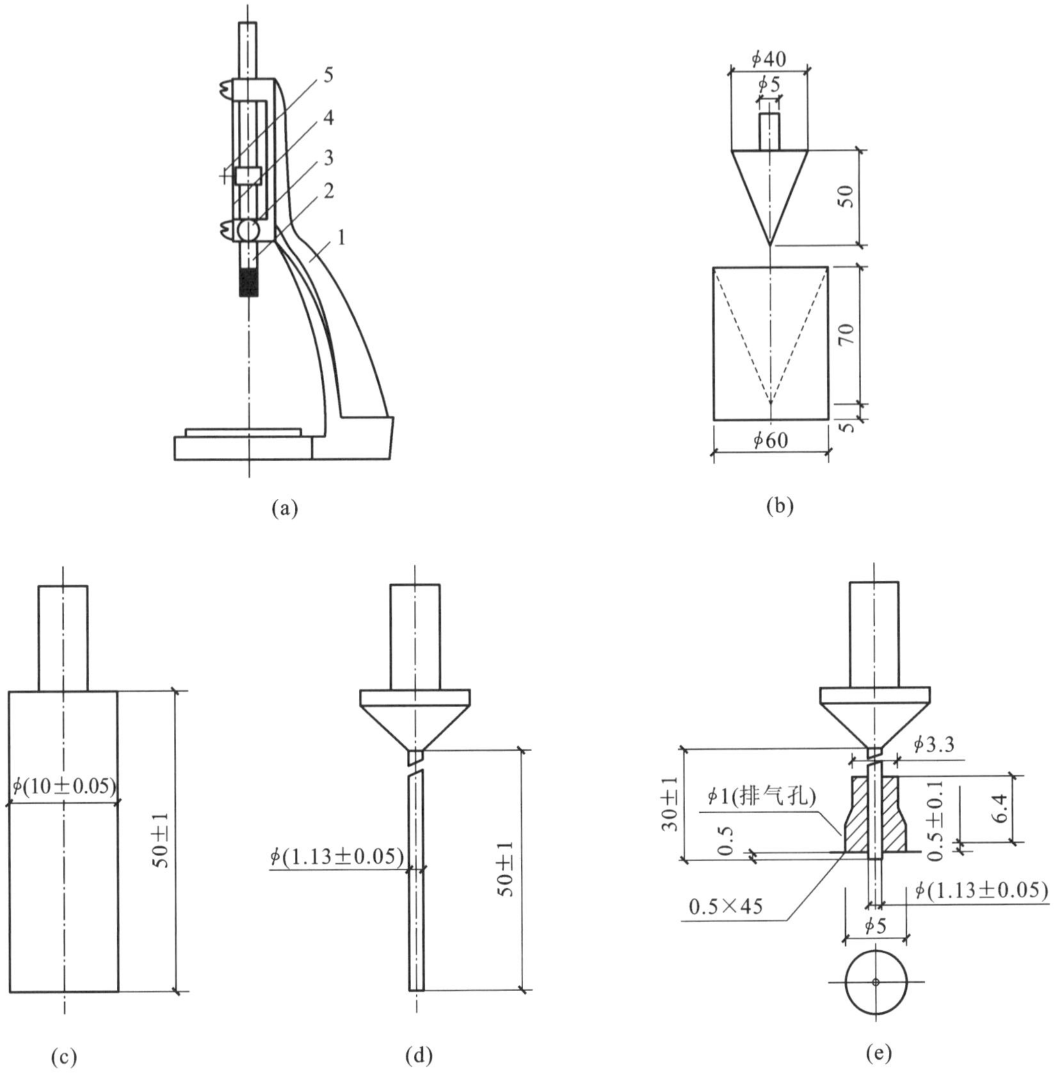

图 11.2 测定水泥标准稠度和凝结时间的维卡仪

(a)标准稠度测定仪；(b)试锥和试模；(c)标准稠度用试杆；(d)初凝用试针；(e)终凝用试针

1—铁座；2—金属棒；3—松动螺丝；4—标尺，5—指针

(3) 试验方法

标准稠度用水量可用调整水量和不变水量两种方法的任一种测定,发生争议时以调整水量法为准。

① 检查水泥净浆搅拌机运行是否正常。

② 测定前检查维卡仪,其金属棒应能自由滑动。试杆接触试模底玻璃板面时指针应对准零点。

③ 先用湿布将搅拌锅和搅拌叶片擦湿,将拌合水倒入搅拌锅内;然后,在 5～10 s 内小心地将称好的 500 g 水泥加入水中,防止水和水泥溅出;拌和时,先将锅放在搅拌机的锅座上,升至搅拌位置,启动搅拌机,低速搅拌 120 s,停 15 s,同时将叶片和锅壁上的水泥浆刮入锅中间,接着高速搅拌 120 s 停机。

④ 拌和结束后,立即将拌制好的水泥净浆装入已置于玻璃底板上的试模中,用小刀插捣,轻轻振动数次,刮去多余的净浆;抹平后迅速将试模和底板移到维卡仪上,并将其中心定在试杆下,降低试杆直至与水泥净浆表面接触,拧紧螺丝 1～2 s 后,突然放松,试杆垂直自由地沉入水泥净浆中。在试杆停止沉入或释放试杆 30 s 时,记录试杆距底板之间的距离,升起试杆后,立即将其擦净,整个操作应在搅拌后 1.5 min 内完成。

(4) 试验结果及评定

① 用调整水量方法测定时,以试锥下沉深度(28±2)mm 时的净浆为标准稠度净浆。其拌和用水量为该水泥的标准稠度用水量(P),按水泥的质量百分比计。如果下沉深度超出范围,须另称试样调整水量,重新试验,直至达到(28±2)mm 时为止。

② 用不变水量方法测定时,根据测得的试锥下沉深度 S(mm)按下式(或仪器上对应标尺)计算得到标准稠度用水量 P(%):

$$P = 33.4 - 0.185S \tag{11.9}$$

当试锥下沉深度小于 13 mm 时,应改用调整水量方法测定。

③ 试验结果记录格式见表 11.1。

表 11.1　试验结果记录格式表(1)

试样质量/g	用水量/g	试锥下沉深度/mm	标准稠度用水量/%

11.2.6　水泥凝结时间的测定

(1) 主要仪器

凝结时间测定维卡仪、试针、圆模(图 11.3),以及天平、量水器、水泥净浆搅拌机、养护箱等。

(2) 试验方法

① 测定前的准备工作:将圆模放在玻璃板上,在模内侧稍涂一层机油,并调整凝结时间测定仪,使试针接触玻璃板时,指针对准标尺零点。

② 称取水泥试样 500 g,用标准稠度用水量拌制成水泥净浆,立即一次装入圆模,振动数次后刮平,然后放入养护箱中,记录开始加水的时间作为凝结时间的起始时间。

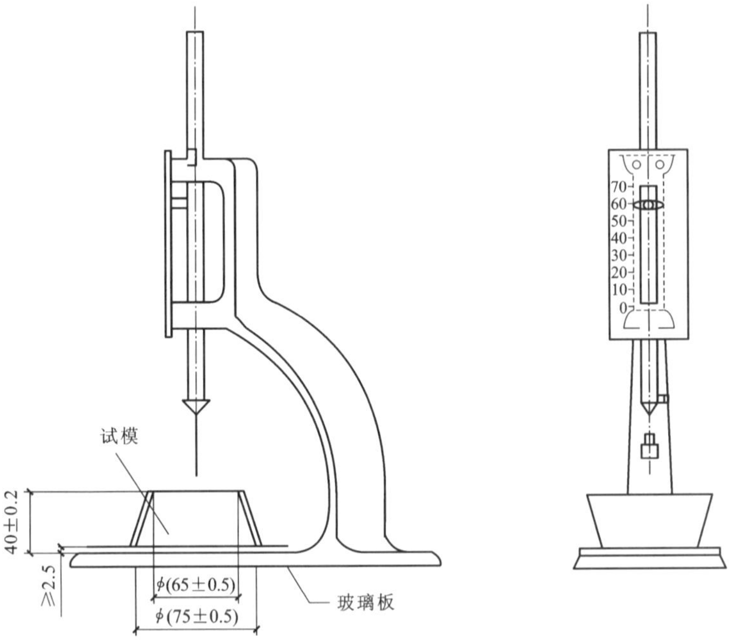

(a) (b)

图 11.3 水泥凝结时间测定仪

(a)终凝时间测定试模;(b)终凝时间测定图

③ 凝结时间的测定:试件在湿气养护箱中养护至加水后 30 min 进行第一次测定。测定时,从养护箱中取出圆模,放到试针下,使试针与净浆面接触,拧紧螺丝 1～2 s 后突然放松,试针垂直自由地沉入净浆,观察试针停止下沉或释放试针 30 s 时指针的读数。

④ 当试针沉至距离底板 2～3 mm 时,即为水泥的初凝时间,用小时(h)和分钟(min)表示。当下沉不超过 1～0.5 mm 时为水泥的终凝时间,用小时(h)和分钟(min)表示。

⑤ 完成初凝时测定后,立即将模连同浆体以平移的方式从玻璃板取下,翻转 180°,直径大端向上,小端向下放在玻璃板上,再放入养护箱中继续养护,临近终凝时间时每隔 15 min 测定一次,当试针沉入试体 0.5 mm 时,即环形附件开始不能在试体留下痕迹时,为水泥达到终凝状态,由水泥全部加入水中至终凝状态的时间为水泥的终凝时间,用“min”表示。

⑥ 测定时应注意,在最初测定的操作时应轻轻扶持金属棒,使其徐徐下降以防试针撞弯,但结果以自由下落为准;在整个测试过程中试针贯入的位置至少要距离圆模内壁 10 mm。临近初凝时,每隔 5 min 测定一次,临近终凝时每隔 15 min 测定一次,到达初凝或终凝状态时应立即重复测定一次,当两次结论相同时才能定为初凝或终凝状态。每次测定不能让试针落入原针孔,每次测定完毕须将试针擦净并将圆模放回养护箱内,整个测定过程要防止圆模受振。

(3) 试验结果的确定及评定

初凝时间是指由水泥加水时起,至试针沉入净浆中距离底板 2～3 mm 时,所需的时间即为初凝时间。终凝时间是指由水泥加水时起,至试针沉入净浆中不超过 0.5～1 mm 时,所需的时间称为终凝时间。到达初凝或终凝时,应立即重复测定一次,当两次结论相同时,才能判定为初凝或终凝状态。

评定方法为将测定的初凝和终凝时间,对照国家标准中各种水泥的技术要求,从而判定凝结时间是否合格。

(4) 试验结果记录格式(表 11.2)及试验结论

表 11.2　试验结果记录格式表(2)

加水拌和时间/min	测定时的时间/min	试针插入深度/mm	初凝时间/min	终凝时间/min

11.2.7　体积安定性试验

体积安定性试验可采用试饼法或雷氏夹法,当试验结果有争议时以雷氏夹法为准。试饼法是通过观察水泥净浆试饼沸煮后的外形变化来检验水泥的体积安定性;雷氏夹法是通过测定水泥净浆在雷氏夹中沸煮后的膨胀值测定。测定时要求采用标准稠度的水泥净浆进行,试验室温度为(20±2)℃,相对湿度大于 50%。

(1) 主要仪器设备

沸煮箱、雷氏夹(图 11.4)、雷氏夹膨胀值测量仪(图 11.5)、水泥净浆搅拌机、养护箱、量水器、天平、直尺、玻璃等。

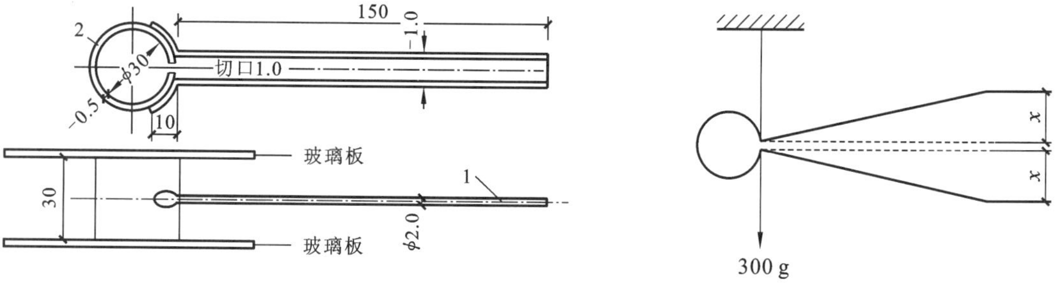

图 11.4　雷氏夹

1—指针;2—环模

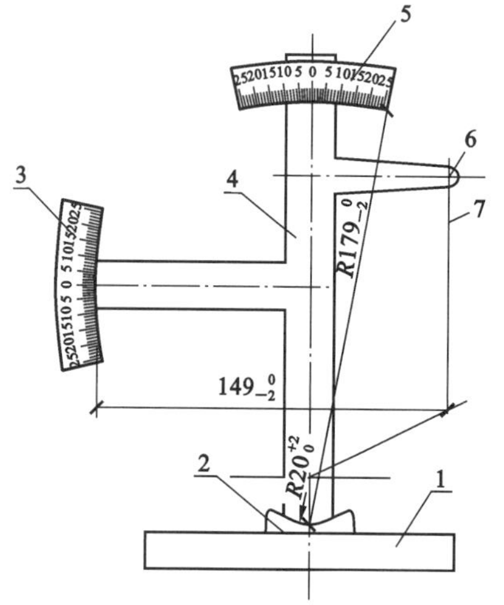

图 11.5　雷氏夹膨胀值测量仪

1—底座;2—模子座;3—测弹性标尺;4—立柱;5—测膨胀值标尺;6—悬臂;7—悬丝

(2) 试验方法与步骤

① 准备工作:若采用雷氏夹法,每个雷氏夹需配备质量为 75~80 g 的玻璃板两块;若采用试饼法,一个样品需准备两块约 100 mm×100 mm 的玻璃板。每种方法每个试样需成型两个试件。凡与水泥净浆接触的玻璃板和雷氏夹表面,都要稍稍涂上一层油。

② 称取水泥试样 500 g,用标准稠度用水量,按标准稠度测定时拌和净浆的方法制成水泥净浆,然后制作试件。

a. 试饼法样品制作:从制成的水泥净浆中取试样约 150 g,分成两等份,制成球形,放在涂过油的玻璃板上,轻轻振动玻璃板,并用湿布擦过的小刀由边缘向饼中央抹动,制成直径为 70~80 mm、中心厚约 10 mm、边缘渐薄、表面光滑的试饼,接着将试饼放入养护箱中,自成型时起,养护(24±2)h。

b. 雷氏夹法样品制作:将预先准备好的雷氏夹,放在已经擦过油的玻璃板上，并将已制好的标准稠度净浆装入试模，装模时一只手轻轻扶模，另一只手用宽约 10 mm 的小刀插捣 15 次左右，然后抹平，盖上稍稍涂油的玻璃板，接着立即将试模移到养护箱中，养护(24±2)h。

③ 调整好沸煮箱的水位，保证整个沸煮过程中都能没过试件，不需中途补充试验用水，同时又能保持(30±5)min 内加热至沸腾并恒沸 3 h±5 min。

④ 脱去玻璃板，取下试件。

a. 当采用试饼法时，先检查试饼是否完整，在试饼无缺陷的情况下，将取下的试饼置于沸煮箱内水中的篦板上，然后在(30±5)min 内加热至沸腾并恒沸 3 h±5 min。

b. 当采用雷氏夹法时，先测量试件指针尖端间的距离(A)，精确至 0.5 mm，接着将试件放入沸煮箱水中篦板上，指针朝上，试件之间互不交叉，然后在(30±5)min 内加热至沸腾并恒沸 3 h±5 min。

c. 煮毕，将水放出，待箱内温度冷却至室温时，取出检查。

(3) 结果评定

试饼法评定：目测试饼，若未发现裂缝，再用直尺检查也没有弯曲时，则水泥体积安定性合格，反之为不合格。当两个试饼有矛盾时，为体积安定性不合格。

雷氏夹法评定：测量试件指针尖端之间的距离(C)，精确至小数点后一位。当两个试件煮后增加距离($C-A$)的平均值不大于 5.00 mm 时，即体积安定性合格，反之为不合格。当两个试件煮后增加距离($C-A$)相差超过 4 mm 时，应用同一样品立即重做一次试验。

11.2.8 水泥胶砂强度检验

掌握水泥胶砂强度的试验方法，测定水泥在规定龄期的抗压强度和抗折强度，确定水泥的强度等级。

(1) 试验条件

试件成型试验室温度应保持在(20±2)℃，相对湿度应不低于 50%。试件带模养护的养护箱或雾室温度应保持在(20±2)℃，相对湿度应不低于 90%。试件养护池水温度应保持在(20±1)℃范围内。

(2) 主要仪器设备

行星式水泥胶砂搅拌机(图 11.6)、水泥胶砂试件成型振实台(图 11.7)、40 mm×40 mm 水泥抗压夹具、水泥胶砂试模(图 11.8)、抗折试验机、抗压试验机、播料器、刮平直尺、天平、量水器等。

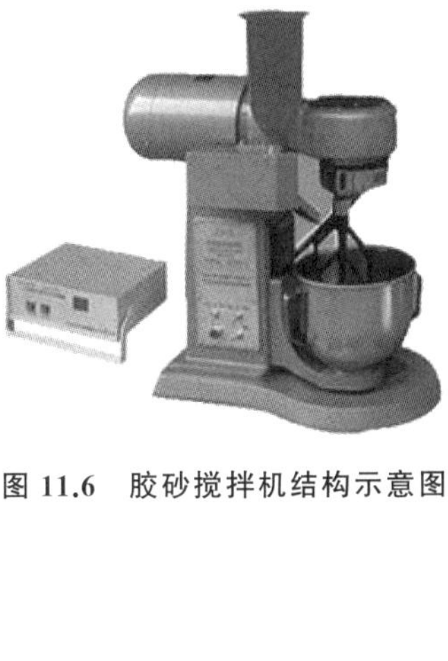

图 11.6 胶砂搅拌机结构示意图

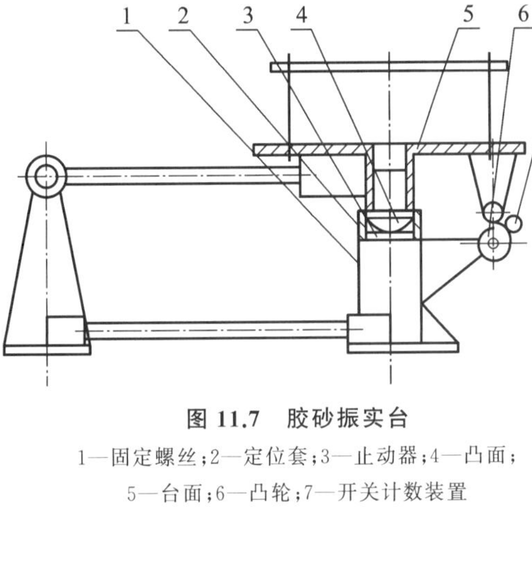

图 11.7 胶砂振实台

1—固定螺丝；2—定位套；3—止动器；4—凸面；5—台面；6—凸轮；7—开关计数装置

(a)

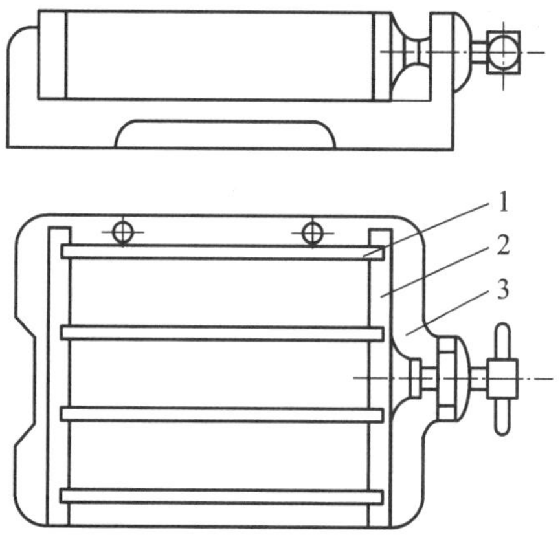

(b)

图 11.8　水泥胶砂强度检验试模及其构造

1—隔板;2—端板;3—底板

(3) 试件成型

① 将试模擦净,四周模板与底座的接触面上应涂黄油,紧密装配,防止漏浆,内壁均匀刷一薄层机油。

② 以标准稠度用水量按测定标准稠度时拌和净浆的方法制成净浆。

③ 配合比:水泥∶ISO 标准砂∶水=1∶3.0∶0.5。

④ 搅拌:

a. 把水加入搅拌锅内,再加入水泥,把锅放在固定架上,上升至固定位置。

b. 然后立即开动搅拌机,低速搅拌 30 s 后,在第二个 30 s 开始的同时均匀地将砂加入,把机器转至高速再拌 30 s。

c. 停拌 90 s,在第一个 15 s 内用一胶皮刮具将叶片和锅壁上的胶砂刮入锅中间。在高速下继续搅拌 60 s 后,停机取下搅拌锅。

d. 各个搅拌阶段,时间误差应在±1 s 内。将黏在叶片上的胶砂刮下。

⑤ 成型:胶砂制备后立即进行成型。将空试模和模套固定在振实台上,用勺子直接从搅拌锅中将胶砂分两层装入试模。装第一层时,每个槽里约放 300 g 胶砂,用大播料器垂直架在模套顶部沿每个模槽来回一次将料层播平,接着振实 60 次。再装入第二层胶砂,用小播料器播平,再振实 60 次。移走套模,从振实台上取下试模,用一金属直尺以近似 90°的角度架在试模顶的一端,然后沿试模长度方向以横向锯割动作慢慢移向另一端,一次将超过试模部分的胶砂刮去,并用同一直尺以近乎水平的状况将试体表面抹平。

⑥ 在试模上做好标记后,立即放入湿气养护箱或雾室进行养护。

⑦ 脱模与养护:

a. 去掉留在模子四周的胶砂。立即将做好标记的试模放入雾室或养护箱的水平架子上养护,湿空气应能与试模各边接触。养护时,不应将试模放在其他试模上,一直养护到规定的脱模时间时,取出脱模。脱模前,用防水墨汁对试体进行编号,对于两个龄期以上的试体,在编号时应将同一试模中的三个试件分在两个以上龄期内。脱模应非常小心,可用塑料锤或橡皮榔头对试件脱模。

b. 试件脱模后立即水平或垂直放入水槽中养护,养护水温度为(20±1)℃,试件之间应留有间隙,养护期间试件之间或试件上表面的水深不得小于 5 mm。每个养护池只能养护同类型的水泥试件。

(4) 强度测定

① 抗折强度测定

a. 每龄期取出三个试件先做抗折强度测定。测定前须擦去试件表面的水分和砂粒,清除夹具上圆柱表面黏着的杂物。试件放入抗折夹具内,应使试件侧面与圆柱接触。

b. 试件长轴垂直于支撑圆柱,通过加荷圆柱以(50±10)N/s 的速率均匀地将荷载垂直地加在棱柱体相对侧面上,直至折断。

c. 保持两个半截棱柱体处于潮湿状态直至抗压试验。

d. 抗折强度按下式计算(计算至 0.1 MPa):

$$R_f=\frac{1.5F_tL}{b^3} \tag{11.10}$$

式中 R_f——单个试件抗折强度(MPa);

F_t——折断时施加于棱柱体中部的荷载(N);

L——支撑圆柱之间的距离(mm);

b——棱柱体正方形截面的边长(mm)。

e. 以一组三个试件测定值的算术平均值作为抗折强度的试验结果(精确至 0.1 MPa)。当三个强度值中有一个超出平均值±10%时,应剔除后再取平均值作为抗折强度试验结果。

② 抗压强度测定

a. 抗折强度测定后的两个断块应立即进行抗压强度测定。抗压强度测定须用抗压夹具进行,使试件受压面积为 40 mm×40 mm。测定前应清除试件受压面与加压板间的砂粒或杂物。测定时以试件侧面作为受压面,并使夹具对准压力机压板中心。

b. 在整个加荷过程中以(2400±200)N/s 的速率均匀地加荷,直至试件破坏。

c. 抗压强度 R_c 以 N/mm^2(MPa)为单位,按下式计算(精确至 0.1 MPa):

$$R_c=\frac{F_c}{A} \tag{11.11}$$

式中 F_c——试件破坏时的最大荷载(N);

A——试件受压部分面积,即 40 mm×40 mm=1600 mm^2。

11.3 混凝土用集料试验

11.3.1 取样方法

(1) 细集料的取样方法和数量

细集料的取样应按批进行,每批总量不宜超过 400 m^3 或 600 t。

在料堆上取样时，取样部位应均匀分布。取样前先将取样部位表面铲除，然后从不同部位随机抽取大致等量的 8 份，组成一组样品。

单项试验的最少取样量应符合表 11.3 的规定，若同时进行几项试验，如能保证试样经一项试验后不致影响另一项试验的结果，可用同一试样进行几项不同的试验。

表 11.3　单项试验所需试样的最少取样量

序号	试验项目	最少取样量/kg
1	颗粒级配	4.4
2	含泥量	4.4
3	泥块含量	20.0
4	亚甲蓝值与石粉含量	6.0
5	云母含量	0.6
6	轻物质含量	3.2
7	有机物含量	2.0
8	硫化物及硫酸盐含量	0.6
9	氯化物含量	4.4
10	贝壳含量	9.6
11	坚固性	8.0
12	压碎指标	20.0
13	片状颗粒含量	4.4
14	表观密度	2.6
15	松散堆积密度及空隙率	5.0
16	碱-集料反应	20.0
17	放射性	6.0
18	含水率和饱和面干吸水率	4.4

试验时采用人工四分法分别缩取各项试验所需的数量：将所取每组试样在自然状态下置于平板上拌和均匀，并堆成厚度约为 20 mm 的圆饼。然后沿互相垂直的两条直径把圆饼分成大致相等的四份，取其对角的两份重新拌匀，再堆成圆饼，重复上述过程，直至缩分后的材料料量略多于进行该项试验所需的量为止。试样缩分也可用分料器进行。堆积密度、机制砂坚固性试验所用试样可不经缩分，在拌匀后直接进行试验。

（2）粗集料的取样方法和数量

粗集料的取样也按批进行，每批总量不宜超过 400 m^3 或 600 t。

在料堆上取样时，取样部位应均匀分布。取样前先将取样部位表层铲除，然后从不同部位随机抽取大致等量的石子 15 份。抽取时，应在料堆的顶部、中部和底部均匀分布的 15 个不同部位取样，组成一组样品。进行各项试验的每组试样应不小于表 11.4 规定的最少取样量。

表 11.4 单项试验所需试样的最少取样量 单位:kg

序号	试验项目	最大粒径/mm							
		9.5	16.0	19.0	26.5	31.5	37.5	63.0	≥75.0
1	颗粒级配	9.5	16.0	19.0	25.0	31.5	37.5	63.0	80.0
2	卵石含泥量、碎石泥粉含量	8.0	8.0	24.0	24.0	40.0	40.0	80.0	80.0
3	泥块含量	8.0	8.0	24.0	24.0	40.0	40.0	80.0	80.0
4	针、片状颗粒含量	1.2	4.0	8.0	12.0	20.0	40.0	40.0	40.0
5	不规则颗粒含量	8.0	16.0	16.0	24.0	40.0	80.0	80.0	80.0
6	有机物含量	按试验要求的粒级和质量取样							
7	硫化物及硫酸盐含量								
8	坚固性								
9	岩石抗压强度	选择有代表性的完整石块,按试验要求锯切或钻取成试验用样品							
10	压碎指标	按试验要求的粒级和质量取样							
11	表观密度	8.0	8.0	8.0	8.0	12.0	16.0	24.0	24.0
12	堆积密度及空隙率	40.0	40.0	40.0	40.0	80.0	80.0	120.0	120.0
13	吸水率	8.0	8.0	16.0	16.0	16.0	24.0	24.0	32.0
14	碱-集料反应	20.0	20.0	20.0	20.0	20.0	20.0	20.0	20.0
15	放射性	10.0	10.0	10.0	10.0	10.0	10.0	10.0	10.0
16	含水率	16.0	16.0	16.0	16.0	16.0	16.0	16.0	16.0

试验时,将所取样品置于平板上,在自然状态下拌和均匀,并堆成堆体,然后沿互相垂直的两条直径把堆体平均分成四份,取其对角的两份重新拌匀,再堆成堆体,重复上述过程,直至把样品缩分到试验所需量为止。堆积密度试验所用试样可不经缩分,在拌匀后直接进行试验。

11.3.2 集料筛分析试验

集料筛分析试验所需筛的规格可根据需要选用相应筛孔尺寸的圆孔筛或方孔筛。一般情况,可使用如下筛孔尺寸的系列试验套筛:

圆孔筛系列筛孔直径(mm):100、80、63、50、40、31.5、25、20、16、10、5、2.5;

方孔筛系列筛孔直径(mm):100、75.0、63.0、53.0、37.5、31.5、26.5、19.0、16.0、13.2、9.5、4.75、2.36、1.18、0.6、0.3、0.15、0.075;

细集料套筛:包括孔径为 10.0 mm、5.00 mm、2.50 mm 的圆孔筛和孔径为 1.25 mm、0.630 mm、0.315 mm、0.160 mm 的方孔筛。

(1) 细集料的筛分析试验

① 主要仪器设备

天平(量程不小于 1000 g,分度值不大于 1 g)、摇筛机、烘箱[温度控制在(105±5) ℃]、试验筛(规格为 0.15 mm、0.30 mm、0.60 mm、1.18 mm、2.36 mm、4.75 mm、9.50 mm)、浅盘、毛

刷等。

② 试样制备

样品经缩分后，先将试样筛除大于 9.50 mm 的颗粒，并记录其筛余百分率。如果试样含泥量超过 5%，应先用水洗烘干至恒重再进行筛分。取每份不小于 550 g 的试样两份，分别倒入两个浅盘中，置于烘箱中在(105±5)℃下烘干至恒重，冷却至室温后备用。

③ 试验步骤

a. 将试验筛由上至下按孔径大小顺序叠置，加底盘。

b. 称取烘干试样 500 g(精确至 1 g)，倒入最上层 4.75 mm 筛内，加盖后，置于摇筛机上摇筛约 10 min。

c. 将整套筛从摇筛机上取下，按孔径大小顺序在洁净的浅盘上逐个进行手筛，至每分钟的筛出量不超过试样总量的 0.1%。通过的颗粒并入下号筛中，并与下号筛中试样一起过筛，每个筛依次全部筛完为止。如无摇筛机，也可用手筛。如试样为特细砂，在筛分时应增加 0.08 mm方孔筛一只。

d. 称量各号筛上的筛余量(精确至 1 g)。筛分后，当每号筛的筛余量与筛底的剩余量之和同原试样质量之差超过 1%时，应重新试验。

试样在各号筛上的筛余量均不得超过下式的量：

$$\mathrm{m_r}=\frac{A\sqrt{d}}{200} \tag{11.13}$$

式中 m_r——在一个筛上的筛余量(g)；

d——筛孔尺寸(mm)；

A——筛面面积(mm^2)；

200——换算系数。

否则应将筛余试样分成两份，再次进行筛分，并以其筛余量之和作为该号筛的筛余量。

④ 试验结果计算及评定

分计筛余百分率——各号筛上的筛余量除以试样总质量的百分率(精确至 0.1%)。

累计筛余百分数——该号筛上的分计筛余百分率与大于该号筛的各号筛上的分计筛余百分率之总和(精确至 0.1%)。

根据各筛的累计筛余百分率，绘制筛分曲线，评定颗粒级配。

计算细度模数 M_x(精确至 0.01)：

$$M_x=\frac{A_2+A_3+A_4+A_5+A_6-5A_1}{100-A_1} \tag{11.14}$$

式中 A_1至A_6——筛孔直径 5.00～0.160 mm 筛上累计筛余百分率。

筛分析筛余应采用两个筛余进行平行试验，并以其试验结果的算术平均值作为最后结果。如果两次筛余所得细度模数之差大于 0.20，应重新进行试验。

(2) 粗集料的筛分析试验

① 主要仪器设备

试验筛、托盘天平或台秤、烘箱、浅盘等。

② 试样制备

试验所需的试样量按最大粒径应不少于表11.5的规定。用四分法把试样缩分到略重于试验所需的量，烘干或风干后备用。

表11.5 粗集料筛分析试验所需试样最少量

最大粒径/mm	10.0	16.0	20.0	25.0	31.5	40.0	63.0	80.0
筛分析试样质量/kg	2.0	3.2	4.0	5.0	6.3	8.0	12.6	16.0

③ 试验步骤

a. 称量并记录烘干或风干的试样质量。

b. 按要求选用所需筛孔直径的一套筛，并按孔径从大到小顺序叠置。将试样按孔径大小顺序过筛，直至每分钟的通过量不超过试样总量的0.1%。但在筛分过程中，应注意每号筛上的筛余层厚度应不大于试样最大粒径的尺寸；如超过此尺寸，应将该号筛上的筛余分成两份，分别进行筛分，并以其筛余量之和作为该号筛的筛余量。当试样粒径大于19.0 mm时，筛分时允许用手拨动试样颗粒，使其通过筛孔。

c. 称取各筛上的筛余量，精确至试样总质量的0.1%。所有分计筛余量和筛底剩余的总和与筛分前测定的试样总量相比，其相差不得超过1%，否则应重新试验。

④ 试验结果计算及评定

计算分计筛余百分率（各号筛上筛余量除以试样总质量的百分数，精确至0.1%）和累计筛余百分率（该号筛上分计筛余百分率与大于该号筛的各号筛上的分计筛余百分率之总和，精确至1%）。计算方法同细集料的筛分析试验。根据各筛号上的累计筛余百分率，评定试样的颗粒级配，应满足国家规范规定的粗集料颗粒级配范围要求。

11.3.3 细集料近似密度（视密度）试验（标准法）

(1) 主要仪器设备

托盘天平（称量1 kg，感量1.0 g）、容量瓶（500 mL）、烘箱、干燥器、温度计、料勺等。

(2) 试样制备

将缩分至约660 g的试样在（105±5）℃烘箱中烘至恒重，并在干燥器中冷却至室温后分成两份试样备用。

(3) 试验步骤

① 称取烘干试样300 g（m_0），精确至0.1 g，装入盛有半瓶冷开水的容量瓶中，注水至接近500 mL，摇动容量瓶，使试样充分搅动以排除气泡，塞紧瓶塞。

② 静置24 h后打开瓶塞，用滴管加水至容量瓶500 mL刻度处。塞紧瓶塞，擦干瓶外水分，称其质量（m_1），精确至0.1 g。

③ 倒出容量瓶中的水和试样，清洗瓶内外，再注入与上项水温相差不超过2 ℃的冷开水至瓶颈刻线。塞紧瓶塞，擦干瓶外水分，称其质量（m_2）。

试验过程中应测量并控制水温。各项称量可以在15～25 ℃的温度范围内进行。从试样加水静置的最后2 h起直至试验结束，其温差不应超过2 ℃。

(4) 试验结果计算及评定

近似密度（视密度）ρ_{as}应按下式计算（精确至10 kg/m^3）：

$$\rho_{as}=\left(\frac{m_0}{m_0+m_2-m_1}-\alpha_t\right)\times 1000 \quad (kg/m^3) \tag{11.15}$$

式中 m_1——瓶、试样和水总质量(g)；

m_2——瓶、水总质量(g)；

m_0——烘干试样质量(g)；

α_t——水温对水相对密度修正系数，见表 11.6。

表 11.6 不同水温下碎石或卵石的表观密度温度修正系数

水温/℃	15	16	17	18	19	20	21	22	23	24	25
α_t	0.002	0.003	0.003	0.004	0.004	0.005	0.005	0.006	0.006	0.007	0.008

近似密度以两次测定结果的算术平均值作为最后结果。如果两次结果之差大于 200 kg/m^3，应重新取样进行试验。

11.3.4 粗集料近似密度(视密度)试验(简易方法)

测定石子的视密度，作为评定石子的质量和混凝土用石的技术依据。试验时各项称量可在 15～25 ℃的温度范围内进行，但从试样加水静置的最后 2 h 起，直至试验结束，其温度相差不应超过 2 ℃。

(1) 主要仪器设备

广口瓶(1000 mL)、天平、烘箱、筛子、带盖容器、浅盘、毛巾、刷子、玻璃片等。

(2) 试样制备

将试样筛除 5 mm 以下的颗粒，用四分法缩分至不少于 2 kg，洗刷干净后，分成两份备用。

(3) 试验方法与步骤

① 将试样浸水饱和后，装入广口瓶中。装试样时，广口瓶应倾斜放置，然后注入饮用水并用玻璃片覆盖瓶口，上下左右摇晃以排除气泡。

② 气泡排尽后，向瓶中添加饮用水，直至水面凸出瓶口边缘，然后用玻璃片沿瓶口迅速滑行，使其紧贴瓶口水面。擦干瓶外水分后，称取瓶、水、试样和玻璃片的总质量(m_1)。

③ 将瓶中的试样倒入浅盘中，置于(105±5)℃的烘箱中烘至恒重，取出放于带盖的干燥器中冷却至室温，称取试样的质量(m_0)。

④ 将瓶洗净，重新注满饮用水，用玻璃片紧贴瓶口水面，擦干瓶外壁水分，称取质量(m_2)。

(4) 试验结果的计算及评定

试样的表观密度按下式计算(精确至 100 kg/m^3)：

$$\rho_0=\left(\frac{m_0}{m_0+m_2-m_1}-\alpha_t\right)\times 1000 \quad (kg/m^3) \tag{11.16}$$

式中 m_0——试样的烘干质量(g)；

m_1——试样、水、瓶和玻璃片的总质量(g)；

m_2——水、瓶和玻璃片的总质量(g)；

α_t——考虑称量时的水温对表观密度影响的修正系数，见表 11.6。

按规定，表观密度应用两份试样测定两次，并以两次试验结果的算术平均值作为最后结果。如果两次测定结果的差值大于 0.02 g/cm^3时，应重新取样试验。对于颗粒材质不均匀的试样，如两次结果的差值大于 0.02 g/cm^3时，可取四次测定结果的算术平均值。

11.3.5 细集料堆积密度试验

(1) 试验目的

掌握材料堆积密度的测定方法，加深对土木工程材料有关概念的理解。

(2) 主要仪器设备

标准容器(容积为 1 L)、标准漏斗、台秤、铝制料勺、烘箱、直尺等。

(3) 试样制备

用浅盘取试样约 5 kg，在温度为(105±5)℃的烘箱内烘至恒重，取出冷却至室温，分为大致相等的两份待用。

(4) 试验方法与步骤

① 称取标准容器的质量(m_1)。

② 将试样装入漏斗中，打开底部活动门，使试样流入容量筒中。也可以用料勺向容量筒中装试样，漏斗出料口或料勺距容量筒口应为 50 mm 左右。

③ 试样装满并超出容量筒口后，用直尺将多余的试样沿筒口中心线向两边刮平，称取其质量(m_2)。

(5) 试验结果的计算及评定

试样的堆积密度 ρ_0' 按下式计算(精确至 0.01 kg/m^3)：

$$\rho_0' = \frac{m_2 - m_1}{V_0'} \tag{11.17}$$

式中 m_1——标准容器的质量(kg)；

m_2——标准容器和试样的总质量(kg)；

V_0'——标准容器的容积(L)。

按规定，堆积密度应用两份试样测定两次，以两次测定结果的算术平均值作为最后结果。

11.3.6 粗集料堆积密度试验

(1) 试验目的

测定石子的堆积密度，作为混凝土配合比设计和一般使用的依据。

(2) 主要仪器设备

案秤，称量 50 kg、感量 50 g 及称量 100 kg、感量 100 g 各一台，容量筒(规格容积见表 11.7)、平头铁锹、烘箱、磅秤等。

表 11.7 容量筒的规格要求

碎石或卵石的最大粒径/mm	容量筒容积/L	容量筒规格/mm		筒壁厚度/mm
		内径	净高	
9.5、16.0、19.0、26.5	10	208	294	2
31.5、37.5	20	294	294	3
53.0、63.0、75.0	30	360	294	4

(3) 试样制备

用四分法缩取不少于表中规定数量的试样放于浅盘中，并置于(105±5)℃的烘箱中烘干，拌匀后分成大致相等的两份待用。

(4) 试样方法与步骤

① 称取容量筒质量 m_1(kg)。

② 取一份试样放于平整干净的混凝土地面或铁板上，用铁锹铲起试样，使石子在距离容量筒上口大约 5 cm 处自由落至容量筒的高度约 50 mm 筒内。装满后除去凸出筒口表面的颗粒并以适合大小的颗粒填充凹陷的空隙，并应使表面凸起部分和凹陷部分的体积基本相等。

③ 称取容量筒及其中试样的总质量 m_2(kg)。

(5) 试验结果的计算及评定

试样的堆积密度 ρ'_0 按下式计算(精确至 0.01 kg/m^3)

$$\rho'_0=\frac{m_2-m_1}{V'_0} \tag{11.18}$$

式中 m_1——容量筒的质量(kg)；

m_2——容量筒和试样的总质量(kg)；

V'_0——容量筒的容积(L)。

按规定堆积密度应用两份试样测定两次且以两次测定结果的算术平均值作为最后结果。

11.3.7 集料含水率试验

测定集料的含水率，作为调整混凝土配合比和施工称料的依据。

集料的含水率试验有标准法和快速法。

(1) 标准法

① 主要仪器设备

天平(量程不小于 1 kg、分度值不大于 0.1 g，用于细集料)或台秤(量程不小于 10 kg、分度值不大于 0.1 g)、烘箱、浅盘等。

② 试验步骤

a. 如果是细集料，由样品中取质量约 500 g 的试样两份备用。如果是粗集料，按表 11.8 所要求的数量抽取试样，拌匀后平均分为两份备用。

表 11.8 粗集料含水率试验取样量

最大粒径/mm	10	16	20	25	31.5	40	63	80
取样数量/kg	2	2	2	2	3	3	3	4

b. 称取一份试样的质量，精确至 0.1 g，记为 m_1，将试样倒入浅盘中，放在烘箱中于(105±5)℃烘干至恒重。

c. 烘干试样冷却后，再称出其质量，精确至 0.1 g，记为 m_2。

③ 试验结果计算及评定

集料的含水率 W_s 按下式计算(精确至 0.10%)：

$$W_s=\frac{m_2-m_1}{m_1}\times 100\% \tag{11.19}$$

式中 m_1——未烘干的试样质量(g)；

m_2——烘干后的试样质量(g)。

含水率以两次测定结果的算术平均值作为测定值。

11.4 普通混凝土性能试验

11.4.1 拌合物试验拌和方法

(1) 一般规定

① 混凝土工程施工中取样进行混凝土试验时，其取样规范和原则应按现行《普通混凝土拌合物性能试验方法标准》(GB/T 50080—2016)、《混凝土物理力学性能试验方法标准》(GB/T 50081—2019)进行。原材料应符合技术要求，并与实际施工材料相同，拌和前材料温度应与室温相同[宜(20±5)℃]。水泥如有结块，应过 64 孔/cm^2 筛过筛，筛余团块不得使用。

② 拌制混凝土的材料用量以质量计。称量的精确度：集料为±1%，水、水泥和混合材料、外加剂为±0.5%。

③ 砂、石集料质量以干燥状态为基准。

(2) 主要仪器设备

混凝土搅拌机(容量 75～100 L，转速 18～22 r/min，如图 11.9 所示)、磅秤(称量 50 kg、感量 50 g)、天平(称量 5 kg、感量 1 g)、量筒(200 cm^3，1000 cm^3)、拌铲、拌板(平面尺寸为 1.5 m×2 m 左右)、盛器等。

图 11.9 混凝土搅拌机

(3) 拌和方法

① 人工拌和

每盘混凝土拌合物最小拌量应符合表 11.9 的规定。

表 11.9 混凝土拌合物最小拌量

集料最大粒径/mm	拌合物量/L
31.5 及以下	15
40	25

a. 按所定配合比计算每盘混凝土各材料用量后备料。

b. 将拌板和拌铲用湿布湿润后，把称好的砂倒在铁拌板上，然后加水泥，用铲自拌板一端翻拌至另一端，如此重复，至颜色均匀，再加入翻拌混合均匀。

c. 将干混合物堆成堆，在中间作一凹槽，将已称量好的水，倒一半左右在凹槽中（勿使水流出），然后仔细翻拌，并徐徐加入剩余的水，继续翻拌，每翻拌一次，用铲在拌合物上铲切一次，直到拌和均匀为止。

d. 拌和时力求动作敏捷，拌和时间从加水时算起，应大致符合下列规定：

拌合物体积为 30 L 以下时，4～5 min；

拌合物体积为 30～50 L 时，5～9 min；

拌合物体积为 51～75 L 时，9～12 min。

e. 混凝土拌和好后，应根据试验要求，立即进行测试或成型试件。从开始加水时算起，全部操作须在 30 min 完成。

② 机械搅拌法

搅拌量不应小于搅拌机额定搅拌量的 1/4。

a. 按所定配合比计算每盘混凝土各材料用量后备料。

b. 用按配合比称量的水泥、砂、水及少量石子在搅拌机中预拌一次，使水泥砂浆部分黏附搅拌机的内壁及叶片上，并刮去多余的砂浆，以避免影响正式搅拌时的配合比。

c. 开动搅拌机，向搅拌机内依次加入石子、砂和水泥，干拌均匀，再将水徐徐加入，全部加料时间不超过 2 min，水全部加入后，继续拌和 2 min。

d. 将拌合物自搅拌机卸出，倾倒在拌板上，再经人工拌和 2～3 次，即可做拌合物的各项性能试验或成型试件。从开始加水起，全部操作必须在 30 min 内完成。

11.4.2 混凝土拌合物和易性试验

(1) 坍落度法

本方法适用于集料最大粒径不大于 40 mm、坍落度不小于 10 mm 的混凝土拌合物流动性测定，通过测定混凝土拌合物流动性，观察其黏聚性和保水性，综合评定混凝土拌合物的和易性是否满足要求，作为调整配合比和控制混凝土质量的依据。

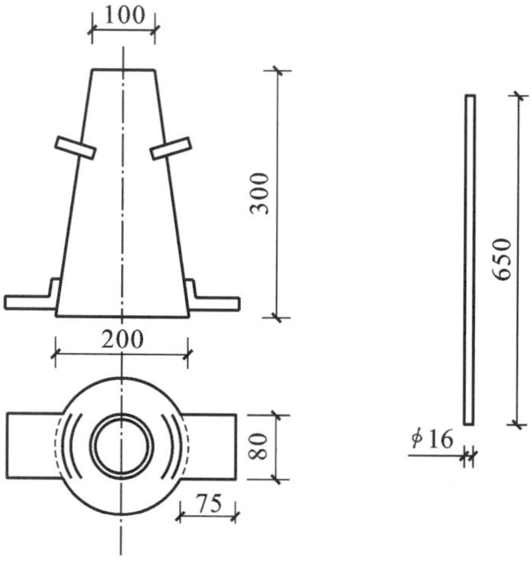

图 11.10 坍落度筒及捣棒

① 主要仪器设备

坍落度筒（金属制圆锥体形，底部内径 200 mm，顶部内径 100 mm，高 300 mm，壁厚大于或等于1.5 mm，见图 11.10）、捣棒、小铲、直尺、拌板、抹刀等。

② 试验步骤

a. 湿润坍落度筒及其他用具，并把筒放在不吸水的刚性水平底板上，然后用脚踩住两边的脚踏板，使坍落度筒在装料时保持位置固定。

b. 把按要求取得的混凝土试样用小铲分三层均匀地装入筒内，使捣实后每层高度为筒高的 1/3 左右，每层用捣棒插捣 25 次。插捣应沿螺旋方向由外向中心进行，各次插捣应在截面上均匀分布。插捣筒边混凝土时，捣棒可以稍稍倾斜；插捣底层时，捣棒应贯穿整个深度；插捣第二层和顶层时，捣棒应插透本层至下一层的表面。

浇灌顶层时，混凝土应灌到高出筒口。插捣过程中，如混凝土沉落到低于筒口，则应随时添加。顶层插捣完后，刮去多余的混凝土并用镘刀抹平。

c. 清除筒边底板上的混凝土后，垂直平稳地提起坍落度筒。坍落度筒的提离过程应在5～10 s内完成。

从开始装料到提起坍落度筒的整个进程应不间断地进行，并应在150 s内完成。

d. 提起坍落度筒后，量测筒高与坍落后混凝土试体最高点之间的高度差，即为该混凝土拌合物的坍落度值(以mm为单位，结果表达精确至5 mm)。

e. 坍落度筒提离后，如发生试体崩坍或一边剪坏现象，则应重新取样进行测定。如第二次仍出现这种现象，则表示该拌合物和易性不好，应予记录备查。

f. 观察坍落后混凝土拌合物试体的黏聚性和保水性。

黏聚性——用捣棒在已坍落的拌合物锥体侧面轻轻敲打，如果锥体逐渐下沉，表示黏聚性良好；如果锥体倒塌、部分崩裂或出现离析现象，即为黏聚性不好。

保水性——提起坍落度筒后，如有较多的稀浆从底部析出，锥体部分的拌合物也因失浆而集料外露，则表明此拌合物保水性不好。如无这种现象，则表明保水性良好。

(2) 维勃稠度法

本方法适用于集料最大粒径不大于40 mm、维勃稠度在5～30 s之间的混凝土拌合物稠度测定。

① 主要仪器设备

维勃稠度仪(图11.11)、秒表、小铲、拌板、镘刀等。

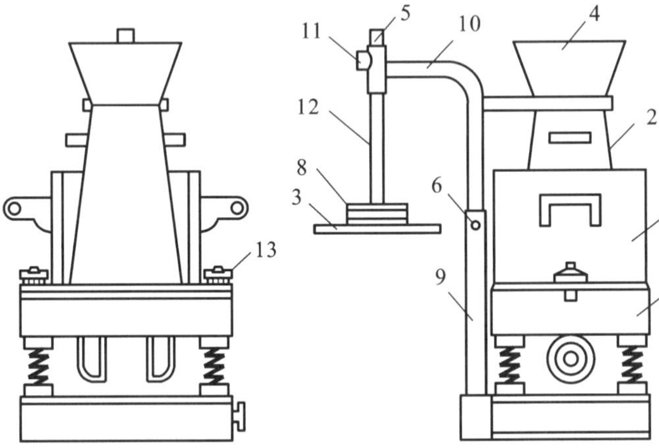

图11.11　维勃稠度仪

1—容器；2—坍落度筒；3—透明圆盘；4—喂料斗；5—套筒；
6—定位螺丝；7—振动台；8—荷重；9—支柱；10—旋转架；
11—测杆螺丝；12—测杆；13—固定螺丝

② 测定步骤

a. 将维勃稠度仪放置在坚实水平的基面上，用湿布将容器、坍落度筒、喂料斗内壁及其他用具擦湿。就位后，测杆、喂料斗的轴线均应和容器的轴线重合，然后拧紧固定螺丝。

b. 将混凝土拌合物经喂料斗分三层装入坍落度筒。装料及插捣的方法同坍落度试验。

c. 将喂料斗转离，小心并垂直提起坍落度筒，此时应注意不使混凝土试体产生横向的扭动。

d. 将透明圆盘转到混凝土圆台体上方，放松测杆螺丝，降下圆盘，使它轻轻地接触到混凝土顶面。拧紧定位螺丝，并检查测杆螺丝是否完全松开。

e. 同时开启振动台和秒表，当透明圆盘的底面被水泥浆布满的瞬间立即停表计时并关闭振动台。

f. 由秒表读得的时间(s)即为该混凝土拌合物的维勃稠度值(读数精确至 1 s)。

③ 拌合物稠度的调整

在进行混凝土配合比试配时，若试拌得出的混凝土拌合物的坍落度或维勃稠度不能满足要求，或黏聚性和保水性不好时，应在保证水胶比不变的条件下相应调整用水量或砂率，直到符合要求为止。

11.4.3 混凝土立方体抗压强度试验

测定混凝土立方体抗压强度，是为进行混凝土力学性能评价、配合比调整提供依据。

本试验采用立方体试件，以同一龄期者为一组，每组至少为三个同时制作并同样养护的混凝土试件。试件尺寸按粗集料的最大粒径确定，如表 11.10 所示。

表 11.10 试件尺寸与振捣次数、强度折算系数选用表

试件尺寸/mm	集料最大粒径/mm	每层插捣次数/次	抗压强度换算系数
100×100×100	30	12	0.95
150×150×150	40	25	1
200×200×200	60	50	1.05

(1) 主要仪器设备

压力试验机、万能试验机，压力试验机的上、下承压板应有足够的刚度，其中一个承压板上应具有球形支座。压力机精度±1%，具有加荷速度指示装置或加荷速度控制装置，并能均匀、连续地加荷。压力机应进行定期检查，以确保压力机读数的准确性。试件破坏荷载应大于压力机全量程的 20%，且小于压力机全量程的 80%。混凝土强度等级大于或等于 C60 时，试件周围应设防崩裂网罩。

(2) 试件的制作

① 每一组试件所用的拌合物根据不同要求应从同一盘或同一车运送的混凝土中取出，或在试验室用机械或人工单独拌制。用以检验现浇混凝土工程或预制构件质量的试件分组及取样原则，应按有关规定执行。

② 试件制作前，应将试模擦拭干净并将试模的内表面涂一薄层矿物油。

③ 坍落度不大于 70 mm 的混凝土宜用振动台振实。将拌合物一次装入试模，并稍有富余，然后将试模放在振动台上。开动振动台振动至拌合物表面出现水泥浆时为止。记录振动时间。振动结束后用镘刀沿试模边缘将多余的拌合物刮去，并随即用镘刀将表面抹平。

坍落度大于 70 mm 的混凝土，宜用人工捣实。混凝土拌合物分两层装入试模，每层厚度大致相等。插捣时按螺旋方向从边缘向中心均匀进行。插捣底层时，捣棒应达到试模底面；插捣上层时，捣棒应穿入下层深度 20～30 mm。插捣时捣棒应保持垂直不得倾斜，并用抹刀沿试模内壁插入数次，以防止试件产生麻面。一般每 100 cm^2 面积应不少于 12 次。然后刮除多余的混凝土，并用镘刀抹平。

(3) 试件的养护

① 采用标准养护的试件成型后应覆盖表面，以防止水分蒸发，并应在温度为(20±5)℃的情况下静置 1～2 d，然后编号拆模。

拆模后的试件应立即放在温度为(20±3)℃、湿度为 90%以上的标准养护室中养护。在标准养护室内试件应放在架上，彼此间隔为 10～20 mm，并应避免用水直接冲淋试件。

② 无标准养护室时，混凝土试件可在温度为(20±3)℃的不流动水中养护。水的 pH 值不应小于 7。

③ 与构件同条件养护的试件成型后，应覆盖表面。试件的拆模时间可与实际构件的拆模时间相同。拆模后，试件仍需保持同条件养护。

11.4.4 抗压强度试验

(1) 取出试件，检查其尺寸及形状，相对两面应平行，表面倾斜偏差不得超过 0.5 mm。量出棱边长度，精确至 1 mm。试件受力截面积按其与压力机上下承压板接触面的平均值计算。试件如有蜂窝缺陷，应在试验前 3 d 用稠水泥浆填补平整，并在报告中说明。在破型前，保持试件原有湿度，并将试件表面与上下承压板面擦干净。

(2) 将试件安放在试验机的下压板或垫板上，试件的承压面应与成型时的顶面垂直，试件的中心应与试验机下压板中心对准。开动试验机，当上压板与试件或钢垫板接近时，调整球座，使接触均衡。

(3) 试验过程中应连续均匀加荷，加荷速度应取 0.3～1.0 MPa/s。当立方体抗压强度小于 30 MPa 时，加荷速度宜取 0.3～0.5 MPa/s；立方体抗压强度为 30～60 MPa 时，加荷速度宜取 0.5～0.8 MPa/s；立方体抗压强度不小于 60 MPa 时，加荷速度宜取 0.8～1.0 MPa/s。

(4) 手动控制压力机加荷速度时，当试件接近破坏而开始急剧变形时，应停止调整试验机油门，直至试件破坏，并记录破坏荷载 P(N)。

(5) 结果计算及评定

① 混凝土立方体试件的抗压强度按下式计算(计算至 0.1 MPa)：

$$f_{cu}=\frac{P}{A} \tag{11.20}$$

式中 f_{cu}——混凝土立方体试件抗压强度(MPa)；

P——破坏荷载(N)；

A——试件承压面积(mm^2)。

② 以三个试件测定值的算术平均值作为该组试件的抗压强度值(精确至 0.1 MPa)。当三个测定值中的最小值或最大值中有一个与中间值的差异超过中间值的 15%时，则应把最大值及最小值剔除，取中间值作为该组试件的抗压强度值。当最大值和最小值与中间值相差均超过 15%，则该组试件试验结果无效。

③ 混凝土的抗压强度是以 150 mm×150 mm×150 mm 的立方体试件的抗压强度为标准计算，其他尺寸试件测定结果均应换算成边长为 150 mm 立方体的标准抗压强度，换算时均应分别乘以尺寸换算系数。

11.4.5 抗拉强度试验

混凝土的劈裂抗拉试验是在立方体试件的两个相对的表面素线上作用均匀分布的压力，使荷载所作用的竖向平面内产生均匀分布拉伸应力，当拉伸应力达到混凝土极限抗拉强度时，试件将被劈裂破坏，从而可以测出混凝土的劈裂抗拉强度。

(1) 仪器设备

试验机(要求同立方体抗压强度试验)、垫层(应为木质三合板，尺寸是宽 $b=15\sim20$ mm，厚 $t=3\sim4$ mm，长 L 不小于立方体试件的边长，垫层不得重复使用)、垫条、钢支架等。

(2) 试验步骤

① 试件从养护地点取出后应及时进行试验，将试件表面与上下承压板面擦干净。

② 量出劈裂面的边长(精确至 1 mm)，计算出劈裂面面积(A)。

③ 将试件放在试验机下压板的中心位置，劈裂承压面和劈裂面应与试件成型时的顶面垂直。在上、下压板与试件之间垫以圆弧形垫块及垫条各一条，垫块与垫条应与试件上、下面的中心线对准并与成型时的顶面垂直。宜把垫条及试件安装在定位架上。

④ 开动试验机，当上压板与圆弧形垫块接近时，调整球座，使接触均衡(图 11.12)。

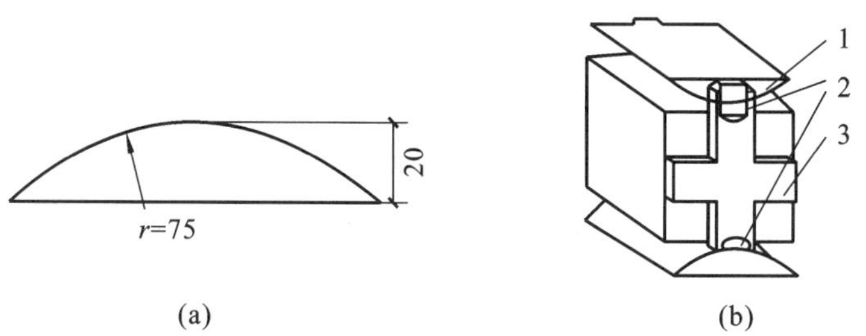

图 11.12 混凝土劈裂抗拉强度试验装置示意图

(a)垫条示意图；(b)装置示意图

1—垫块；2—垫条；3—支架

⑤ 加荷时必须连续而均匀地进行，使荷载通过垫条均匀地传至试件上，加荷速度为：混凝土强度等级低于 C30 时，取每秒钟 0.02～0.05 MPa；混凝土强度等级高于或等于 C30 时，取每秒钟 0.05～0.08 MPa。

⑥ 在试件临近破坏开始急速变形时，停止调整试验机油门，继续加荷直至试件破坏，记录破坏荷载(P)。

(3) 试验结果计算及评定

① 混凝土劈裂抗拉强度按下式计算(精确至 0.01 MPa)：

$$f_{ts}=\frac{2P}{\pi A}=0.637\times\frac{P}{A} \tag{11.21}$$

式中 f_{ts}——混凝土劈裂抗拉强度(MPa)；

P——破坏荷载(N)；

A——试件劈裂面面积(mm^2)。

② 以三个试件测定值的算术平均值作为该组试件的劈裂抗拉强度值(精确至 0.01 MPa)。如果三个测定值中的最小值或最大值中有一个与中间值的差异超过中间值的 15%时，则把最大

值、最小值一并舍去，取中间值作为该组试件的抗压强度值。如果最大值和最小值与中间值相差均超过 15%，则该组试件试验结果无效。

③ 取 150 mm×150 mm×550 mm 的立方体试件作为标准试件，如采用边长为 100 mm 的立方体非标准试件时，则测得的强度应乘以尺寸换算系数 0.95。

11.5 建筑砂浆试验

本试验根据《建筑砂浆基本性能试验方法标准》(JGJ/T 70—2009)进行砂浆的稠度、分层度及抗压强度试验。

11.5.1 砂浆拌合物的取样方法及试样拌和

(1) 砌筑砂浆试验用料应根据不同的要求，从同一盘搅拌或同一车运送的砂浆中取出，或在试验室用机械或人工拌制。施工中取样进行砂浆试验时，其取样方法和原则应按现行有关规范执行。应在使用地点的砂浆槽、砂浆运送车或搅拌机出料口，至少从三个不同的部位取样。所取样的数量应多于试验用料的 1～3 倍。

(2) 实验室拌制砂浆进行试验时，试验材料与现场用料应一致，并提前运入室内，使砂风干拌和时室温应为(20±5)℃。水泥如有结块应通过 0.9 mm 的方孔筛，砂子应采用孔径 5 mm 的筛子筛过。在材料称量时要求：水泥、外加剂精确至±0.5%，砂、石灰膏、粉煤灰精确至±1%。

(3) 按确定的砂浆配合比，备好 5 L 砂浆所需材料。拌制前应将搅拌机、拌和铁板、拌铲、抹刀等工具表面用水湿润，并注意拌和铁板上不得有积水。

(4) 混合砂浆的拌和：先将称好的水泥放于搅拌锅内，搅拌均匀约 1.5 min 后，在中间做一个凹槽，将称好的灰膏倒入凹槽中，再倒入适量的水将灰膏等调稀，然后再与水泥和砂共同拌和，并逐渐加水搅拌，直至砂浆拌合物色泽一致，经观察和易性大致符合要求时，即可进行稠度试验，拌和时间 5 min。

11.5.2 砂浆稠度、分层度试验

(1) 试验目的

通过砂浆的稠度、分层度试验，判定砂浆工作性的好坏。

(2) 砂浆稠度试验

① 仪器及设备

a. 砂浆稠度仪由试锥、容器和支座三部分组成(图 11.13)。试锥高度 145 mm，锥底直径75 mm，试锥连同滑动杆重(300±2) g。刻度盘及盛砂浆的圆锥形金属筒，筒高 180 mm，锥底内径 150 mm。

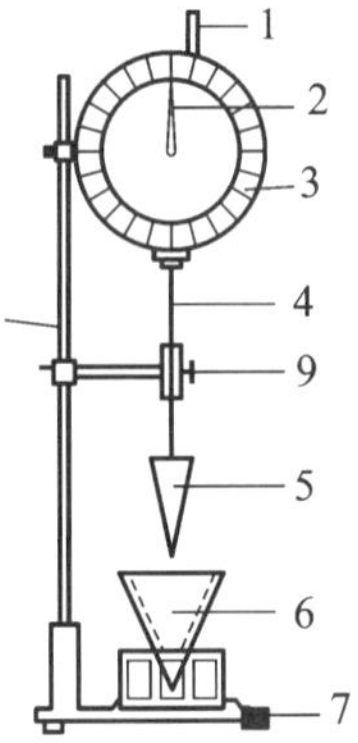

图 11.13 砂浆稠度测定仪

1—测杆；2—指针；3—刻度盘；4—滑动杆；5—锥体；6—锥筒；7—底座；8—支架；9—制动螺丝

b. 钢制捣棒(直径 10 mm、长 350 mm，端部磨圆)、拌和锅、拌铲、量筒、秒表等。

② 试验步骤

a. 盛浆容器和试锥表面用湿布擦干净，并用少量润滑油轻擦滑动杆，再将滑杆上多余的

油用吸油纸擦净，让滑动杆自由移动。

b. 将砂浆拌合物一次装入金属筒内，其表面低于筒口 10 mm 左右，用捣棒自筒中心向边缘插捣 25 次，然后轻轻地将筒体摇动或敲击 5～6 下，使砂浆表面平整，然后将筒体放在稠度测定仪的底座上。

c. 拧松试锥杆的制动螺丝，向下移动滑动杆，当试锥尖端与砂浆表面刚接触时，拧紧制动螺丝，使齿条测杆下端刚接触滑动杆上端，并将指针对准零点。拧开制动螺丝，同时记录时间。10 s后立即固定螺丝，将齿条测杆下端接触滑动杆上端，从刻度盘上读出的下沉深度(精确至 1 mm)即为砂浆稠度值(注意：筒内砂浆只允许测定一次稠度，重复测定时必须重新取样)。

③ 试验记录及试验结论

a. 试验记录

取两次试验结果的算术平均值(精确到 1 mm)。若两次试验结果之差大于 20 mm，则应另取砂浆搅拌后重新测定。

b. 结论

根据砂浆的稠度判定砂浆工作性的好坏。

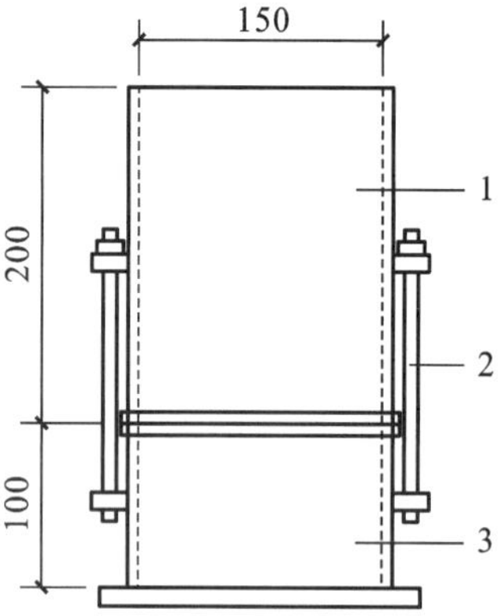

图 11.14　砂浆分层度

1—无底圆筒；2—螺栓；3—有底圆筒

(3) 分层度试验

① 主要仪器及设备

a. 砂浆分层度测定仪，由上下两层金属圆筒及左右两根连接螺栓组成。圆筒内径 150 mm、上节高度为 200 mm、下节高度 100 mm，上、下层连接处需加宽到 3～5 mm，设有橡胶垫圈(图 11.14)。

b. 水泥胶砂振动台，振幅(0.5±0.05) mm，频率(50±3) Hz。

c. 稠度仪、木槌等。

② 试验步骤

a. 将拌和好的砂浆装入分层度仪中，待装满后，用木槌在容器周围距离大致相等的四个不同部位轻轻敲击 1～2 下，如砂浆沉落到低于筒口，则应随时添加，然后刮去多余的砂浆并用抹刀抹平，测定其稠度 H_1。

b. 静置 30 min 或在振动台上振动 20 s 后，去掉上节 200 mm 砂浆，剩余的 100 mm 砂浆倒入拌合锅内拌 2 min，测定其稠度 H_2。前后测得的稠度之差即为该砂浆的分层度值(mm)。

③ 试验结果及评定

a. 试验结果

取两次试验结果的算术平均值作为该砂浆的分层度值；两次分层度试验值之差如大于 10 mm，则应重新取样测定。

b. 试验评定

根据砂浆的分层度判定砂浆的保水性，并确定其工作性的好坏。

11.5.3 砂浆抗压强度试验

(1) 主要仪器及设备

试模(无底、内壁边长为 70.7 mm 的立方体金属试模)、压力试验机(相对误差不大于 2%,量程 50～100 kN)、钢制捣棒(直径 10 mm、长度 350 mm)、镘刀等。

(2) 试件的制备及养护

① 用于多孔吸水基面的砂浆,采用无底试模,将试模置于铺有一层吸水性较好的湿纸的砖上(砖的含水率不小于 20%,而吸水率不小于 10%),试模内涂一薄层机油,一次装满砂浆,并使其高出模口,用捣棒插捣 25 次,用刮刀沿试模内壁插捣数次,当砂浆表面出现麻斑后(15～20 min),将高出模口的砂浆刮去,并抹平。

② 用于基面不吸水的砂浆,采用带底的试模。砂浆分两层装入试模,每层约厚 40 mm,并用捣棒每层捣 12 次。面层捣实以后,沿试模内壁用刮刀插捣 6 次,抹平。

③ 制作完试件后,将试件放在(20±5)℃的温度下放置(24±2)h,进行编号、拆模,并按下列规定养护至 28 d 再进行试压。

④ 水泥混合砂浆应放在温度为(20±3)℃、相对湿度 60%～80%的环境下养护,水泥砂浆应放在温度为(20±3)℃、相对湿度 90%以上的环境下养护。养护期间,试件彼此间隔不小于 10 mm。

(3) 试验步骤

试件取出后,将试件擦干,测量尺寸并检查其外观,计算试件的承压面积,当实测尺寸与公称尺寸之差不超过 1 mm 时,可按照公称尺寸进行计算。将试件放在试验机下压板或下垫板上,试件的承压面应与成型时的顶面垂直,试件中心应与试验机下压板或下垫板中心对准。开动试验机进行连续而均匀的加荷,加荷速度应为 0.25～1.5 kN/s(砂浆强度不大于 2.5 MPa 时,宜取下限),当试件接近破坏而开始迅速变形时,停止调整试验机油门,直至破坏,记录破坏荷载。

(4) 结果计算

① 砂浆立方体抗压强度 $f_{m,cu}$ 按下式计算:

$$f_{m,cu}=K\frac{N}{A}$$

式中 $f_{m,cu}$——砂浆立方体抗压强度,精确至 0.1 MPa;

N——砂浆立方体破坏荷载(N):

A——试件承压面积(mm^2);

K——换算系数,取 1.35。

② 应以 3 个试件测值的算术平均值作为该组试件的砂浆立方体抗压强度平均值(f_2),精确至 0.1 MPa。当 3 个试件的最大值或最小值中有一个与中间值的差值超过中间值的 15%时,应把最大值及最小值一并舍去,取中间值作为该组试件的抗压强度值;当两个测值与中间值的差值均超过中间值的 15%时,该组试验结果应为无效。

(5) 等级评定

根据国家标准对砂浆的等级进行评定。

11.6 钢筋试验

钢筋应有出厂证明或试验报告单。验收时应抽样做机械性能试验,即拉伸试验和冷弯试验。如两个项目有一个不合格,则该批钢筋即为不合格。

钢筋混凝土用热轧钢筋,同牌号、规格和炉罐号组成的钢筋应分批检查和验收,每批质量不大于 60 t。如炉罐号不同,组成混合批验收,应参考《钢筋混凝土用钢 第 2 部分:热轧带肋钢筋》(GB 1499.2—2024)中的规定将含碳量、含锰量的值控制在一定范围。

验收取样时,自每批钢筋中任取两根截取拉伸试样,任取两根截取冷弯试样。在拉伸试验的试件中,若有一根试件的屈服点、抗拉强度和伸长率 3 个指标中有一个达不到标准中的规定值,或冷弯试验中有一根试件不符合标准要求,则在同一批钢筋中再抽取双倍数量的试件进行该不合格项目的复验,复验结果中只要有一个指标不合格,则该试验项目判定为不合格,整批不得交货。

11.6.1 拉伸试验

(1) 主要仪器

① 万能材料试验机(精度±1%)(量程最好选择使试件达到最大载荷时,指针位于第三象限内)。

② 尖量爪游标卡尺(精确度为 0.1 mm)、带摩擦棘轮的千分尺(精确度为 0.1 mm)。

③ 钢筋划线机等。

(2) 试件制备

① 钢筋截取后,直径为 8～40 mm 的钢筋可直接作为试件,如果受试验机量程限制,22～40 mm 的钢筋可经车削加工后作为试件,其尺寸和形状如表 11.11 和图 11.15 所示。

表 11.11 车削试件尺寸 单位:mm

一般尺寸				长试件 $l_0=10a$			短试件 $l_0=5a$		
a	D	h	h_0	l_0	l	L	l_0	l	L
25	35	不作规定	25	250	275	$L=l+2h+2h_0$	125	150	$L=l+2h+2h_0$
20	30		20	200	220		100	120	
15	22		15	150	165		75	90	
10	15		10	100	110		50	60	

注:头部长 h,决定于所用夹头的尺寸。

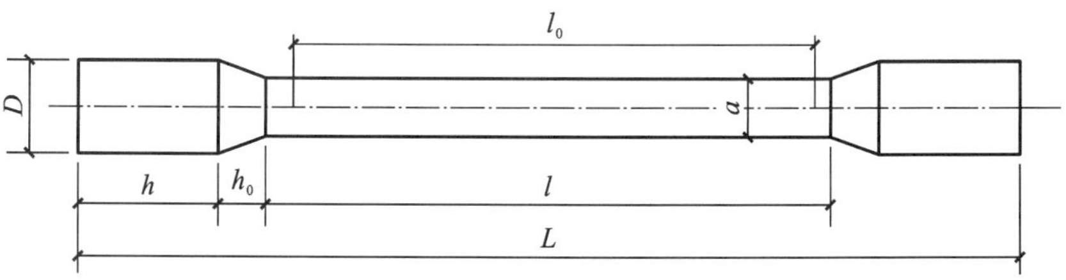

图 11.15 钢筋拉伸试件

② 在试件表面平行其轴线用铅笔画直线，在直线上以浅冲眼冲出标距端点(标点)，并沿标距长度用油漆划出 10 等分点的分格标点。

(3) 试验步骤

① 测量标距长度 l_0，精确到 0.1 mm。

② 未经车削的试件，按质量法求出横截面面积 A_0：

$$A_0=\frac{M}{7.85L} \tag{11.23}$$

式中 A_0——试件横截面面积(cm^2)，换算成 mm^2；

M——试件质量(g)；

L——试件长度(cm)；

7.85——钢筋密度(g/cm^3)。

车削试件分别测量标距两端点和中部的直径，求出截面面积，取 3 个面积中最小的面积值作为 A_0。

③ 调整试验机测力度盘的指针，使其对准零点，并拨动副指针，使之与主指针重叠。

④ 将试件固定在试验机夹头内。开动试验机进行拉伸，拉伸速度为：屈服前，应力增加速度为每秒 10 MPa；屈服后，试验机活动夹头在荷载下的移动速度为不大于 $0.5l$/min(对于不经车削的试件 $l=l_0+2h_0$)。

⑤ 拉伸过程中，测力度盘的指针停止转动时的恒定荷载或第一次回转时的最小荷载，即为屈服点荷载 P_s(N)。向试件继续加荷直至试件拉断，读出最大荷载 P_b。

按下式计算试件的屈服点：

$$\sigma_s=\frac{P_s}{A_0} \tag{11.24}$$

式中 σ_s——屈服点(MPa)；

P_s——屈服点荷载(N)；

A_0——试件原横截面面积(mm^2)。

σ_s应计算至 10 MPa，小数点后数字按四舍六入五单双法处理。

⑥ 向试件连续施荷直至拉断，由测力度盘读出最大荷载 P_b(N)。按下式计算试件的抗拉强度：

$$\sigma_b=\frac{P_b}{A_0} \tag{11.25}$$

式中 σ_b——抗拉强度(MPa)；

P_b——最大荷载(N)；

A_0——试件原横截面面积(mm^2)。

σ_b应计算至 10 MPa，小数点后数字按四舍六入五单双法处理。

(4) 伸长率的测定

① 将已拉断的试件在断裂处对齐，尽量使其轴线位于一条直线上。如果拉断处由于各种原因形成缝隙，则此缝隙应计入试件拉断后的标距部分长度内。

② 如果拉断处到临近标距端点的距离大于(1/3)l_0时,可用卡尺直接量出已被拉长的标距长度 l_1(mm,精确至 0.1 mm)。

③ 如果拉断处到邻近的标距端点的距离小于或等于(1/3)l_0时,可按下述位移法确定 l_1:在长端上,从拉断处 O 取基本等于短段格数,得 B 点,接着取等于长段所余格数(偶数)之半,得 C 点;或取所余格数(奇数)减 1 与加 1 之半,得 C 和 C_1 点(图 11.16)。位移后的 l_1 按下式计算:

$$l_1 = AO + OB + 2BC \text{ 或 } l_1 = AO + OB + BC + BC_1 \tag{11.26}$$

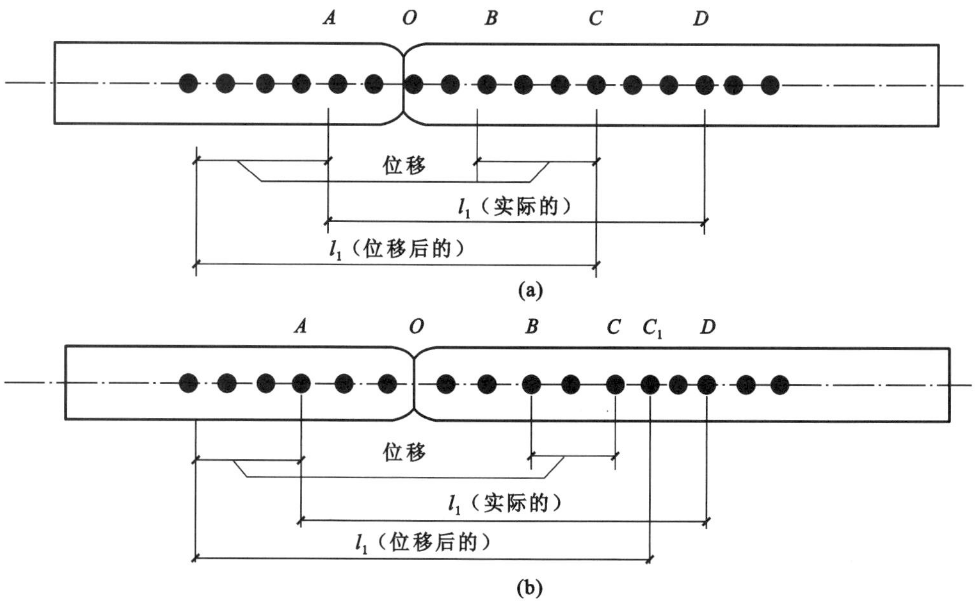

图 11.16 位移法计算标距

如果直接量测所求得的伸长率能达到技术条件的规定值,则可不采用位移法。

④ 伸长率按下式计算(精确至 1%):

$$\delta_{10}(\delta_5) = \frac{l_1 - l_0}{l_0} \times 100\% \tag{11.27}$$

式中 δ_{10},δ_5——$l_0=10a$ 和 $l_0=5a$ 时的伸长率;

l_0——原标距长度 $10a(5a)$(mm);

l_1——试件拉断后直接量出或按位移法确定的标距部分的长度(mm),精确至 0.1 mm。

⑤ 如试件在标距端点上或标距外断裂,则试验结果无效,应重做试验。

11.6.2 冷弯试验

通过冷弯试验,对钢筋塑性进行严格检验,也间接检验了钢筋内部的缺陷及可焊接性能。

(1) 主要仪器

万能材料试验机、具有一定弯心直径的冷弯冲头等。

(2) 试样

试样不经车削加工,长度 $L \approx 5a + 150$ mm,a 为试件的计算直径(mm)。

(3) 试验步骤

① 根据钢材等级及相应技术要求选择好弯心直径和弯曲角度。一般Ⅱ级钢筋弯心直径 $d=3a(a=6\sim25\ \text{mm})$，弯心角度为 180°。

② 根据试样直径选择压头并调整支辊间距，将试样放在试验机上，如图 11.17(a)所示。

③ 开动试验机，平稳施加压力，使钢筋绕着弯心弯曲到规定的弯曲角度，如图 11.17(b)、图 11.17(c)所示。

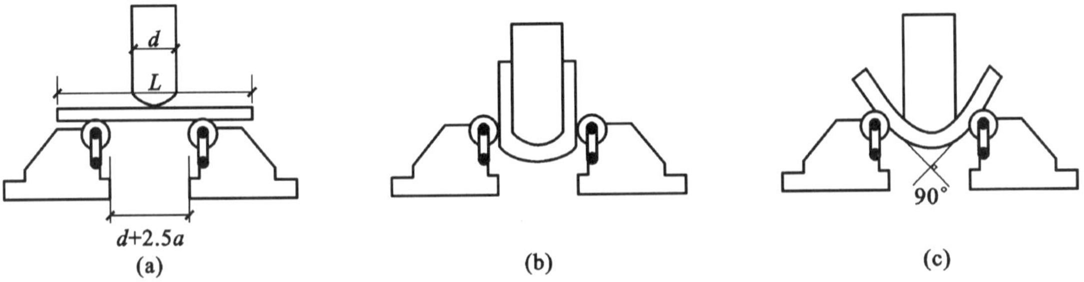

图 11.17 钢材冷弯试验装置

(a)装好的试件；(b)冷弯 180°；(c)冷弯 90°

(4) 取下试件检查试件弯曲的外缘及侧面，如无裂缝、裂断或起层，则评定为冷弯试验合格。

11.6.3 冲击韧性试验

冲击韧性是指一定尺寸和形状的金属试样，在规定的试验机上受冲击负荷折断时，试样刻槽处单位横截面面积上所消耗的冲击功。

(1) 试验仪器

摆式冲击试验机，最大能量一般不应超过 300 J/cm²。

(2) 试件

以梅氏试样作为冲击韧性试验的标准试样。

(3) 试验步骤

① 试验在(20±5)℃的温度下进行，试件数量一般不少于 3 个。

② 将试样稳定地安装在支座上，松开挂起的摆锤，使其沿刻槽的对称面向试样刻槽对面冲击一次，然后根据摆锤击断试样后的反向扬起高度读出表盘示值。安置试样可借助样规，使摆锤刀口与试样刻槽轴线的距离不超过 0.2 mm。

③ 当试样侧面加工划痕与折断处相重合，或折断试样上发现有淬火裂缝，应另做试验取代该试样。

(4) 结果计算

试样折断时的冲击功 W(J)可在机器刻度盘上直接读出。

冲击韧性 a_k 的计算公式如下(精确至 1 J/cm²)：

$$a_k=\frac{W}{A} \tag{11.28}$$

式中 W——击断试样所消耗的冲击功(J)；

A——试验前试样刻槽处的横截面面积(cm^2)。

如冲击试验机的能量不足或金属韧性过大，试验时将冲击能量全部吸收而试样未能折断时，则应在试验记录中注明“未折断”字样，并在 a_k 值前加“＞”(大于)符号。

11.7 沥青试验

11.7.1 针入度试验

我国现行《公路工程沥青及沥青混合料试验规程》(JTG E20—2011)规定，道路黏稠石油沥青(固体/半固体)、改性沥青、液体石油沥青蒸馏后残留物、乳化沥青蒸发后残留物的稠度用针入度法测定。针入度反映的是沥青稠度，针入度值越小，表示沥青稠度越大；反之，表示沥青稠度越小。一般来说，稠度越大，沥青的黏度越大。

沥青的针入度以标准针在一定的荷重、时间和温度条件下垂直穿入沥青试样的深度来表示，单位为 1/10 mm。如未另行规定，标准针、针连杆与附加砝码的总质量为(100±0.05)g，温度为(25±0.1)℃，时间为 5 s。特定试验可采用的其他条件如表 11.12 所示。

表 11.12 针入度特定试验规定

温度/℃	荷载/g	时间/s
0	200	60
4	200	60
46	50	5

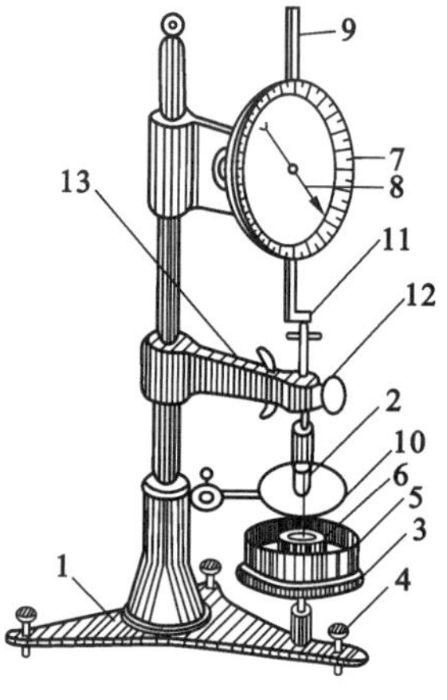

图 11.18 针入度仪

1—底座；2—小镜；3—圆形平台；4—调平螺丝；5—保温皿；6—试样；7—刻度盘；8—指针；9—活动杆；10—标准针；11—连杆；12—按钮；13—砝码

(1) 主要仪器设备

针入度仪(图 11.18)、盛样皿、温度计、水槽(恒温水浴)、平底保温皿、金属皿或瓷皿、秒表、砂浴(用煤气炉或电炉加热)等。

(2) 试验准备

加热样品并不断搅拌防止局部过热，直至样品能够自由流动，但加热时间不超过 30 min。加热时石油沥青加热温度不超过软化点 90 ℃，焦油沥青加热温度不超过软化点 60 ℃。

将样品注入试样皿内，其深度应大于预计穿入深度 10 mm，放置于 15～30 ℃的空气中冷却 1～1.5 h(小试样皿)或 1.5～2.0 h(大试样皿)。冷却时应注意不使灰尘落入。

然后将试样皿浸入(25±0.1)℃的恒温水浴中，水浴的水面应高于试样表面 10 mm 以上。小试样皿恒温 1～1.5 h，大试样皿恒温 1.5～2.0 h。

(3) 试验步骤

① 调整针入度计水平，检查连杆和导轨，无明显摩擦。用甲苯或合适溶剂清洗针，用干净布擦干。然后将针插入连杆中固定，放好规定质量的砝码。

② 将恒温的试样皿自水槽中取出，置于水温严格控制为 25 ℃的平底保温皿中，试样表面以上的水层高度应不小于 10 mm，再将保温皿置于针入度计的旋转圆形平台上。

③ 调节标准针使针尖与试样表面恰好接触，移动活动杆使与标准针连杆顶端接触，并将刻度盘指标调整至零。

④ 用手紧压按钮，同时开动秒表，使标准针自由地下落穿入沥青试样，经 5 s 后放开按钮，使针停止下沉。

⑤ 再拉下活动杆使其与标准针连杆顶端相接触，这时指针也随之转动，刻度盘指针读数即为试样的针入度，用 1/10 mm 表示。

⑥ 在试样的不同点重复试验 3 次，各测点间及测点与试样皿边缘的距离应不小于 10 mm；每次试验时，都应检查保温皿内水温是否恒定在 25 ℃；每次试验后，将针取下，用浸有甲苯或其他合适有机溶剂的布将针尖端部附着的沥青擦干净以备下次使用。

(4) 试验结果的计算及评定

以 3 次试验结果的平均值作为该沥青的针入度，取至整数。3 次试验所测定针入度的最大值与最小值之差不应超过表 11.13 的规定，否则应重新测定。

表 11.13　针入度测定允许最大差值

针入度/mm	0～49	50～149	150～249	250～350
最大差值/mm	2	4	6	8

11.7.2　延度试验

延度是表示沥青塑性的指标，也是评定沥青牌号的指标之一，测定沥青的延度，作为评定沥青牌号的依据之一。

非经特殊说明，试验温度为(25±0.5)℃，拉伸速度为(5±0.5)cm/min。

(1) 主要仪器设备与材料

延度仪及试样模具(图 11.19)、瓷皿或金属皿、孔径为 0.3～0.5 mm 的筛、温度计、金属板、砂浴、甘油、滑石粉、隔离剂等。

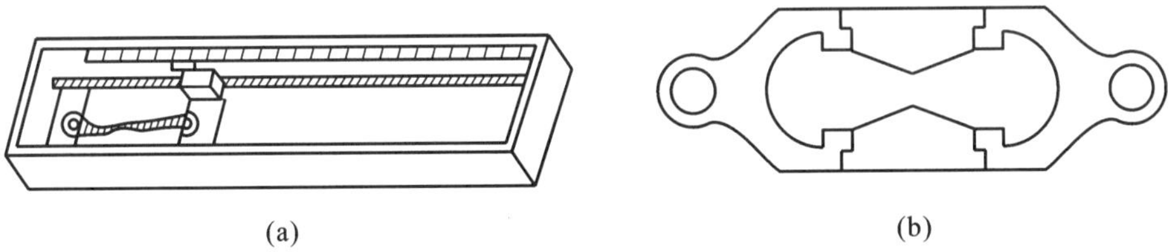

图 11.19　延度仪及试样模具

(a)延度仪；(b)模具

(2) 试样制备

① 将隔离剂拌和均匀，涂于磨光的金属板上及侧模的内侧面，然后将试模在金属垫板上组装并卡紧。

② 将沥青加热熔化，直至完全变成液体能够倾倒。石油沥青样品加热至倾倒温度的时间不超过 2 h，加热温度不得高于试样估计软化点110 ℃；煤焦油沥青样品加热至倾倒温度的时间不超过 30 min，加热温度不得高于试样估计软化点 55 ℃。然后将试样从模的一端移至另一端并缓缓注入沥青，往返多次，使沥青略高出模具。

③ 浇注好的试件在空气中冷却 30～40 min 后，将试件连同金属板浸入温度为(25±0.5)℃的水浴中，保持 30 min 后取出，用热刀自模的中间向两端将高出模具部分的沥青刮去，使沥青面与模面齐平，表面光滑。

④ 然后再将试件和模具一起放入水浴中恒温 85～95 min。

⑤ 检查延度仪滑板的移动速度是否为(5±0.25)cm/min，然后移动滑板，使其指针正对标尺的零点。

(3) 试验步骤

① 将试件模具自板上取下，取下试件侧模，然后将模具两端的孔分别套在滑板及槽端的金属柱上。试件距水面和水底的距离不小于 25 mm。

② 当延度仪中水温为(25±0.5)℃时，开动延度仪，此时仪器试件不得有振动，观察沥青的延伸情况，在测定时，如果发现沥青细丝浮于水面或沉入槽底时，则加入酒精或食盐水，调整其密度与试样的密度相近后，使沥青材料既不浮于水面，又不沉入槽底，再进行测定。

③ 试件拉断时，指针所指标尺上的读数即为试样的延度(mm)。正常的试验应将试样拉成锥形，直至在断裂时实际横截面面积接近于零。如三次试验均得不到正常结果，则报告在此条件下延度无法测定。

(4) 试验结果及评定

如果 3 个试件测定值在其平均值的 5%以内，取平行测定的 3 个结果的算术平均值作为该试样的延度值。如 3 个试件测定值不在其平均值的 5%以内，但其中两个较高值在平均值的 5%之内，则舍去最小测定值，取两个较高值的平均值作为测定结果，否则重新测定。

11.7.3 软化点测定

软化点是反映沥青在温度作用下其黏度和塑性改变程度的指标，它是在不同环境下选用沥青的最重要指标之一。

(1) 主要仪器设备与材料

沥青软化点测定仪器(图 11.20)、可调温的电炉或其他加热器、玻璃板或金属板、筛(筛孔为 0.3～0.5 mm 的金属网)、小刀、隔离剂、加热介质(甘油或新煮沸过的蒸馏水)。

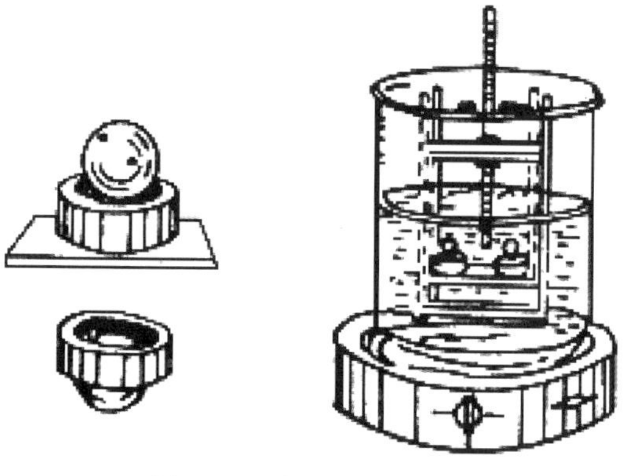

图 11.20 软化点测定仪器

(2) 试验准备

① 将黄铜环置于涂有隔离剂的金属板或玻璃上，将沥青加热熔化至流动状态。加热试样

时，要不断搅拌以防止局部过热，直到样品变得流动。石油沥青样品加热至倾倒温度的时间不超过2 h，其加热温度不得超过估计软化点110 ℃；煤焦油沥青样品加热至倾倒温度的时间不超过30 min，其加热温度不得超过估计软化点55 ℃。将沥青注入黄铜环内，至其略高出环面为止。石油沥青试样的准备和测试必须在6 h内完成，煤焦油沥青试样的准备和测试必须在4.5 h内完成。

② 如果估计软化点在120 ℃以上时，应将金属板与黄铜环预热至80～100 ℃，然后将铜环放到涂有隔离剂的金属板上。否则会出现沥青试样从铜环中完全脱落。

③ 向每个环中倒入略过量的沥青试样，让试样在室温下至少冷却30 min。对于在室温下较软的样品，应将试件在低于预计软化点10 ℃以上的环境中冷却30 min。从开始倒试样时起至完成试验的时间不得超过240 min。

④ 当试样冷却后，用稍加热的小刀或刮刀干净地刮去多余的沥青，使得每一个圆片饱满且与环的顶部齐平。

(3) 试验步骤

① 选择合适的加热介质。新煮沸过的蒸馏水适于软化点为30～80 ℃的沥青，起始加热介质温度应为(5±1)℃。甘油适于软化点为80～157 ℃的沥青，起始加热介质的温度应为(30±1)℃。为了进行比较，所有软化点低于80 ℃的沥青应在水浴中测定，而高于80 ℃的在甘油浴中测定。

② 将装有试样的试样环连同试样底板置于规定起始温度的恒温水槽中至少15 min，同时将金属支架、钢球、钢球定位环等也置于相同水槽中。

③ 再次用镊子从浴槽底部将钢球夹住并置于定位器中。

④ 从浴槽底部加热使温度以恒定的速率5 ℃/min上升。为了防止通风的影响，必要时可用保护装置。试验期间不能取加热速率的平均值，在加热3 min后，升温速度应达到(5±0.5)℃/min，若温度上升速率超过此限定范围，则此次试验失败。

⑤ 试样受热软化逐渐下坠，至下层底板表面接触时，立即读取温度。

(4) 试验结果及评定

① 同一试样平行试验两次，当两次测定值的差符合重复性试验精度要求时，取其平均值作为软化点试验结果，准确至0.5 ℃。

② 当试样软化点小于80 ℃时，重复性试验的允许误差为1 ℃，再现性试验的允许误差为4 ℃。

③ 当试样软化点等于或大于80 ℃时，重复性试验的允许误差为2 ℃，再现性试验的允许误差为8 ℃。

参考文献

[1] 王春阳.土木工程材料[M].2版.北京:北京大学出版社,2013.
[2] 吴科如,张雄.土木工程材料[M].3版.上海:同济大学出版社,2013.
[3] 刘娟红,梁文泉.土木工程材料[M].北京:机械工业出版社,2013.
[4] 陈志源,李启令.土木工程材料[M].3版.武汉:武汉理工大学出版社,2012.
[5] 湖南大学,天津大学,同济大学,等.土木工程材料[M].2版.北京:中国建筑工业出版社,2011.
[6] 张海梅,袁雪峰.建筑材料[M].北京:科学出版社,2005.
[7] 柳俊哲.土木工程材料[M].北京:科学出版社,2005.
[8] 彭小芹.土木工程材料[M].重庆:重庆大学出版社,2002.
[9] 宋少民,孙凌.土木工程材料[M].武汉:武汉理工大学出版社,2006.
[10] 陈宝璠.土木工程材料:学习指导·典型题解·习题·习题解答[M].北京:中国建材工业出版社,2008.
[11] 张德思.土木工程材料:典型题解析及自测试题[M].西安:西北工业大学出版社,2002.